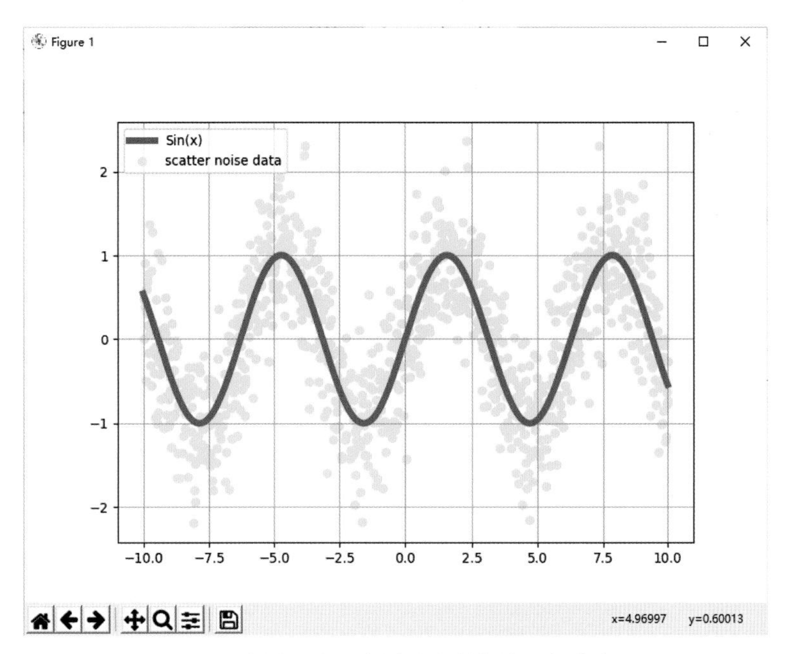

图 2-9　在同一张图中同时绘制曲线图与散点图

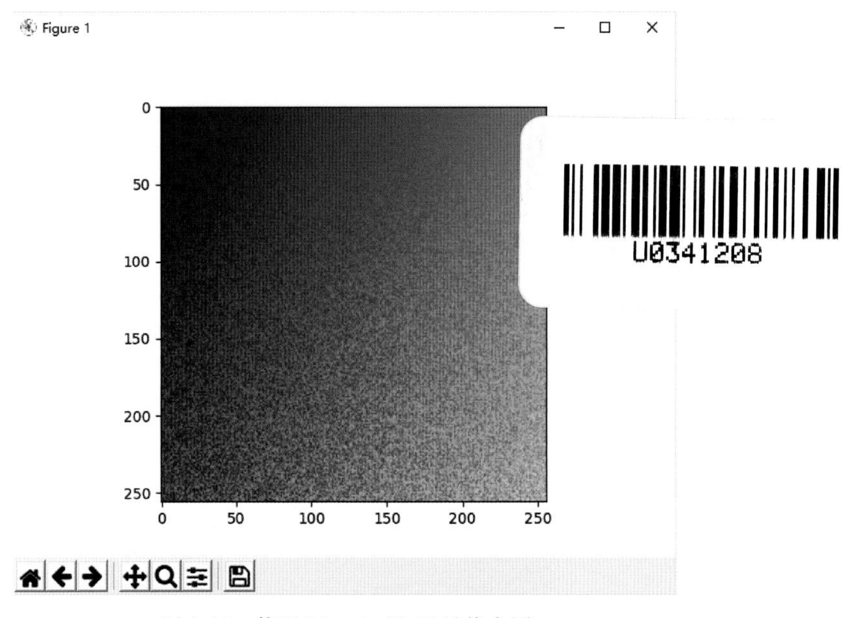

图 2-12　使用 Matplotlib 显示热力图

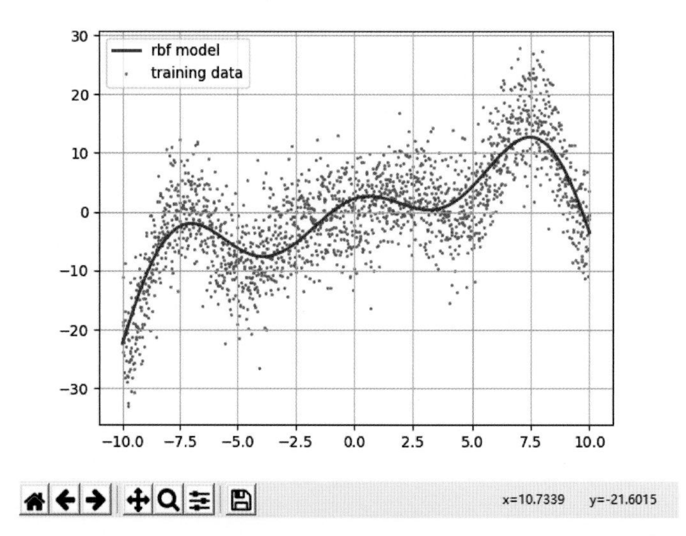

图 2-27　训练数据的图像

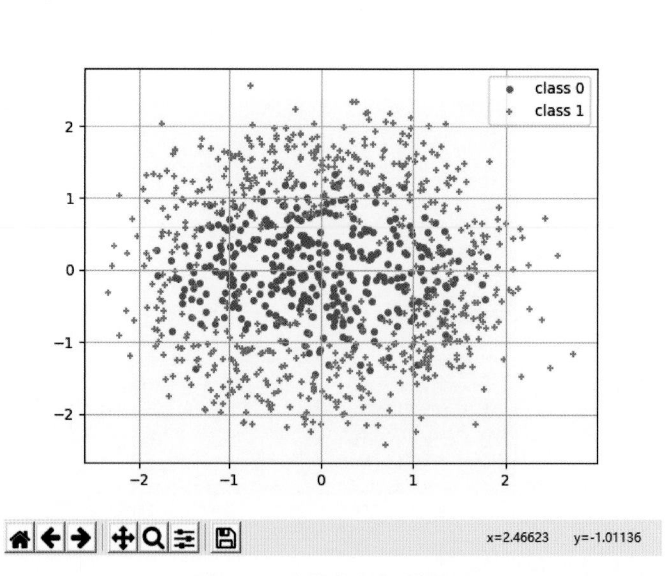

图 2-28　分类数据的散点图

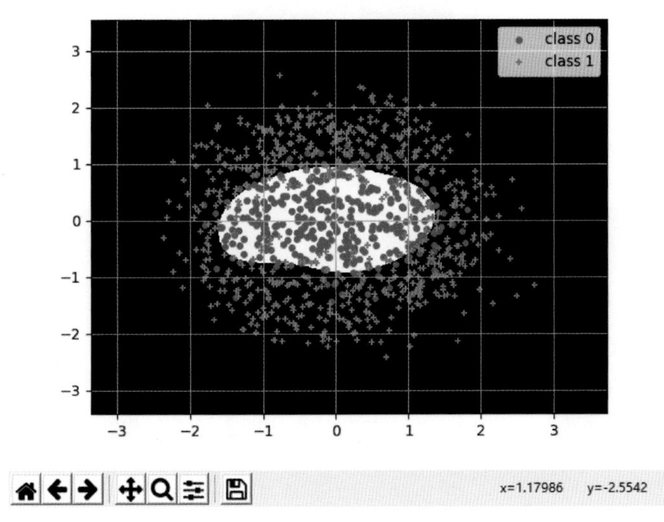

图 2-29　训练数据与模型分类边界

(a) 调节因子为0　(b) 调节因子为0.5　(c) 调节因子为1　(d) 调节因子为10

图 2-32　使用不同的调节因子改变图像色彩饱和度

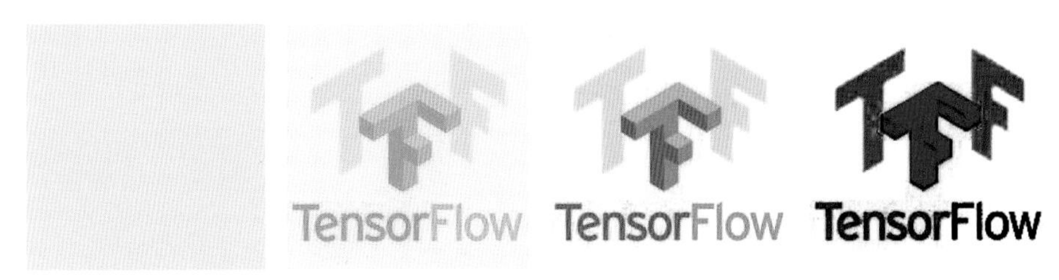

(a) 调节因子为0　(b) 调节因子为0.5　(c) 调节因子为1　(d) 调节因子为10

图 2-33　使用不同的调节因子改变图像的对比度

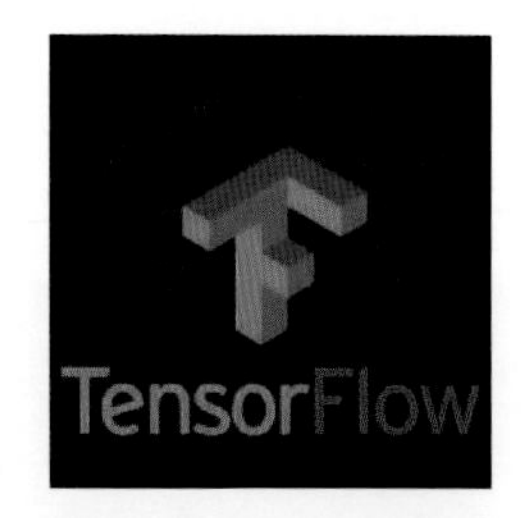

图 2-41　图像反色结果

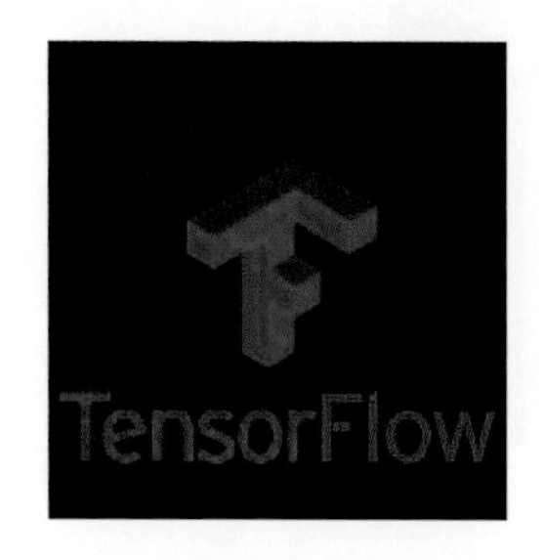

(a) solarize方法(阈值为127)

(b) solarize方法(阈值为255)

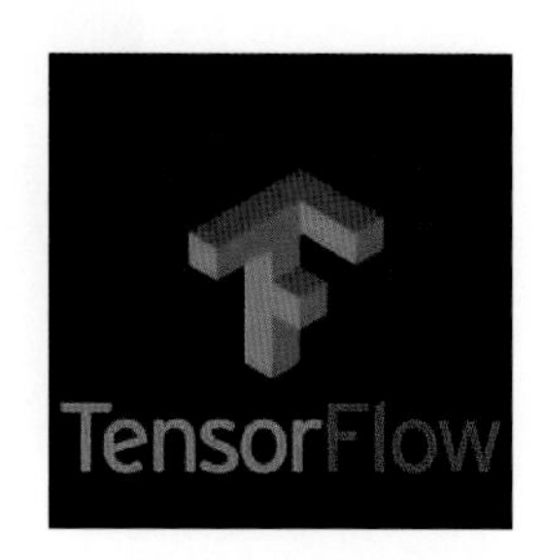

(c) invert方法

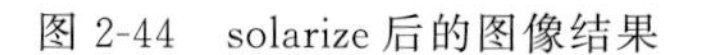

图 2-44　solarize 后的图像结果

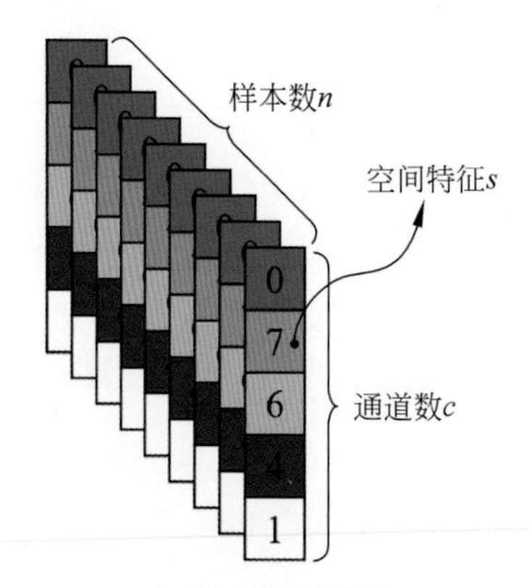

(a) BN对不同通道进行转换

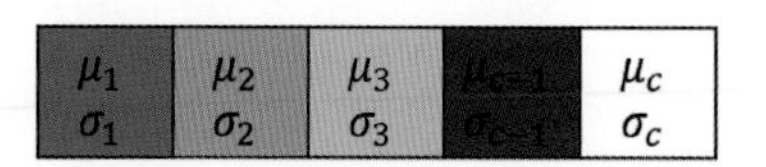

(b) BN计算每个通道的均值与标准差

图 4-11　BN 的计算对象与计算结果

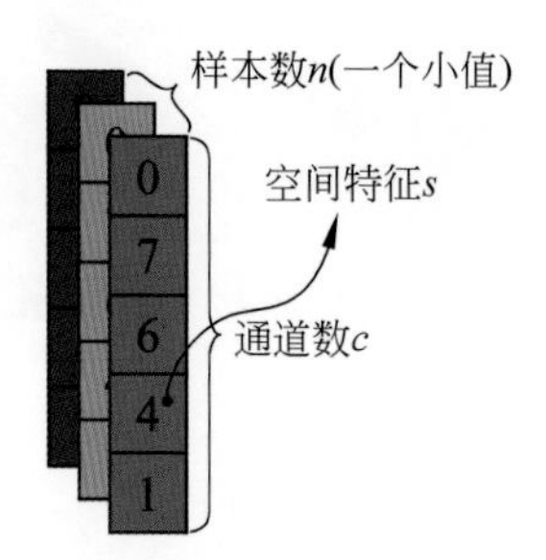

(a) LN对不同样本进行转换

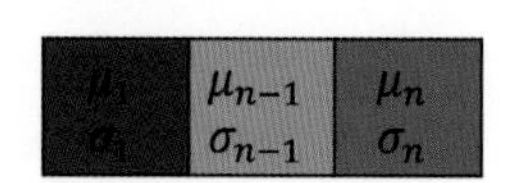

(b) LN计算每个样本的均值与标准差

图 4-12　LN 的计算对象与计算结果

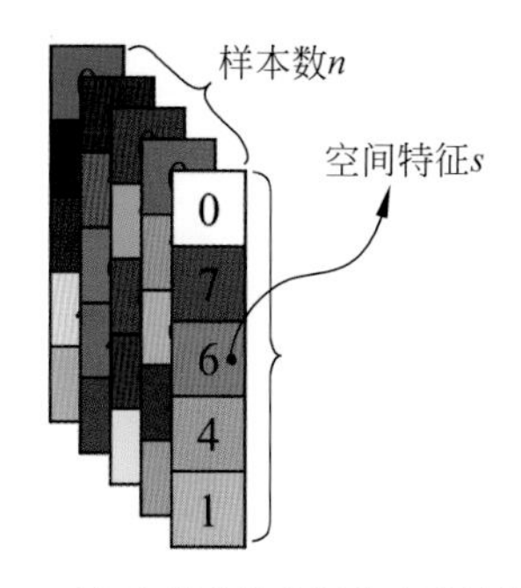

(a) IN对每个样本的空间信息进行转换

$\mu_{1,1}$ $\sigma_{1,1}$	[illegible]	$\mu_{1,3}$ $\sigma_{1,3}$	$\mu_{1,n-1}$ $\sigma_{1,n-1}$	$\mu_{1,n}$ $\sigma_{1,n}$
[illegible]	$\mu_{2,2}$ $\sigma_{2,2}$	$\mu_{2,3}$ $\sigma_{2,3}$	$\mu_{2,n-1}$ $\sigma_{2,n-1}$	$\mu_{2,n}$ $\sigma_{2,n}$
[illegible]	$\mu_{3,2}$ $\sigma_{3,2}$	$\mu_{3,3}$ $\sigma_{3,3}$	$\mu_{3,n-1}$ $\sigma_{3,n-1}$	$\mu_{3,n}$ $\sigma_{3,n}$
$\mu_{c-1,1}$ $\sigma_{c-1,1}$	$\mu_{c-1,2}$ $\sigma_{c-1,2}$	$\mu_{c-1,3}$ $\sigma_{c-1,3}$	[illegible]	$\mu_{c-1,n}$ $\sigma_{c-1,n}$
$\mu_{c,1}$ $\sigma_{c,1}$	$\mu_{c,2}$ $\sigma_{c,2}$	$\mu_{c,3}$ $\sigma_{c,3}$	$\mu_{c,n-1}$ $\sigma_{c,n-1}$	$\mu_{c,n}$ $\sigma_{c,n}$

(b) IN计算每个样本空间信息的均值与标准差

图 4-13　IN 的计算对象与计算结果

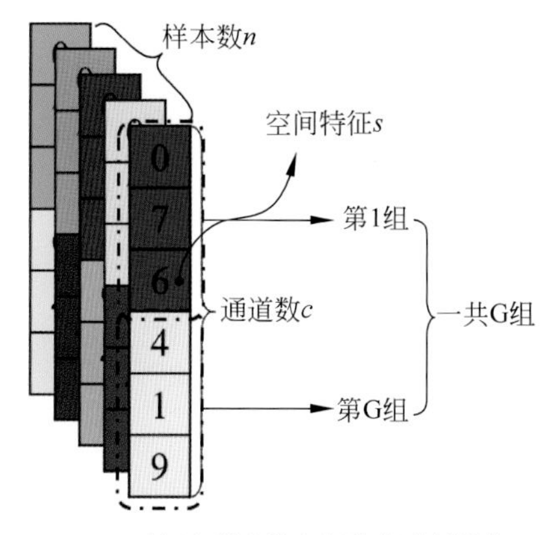

(a) GN对每个样本的空间信息进行转换

$\mu_{1,1}$ $\sigma_{1,1}$	$\mu_{1,2}$ $\sigma_{1,2}$	$\mu_{1,3}$ $\sigma_{1,3}$	$\mu_{1,n-1}$ $\sigma_{1,n-1}$	$\mu_{1,n}$ $\sigma_{1,n}$
$\mu_{G,1}$ $\sigma_{G,1}$	[illegible]	$\mu_{G,3}$ $\sigma_{G,3}$	$\mu_{G,n-1}$ $\sigma_{G,n-1}$	$\mu_{G,n}$ $\sigma_{G,n}$

(b) GN计算每个样本空间信息的均值与标准差

图 4-14　GN 的计算对象与计算结果

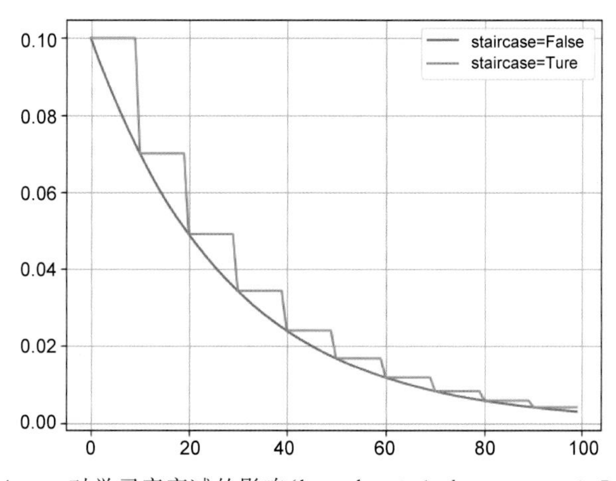

图 4-16　参数 staircase 对学习率衰减的影响(base_lr＝0.1,decay_rate＝0.7,decay_steps＝10)

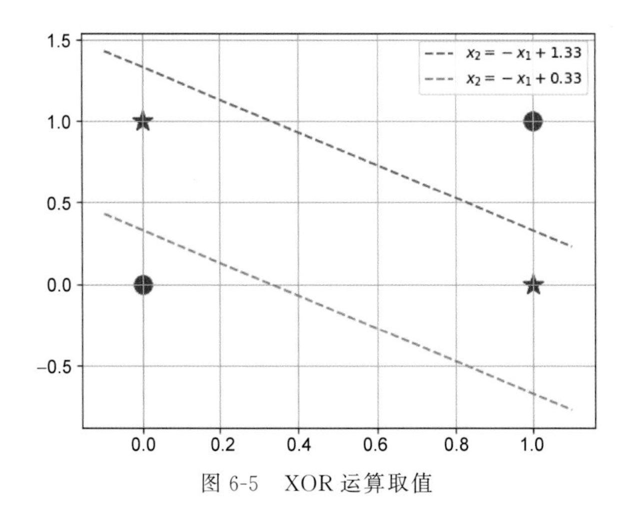

图 6-5　XOR 运算取值

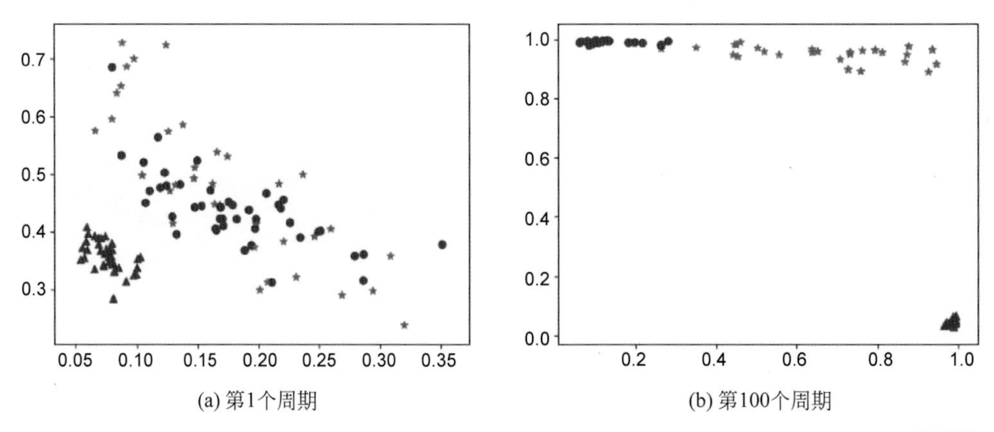

图 6-18　全连接神经网络完成 IRIS 数据集的分类

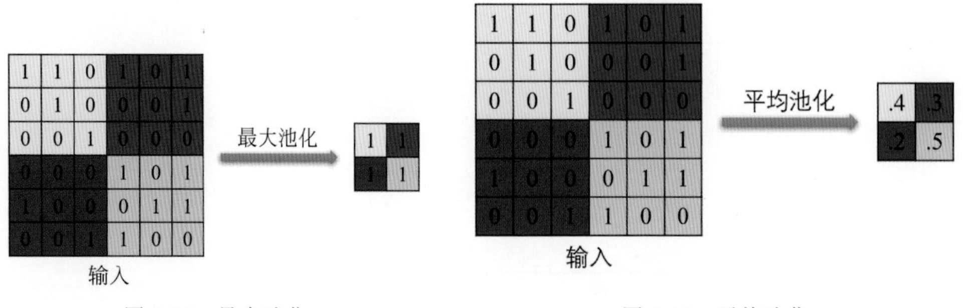

图 7-16　最大池化　　　　图 7-17　平均池化

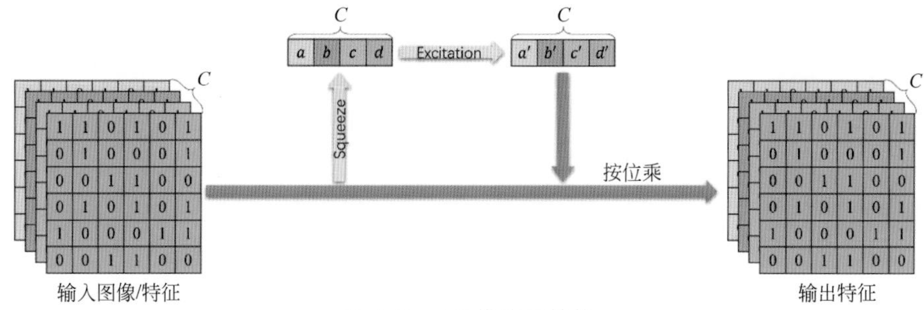

图 7-31　SE 模块的结构

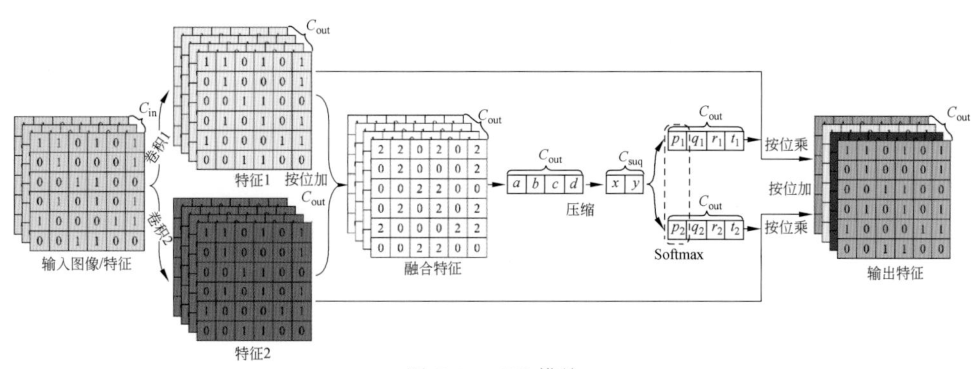

图 7-33　SK 模块

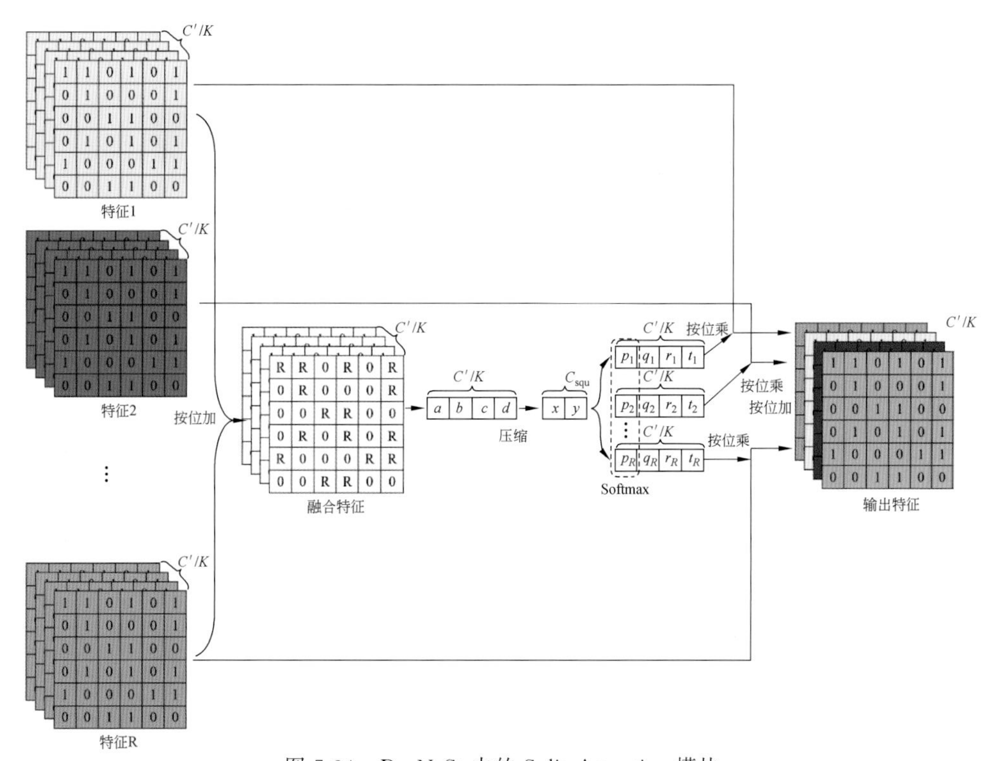

图 7-34　ResNeSt 中的 Split-Attention 模块

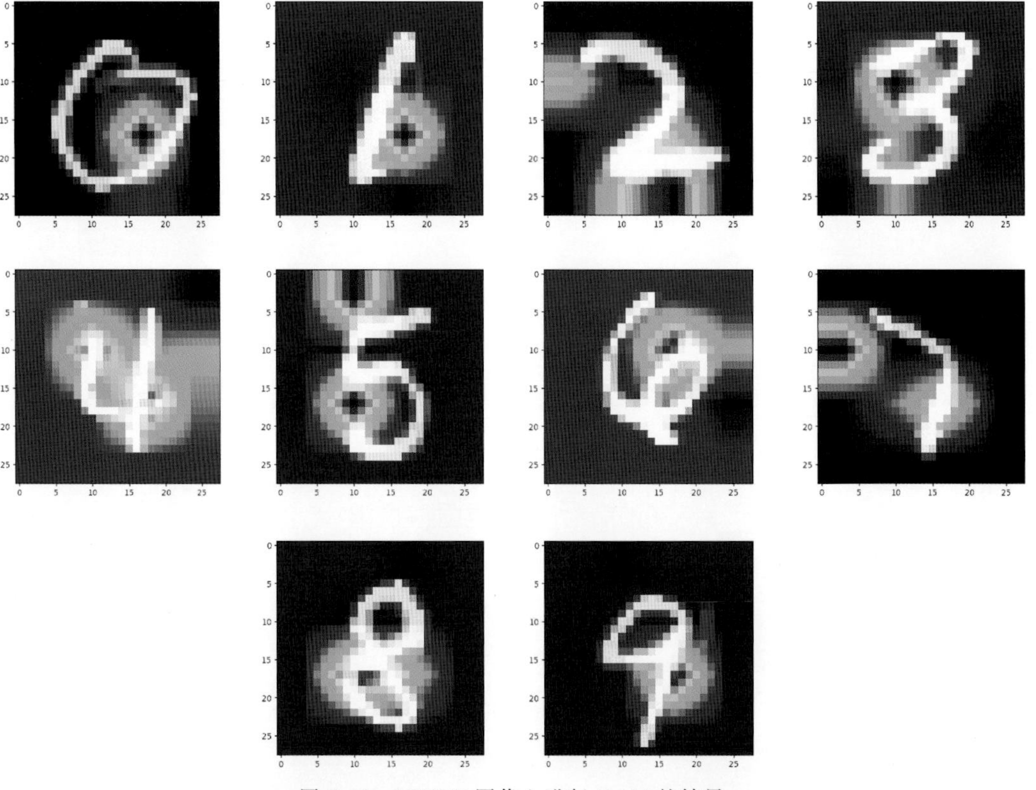

图 7-43　MNIST 图像上进行 CAM 的结果

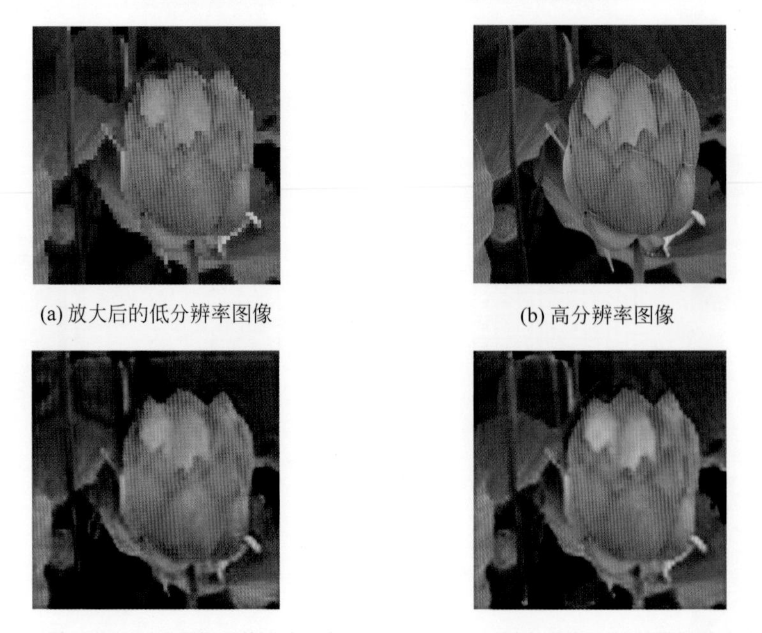

(a) 放大后的低分辨率图像　(b) 高分辨率图像

(c) 使用L2损失训练100个周期后的生成图像　(d) L2+L1损失训练200个周期后的生成图像

图 7-46　使用转置卷积层生成高分辨率图像的结果

(a) 灰度图像　　(b) 模型上色结果　　(c) 彩色原图

图 7-48　使用转置卷积层为灰度图像上色结果

(a) 重建图像　　(b) 原图

图 7-49　使用卷积层与转置卷积层完成图像重建的结果

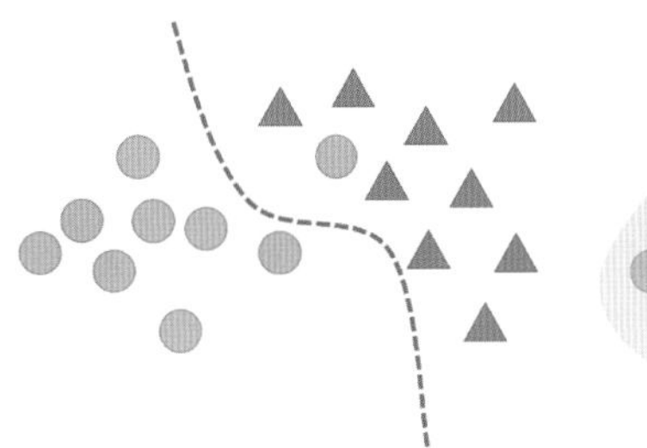
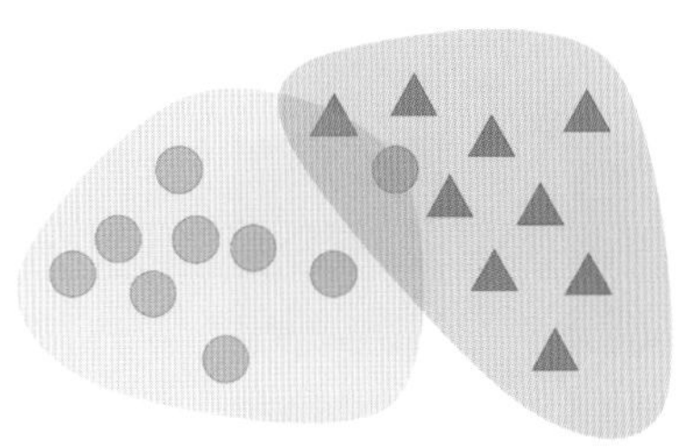

(a) 判别式模型　　(b) 生成式模型

图 8-1　判别式模型与生成式模型的示意图

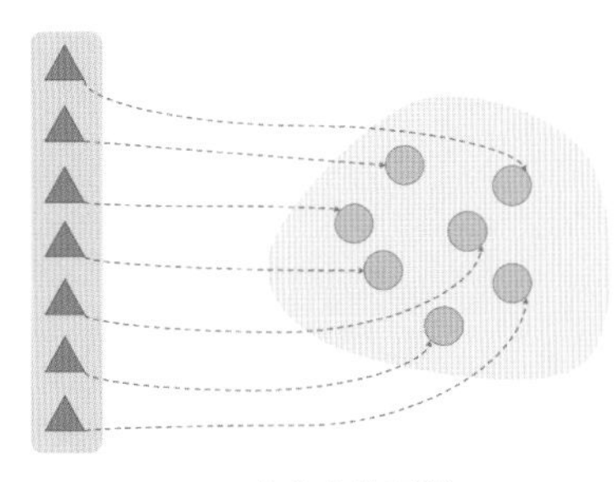
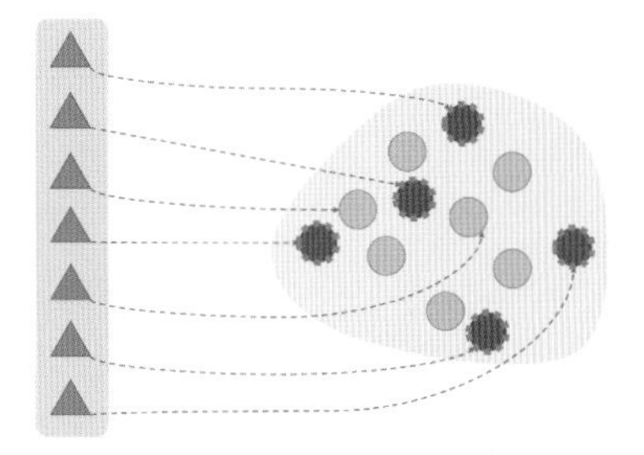

(a) 变分自编码器　　(b) 生成式对抗网络

图 8-7　变分自编码器与生成式对抗网络在训练时数据生成部分的区别

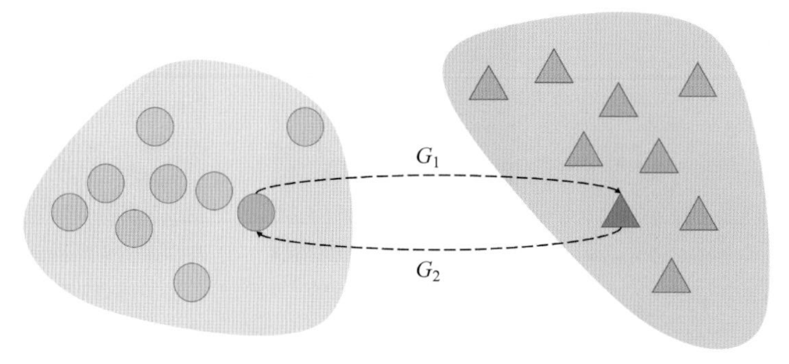

图 8-11　使用生成式对抗网络进行图像域转换

图 8-12　使用 CycleGAN 完成不同域图像之间的转换

科学与技术丛书

TensorFlow计算机视觉原理与实战

欧阳鹏程 任浩然◎编著
Ouyang Pengcheng Ren Haoran

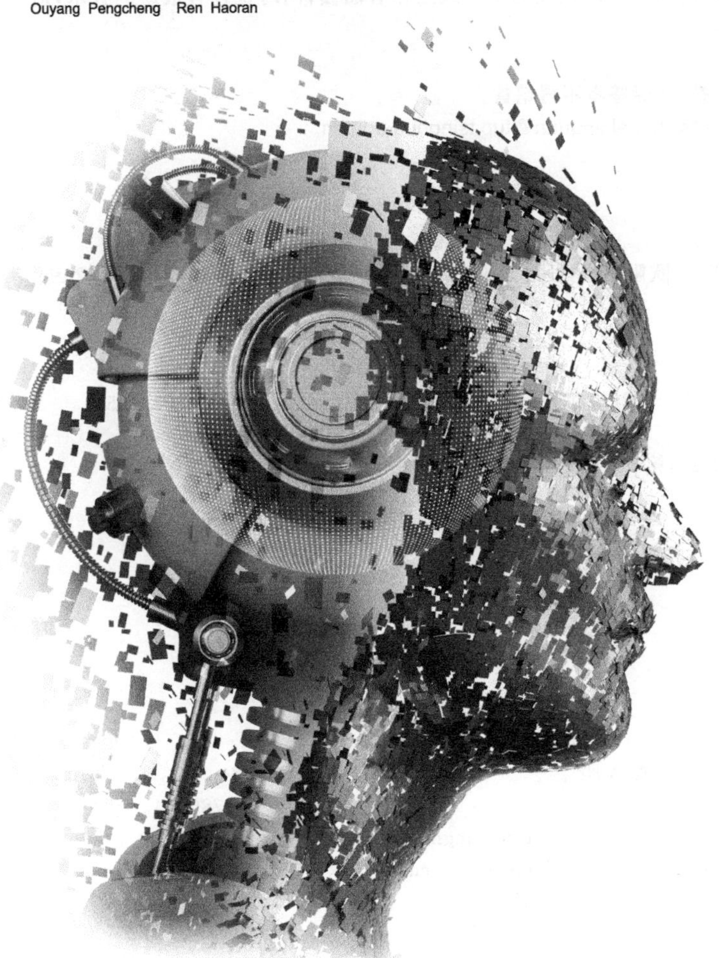

COMPUTER VISION PRINCIPLES AND PRACTICE IN TENSORFLOW

清華大学出版社
北京

内 容 简 介

本书以 Python 数据处理工具和深度学习的基本原理为切入点，由浅入深地介绍 TensorFlow 的使用方法。由原理着手到代码实践，内容从最基本的回归问题开始，到近年来广泛流行的卷积神经网络和生成式模型。本书省去大量烦琐的数学推导，以通俗易懂的语言和示例阐述深度学习的原理。

本书共 8 章，第 1 和 2 章介绍 TensorFlow 的环境搭建与 Python 基本数据处理工具，为后面介绍 TensorFlow 做准备；第 3～5 章讲解 TensorFlow 和深度学习中的基本概念及深度学习常用数据集；第 6～8 章从易到难深入讲解不同的神经网络模型并配合大量的示例，进一步巩固 TensorFlow 代码的使用。本书配有整套代码，在重点、难点处配有讲解视频，读者可以根据自身兴趣与需求对代码进行修改并通过视频对难以理解的知识点进行巩固。

本书的难度、层次适合任何希望入门人工智能领域的学生或工作者阅读，同时也包含最新的技术，适于想要紧跟视觉研究的从业人员阅读。

图书在版编目(CIP)数据

TensorFlow 计算机视觉原理与实战/欧阳鹏程，任浩然编著. —北京：清华大学出版社，2021.5(2022.9重印)
(计算机科学与技术丛书)
ISBN 978-7-302-57968-7

Ⅰ. ①T… Ⅱ. ①欧… ②任… Ⅲ. ①计算机视觉－软件工具－程序设计 Ⅳ. ①TP311.561

中国版本图书馆 CIP 数据核字(2021)第 069106 号

责任编辑：赵佳霓
封面设计：吴 刚
责任校对：徐俊伟
责任印制：丛怀宇

出版发行：清华大学出版社
网 址：http://www.tup.com.cn，http://www.wqbook.com
地 址：北京清华大学学研大厦 A 座 **邮 编**：100084
社 总 机：010-83470000 **邮 购**：010-62786544
投稿与读者服务：010-62776969，c-service@tup.tsinghua.edu.cn
质量反馈：010-62772015，zhiliang@tup.tsinghua.edu.cn
课件下载：http://www.tup.com.cn,010-83470236
印 装 者：天津鑫丰华印务有限公司
经 销：全国新华书店
开 本：186mm×240mm **印 张**：22.5 **插 页**：5 **字 数**：536 千字
版 次：2021 年 6 月第 1 版 **印 次**：2022 年 9 月第 2 次印刷
印 数：1501～2000
定 价：89.00 元

产品编号：089128-01

前言

FOREWORD

人工智能的概念早在20世纪被提出，其属于计算机科学的一个分支。但是受限于当时有限的计算资源，人工智能一直未能展现其巨大的威力。进入21世纪后，随着数据量的爆炸式增长与计算资源的普遍化，人工智能得到了充分的发展，并且得到了实验的支撑。它从最初试图模拟人类大脑神经元激活的方式使机器模型学习知识并产生类似人类思考的智能。

人工智能从创造之始到现在，理论和技术逐渐成熟，应用的领域也不断扩大，从计算机视觉任务、自然语言处理任务、语音识别任务到推荐算法都有人工智能算法的应用。人工智能是一门极具挑战与前景的科学，从事与人工智能相关工作的人员需要必备数学知识、计算机知识与神经科学知识，属于多学科交叉融合的科学。在如今近乎全民人工智能的时代，无论是在校学生还是已步入职场的工作者，了解一些人工智能的基本知识与算法对人生都有极大的帮助。

随着人工智能的广泛流行，各大互联网巨头都着手开发相应的深度学习框架，国外如谷歌的 TensorFlow、脸书的 PyTorch 等，国内则有百度的 PaddlePaddle 等，其中各大深度学习框架都各有优势，它们对于能实现的模型结构也各有偏好，想要完全掌握各种深度学习模型，仅仅掌握一种深度学习框架是完全不够的。作为入门的深度学习框架，TensorFlow 不失为一种好的框架，其具有清晰的逻辑层次、方便的可视化工具、完整的社区，在帮助读者理解模型细节的同时方便读者查阅相关资料自行学习更多知识。

本书面向所有想了解与人工智能相关知识的读者，无论是零基础或是具有一定基础的学生或工作者都适用。本书以 TensorFlow 为深度学习框架，主要讲解计算机视觉任务中相关的知识。TensorFlow 目前已更新至 2. x 版，其语法与更易用的 Keras 相近，与 TensorFlow 1. x 的代码写法差异较大。本书所采用的 TensorFlow 版本为 1. 14. 0，是 TensorFlow 1. x 中的最后一个版本，选用该版本主要有以下两点考虑：第一，由于 TensorFlow 1. x 提供的 API 函数更加底层，因此在编写代码时能够让读者涉及更多的底层实现细节，方便读者对原理加深理解；第二，TensorFlow 1. 14. 0 兼具 TensorFlow 1. x 与 TensorFlow 2. x 的特性，对于以后想迁移到 TensorFlow 2. x 的读者更为友好。

第 1 和 2 章主要为零基础的读者设计，第 1 章引导读者在不同的操作系统下以不同的方式配置 TensorFlow 所需的编程环境；第 2 章为读者介绍一些常用的 Python 编程工具包，这些工具不仅在之后的章节中会用到，在读者平时进行 Python 编程的过程中也十分有帮助；第3章为对TensorFlow不熟悉的读者设计，对TensorFlow中的一些主要概念进行了介绍，例如如何使用TensorFlow编写网络模型的输入层，如何使用TensorFlow定义网络结构并将其使用TensorBoard进行可视化等；第4章的内容更加偏重理论性，从零开始介绍深度学习中的一些重要概念，包括不同任务适用的激活函数、损失函数、优化器等，同时介绍了深度学习任务中训练模型的技巧与参数的选择，相信通过这些技巧，读者能够更快使模型收敛，达到自己想要的效果；第5章则重点讲解深度学习任务中常使用的数据集，从较小的规则数据集到数据量巨大并且图像不规则的数据集均有涉猎，读者应着重关注图像不规则的数据集的使用方法，因为这更接近于日常人们四处收集到的图像，除此以外，还着重介绍了如何从头设计数据集类，包括不同格式图像数据的读取与获取等。第6～8章深入讲解深度学习模型，将前5章介绍的知识与代码进行整合，以完成从数据准备到使用模型进行预测的整个过程。第6章从最简单的全连接神经网络开始，使用其完成回归与分类任务，带领读者初步感受神经网络的魅力；第7章在全连接神经网络的基础上，加入卷积层与转置卷积层，介绍卷积神经网络，以及使用不同的卷积神经网络模型完成了部分数据集的识别任务，同时还向读者呈现了一些神经网络模型比较有趣的应用，如使图像更清晰、为黑白图像上色等；第8章在卷积神经网络的基础上使用不同的理论假设，使模型完成图像生成的任务，通过对两种经典生成式模型的介绍，相信读者能对神经网络模型的应用场景多一层理解。

本书的内容十分连贯，每个章节的内容都会使用到前面章节讲解过的知识，旨在最大限度保证读者学习的连贯性，同时本书将晦涩难懂的数学公式减到最少，尽力以图示的方式促进读者理解，本书部分彩图请见插页。相信读者读完本书后会对计算机视觉相关任务有一个更清晰的理解，希望本书能成为每一位读者打开深度学习与TensorFlow的金钥匙。

编　者

2021年1月

本书源代码下载

目录

CONTENTS

第1章

深度学习简介及TensorFlow环境搭建

随着计算机技术与计算资源日新月异的发展，深度学习早已进入人们的日常生活。无论从事什么工作，深度学习的应用时刻在潜移默化地改变着我们的生活方式：从手机中的AI相机到监控摄像的行人识别，从人脸支付到商品个性化推荐，这些都是深度学习在人们日常生活中具体应用的体现。

本章将为你揭开深度学习的神秘面纱，带你一览深度学习近年来的发展并介绍深度学习常用的语言及工具，在本章的1.3节与1.4节则介绍本书所用的深度学习框架TensorFlow及其在不同操作系统下的环境配置，为后面的章节做好编程环境的准备。

1.1 什么是深度学习

想要入门深度学习，首先就要明白什么是深度学习。从字面意义上讲，深度学习可以分为"深度"和"学习"两个词进行理解。有了"深"，则必定有"浅"，那么何为"浅"呢？通常来说，可以将模型的层分为输入层、隐含层和输出层。浅层模型是指隐含层少于5层的模型，如传统机器学习中的支持向量机就是隐含层为1层的模型。而深度学习的模型输入层和最终的输出层之间，通常需要有5层及以上的隐含层。"学习"一词想必大家都能明白。对于人而言，学习不是靠死记硬背，而是通过大量的练习总结出一套规律，以应变以前未处理过的问题。对于深度学习的模型也是一样，它的学习是指模型能自动从给定数据学习到内在规律，不需要人为给模型制订一套判别规则，并且完成学习的模型能在没见过的数据上产生一定的泛化性。

深度学习起源于20世纪40年代，以McCulloch-Pitts模型的建立作为开始的标志。它由美国心理学家麦卡洛克(W. S. McCulloch)和数学家皮特斯(W. Pitts)等提出，利用神经元模型模拟人脑神经元的各种状态，如多输入单输出(多根神经突触连接到一个神经元)、能产生抑制或者兴奋两种不同的状态(神经递质与突触后膜受体相结合从而使突触电位去极化或超极化)等，如图1-1所示。通过大量堆叠只能完成简单操作的神经元得到复杂的模型，从而模拟整个人脑的学习过程。

虽然深度学习的原理并不高深，但是由于其需要大量简单的神经元共同协作表示复杂

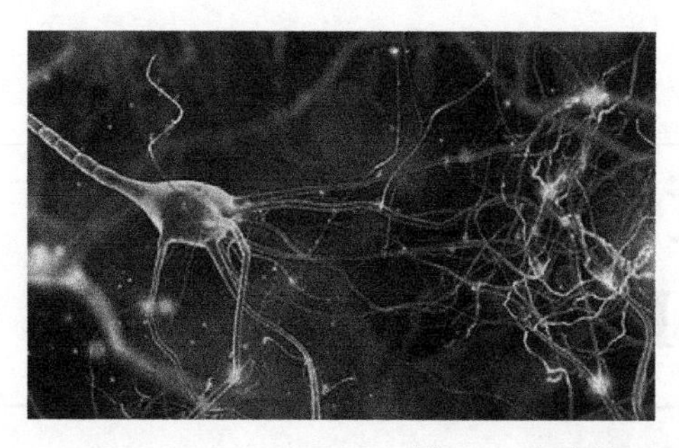
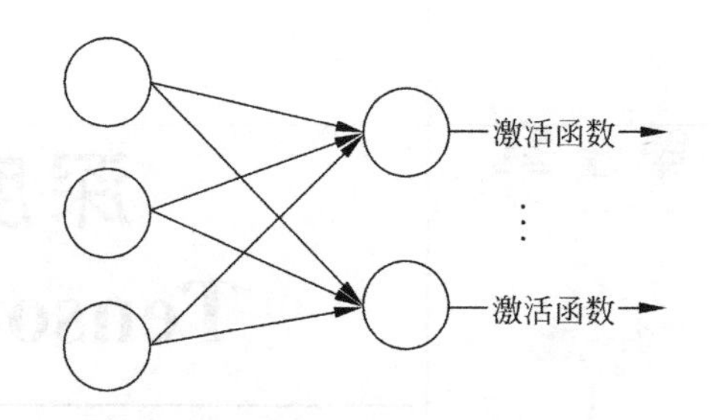

图 1-1 大脑神经元与人工神经元对比

的特征，因此需要大量的数据进行训练，从而消耗大量计算资源，而这两者恰恰在 20 世纪都是不具备的。进入 21 世纪之后，随着信息量的爆炸与算力的迅速发展，深度学习一度又引起人们的关注。2006 年，Geoffrey Hinton、Yoshua Bengio、Yann LeCun 等对深度学习进一步研究与应用，深度学习或者说神经网络才迅速成为广为人知的新技术。

实际上，深度学习是一种模式分析方法的统称，它一般包括以下三类方法：

(1) 卷积神经网络(Convolutional Neural Networks，CNN)：以卷积操作为基本方法的神经网络。

(2) 自编码神经网络：包括自编码(Auto Encoding)及近年来备受关注的稀疏编码(Sparse Coding)。

(3) 深度置信网络(Deep Belief Networks，DBN)：通过训练神经元之间的权重，网络以最大的概率生成数据。

本书主要涉及卷积神经网络在计算机视觉中的应用，所以在此只对卷积神经网络进行介绍。

1980 年，受到 Hubel 和 Wiesel 对猫的视觉系统研究的启发，Kunihiko Fukishima 提出 Neocognitron，而 Yann LeCun 从 Neocognition 激发灵感并使用了 BP 算法后，于 1998 年提出 CNN 与他的 LeNet-5 模型。

卷积神经网络通过仅对图像局部进行感知，再在后面的层组合局部信息以得到图像全局信息来大大减少网络参数，并保留模型对图像在空间上的感知特性。2012 年，Alex Krizhevsky 等人凭借它们提出的 AlexNet 一举拿下当年 ImageNet 竞赛冠军，将分类错误率从 26%降低到了 15%，惊艳了世人的同时，许多公司也开始将深度学习应用到核心业务中。因此，要理解计算机视觉，无论在学习还是在工作中亦或只是想迈入计算机视觉的门槛探头张望一番，对卷积神经网络的了解和学习是必不可少的。

1.2 深度学习语言与工具

随着深度学习的发展，许多编程语言都有自己的深度学习框架。如 Java 及其深度学习库 Deeplearning4J，以及 C++的深度学习库 Deep Learning Library(DLL)等，它们的标志如

图 1-2 所示。其中深度学习框架百花齐放所使用的语言非 Python 莫属，其常见的深度学习库就有 Caffe、Theano、Keras、PyTorch、TensorFlow 等。

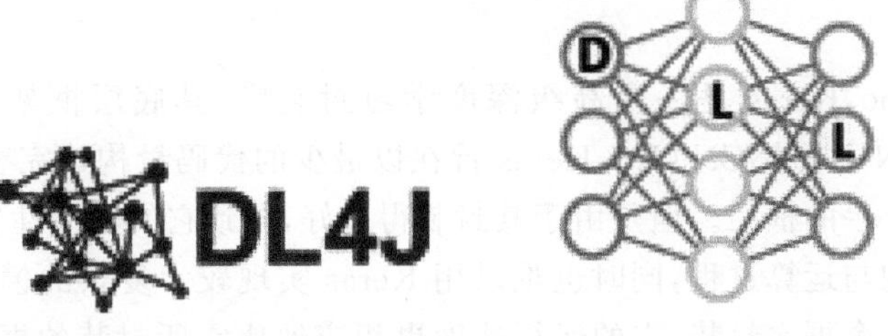

图 1-2　Java 深度学习工具 Deeplearning4J 与 C++深度学习工具 Deep Learning Library

为什么 Python 语言是最适合做深度学习的语言呢？首先，Python 是一种适合于数据科学工作的语言，其中的 NumPy、Pandas、SciPy 等模块极大方便了数据分析与科学计算，深度学习少不了和数据打交道，使用 Python 进行数据分析和科学计算甚至可以媲美 Matlab。其次，Python 语法简单，对新手十分友好，上手较快。本书作为一本计算机视觉的入门书籍，自然也采取 Python 语言进行讲解。下面再来简要介绍一下 Python 各个常见的深度学习库，如图 1-3 所示。

(a) Caffe与Caffe2　　(b) Theano

(c) Keras　　(d) PyTorch　　(e) TensorFlow 1.x与TensorFlow 2.x

图 1-3　Python 常见深度学习工具的图标

1. Caffe

Caffe 诞生于加利福尼亚大学伯克利分校，由华人博士贾扬清于 2013 年开发。使用 C++编写并带有 Python 接口。说到深度学习，相信所有人都知道 Caffe，因为它是最早的深度学习框架之一。Caffe 的应用场景主要针对基于卷积神经网络搭建的模型，不适用于其他类型的深度学习应用。2017 年，Facebook 发布了一款新的深度学习框架 Caffe2，其更关注于深度学习在移动端上的应用，侧重于工业界的使用。

2. Theano

和 Caffe 一样，Theano 也是一老牌深度学习框架，于 2008 年诞生于加拿大蒙特利尔大学。由于 Theano 密集集成了 Numpy 模块，其对多维数组运算的支持也是无可比拟的，但是同时也是一个抽象程度较低的框架。Theano 为大规模神经网络计算所设计，其采用一系列代码从硬件上获取最大的性能，在 CPU 或 GPU 上以最快的速度得以运行。2017 年，Theano 宣布停止更新维护。

3. Keras

不同于 Theano，Keras 是一个高级深度学习封装库，其底层框架可以基于 Theano、TensorFlow、MXNet 或者 CNTK。Keras 旨在以最少的代码量构建完整神经网络模型，所以也是一个很好上手的框架。但是由于其封装得过好，导致它的灵活性较差，难以让用户看到模型内在的结构与运算过程，同时也难以用 Keras 实现较为复杂的模型。而且由于其只是对其他框架的一个再次封装，它的运行速度也相应地比它所封装的框架慢。因此，Keras 适合那些想要以最少的代码量、在最短的时间内验证自己想法的人，而不适用于最终代码的发布与部署。

4. PyTorch

PyTorch 是 Torch 的 Python 版本，而 Torch 由于采用 Lua 语言进行编程，导致其受众不如 Python 语言受众广泛。于是 2017 年 Facebook 人工智能研究院推出 PyTorch，并在之后将 Caffe2 全部代码一并转入 PyTorch。PyTorch 的许多函数接口和 Numpy 类似，对于已经能熟练使用 Numpy 的用户而言，PyTorch 并不难上手。PyTorch 作为一个较为“年轻”的深度学习框架，已经受到许多人的追捧，但是其在工业部署中却使用较少，因为其对于多平台的支持性仍不够好，并且其由于缺少可视化工具，在调试模型时则显得不够便捷。

5. TensorFlow

TensorFlow 于 2015 年由谷歌大脑开发，一经发布就引起强烈反响。其由低级别的符号定义和高级别的网络库组成。与此同时，其自带的可视化工具 TensorBoard 可以实时以可视化的方式监控整个模型的训练过程。

1.3 TensorFlow 的优势

如 1.2 节所说，在 Python 中有如此多的深度学习框架，那么为什么要选择 TensorFlow 呢？TensorFlow 相较于其他的深度学习框架又有什么优势呢？首先，TensorFlow 由谷歌开发，其背后有数量庞大的社区用户。其次，由于 TensorFlow 同时集成了低级别的运算符和高级别的网络结构，使人们能以最快的速度搭建模型的同时而又不失代码的灵活性。TensorFlow 从最开始在 Python 环境下的支持到现在的网页端与移动端，可以说其作为深度学习框架的用途十分广泛。它也是一个轻量级的框架，使编码人员能快速生成模型并进行重现。如今，已有超过数十家公司采用 TensorFlow 构建自己的人工智能服务业务。

相较于 Caffe，TensorFlow 不仅对卷积神经网络有良好的支持，其在序列模型上也有强大的建模能力，它也支持强化学习（当然本书不涉及序列模型和强化学习）。对于 Theano

和 Keras,TensorFlow 同样保持了两者抽象程度的优势,既有低层次的代码实现,也有较高抽象程度的 API,用户可以灵活进行选择。而对于 PyTorch,TensorFlow 有自己的可视化工具 TensorBoard,可以使模型训练过程更加透明,便于用户进行调试与改进。TensorFlow 许多底层实现由 C++语言完成,使得其性能与运行效率得到保证。而且,TensorFlow 支持多机多 GPU 运算,能利用计算机集群进行计算,正是因为这一特性,TensorFlow 大受工业界的欢迎。因此,如果前期将 TensorFlow 作为入门深度学习的框架,在后期需要部署业务时,也会变得方便许多。

说了这么多,也做了如此多的比较,身为读者的你是否已经跃跃欲试了呢?下面我们就来做第一步,也就是为 TensorFlow 搭建运行环境。

1.4 TensorFlow 的安装与环境配置

本节同时提供 Windows 和 Linux 系统上的 TensorFlow 环境配置,读者可以根据自己的操作系统自行选择配置方式。同时本节还提供 CPU 和 GPU 版本的 TensorFlow 的安装方式,其中 GPU 版本使用两种方式解决环境依赖,即通过 Anaconda 解决环境依赖和手动安装环境依赖。

不过本书强烈推荐使用 Anaconda 来配置 GPU 版的 TensorFlow(如果计算机中没有 NVIDIA GPU 也没有关系,直接配置 CPU 版本即可,这并不影响程序的运行),这样会使整个过程更加简便,而不会在环境配置上耗费过多时间。

1.4.1 Windows 下配置 GPU 版 TensorFlow

21min

本书采用 Windows 版本为 Windows 10 专业版 64 位,版本号 18363。NVIDIA 显卡为 GeForce GT740M。

1. 安装 Anaconda

Anaconda 是一个 Python 的包管理器,其可以便捷地获取 Python 包并对其进行管理,还能创建具有不同 Python 版本与不同包的单独虚拟环境。

在这一步使用 Anaconda 是为了安装 Python,而非在此使用 Anaconda 解决 TensorFlow 环境依赖。若读者计算机中已有 Python 并不想再使用 Anaconda 对 Python 进行安装,可以跳过本节。笔者强烈建议读者使用 Anaconda 中的 Python,即使并不为 TensorFlow 的环境配置所用,Anaconda 在日常使用 Python 的过程中也能发挥强大的作用。

首先,进入 Anaconda 的官网 https://www.anaconda.com,如图 1-4 所示。单击上部的 Products 并单击 Individual Edition 按钮进入个人版下载页面,向下滑动页面能看到 Windows 按钮,如图 1-5 所示,最新版的 Anaconda 自带的 Python 版本为 3.8。由于本书使用的是 TensorFlow 1.14.0,其最高只支持 Python 3.7,所以我们需要单击图 1-5 下部的 archive 链接并根据自己的操作系统选择 32 位或 64 位的安装程序,如图 1-6 所示,笔者使用的 Anaconda 安装包为"Anaconda3-2020.02-Windows-x86_64.exe",建议读者使用相同版本。

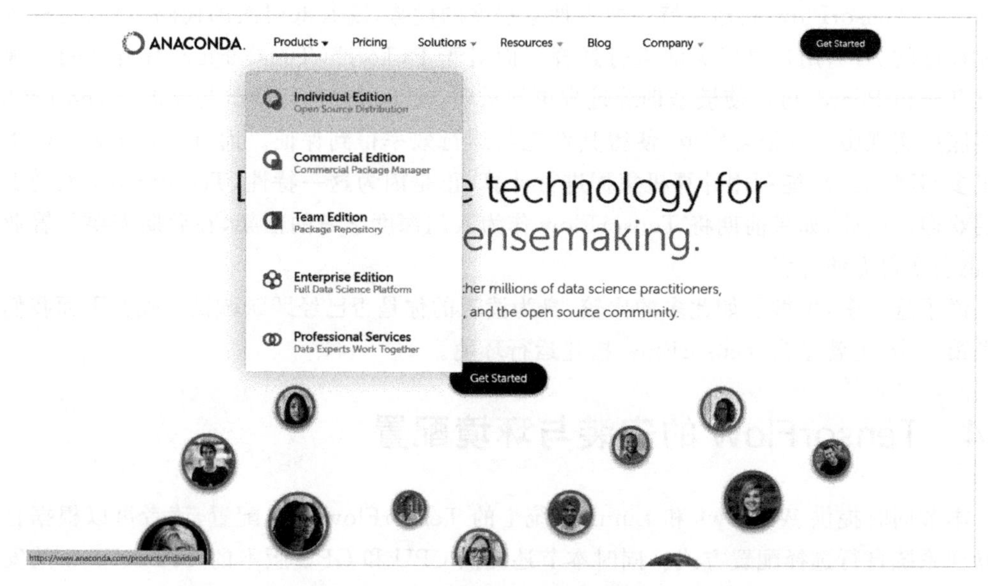

图 1-4　Anaconda 官方网站

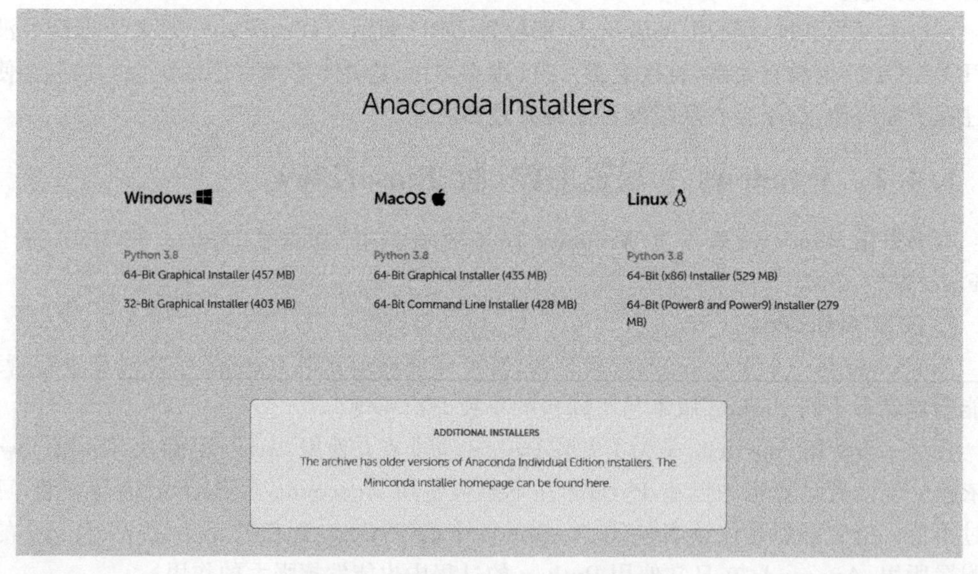

图 1-5　最新版 Anaconda 下载页面

下载好对应的 Anaconda 安装程序后，单击“下一步”按钮直到如图 1-7 所示。这里将 Add Anaconda3 to my PATH environment variable 的复选框勾选，方便后期验证 Anaconda 是否正常安装。接着单击“下一步”按钮直至安装完毕后，打开命令行(Win+R，输入 cmd)输入 conda info，如果能看到类似图 1-8 所示信息，那么恭喜你，Anaconda 已经安装完毕。最后测试一下 Python 和 pip 是否能正常运行，在命令行中分别输入 python 和

Anaconda3-2019.07-Windows-x86_64.exe	485.8M	2019-07-25 09:37:53	56edfc7280fb8def19922a0296b45633
Anaconda3-2019.10-Linux-ppc64le.sh	320.3M	2019-10-15 09:26:11	9dd413b0f2d0c68f387541428fe8d565
Anaconda3-2019.10-Linux-x86_64.sh	505.7M	2019-10-15 09:26:05	b77a71c3712b45c8f33c7b2ecade366c
Anaconda3-2019.10-MacOSX-x86_64.pkg	653.5M	2019-10-15 09:27:33	5b051bf25188cd4bdcb7794f5bea6886
Anaconda3-2019.10-MacOSX-x86_64.sh	424.2M	2019-10-15 09:27:31	1a56194e89795b7ebbfe405b09d9c42d
Anaconda3-2019.10-Windows-x86.exe	409.6M	2019-10-15 09:26:10	0e71632df6a17f625c1103b34f66e8ba
Anaconda3-2019.10-Windows-x86_64.exe	461.5M	2019-10-15 09:27:17	fafcdbf5feb6dc3081bf07cbb8af1dbe
Anaconda3-2020.02-Linux-ppc64le.sh	276.0M	2020-03-11 10:32:32	fef889d3939132d9caf7f56ac9174ff6
Anaconda3-2020.02-Linux-x86_64.sh	521.6M	2020-03-11 10:32:37	17600d1f12b2b047b62763221f29f2bc
Anaconda3-2020.02-MacOSX-x86_64.pkg	442.2M	2020-03-11 10:32:57	d1e7fe5d52e5b3ccb38d9af262688e89
Anaconda3-2020.02-MacOSX-x86_64.sh	430.1M	2020-03-11 10:32:34	f0229959e0bd45dee0c14b20e58ad916
Anaconda3-2020.02-Windows-x86.exe	423.2M	2020-03-11 10:32:58	64ae8d0e5095b9a878d4522db4ce751e
Anaconda3-2020.02-Windows-x86_64.exe	466.3M	2020-03-11 10:32:35	6b02c1c91049d29fc65be68f2443079a
Anaconda3-2020.07-Linux-ppc64le.sh	290.4M	2020-07-23 12:16:47	daf3de1185a390f435ab80b3c2212205
Anaconda3-2020.07-Linux-x86_64.sh	550.1M	2020-07-23 12:16:50	1046c40a314ab2531e4c099741530ada
Anaconda3-2020.07-MacOSX-x86_64.pkg	462.3M	2020-07-23 12:16:42	2941ddbaf0cdb49b342c18cde51fee43
Anaconda3-2020.07-MacOSX-x86_64.sh	454.1M	2020-07-23 12:16:44	50f20c90b8b5bfdc09759c09e32dce68
Anaconda3-2020.07-Windows-x86.exe	397.3M	2020-07-23 12:16:51	aa7dcf4d02baa25d14baf5728e29d067
Anaconda3-2020.07-Windows-x86_64.exe	467.5M	2020-07-23 12:16:46	7c718535a7dd89fa46b147626ada9e46
Anaconda3-2020.11-Linux-ppc64le.sh	278.9M	2020-11-18 16:45:36	bc09710e65cdbba68688061b149281dc
Anaconda3-2020.11-Linux-x86_64.sh	528.8M	2020-11-18 16:45:36	4cd48ef23a075e8555a8b6d0a8c4bae2
Anaconda3-2020.11-MacOSX-x86_64.pkg	435.3M	2020-11-18 16:45:35	2f96bb47eb5a949da6f99a71d7d66420

图 1-6 历史版本 Anaconda 下载页面

pip，如果能看到类似图 1-9 所示的界面，那么你就可以进入下一节了。

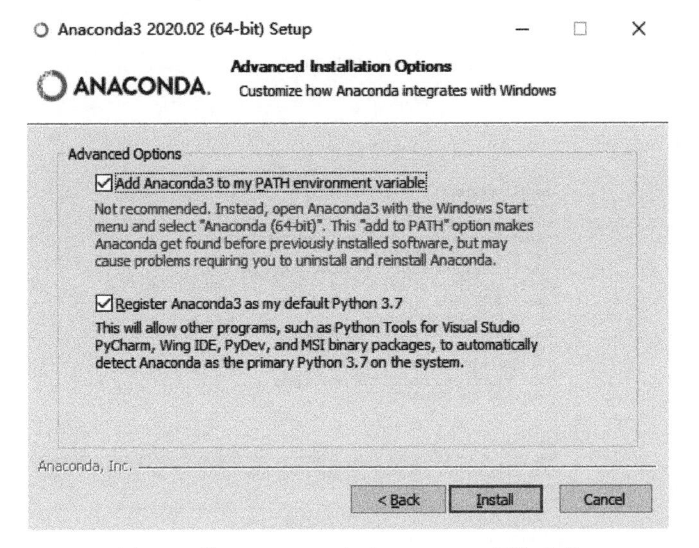

图 1-7 将 Anaconda3 加入 Windows 环境变量

2. 安装 NVIDIA 显卡驱动

当计算机上已经有可以运行的 Python 之后，我们需要为计算机上的 NVIDIA 显卡安装驱动。如果你使用的也是 Windows 10，那么可以通过“开始菜单”→“设置”→“更新与安全”→“检查更新”，让 Windows 自动帮你安装显卡驱动。不过，为确保每位读者都能顺利配置环境，笔者需要在此说明手动安装 NVIDIA 显卡驱动的方法。

```
C:\Users\Peter>conda info

     active environment : None
            shell level : 0
       user config file : C:\Users\Peter\.condarc
 populated config files :
          conda version : 4.8.2
    conda-build version : 3.18.11
         python version : 3.7.6.final.0
       virtual packages : __cuda=10.1
       base environment : D:\Software\Anconda3  (writable)
           channel URLs : https://repo.anaconda.com/pkgs/main/win-64
                          https://repo.anaconda.com/pkgs/main/noarch
                          https://repo.anaconda.com/pkgs/r/win-64
                          https://repo.anaconda.com/pkgs/r/noarch
                          https://repo.anaconda.com/pkgs/msys2/win-64
                          https://repo.anaconda.com/pkgs/msys2/noarch
          package cache : D:\Software\Anconda3\pkgs
                          C:\Users\Peter\.conda\pkgs
                          C:\Users\Peter\AppData\Local\conda\conda\pkgs
       envs directories : D:\Software\Anconda3\envs
                          C:\Users\Peter\.conda\envs
                          C:\Users\Peter\AppData\Local\conda\conda\envs
               platform : win-64
             user-agent : conda/4.8.2 requests/2.22.0 CPython/3.7.6 Windows/10 Windows/10.0.18362
          administrator : False
             netrc file : None
           offline mode : False
```

图 1-8 使用 conda info 测试 Anaconda

```
C:\Users\Peter>python
Python 3.7.6 (default, Jan  8 2020, 20:23:39) [MSC v.1916 64 bit (AMD64)] :: Anaconda, Inc. on win32

Warning:
This Python interpreter is in a conda environment, but the environment has
not been activated.  Libraries may fail to load.  To activate this environment
please see https://conda.io/activation

Type "help", "copyright", "credits" or "license" for more information.
>>>
```

(a) python

```
C:\Users\Peter>pip

Usage:
  pip <command> [options]

Commands:
  install                     Install packages.
  download                    Download packages.
  uninstall                   Uninstall packages.
  freeze                      Output installed packages in requirements format.
  list                        List installed packages.
  show                        Show information about installed packages.
  check                       Verify installed packages have compatible dependencies.
  config                      Manage local and global configuration.
  search                      Search PyPI for packages.
  wheel                       Build wheels from your requirements.
  hash                        Compute hashes of package archives.
  completion                  A helper command used for command completion.
  debug                       Show information useful for debugging.
  help                        Show help for commands.

General Options:
  -h, --help                  Show help.
  --isolated                  Run pip in an isolated mode, ignoring environment variables and user configuration.
  -v, --verbose               Give more output. Option is additive, and can be used up to 3 times.
  -V, --version               Show version and exit.
  -q, --quiet                 Give less output. Option is additive, and can be used up to 3 times (corresponding to
                              WARNING, ERROR, and CRITICAL logging levels).
  --log <path>                Path to a verbose appending log.
```

(b) pip

图 1-9 测试 python 和 pip

首先,需要确保自己计算机上的显卡是 NVIDIA 显卡并确定显卡的型号(如果不知道型号,则可以搜索自己计算机对应的出厂配置)。在此之后,进入 NVIDIA 的官网 https://www.nvidia.cn/,如图 1-10 所示,在导航栏中单击"驱动程序"→"所有 NVIDIA 驱动程序",会进入驱动程序下载页面,如图 1-11 所示。在选项中查找自己的显卡型号,需要注意的是，需要区分是否是笔记本专用的驱动程序，在下载类型一栏，可以选择 GameReady 驱动程序(GRD)和 Studio 驱动程序(SD)，最好选择 Studio 驱动程序。由于笔者的显卡只有 GameReady 驱动程序，所以在此笔者使用的是 GameReady 驱动程序。

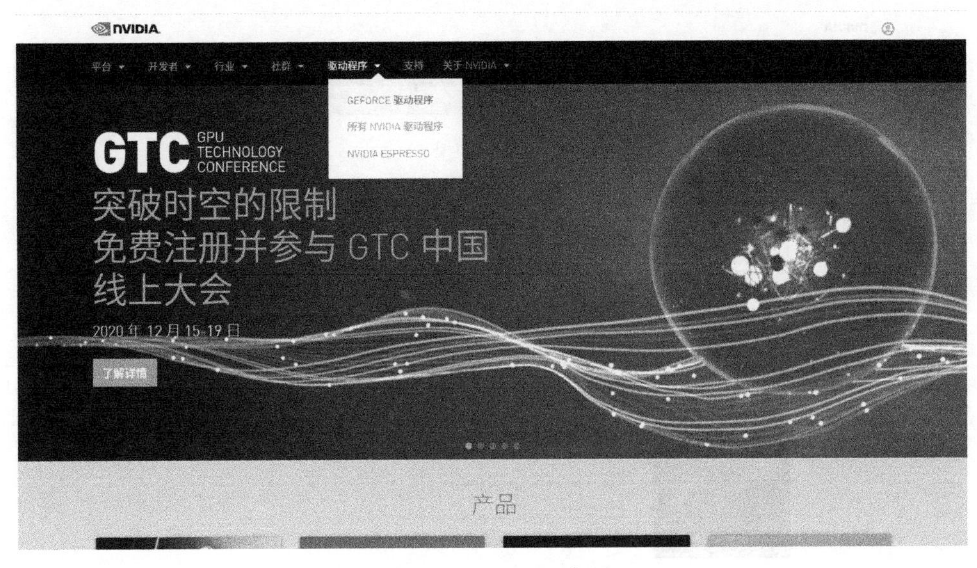

图 1-10　NVIDIA 官网

图 1-11　根据自己显卡型号与操作系统选择相应的驱动

开始下载之前，务必根据网页返回的驱动版本号，如图 1-12 所示，同时参照表 1-1 和表 1-2，仔细检查所要安装的 TensorFlow 版本与即将下载的驱动版本是否兼容。本书采用

1.14.0 版本的 TensorFlow，所以从表 1-1 得知需要 CUDA 10，再从表 1-2 得知 CUDA 10 在 Windows 上支持版本高于 411.31 的显卡驱动，因此笔者直接下载图 1-12 所示的 425.31 驱动即可。

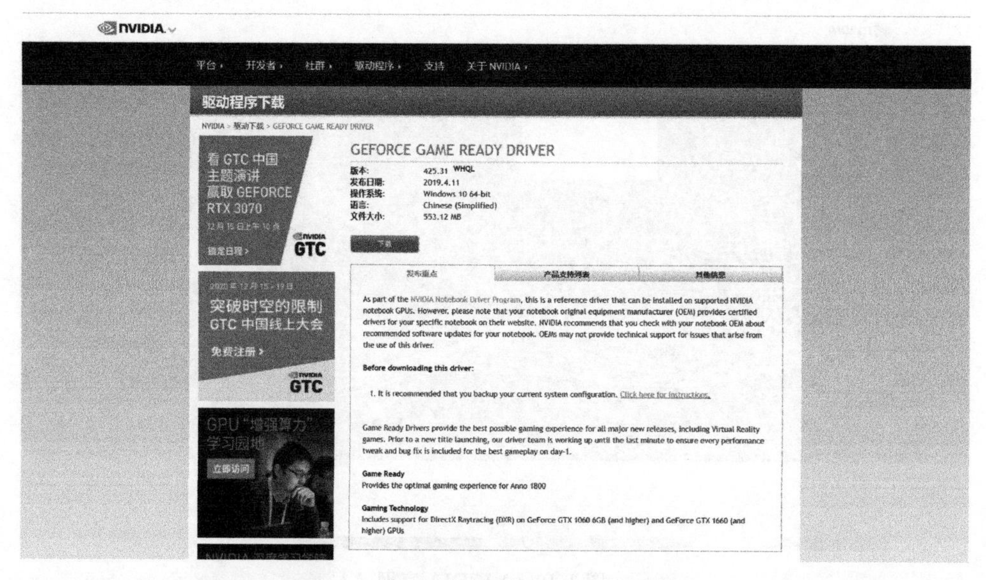

图 1-12 检查驱动版本号是否符合要求

表 1-1 TensorFlow-GPU、Python、CUDA、cuDNN 版本之间的对应关系

TensorFlow 版本	Python 版本	CUDA 版本	cuDNN 版本
TensorFlow_gpu-2.0.0	3.5-3.7	10	7.4
TensorFlow_gpu-1.14.0	3.5-3.7	10	7.4
TensorFlow_gpu-1.13.0	3.5-3.7	10	7.4
TensorFlow_gpu-1.12.0	3.5-3.6	9	7
TensorFlow_gpu-1.11.0	3.5-3.6	9	7
TensorFlow_gpu-1.10.0	3.5-3.6	9	7
TensorFlow_gpu-1.9.0	3.5-3.6	9	7
TensorFlow_gpu-1.8.0	3.5-3.6	9	7
TensorFlow_gpu-1.7.0	3.5-3.6	9	7
TensorFlow_gpu-1.6.0	3.5-3.6	9	7
TensorFlow_gpu-1.5.0	3.5-3.6	9	7
TensorFlow_gpu-1.4.0	3.5-3.6	8	6
TensorFlow_gpu-1.3.0	3.5-3.6	8	6
TensorFlow_gpu-1.2.0	3.5-3.6	8	5.1
TensorFlow_gpu-1.1.0	3.5	8	5.1
TensorFlow_gpu-1.0.0	3.5	8	5.1

表 1-2　CUDA 与 NVIDIA 驱动版本对应关系

CUDA 版本	Linux 驱动版本	Windows 驱动版本
CUDA 11.2.0 GA	>=460.27.04	>=460.89
CUDA 11.1.1 Update 1	>=455.32	>=456.81
CUDA 11.1 GA	>=455.23	>=456.38
CUDA 11.0.3 Update 1	>=450.51.06	>=451.82
CUDA 11.0.2 GA	>=450.51.05	>=451.48
CUDA 11.0.1 RC	>=450.36.06	>=451.22
CUDA 10.2.89	>=440.33	>=441.22
CUDA 10.1	>=418.39	>=418.96
CUDA 10.0.130	>=410.48	>=411.31
CUDA 9.2(9.2.148 Update 1)	>=396.37	>=398.26
CUDA 9.2(9.2.88)	>=396.26	>=397.44
CUDA 9.1(9.1.85)	>=390.46	>=391.29
CUDA 9.0(9.0.76)	>=384.81	>=385.54
CUDA 8.0(8.0.61 GA2)	>=375.26	>=376.51
CUDA 8.0(8.0.44)	>=367.48	>=369.30
CUDA 7.5(7.5.16)	>=352.31	>=353.66
CUDA 7.0(7.0.28)	>=346.46	>=347.62

安装完显卡驱动后，在命令行中输入 nvidia-smi，能看到类似图 1-13 所示的结果则说明驱动安装成功。

```
+-----------------------------------------------------------------------------+
| NVIDIA-SMI 425.31       Driver Version: 425.31                              |
|-------------------------------+----------------------+----------------------+
| GPU  Name            TCC/WDDM | Bus-Id        Disp.A | Volatile Uncorr. ECC |
| Fan  Temp  Perf  Pwr:Usage/Cap|         Memory-Usage | GPU-Util  Compute M. |
|===============================+======================+======================|
|   0  GeForce GT 740M    WDDM  | 00000000:01:00.0 N/A |                  N/A |
| N/A   59C    P0    N/A /  N/A |     38MiB /  2048MiB |     N/A      Default |
+-------------------------------+----------------------+----------------------+

+-----------------------------------------------------------------------------+
| Processes:                                                       GPU Memory |
|  GPU       PID   Type   Process name                             Usage      |
|=============================================================================|
|    0                    Not Supported                                       |
+-----------------------------------------------------------------------------+
```

图 1-13　检查 NVIDIA 显卡驱动是否安装成功

3. 安装 CUDA

安装完显卡驱动之后，接下来安装 CUDA。

CUDA 是 NVIDIA 推出的一种并行计算架构，能高速完成复杂的数值计算问题，所以在配置 GPU 版本的 TensorFlow 时，CUDA 的安装是必不可少的。

打开 CUDA Toolkit 下载页面后（https://developer.nvidia.com/cuda-downloads），选择对应的操作系统，即可下载 CUDA 安装程序。选择完操作系统与安装包类型后，网页会自动返回最新版本的 CUDA 下载链接，如果该 CUDA 版本能满足 TensorFlow 版本需求，则直接单击 Download 按钮即可。

如图 1-14 所示，页面返回了 CUDA 11.1.0 的下载链接。从表 1-1 中可以知道，该 CUDA 版本不满足 TensorFlow-GPU 1.14.0 的要求。所以需要到 CUDA 历史版本下载页面(https://developer.nvidia.com/cuda-toolkit-archive)寻找合适版本的 CUDA(如 CUDA 10.2.89)，如图 1-15 所示。

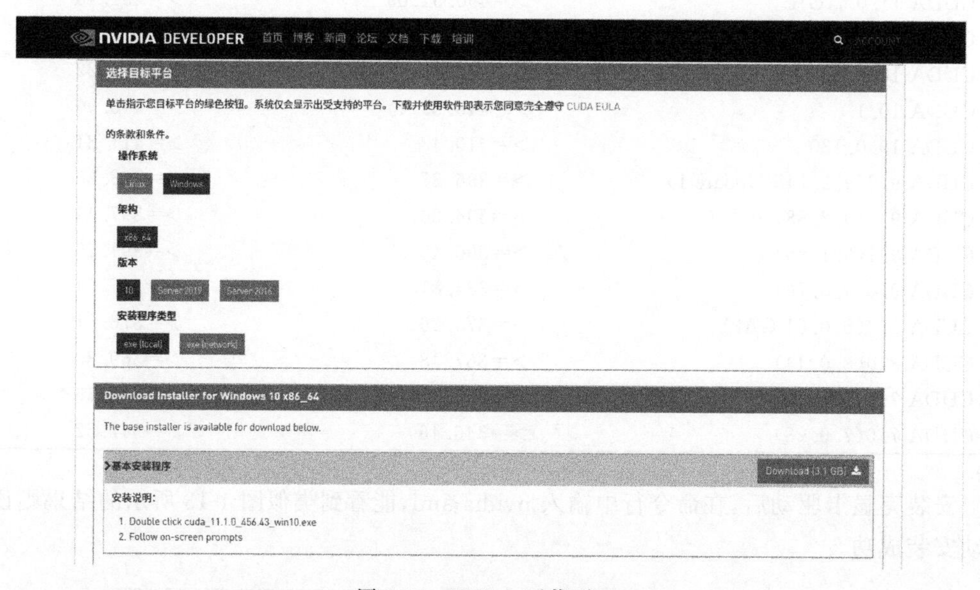

图 1-14　CUDA 下载页面

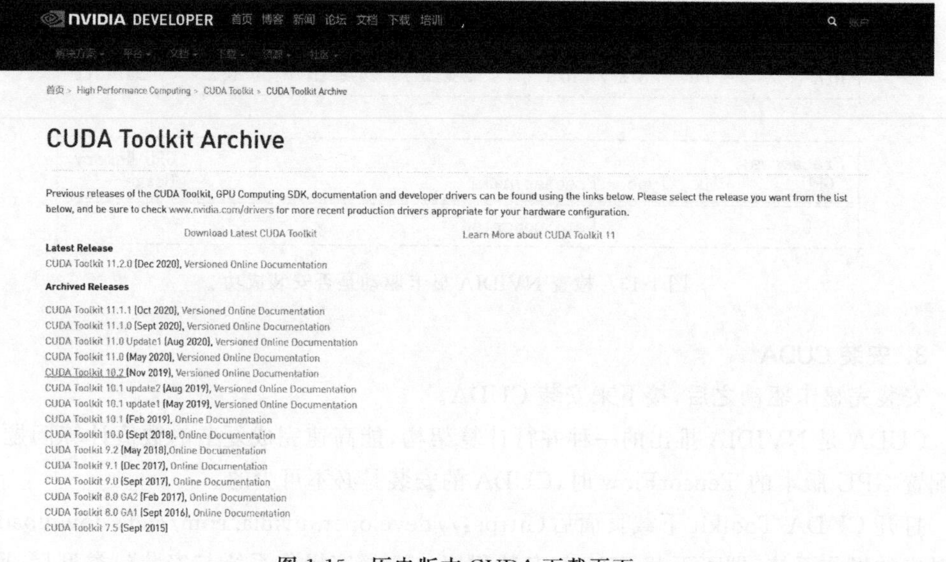

图 1-15　历史版本 CUDA 下载页面

笔者建议在图 1-14 所示的 Installer Type 处选择 exe(local)，即直接下载本地的安装程序而非通过网络进行安装，因为通过网络安装 CUDA 受网速影响较大。

在安装 CUDA 的过程中，需要记住其安装路径，因为在配置 cuDNN 时需要用到。

4. 下载并配置 cuDNN

安装完驱动与 CUDA 之后，我们还需要配置 cuDNN。它的全称是 CUDA Deep Neural Network Library，从名字就能看出 cuDNN 是 NVIDIA 专门为加速训练神经网络而开发的库。

首先进入 cuDNN 的下载页面（https://developer.nvidia.com/cudnn），单击“下载 cuDNN”按钮即可，如图 1-16 所示。需要注意的是，下载 cuDNN 需要有 NVIDIA 账号，在此需要登录才能下载，如果没有账号，则需要花几分钟时间注册。

图 1-16　cuDNN 官方网站

登录之后，单击 I Agree…按钮就能看到下载链接。如图 1-17 所示，cuDNN 的版本与 CUDA 有对应关系。从表 1-1 可以得知，TensorFlow 1.14.0 所需的 CUDA 10 对应着 cuDNN 7.4，而在页面的下载链接中只有 cuDNN v7.6.5。因此，我们需要单击 Archived cuDNN Releases(https://developer.nvidia.com/rdp/cudnn-archive)查看 cuDNN 历史版本并进行下载，如图 1-18 所示。找到 cuDNN v7.4.1 后选择 cuDNN Library for Windows 10 进行下载即可。

下载 cuDNN 后，将其解压会得到如图 1-19 所示的文件，将文件夹 bin、include 及 lib 中的文件分别放入 CUDA 安装目录下的 bin、include 及 lib 文件夹中即可完成 cuDNN 的安装。

5. 安装 TensorFlow

经过前面一系列环境准备，终于来到了安装 TensorFlow 的环节。如果前面的环境都已经正确进行了配置，此时只需打开命令行，输入 pip install tensorflow-gpu==1.14.0 便

Home

cuDNN Download

NVIDIA cuDNN is a GPU-accelerated library of primitives for deep neural networks.

☑ **I Agree To the Terms of the cuDNN Software License Agreement**

Note: Please refer to the Installation Guide for release prerequisites, including supported GPU architectures and compute capabilities, before downloading.

For more information, refer to the cuDNN Developer Guide, Installation Guide and Release Notes on the Deep Learning SDK Documentation web page.

Download cuDNN v7.6.5 (November 18th, 2019), for CUDA 10.2

Download cuDNN v7.6.5 (November 5th, 2019), for CUDA 10.1

Download cuDNN v7.6.5 (November 5th, 2019), for CUDA 10.0

Download cuDNN v7.6.5 (November 5th, 2019), for CUDA 9.2

Download cuDNN v7.6.5 (November 5th, 2019), for CUDA 9.0

Archived cuDNN Releases

图 1-17 cuDNN 下载页面

Download cuDNN v7.4.1 (Nov 8, 2018), for CUDA 10.0

Library for Windows, Mac, Linux, Ubuntu and RedHat/Centos(x86_64 architecture)

cuDNN Library for Windows 7

cuDNN Library for Windows 10

cuDNN Library for Linux

cuDNN Library for OSX

cuDNN Runtime Library for Ubuntu18.04 (Deb)

cuDNN Developer Library for Ubuntu18.04 (Deb)

cuDNN Code Samples and User Guide for Ubuntu18.04 (Deb)

cuDNN Runtime Library for Ubuntu16.04 (Deb)

cuDNN Developer Library for Ubuntu16.04 (Deb)

cuDNN Code Samples and User Guide for Ubuntu16.04 (Deb)

cuDNN Runtime Library for Ubuntu14.04 (Deb)

cuDNN Developer Library for Ubuntu14.04 (Deb)

cuDNN Code Samples and User Guide for Ubuntu14.04 (Deb)

cuDNN Runtime Library for RedHat/Centos 7.3 (RPM)

图 1-18 cuDNN 历史版本下载页面

名称	修改日期	类型	大小
bin	2020/4/16 下午 10:12	文件夹	
include	2020/4/16 下午 10:12	文件夹	
lib	2020/4/16 下午 10:12	文件夹	
NVIDIA_SLA_cuDNN_Support.txt	2018/10/30 下午 2:43	Text 源文件	39 KB

图 1-19 cuDNN 压缩包解压后的文件

可安装 TensorFlow。当然,也可以选择别的版本的 TensorFlow,前提是你的驱动、CUDA 和 cuDNN 的版本能够满足你的需求。

当 TensorFlow 安装完毕后,我们最终再测试一次 TensorFlow 是否可以正常使用。打开命令行,输入 python。接着逐行输入测试程序,代码如下:

```
//ch1/test_tf.py
import tensorflow as tf

sess = tf.InteractiveSession()

a = tf.constant(1.0)
b = tf.constant(2.5)

c = tf.add(a, b)

result = sess.run(c)
print(result)
```

如果能看到控制台上输出了 3.5,如图 1-20 所示,那么表明 TensorFlow 环境及搭建成功。如果程序报错,请务必仔细检查 NVIDIA 驱动、CUDA、cuDNN 及 TensorFlow 各版本对应关系是否正确。

```
C:\Users\Peter>python
Python 3.7.7 (default, Apr 15 2020, 05:09:04) [MSC v.1916 64 bit (AMD64)] :: Anaconda, Inc. on win32
Type "help", "copyright", "credits" or "license" for more information.
>>> import tensorflow as tf
>>> sess = tf.InteractiveSession()
2020-04-18 11:57:20.616431: I tensorflow/core/platform/cpu_feature_guard.cc:142] Your CPU supports instructions that th
s TensorFlow binary was not compiled to use: AVX
2020-04-18 11:57:20.623868: I tensorflow/stream_executor/platform/default/dso_loader.cc:42] Successfully opened dynamic
library nvcuda.dll
2020-04-18 11:57:21.057383: I tensorflow/core/common_runtime/gpu/gpu_device.cc:1640] Found device 0 with properties:
name: GeForce GT 740M major: 3 minor: 5 memoryClockRate(GHz): 1.0325
pciBusID: 0000:01:00.0
2020-04-18 11:57:21.064716: I tensorflow/stream_executor/platform/default/dlopen_checker_stub.cc:25] GPU libraries are
tatically linked, skip dlopen check.
2020-04-18 11:57:21.070195: I tensorflow/core/common_runtime/gpu/gpu_device.cc:1763] Adding visible gpu devices: 0
2020-04-18 11:57:21.996050: I tensorflow/core/common_runtime/gpu/gpu_device.cc:1181] Device interconnect StreamExecutor
with strength 1 edge matrix:
2020-04-18 11:57:22.000477: I tensorflow/core/common_runtime/gpu/gpu_device.cc:1187]      0
2020-04-18 11:57:22.003022: I tensorflow/core/common_runtime/gpu/gpu_device.cc:1200] 0:   N
2020-04-18 11:57:22.006996: I tensorflow/core/common_runtime/gpu/gpu_device.cc:1326] Created TensorFlow device (/job:lo
alhost/replica:0/task:0/device:GPU:0 with 1415 MB memory) -> physical GPU (device: 0, name: GeForce GT 740M, pci bus id
 0000:01:00.0, compute capability: 3.5)
>>> a = tf.constant(1.0)
>>> b = tf.constant(2.5)
>>> c = tf.add(a, b)
>>> result = sess.run(c)
>>> print(result)
3.5
>>>
```

图 1-20 test_tf 代码运行结果

1.4.2 Linux 下配置 GPU 版 TensorFlow

本书所用的 Linux 系统版本为 Red Hat 4.8.3-9,其他的 Linux 版本的环境配置类似。显卡为 NVIDIA Tesla P100。和 Windows 下的环境配置相同,Linux 下的配置也分为以下

5 个部分。

1. 安装 Anaconda

同样,如果已有 Python 并且不想安装 Anaconda,可以直接跳过本节。

首先,进入 Anaconda 历史版本下载页面,如图 1-5 所示,单击 Linux,在"64-Bit(x86) Installer(529 MB)"处右击,将 Anaconda 安装包的链接复制下来,然后在 Linux 的终端内使用 wget 命令下载 Anaconda 安装包,如图 1-21 所示。

```
[se-oypc@localhost tensorflow_env]$ wget https://repo.anaconda.com/archive/Anaconda3-2020.02-Linux-x86_64.sh
--2020-04-16 19:33:51--  https://repo.anaconda.com/archive/Anaconda3-2020.02-Linux-x86_64.sh
Resolving repo.anaconda.com (repo.anaconda.com)... 104.16.130.3, 104.16.131.3, 2606:4700::6810:8303, ...
Connecting to repo.anaconda.com (repo.anaconda.com)|104.16.130.3|:443... connected.
HTTP request sent, awaiting response... 200 OK
Length: 546910666 (522M) [application/x-sh]
Saving to: 'Anaconda3-2020.02-Linux-x86_64.sh'

 9% [=======>                                                        ] 52,197,767  4.74MB/s  eta 1m 40s
```

图 1-21　在 Linux 终端内使用 wget 下载 Anaconda 安装包

下载完毕后,使用 bash Anaconda3-2020.02-Linux-x86_64.sh(当然,你的 Anaconda 安装程序可能不是这个名字),进入安装阶段。经过同意协议,选择安装路径等流程,程序会自动进行解压。

当解压完毕,程序在最后会询问你 Do you wish the installer to initialize Anaconda3 by running conda init?,如图 1-22 所示,这里需要指定为 yes(它的默认选项是 no)。它相当于 Windows 中的环境变量,我们需要把 Anaconda 相关程序的路径加入终端初始化脚本,以便后期进行调试。

```
  testpath           pkgs/main/noarch::testpath-0.4.4-py_0
  tk                 pkgs/main/linux-64::tk-8.6.8-hbc83047_0
  toolz              pkgs/main/noarch::toolz-0.10.0-py_0
  tornado            pkgs/main/linux-64::tornado-6.0.3-py37h7b6447c_3
  tqdm               pkgs/main/noarch::tqdm-4.42.1-py_0
  traitlets          pkgs/main/linux-64::traitlets-4.3.3-py37_0
  ujson              pkgs/main/linux-64::ujson-1.35-py37h14c3975_0
  unicodecsv         pkgs/main/linux-64::unicodecsv-0.14.1-py37_0
  unixodbc           pkgs/main/linux-64::unixodbc-2.3.7-h14c3975_0
  urllib3            pkgs/main/linux-64::urllib3-1.25.8-py37_0
  watchdog           pkgs/main/linux-64::watchdog-0.10.2-py37_0
  wcwidth            pkgs/main/noarch::wcwidth-0.1.8-py_0
  webencodings       pkgs/main/linux-64::webencodings-0.5.1-py37_1
  werkzeug           pkgs/main/noarch::werkzeug-1.0.0-py_0
  wheel              pkgs/main/linux-64::wheel-0.34.2-py37_0
  widgetsnbextension pkgs/main/linux-64::widgetsnbextension-3.5.1-py37_0
  wrapt              pkgs/main/linux-64::wrapt-1.11.2-py37h7b6447c_0
  wurlitzer          pkgs/main/linux-64::wurlitzer-2.0.0-py37_0
  xlrd               pkgs/main/linux-64::xlrd-1.2.0-py37_0
  xlsxwriter         pkgs/main/noarch::xlsxwriter-1.2.7-py_0
  xlwt               pkgs/main/linux-64::xlwt-1.3.0-py37_0
  xmltodict          pkgs/main/noarch::xmltodict-0.12.0-py_0
  xz                 pkgs/main/linux-64::xz-5.2.4-h14c3975_4
  yaml               pkgs/main/linux-64::yaml-0.1.7-had09818_2
  yapf               pkgs/main/noarch::yapf-0.28.0-py_0
  zeromq             pkgs/main/linux-64::zeromq-4.3.1-he6710b0_3
  zict               pkgs/main/noarch::zict-1.0.0-py_0
  zipp               pkgs/main/noarch::zipp-2.2.0-py_0
  zlib               pkgs/main/linux-64::zlib-1.2.11-h7b6447c_3
  zstd               pkgs/main/linux-64::zstd-1.3.7-h0b5b093_0


Preparing transaction: done
Executing transaction: done
installation finished.
Do you wish the installer to initialize Anaconda3
by running conda init? [yes|no]
[no] >>> yes
```

图 1-22　Anaconda 解压完成后将其配置到环境变量中

当安装程序运行完毕，和 Windows 中类似，我们在终端输入 conda info 进行测试，如果能看到 Anaconda 相关信息，则表明 conda 已能正常使用。同时，还需要测试 pip 和 python3 命令。注意，这里和 Windows 不同，因为 Linux 系统自带 Python2，所以如果直接输入 python，则无法调用 Anaconda 中的 Python 程序。安装程序会自动将 python3 命令注册为调用 Anaconda 中的 Python（当然，你可以将 python 指令修改为调用 Anaconda 中的 python3）。如果使用 pip 和 python3 命令能看到相应提示信息，如图 1-9 所示，那么 Anaconda 的安装已经完成。

2. 安装 NVIDIA 显卡驱动

同样，在 NVIDIA 显卡驱动下载页面选择对应的显卡型号及操作系统即可获取驱动下载链接，使用 wget 下载便可得到驱动安装包，如图 1-23 所示。下载完毕后，使用 rpm -ivh nvidia-driver-local-repo-rhel6-440.64.00-1.0-1.x86_64.rpm（你的驱动安装包名可能与此不相同）运行安装程序。安装完毕后，重新启动计算机并尝试输入 nvidia-smi，若能看到类似图 1-13 所示的结果即安装成功。

```
(base) [se-oypc@localhost ~]$ cat /proc/version
Linux version 3.10.0-327.el7.x86_64 (builder@kbuilder.dev.centos.org) (gcc version 4.8.3 20140911 (Red Hat 4.8.3-9) (GCC) ) #1 SMP Thu No
v 19 22:10:57 UTC 2015
(base) [se-oypc@localhost ~]$ cd tensorflow_env/
(base) [se-oypc@localhost tensorflow_env]$ wget http://cn.download.nvidia.com/tesla/440.64.00/nvidia-driver-local-repo-rhel6-440.64.00-1.
0-1.x86_64.rpm
--2020-04-16 23:03:20--  http://cn.download.nvidia.com/tesla/440.64.00/nvidia-driver-local-repo-rhel6-440.64.00-1.0-1.x86_64.rpm
Resolving cn.download.nvidia.com (cn.download.nvidia.com)... 129.227.66.139, 129.227.66.140
Connecting to cn.download.nvidia.com (cn.download.nvidia.com)|129.227.66.139|:80... connected.
HTTP request sent, awaiting response... 301 Moved Permanently
Location: https://cn.download.nvidia.cn/tesla/440.64.00/nvidia-driver-local-repo-rhel6-440.64.00-1.0-1.x86_64.rpm [following]
--2020-04-16 23:03:21--  https://cn.download.nvidia.cn/tesla/440.64.00/nvidia-driver-local-repo-rhel6-440.64.00-1.0-1.x86_64.rpm
Resolving cn.download.nvidia.cn (cn.download.nvidia.cn)... 202.194.101.19, 119.90.56.230
Connecting to cn.download.nvidia.cn (cn.download.nvidia.cn)|202.194.101.19|:443... connected.
HTTP request sent, awaiting response... 200 OK
Length: 151685621 (145M) [application/octet-stream]
Saving to: 'nvidia-driver-local-repo-rhel6-440.64.00-1.0-1.x86_64.rpm'

18% [===============>                                                  ] 27,406,336  1.15MB/s  eta 2m 3s
```

图 1-23　使用 wget 下载 NVIDIA 驱动安装包

3. 安装 CUDA

进入 CUDA 下载网页之后，选择对应的操作系统，页面会返回 Linux 安装 CUDA 的指令，如图 1-24 所示，将指令输入终端即可。注意第二条指令的 sudo 需要 root 用户权限进行执行，事实上当你没有 root 权限时，同样也可以安装 CUDA，此时将 sudo 去掉直接执行命令即可，并且将 CUDA 的安装目录放在当前用户的文件夹下（或者任何你有权限安装的目录），不要将其放在安装程序默认位置即系统目录内（因为此时你没有权限这么做）。

当安装完毕后，在～/.bashrc 中添加 export PATH＝$HOME/CUDA10/bin:$PATH（将你所安装的 CUDA 下的 bin 目录加入系统环境变量）。最后使用 source ～/.bashrc 使更改生效。

4. 安装 cuDNN

和前几节下载安装包的方式相同，在 cuDNN 下载页面找到对应版本之后，此时在 cuDNN Library for Linux 上右击获得下载链接，如图 1-18 所示，以相同的方式下载并安装 cuDNN。和 Windows 上安装 cuDNN 一样，下载完成后将其解压的文件放入 CUDA 安装

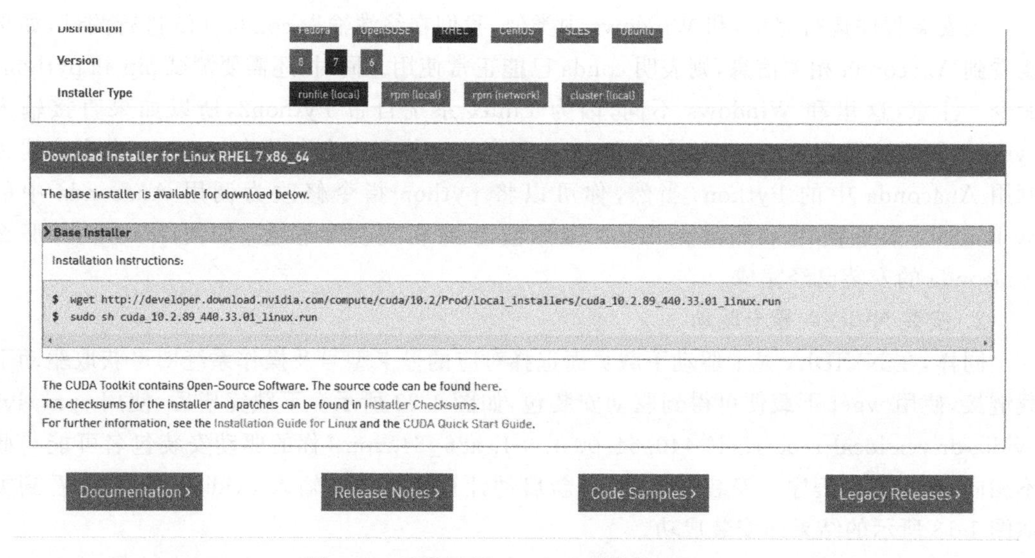

图 1-24 下载适用于 Linux 系统的 CUDA

目录下的对应文件夹即可。

5. 安装 TensorFlow

安装完以上的环境依赖后，进入终端运行 pip install tensorflow-gpu==1.14.0 安装 TensorFlow。同样，使用 1.4.1 节第 5 部分中的测试代码进行测试即可。

1.4.3 直接通过 Anaconda 解决环境依赖

很高兴你能看到这一节，因为通过 Anaconda 直接解决环境依赖正是笔者推荐大家使用的方法。

在此之前，需要确保 Anaconda 和显卡驱动能正常行使它们的功能。若 Anaconda 或驱动有问题，需要根据自己的操作系统参考前几节内容排除问题。

无论你使用的是 Windows 还是 Linux，或者是别的操作系统，使用 Anaconda 解决环境依赖都十分简便。首先，打开终端，我们先使用 Anaconda 新建一个虚拟环境：conda create -n tf_gpu。conda create 命令后的-n 选项表示 name，即你的虚拟环境名称。前面的指令表示新建一个叫作 tf_gpu 的虚拟环境，如图 1-25 所示。conda create 还有许多其他选项，例如指定 Python 版本等，在此笔者就不一一罗列了，此处只选取我们需要的选项进行讲解。

接下来，使用 conda activate tf_gpu 指令激活并进入我们创建的环境。接下来使用 conda 而非 pip 安装 TensorFlow：conda install tensorflow-gpu==1.14.0，如图 1-26 所示。与 pip 不同，使用 conda 安装时，它能自动识别所安装包(tensorflow-gpu)所需要的依赖环境，并根据包的版本自动安装对应版本的 CUDA 和 cuDNN 环境依赖。

如果不相信这么简单就能完成环境配置，在安装完毕之后，可以通过 conda list 查看环

```
C:\Users\Peter>conda create -n tf_gpu
Collecting package metadata (current_repodata.json): done
Solving environment: done

==> WARNING: A newer version of conda exists. <==
  current version: 4.8.2
  latest version: 4.8.3

Please update conda by running

    $ conda update -n base -c defaults conda


## Package Plan ##

  environment location: D:\Software\Anconda3\envs\tf_gpu


Proceed ([y]/n)? y

Preparing transaction: done
Verifying transaction: done
Executing transaction: done
#
# To activate this environment, use
#
```

图 1-25 创建新的 Python 虚拟环境

```
C:\Users\Peter>activate tf_gpu

(tf_gpu) C:\Users\Peter>conda install tensorflow-gpu==1.14.0
Collecting package metadata (current_repodata.json): done
Solving environment: failed with initial frozen solve. Retrying with flexible solve.
Collecting package metadata (repodata.json): done
Solving environment: done


==> WARNING: A newer version of conda exists. <==
  current version: 4.8.2
  latest version: 4.8.3

Please update conda by running

    $ conda update -n base -c defaults conda


## Package Plan ##

  environment location: D:\Software\Anconda3\envs\tf_gpu

  added / updated specs:
    - tensorflow-gpu==1.14.0


The following packages will be downloaded:
```

图 1-26 进入创建的虚拟环境并使用 conda 安装 TensorFlow

境中已安装的包，能看到其中有 CUDA 和 cuDNN，如图 1-27 所示。如果还是不放心，可以参考 1.4.1 节第 5 部分中的方法对 TensorFlow 再进行一次测试。如需退出虚拟环境，则直接使用 conda deactivate 即可。至此，你已经学会了最为便捷的配置 TensorFlow 环境的方法。

1.4.4 安装 CPU 版本的 TensorFlow

如果你没有 NVIDIA 显卡也没有关系，本节教你如何安装 CPU 版的 TensorFlow（如果你有 NVIDIA 显卡，强烈建议安装 GPU 版本）。

```
(tf_gpu) C:\Users\Peter>conda list
# packages in environment at D:\Software\Anconda3\envs\tf_gpu:
#
# Name                    Version                   Build  Channel
_tflow_select             2.1.0                       gpu
absl-py                   0.9.0                    py37_0
astor                     0.8.0                    py37_0
blas                      1.0                         mkl
ca-certificates           2020.1.1                      0
certifi                   2020.4.5.1               py37_0
cudatoolkit               10.0.130                      0
cudnn                     7.6.5                cuda10.0_0
gast                      0.3.3                      py_0
grpcio                    1.27.2          py37h351948d_0
h5py                      2.10.0          py37h5e291fa_0
hdf5                      1.10.4              h7ebc959_0
icc_rt                    2019.0.0            h0cc432a_1
intel-openmp              2020.0                      166
keras-applications        1.0.8                      py_0
keras-preprocessing       1.1.0                      py_1
libprotobuf               3.11.4              h7bd577a_0
markdown                  3.1.1                    py37_0
mkl                       2020.0                      166
mkl-service               2.3.0           py37hb782905_0
mkl_fft                   1.0.15          py37h14836fe_0
mkl_random                1.1.0           py37h675688f_0
numpy                     1.16.4                   pypi_0    pypi
openssl                   1.1.1f              he774522_0
```

图 1-27 使用 conda 查看已安装的依赖

首先进入终端，可以选择使用 pip 或者 conda 安装 TensorFlow。如果使用 pip 进行安装，使用 pip install tensorflow==1.14.0 即可。如果使用 conda 进行安装，则使用 conda install tensorflow==1.14.0。

CPU 版的 TensorFlow 无须显卡驱动、CUDA 及 cuDNN，因此其 TensorFlow 版本无须满足表 1-1 和表 1-2 的对应关系。当安装完毕后，参考 1.4.1 节中第 5 部分的代码进行测试即可。

1.5 小结

本章简要讲解了深度学习的概念及其发展历程。其中着重介绍了深度学习在计算机视觉上的发展与应用。接着介绍了 Python 中常用的深度学习工具及 TensorFlow 相较于其他深度学习库的优势。最后一节带领读者一步步配置 TensorFlow 框架所需的环境。如果通过本章的学习，你已经基本理解深度学习的概念并且能完整搭建 TensorFlow 的运行环境，那么快开启下一章的学习旅程吧！

第2章 常用的Python数据处理工具

本章介绍一些Python中优秀的、常用的数据处理工具，它们在后面的TensorFlow编码中起到了关键的辅助性作用。

2.1 NumPy的使用

NumPy是一款在Python被广泛使用的科学计算库，它的最大特点是支持高维大型数组的运算，其图标如图2-1所示。在深度学习中，尤其是计算机视觉中，输入的图像实质上就是一个形状为(H, W, C)的高维数组(在TensorFlow中称为张量)，其中H、W、C分别为图像的高度、宽度与通道数。

图2-1 NumPy的图标

2.1.1 NumPy中的数据类型

NumPy中的数据类型众多，与C语言的数据类型较为相近。例如，其中的整型数就分为int8、int16、int32、int64及它们对应的无符号形式，而Python中的整型则只能用int进行表示。同样，对于float也类似。数据类型之间的转换使用np.[类型](待转换数组)或.as_type([类型])。如希望将int64类型的数组a转换为float32，则可以使用np.float32(a)或a.as_type(np.float32)完成。

2.1.2 NumPy中数组的使用

1. 创建数组

在NumPy中多维数组被称作ndarray，使用NumPy创建多维数组十分方便，可以通过转换Python中的list或tuple得到，也可以直接通过NumPy中的函数创建。NumPy中对数组进行操作的函数所返回的数据都是ndarray。例如你要创建一个形状为(2,3,4)一共24个1的ndarray，可以通过以下两种方式进行创建，代码如下：

```
//ch2/test_numpy.py
import numpy as np
```

```
#方法 1:通过 list 创建 array
a_list = [
    [[1, 1, 1, 1], [1, 1, 1, 1], [1, 1, 1, 1]],
    [[1, 1, 1, 1], [1, 1, 1, 1], [1, 1, 1, 1]]
]

a_np1 = np.array(a_list)
print(a_np1)
#<class 'Numpy.ndarray'>
print(type(a_np1))
#<class 'Numpy.int32'>
print(type(a_np1[0][0][0]))

#方法 2:通过 Numpy 函数创建 array
a_np2 = np.ones(shape=[2, 3, 4])
print(a_np2)
#<class 'Numpy.ndarray'>
print(type(a_np2))
#<class 'Numpy.float64'>
print(type(a_np2[0][0][0]))
```

使用 python test_Numpy.py 运行程序后，发现通过这两种方式创建的数组都能得到形状为(2, 3, 4)的数组，并且它们的类型都是<class 'Numpy.ndarray'>。不同的是，a_np1 与 a_np2 中的元素数据类型分别为<class 'Numpy.int32'>与<class 'Numpy.float64'>，这是因为 a_list 中的元素原本是 Python 中的 int 型，所以在转换为 ndarray 时其也是 Numpy.int32 型。如果将 a_list 中的元素改为 1. 或 1.0，此时 a_np1 与 a_np2 中的元素类型则都是<class 'Numpy.float64'>。那么，有没有办法将方法 2 创建的 ndarray 中的元素转换成<class 'Numpy.int32'>呢？答案是肯定的，此时使用 ndarray 的 astype 方法进行类型转换即可，代码如下：

```
a_np2_int = a_np2.astype(np.int32)
#<class 'Numpy.int32'>
print(type(a_np2_int[0][0][0]))
```

NumPy 除了提供了创建所有元素为 1 的数组的方法 np.ones，相似地也可以使用 np.zeros 创建所有元素为 0 的数组，代码如下：

```
b_np = np.zeros([2, 3, 4])
print(b_np)
```

除了用 np.ones 和 np.zeros 创建指定形状的数组，也可以使用 np.ones_like 与

np.zeros_like 创建和已知数组形状相同的全 1 或全 0 数组，其过程相当于先获得目标数组的形状，再使用 np.ones 或 np.zeros 进行创建，代码如下：

```
#创建和 b_np 数组形状相同的,其值全为 1 的数组
one_like_b_np = np.ones_like(b_np)
print(one_like_b_np)
#(2, 3, 4)
print(one_like_b_np.shape)
```

2. 创建占位符

当不知道数组中每个元素的具体值时，还可以使用 np.empty 来创建一个“空”数组作为占位符，这个“空”只是语义上而言的，其实数组中存在数值。NumPy 对使用 empty 方法创建的数组元素随机进行初始化，而我们需要做的是后期为数组中的元素进行赋值，代码如下：

```
#empty1 和 empty2 中的值都被随机初始化,empty 方法实质上创建了占位符,运行效率高
empty1 = np.empty([2, 3])
print(empty1)
empty2 = np.empty([2, 3, 4])
print(empty2)
```

3. 数组的属性

所有的 ndarray 都有 ndim、shape、size、dtype 等属性，其中 ndim 用来查看数组的维度个数，如 a_np1 的形状为(2,3,4)，那么它就是一个三维的数组，ndim 值为 3，而 shape 是用来查看数组的形状的，即 a_np1.shape 是(2, 3, 4)。size 的意义则是说明数组中总的元素个数，即 a_np1.size=2×3×4=24，代码如下：

```
#3
print(a_np1.ndim)
#(2, 3, 4)
print(a_np1.shape)
#24
print(a_np1.size)
```

4. 数组的转置

NumPy 可以对高维数组进行转置(transpose)，转置是指改变数组中元素的排列关系而不改变元素的数量。转置时需要指定 axes 参数，它指输出的数组的轴顺序与输入数组的轴顺序之间的对应关系。如新建一个形状为(2, 3, 4)的数组 a，其在 0、1、2 轴上的长度分别为 2、3、4，使用 np.transpose(a, axes=[0, 2, 1])表示将 a 数组的 2 轴和 1 轴进行交换，而原数组的 0 轴保持不变，得到的新数组形状则为(2,4,3)。可以这样理解：原数组 a 是由 2(0 轴长度)个 3×4(1 轴和 2 轴)的矩阵组成，0 轴保持不变而只有 1 轴与 2 轴进行转置，即

两个 3×4 的矩阵分别进行矩阵转置即为最后的结果，故最终的形状为(2,4,3)，具体转置结果的代码如下：

```
//ch2/test_numpy.py
b_list = [
    [[1, 2, 3, 4], [5, 6, 7, 8], [9, 10, 11, 12]],
    [[13, 14, 15, 16], [17, 18, 19, 20], [21, 22, 23, 24]]
]

b_np = np.array(b_list)
print(b_np)
#(2, 3, 4)
print(b_np.shape)

b_np_t1 = np.transpose(b_np, axes=[0, 2, 1])
print(b_np_t1)
#(2, 4, 3)
print(b_np_t1.shape)

b_np_t2 = np.transpose(b_np, axes=[1, 0, 2])
print(b_np_t2)
#(3, 2, 4)
print(b_np_t2.shape)

b_np_t3 = np.transpose(b_np, axes=[1, 2, 0])
print(b_np_t3)
#(3, 4, 2)
print(b_np_t3.shape)

b_np_t4 = np.transpose(b_np, axes=[2, 0, 1])
print(b_np_t4)
#(4, 2, 3)
print(b_np_t4.shape)

b_np_t5 = np.transpose(b_np, axes=[2, 1, 0])
print(b_np_t5)
#(4, 3, 2)
print(b_np_t5.shape)
```

5. 数组的变形

NumPy 支持对数组的变形(reshape)，变形和 2.1.2 节第 4 部分的转置一样，都能改变数组的形状，但是转置可改变数组元素的排列，而变形可改变数组元素的分组。换言之，转置前后数组元素的顺序会发生改变而变形操作不会改变元素之间的顺序关系。比较转置操作和变形操作的异同的代码如下：

```
//ch2/test_numpy.py
b_np_transpose = np.transpose(b_np, axes = [0, 2, 1])
print(b_np_transpose)
#(2, 4, 3)
print(b_np_transpose.shape)

b_np_reshape = np.reshape(b_np, newshape = [2, 4, 3])
print(b_np_reshape)
#(2, 4, 3)
print(b_np_reshape.shape)
```

从结果可以看出,b_np_transpose 和 b_np_reshape 的形状都是(2, 3, 4),而数组内部元素的排列不同,b_np_transpose 与原数组 b_np 中元素排列顺序不同,而 b_np_reshape 的元素排列与原数组相同。在实际操作中,常常需要将数组变形为只有一行或者一列的形状,此时将 newshape 指定为[1,−1]或[−1,1]即可,−1 表示让程序自动求解该维度的长度。np.squeeze 也是一个常用的函数,它可以将数组中长度为 1 的维度压缩掉,其本质也是 reshape,所以在此不赘述。

6. 数组的切分与合并

NumPy 可以将大数组拆分为若干个小数组,同时也能将若干个小数组合并为一个大数组,切分通常使用 split 方法。而根据不同的需求,通常会使用 stack 或者 concatenate 方法进行数组的合并。下面分别介绍这几种方法的应用。

使用 split 将大数组切分为小数组时,需要指定切分点的下标或切分的数量(indices_or_sections)及在哪个维度上切分(axis)。指定切分下标时,需要为 indices_or_sections 参数传入一个切分下标的列表(list),而如若指定切分数量,此时为 indices_or_sections 参数传入一个整数 k 即可,表示需要将待切分数组沿指定轴平均切分为 k 部分,若指定的 k 无法完成均分,此时 split 方法会抛出 ValueError,分割的结果为含有若干个分割结果 ndarray 的列表。如果需要非均等切分,读者可以参考 array_split 方法,该方法在此不做介绍。split 方法不同使用场景与方法的代码如下:

```
//ch2/test_numpy.py
to_split_arr = np.arange(12).reshape(3, 4)

'''
[[ 0 1 2 3]
[ 4 5 6 7]
[ 8 9 10 11]]
'''
print(to_split_arr)
#形状为(3, 4)
print(to_split_arr.shape)
```

```
#[array([[0, 1, 2, 3]]), array([[4, 5, 6, 7]]), array([[ 8, 9, 10, 11]])]
axis_0_split_3_equal_parts = np.split(to_split_arr, 3)
print(axis_0_split_3_equal_parts)

'''
[array([[0, 1],
        [4, 5],
        [8, 9]]),
array([[2, 3],
        [6, 7],
        [10, 11]])]
'''
axis_1_split_2_equal_parts = np.split(to_split_arr, 2, axis=1)
print(axis_1_split_2_equal_parts)

#ValueError,因为轴 0 长度为 3,无法被均分为 2 份
axis_0_split_2_equal_parts = np.split(to_split_arr, 2)

'''
[array([[0, 1, 2, 3],
         [4, 5, 6, 7]]),
array([[8, 9, 10, 11]])]
'''
axis_0_split_indices = np.split(to_split_arr, [2, ])
print(axis_0_split_indices)

'''
[array([[ 0, 1, 2],
         [ 4, 5, 6],
         [ 8, 9, 10]]),
array([[ 3],
         [ 7],
         [11]])]
'''
axis_1_split_indices = np.split(to_split_arr, [3, ], axis=1)
print(axis_1_split_indices)
```

运行以上程序,从控制台打印的结果可以看出,axis_0_split_3_equal_parts 与 axis_1_split_2_equal_parts 分别将原数组在 0 轴(长度为 3)和 1 轴(长度为 4)平均切分为 3 份和 2 份,此时为 split 的 indices_or_sections 传入的值分别为 3 和 2,代表需要切分的数量,而当尝试在 0 轴上切分为 2 部分时,程序会报错,因为轴 0 无法均分为 2 份。当为 split 的 indices_or_sections 传入的值为[2,]和[3,]时,会分别得到 axis_0_split_indices 和 axis_1_split_indices,前者表示将原数组在 0 轴上分为 2 个部分,第一部分是 0 轴下标小于 2 的部分,第二部分是下标大于或等于 2 的部分,即分为 to_split_arr[:2, :]和 to_split_arr[2:, :]。类似地,axis_1_split_indices 表示将原数组在 1 轴上分为两部分,分别为 to_split_arr[:, :3]和 to_split_arr[:, 3:]。

前面讲过，在 NumPy 中合并数组通常有两种方式：stack 和 concatenate，两者有很多相似之处，但是也有明显的区别。首先，这两个函数都需要传入待合并的数组列表及指定在哪个轴上进行合并，其区别是 stack 会为合并的数组新建一个轴，而 concatenate 直接在原始数组的轴上进行合并。假设现在需要将两个形状都为(3,4)的数组进行合并，使用 stack 函数在 2 轴进行合并时，由于原始数组只有 0 轴和 1 轴，并没有 2 轴，因此 stack 函数会为新数组新建一个 2 轴，得到的数组形状为(3,4,2)，而如果使用 concatenate 在 1 轴上合并，得到的新数组形状则为(3,4+4)，即(3,8)。这两个函数在合并数组时的异同的代码如下：

```
//ch2/test_Numpy.py
#新建两个形状为(3, 4)的待合并数组
merge_arr1 = np.arange(12).reshape(3, 4)
merge_arr2 = np.arange(12, 24). reshape(3, 4)

print(merge_arr1)
print(merge_arr2)

#stack 为新数组新建一个轴 2
stack_arr1 = np.stack([merge_arr1, merge_arr2], axis = 2)
print(stack_arr1)
#(3, 4, 2)
print(stack_arr1.shape)

#stack 为新数组新建一个轴 1,原始的轴 1 变为轴 2
stack_arr2 = np.stack([merge_arr1, merge_arr2], axis = 1)
print(stack_arr2)
#(3, 2, 4)
print(stack_arr2.shape)

#新数组在原始轴 1 上进行连接
concat_arr1 = np.concatenate([merge_arr1, merge_arr2], axis = 1)
print(concat_arr1)
#(3, 8)
print(concat_arr1.shape)

#新数组在原始轴 0 上进行连接
concat_arr2 = np.concatenate([merge_arr1, merge_arr2], axis = 0)
print(concat_arr2)
#(6, 4)
print(concat_arr2.shape)
```

运行以上程序可以得知，stack 会在 axis 参数指定的轴上新建一个轴，改变合并后数组的维度，而 concatenate 函数仅会在原始数组的某一 axis 上进行合并，而不会产生新的轴。

在此，笔者仅对 NumPy 最基本的用法进行介绍，有兴趣了解其更多强大功能与用法的读者可以到 NumPy 的官方网站(https://numpy.org)进行进一步的学习。

2.2 Matplotlib 的使用

Matplotlib 是一个强大的 Python 图形库，其图标如图 2-2 所示。可以使用它轻松画各种图形或者对数据进行可视化，如函数图、直方图、饼状图等。Matplotlib 常常和 NumPy 配合使用，NumPy 提供绘图中的数据，而 Matplotlib 对数据进行可视化。

图 2-2 Matplotlib 的图标

2.2.1 Matplotlib 中的相关概念

在 Matplotlib 中，绘图主要通过两种方式，一是 pyplot 直接绘图，其使用较为简便但是功能比较受限，另一种方式则是通过 pyplot.subplot 返回的 fig 和 axes 对象进行绘图，这种方式灵活性较强，本节主要对后者进行讲解。

首先需要了解 Matplotlib 中的一些概念，如图 2-3 所示。首先整个承载图像的画布称

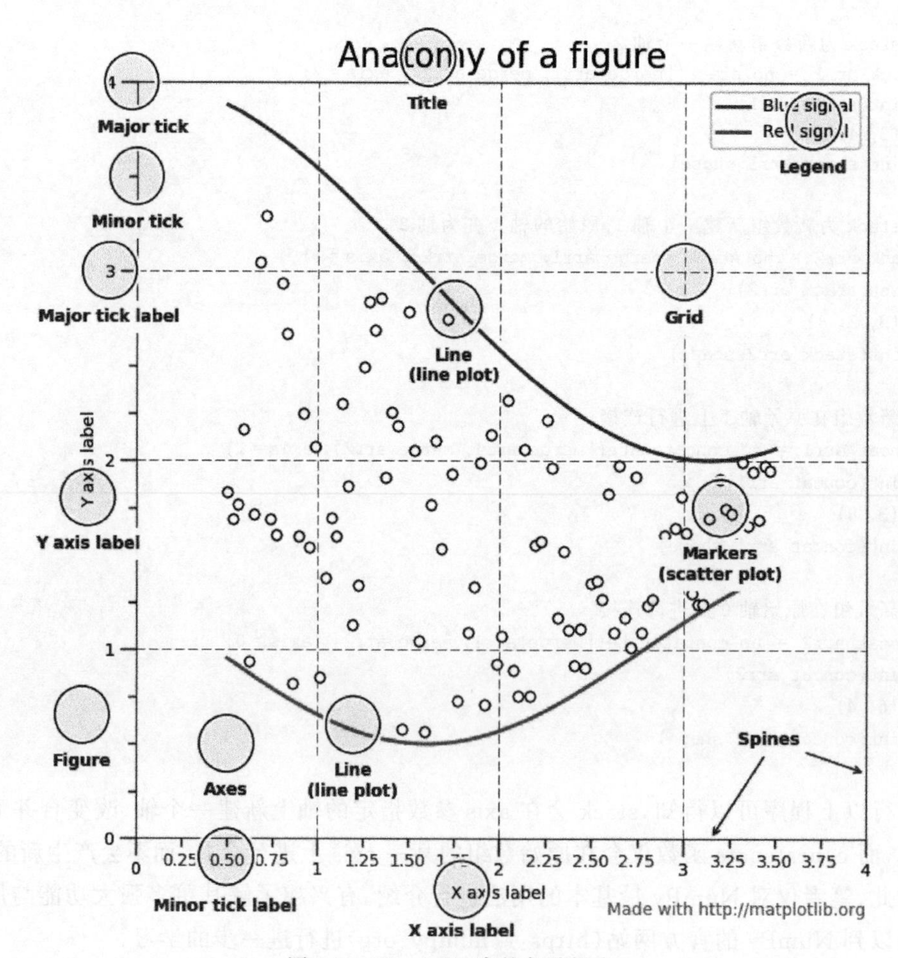

图 2-3 Matplotlib 中的各种概念

作 Figure，Figure 上可以有若干个 Axes，每个 Axes（可以将 Axes 认为是子图）则有自己独立的属性，如 Title（标题）、Legend（图例）、图形（各种 plot）等。

在实际使用时，首先使用 plt. subplot 方法创建若干个 Axes，再依次对每个 Axes 绘图并设置各自的 title 与 legend 等属性，最后使用 plt. show 或 plt. savefig 方法对最终的图像进行显示或者保存。

2.2.2 使用 Matplotlib 绘图

1. 绘制函数图像

本节将展示如何使用 Matplotlib 绘制函数图像，以正弦函数为例。首先，定义数据产生接口 sin 函数并得到画图数据，接着创建 figure 与 axes 对象并使用 axes. plot 进行图像的绘制，代码如下：

```
//ch2/test_matplotlib.py
import matplotlib.pyplot as plt
import numpy as np

#定义数据产生函数
def sin(start, end):
    #使用 np.linspace 产生 1000 个等间隔的数据
    x = np.linspace(start, end, num = 1000)
    return x, np.sin(x)

start = -10
end = 10

data_x, data_y = sin(start, end)

#得到 figure 与 axes 对象,使用 subplots 默认只生成一个 axes
figure, axes = plt.subplots()
axes.plot(data_x, data_y, label = 'Sin(x)')
#显示 plot 中定义的 label
axes.legend()
#在图中显示网格
axes.grid()
#设置图题
axes.set_title('Plot of Sin(x)')
#显示图像
plt.show()
```

运行程序可以看到如图 2-4 所示的函数图像。

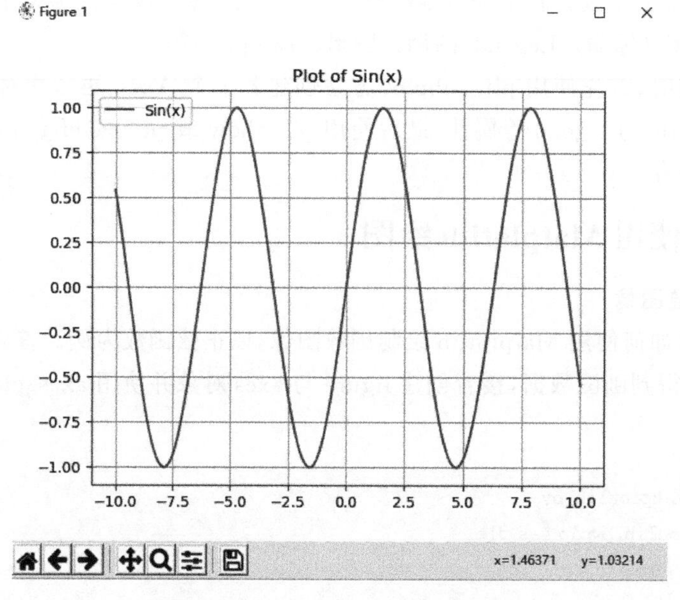

图 2-4 sin(x)在[−10,10]上的图像

如果要绘制多个子图应该如何操作呢？此时使用 plt. subplots 最合适了。给 plt. subplots 方法以行列的形式(如向函数传入(m,n)，则表示要画 m 行 n 列总共 $m \times n$ 张子图)传入需要绘制的子图数量。绘制 2 行 3 列一共 6 张正弦函数的图像，代码如下：

```
//ch2/test_matplotlib.py
row = 2; col = 3
fig, axes = plt.subplots(row, col)
for i in range(row):
    for j in range(col):
        #以索引的形式取出每个 axes
        axes[i][j].plot(data_x, data_y, label = 'Sin(x)')
        axes[i][j].set_title('Plot of Sin(x) at [{}, {}]'.format(i, j))
        axes[i][j].legend()
#设置总图标题
plt.suptitle('All 2 * 3 plots')
plt.show()
```

运行以上程序，可以得到如图 2-5 所示的图像。

2. 绘制散点图

当数据是杂乱无章的点时，常常需要绘制散点图以观察其在空间内的分布情况，此时可以使用 scatter 函数直接进行绘制，其用法与 2.2.2 节第 1 部分的 plot 函数基本类似。在正弦函数值上引入了随机噪声，并使用散点图呈现出来，代码如下：

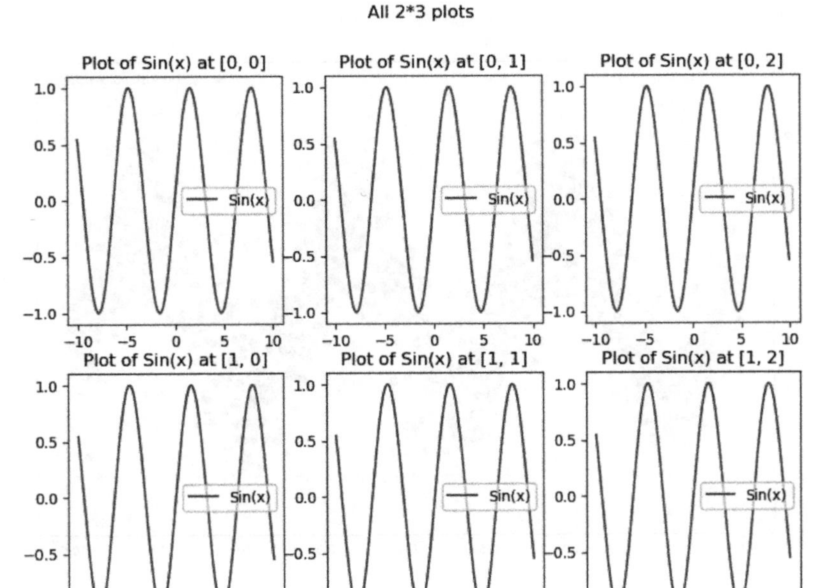

图 2-5　2×3 张 sin(x)在[－10,10]上的图像

```
//ch2/test_matplotlib.py
#从均值为 0、标准差为 1 的正态分布引入小的噪声
noise_y = np.random.randn( * data_y.shape) / 2
noise_data_y = data_y + noise_y

figure, axes = plt.subplots()
#使用散点图进行绘制
axes.scatter(data_x, noise_data_y, label = 'sin(x) with noise scatter')
axes.grid()
axes.legend()
plt.show()
```

运行程序，可以得到如图 2-6 所示的结果，从图中可以看出，引入小噪声后图像整体仍然维持正弦函数的基本形态，以散点图的形式绘制的结果十分直观。

3. 绘制直方图

当需要查看数据的整体分布情况时，可以绘制直方图进行可视化，其用法与 2.2.2 节第 1 部分的 plot 函数基本类似，仅仅在可视化的图形表现上有所区别。绘制直方图的代码如下：

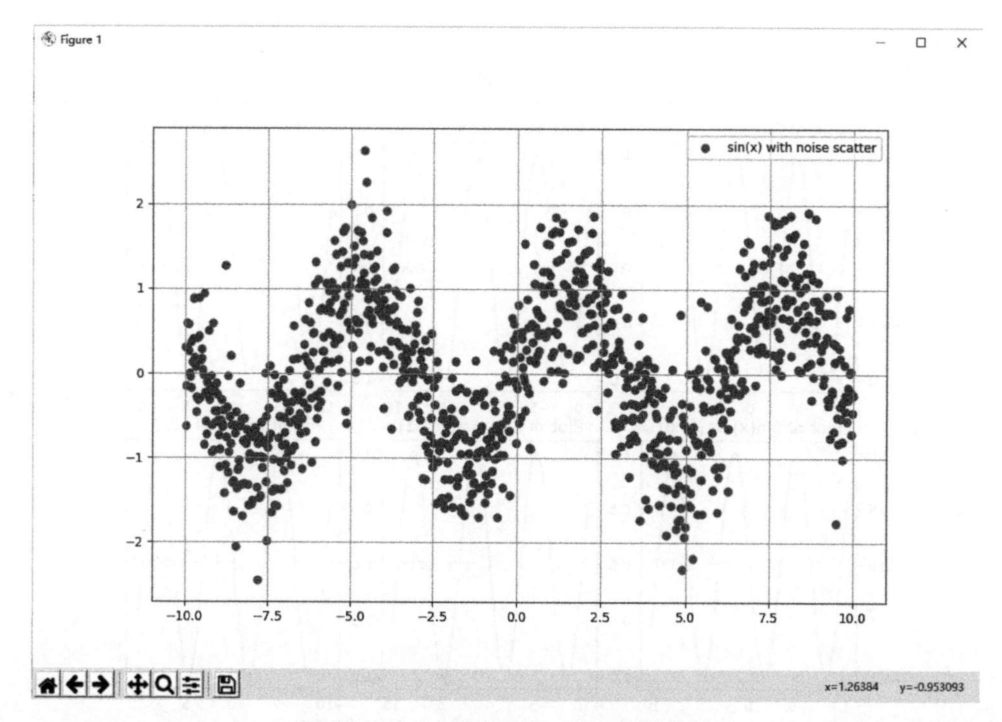

图 2-6 引入小噪声后的正弦函数散点图

```
//ch2/test_matplotlib.py
#生成 10000 个正态分布的数组
norm_data = np.random.normal(size = [10000])
figure, axes = plt.subplots(1, 2)
#将数据分置于 10 个桶中
axes[0].hist(norm_data, bins = 10, label = 'hist')
axes[0].set_title('Histogram with 10 bins')
axes[0].legend()
#将数据分置于 1000 个桶中
axes[1].hist(norm_data, bins = 1000, label = 'hist')
axes[1].set_title('Histogram with 1000 bins')
axes[1].legend()
plt.show()
```

运行程序，可以得到如图 2-7 所示的结果，从图中可以看出，桶的数量越多其结果越细腻，越接近正态分布的结果。

4. 绘制条形图

使用 Matplotlib 绘制条形图十分方便，条形图常常也被称为柱状图，它的图形表现与直方图十分类似，但是条形图常被用于分类数据的可视化，而直方图则主要用于数值型数据的可视化，这就意味着在横轴上条形图的分隔不需要连续并且区间大小可以不相等，而直方图则需要区间连续并且间隔相等。使用 bar 进行绘图时，需要向方法传递对应的 x 与 y 值，使

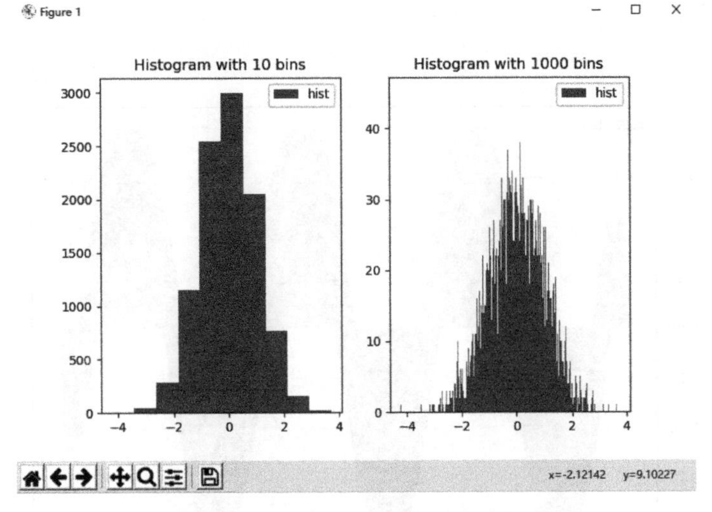

图 2-7 以不同的区间间隔绘制直方图

用条形图绘制正弦函数的图像的代码如下：

```
figure, axes = plt.subplots()
axes.bar(data_x, data_y, label = 'bar')
axes.legend()
axes.grid()
plt.show()
```

运行程序，可以得到如图 2-8 所示的结果，从图中可以看出，Matplotlib 中的条形图可以绘制因变量为负值的图像，此时图像在 x 轴下方，使用 bar 绘制的条形图可以认为是散点图中所有的点向 x 轴作垂线形成的图形。

5. 在同一张图中绘制多张图像

2.2.2 节第 1 部分至第 4 部分都仅绘制了单张图像，本节就来说明如何在同一张图中绘制多张图像。其实十分简单，Matplotlib 会维护一个当前处于活动状态的画布，此时直接在画布上使用绘图函数进行绘制即可，直到程序运行到 plt.show 显示图像时才会将整个画布清除，在一张图中同时绘制正弦函数曲线图与散点图，代码如下：

```
//ch2/test_matplotlib.py
figure, axes = plt.subplots()
#绘制曲线图
axes.plot(data_x, data_y, label = 'Sin(x)', linewidth = 5)
#绘制散点图,此时 axes 对象仍处于活动状态,直接绘制即可
axes.scatter(data_x, noise_data_y, label = 'scatter noise data', color = 'yellow')
axes.legend()
axes.grid()
plt.show()
```

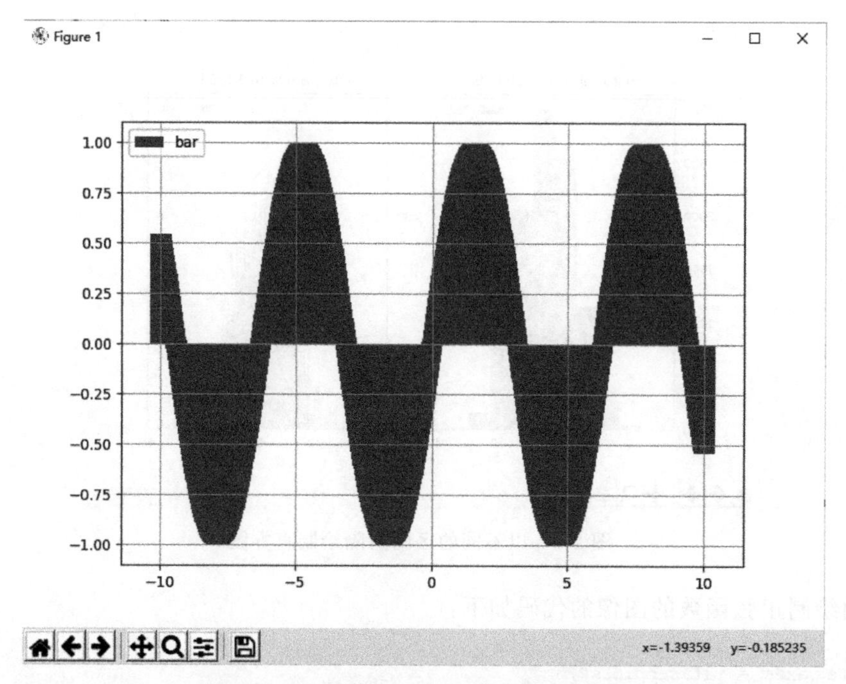

图 2-8 以条形图的形式绘制正弦函数图像

程序运行结果如图 2-9 所示，由于绘图函数默认使用蓝色，因此在绘制曲线图与散点图时，笔者额外使用 linewidth 与 color 参数指定线条和点的颜色与宽度，以便读者能看清图像。

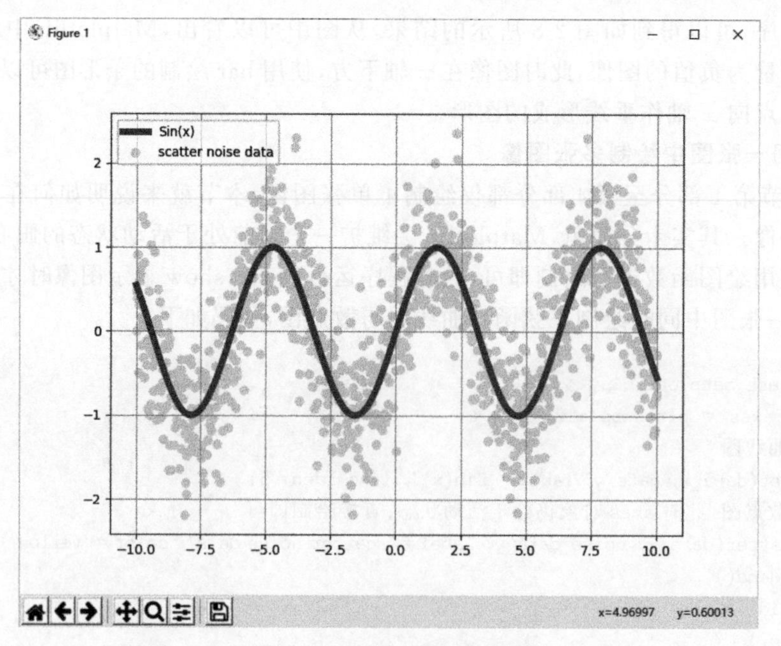

图 2-9 在同一张图中同时绘制曲线图与散点图

6. 动态绘制图像

前5部分所绘制的图像都是静态图像，当数据随时间变化时，静态图像则不能表现出数据的变化规律，因此本节将说明如何使用 Matplotlib 绘制实时动态图像。首先需要对使用到的函数进行一些说明：

1）plt.ion()

这个函数用于开启 Matplotlib 中的交互模式(interactive)，在开启交互模式后，只要程序遇到绘图指令如 plot、scatter 等，就会直接显示绘图结果，而不需要调用 plt.show 进行显示。

2）plt.cla()

这个函数表示清除当前活动的 axes 对象，清除后需要重新绘图以得到结果。相似的指令还有 plt.clf()，这个函数表示清除当前 figure 对象。

3）plt.pause(time)

这个函数是延迟函数，由于在交互模式下显示的图像会立即关闭，无法看清，所以需要使用 plt.pause 函数使绘制的图像暂停，以便观察。传入的参数 time 是延迟时间，单位为秒。

4）plt.ioff()

这个函数表示退出交互模式，一般在绘图完成之后调用。

下面的代码定义了一个带系数的正弦函数，以传入不同的系数来模拟产生和时间相关的数据，并在交互模式下实时显示不同系数的正弦函数图像变化情况，代码如下：

```
//ch2/test_matplotlib.py
figure, axes = plt.subplots()
#定义时间的长度
num = 100

#定义带系数的正弦函数，以模拟不同时刻的数据
def sin_with_effi(start, end, effi):
    x = np.linspace(start, end, num = 1000)
    return x, np.sin(effi * x)

#打开 Matplotlib 的交互绘图模式
plt.ion()

#对时间长度进行循环
for i in range(num):
    #清除上一次绘图结果
    plt.cla()
    #取出当前时刻的数据
    data_x, data_y = sin_with_effi(start, end, effi = i / 10)
    axes.plot(data_x, data_y)
    #暂停图像以显示最新结果
    plt.pause(0.001)

#关闭交互模式
plt.ioff()
```

```
#显示最终结果
plt.show()
```

运行以上程序，可以得到如图 2-10 所示的结果，从图中可以看到，随着时间的变化，由于正弦函数的系数越来越大，函数图像越来越紧密，能以十分直观的形式观察函数图像的变化情况。

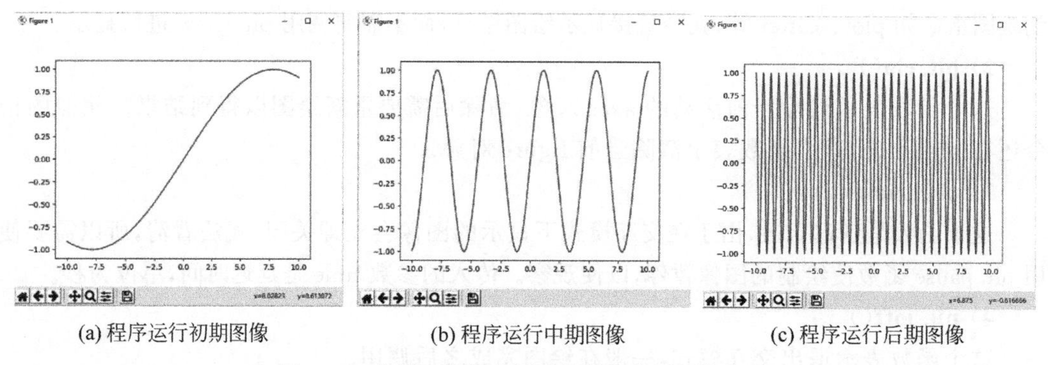

(a) 程序运行初期图像　　(b) 程序运行中期图像　　(c) 程序运行后期图像

图 2-10　在同一张图中同时绘制曲线图与散点图

7. 显示图像

Matplotlib 也可以用于显示图像，使用十分便捷，使用 Matplotlib 显示图像的代码如下：

```
img_path = 'tf_logo.png'
#读取图像
img = plt.imread(img_path)
#显示图像
plt.imshow(img)
```

运行程序，可以看到如图 2-11 所示的结果(前提是当前文件夹下有 tf_logo.png 这张图像)。如果需要显示非 png 格式的图像，需要使用 pip install pillow 额外安装 pillow 库以获得更多图像的支持。

plt.imshow 也能以热力图的形式显示矩阵，随机初始化形状为(256, 256)的矩阵并使用 Matplotlib 进行显示的代码如下：

```
//ch2/test_matplotlib.py
row = col = 256
#定义一个空的占位符
heatmap = np.empty(shape=[row, col])
#初始化占位符中每个像素
for i in range(row):
    for j in range(col):
        heatmap[i][j] = np.random.rand() * i + j
```

```
#imshow 将输入的图像进行归一化并映射至 0～255,较小值使用深色表示,较大值使用浅色表示
plt.imshow(heatmap)
plt.show()
```

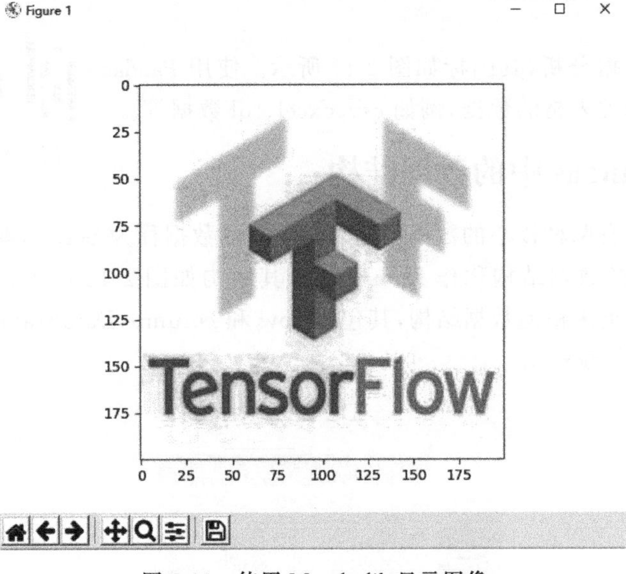

图 2-11 使用 Matplotlib 显示图像

运行程序,可以得到如图 2-12 所示的结果,从图中可以看出,图像从左上角到右下角颜色逐渐变亮,说明其值从左上角到右下角逐渐增大,这符合代码中所写的矩阵初始化逻辑。

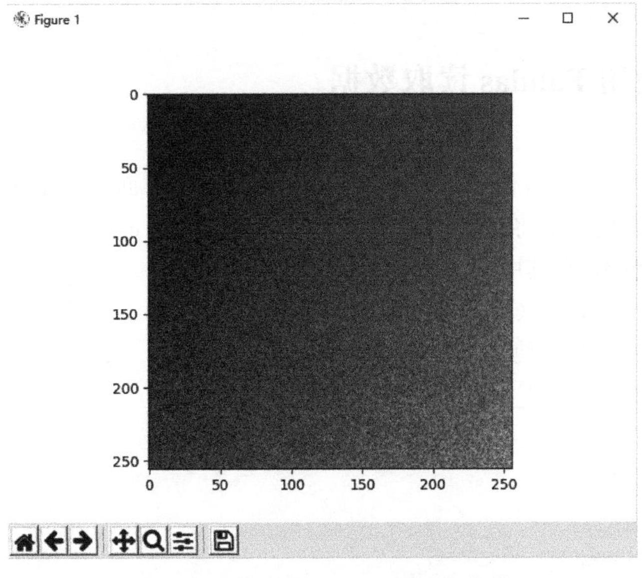

图 2-12 使用 Matplotlib 显示热力图

除了本节所展示的绘图方式与绘图类型，Matplotlib 还有更为广泛的应用。关于其更多用法可以查看 Matplotlib 官网(https://matplotlib.org)。

2.3 Pandas 的使用

Pandas 用于数据分析，其图标如图 2-13 所示。使用 Pandas 能高效读取和处理类表格的数据，例如 csv、excel、sql 数据等。

图 2-13 Pandas 的图标

2.3.1 Pandas 中的数据结构

在 Pandas 中，有两种核心的数据结构，其中 1d 的数据称为 Series，本书在此不对 Series 进行过多讲解，2d 的数据结构称作 DataFrame，其结构如图 2-14 所示。从图中可以看出，DataFrame 是一种类表格的数据结构，其包含 row 和 column，DataFrame 中的每个 row 或者 column 都是一个 Series。

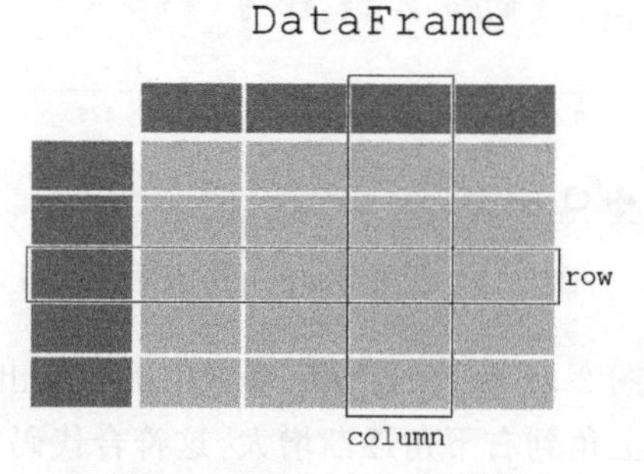

图 2-14 DataFrame 示意图

2.3.2 使用 Pandas 读取数据

1. 读取 csv

csv 是逗号分隔值文件，使用纯文本来存储表格数据，前面讲过 Pandas 适用于读取类表格格式的数据，因此本节将展示如何使用 pandas 便捷读取 csv 文件。

首先，打开记事本，在其中输入如图 2-15 所示的数据，并将其保存为 num_csv.csv(实际上，可以不需要更改文件扩展名，只需文件内的数据使用逗号分隔)。

```
first, second, third, fourth, fifth
1,2,3,4,5
6,7,8,9,10
```

图 2-15 用于测试的 csv 数据

接着，使用 pandas.read_csv 方法进行读取，代码如下：

```
import pandas as pd

file_name = 'num_csv.csv'
csv_file = pd.read_csv(file_name)
print(csv_file)
```

读取后的结果如图2-16所示，可以看到结果中最左边一列的0和1代表行号，这说明函数认为csv文件中只有两行数据，而第一行的first~fifth不算作数据，仅算作表头。

	first	second	third	fourth	fifth
0	1	2	3	4	5
1	6	7	8	9	10

图2-16 读取csv数据的结果

如果需要将第一行作为数据处理，或者需要读取的csv文件没有表头，那么需要在read_csv方法中指定header=None，即数据中不存在表头行，读取csv结果如图2-17所示，代码如下：

```
csv_file_wo_header = pd.read_csv(file_name, header = None)
print(csv_file_wo_header)
```

从结果中可以看出，指定header=None后，左侧行号从0~2一共3列，原本的表头被认为是第一行数据。除此之外程序自动给数据加上了表头，以数字进行标识。

	0	1	2	3	4
0	first	second	third	fourth	fifth
1	1	2	3	4	5
2	6	7	8	9	10

图2-17 读取不带header的csv数据

如果只想获取数据部分，而不需要表头与行号信息，则可以使用DataFrame的values属性进行获取，代码如下：

```
csv_file_values = pd.read_csv(file_name).values
print(csv_file_values)
```

运行后csv_file_values的类型是NumPy的ndarray，取出数据后可以进一步使用NumPy中的方法对其进行处理。

2. 读取Excel文件

Excel是人们日常生活中最常用的软件之一，Pandas对于Excel数据的读取也提供了十分方便的接口。和csv不同，由于Excel中可以存在多张表(sheet)，因此在读取Excel数据时需要指定读取哪一张表，使用Pandas读取Excel数据的代码如下：

```
file_name = 'num_excel.xlsx'
#可以通过sheet名或者sheet的索引进行访问('Sheet1' == 0,'Sheet2' == 1)
excel_file = pd.read_excel(file_name, 0)
print(excel_file)
```

3. 读取json

Pandas同样可以读取json数据，与2.9节中将要提到的json模块不同，Pandas读入的

json 数据仍然是 DataFrame 的形式，所读取的 json 文件可以分为 4 种格式（orient），第 1 种是 split，其表示将 DataFrame 种的行号、列号及内容分开存储，具体来说，json 中以 index 为 key 的内容即 DataFrame 中最左一列的行号索引，json 以 columns 为 key 的内容即 DataFrame 中的表头名，json 中以 data 为 key 的内容即 DataFrame 中的内容，剩余 3 种分别是 index、records 及 table，这 3 种格式在此不进行讲解，详细内容可以参考 Pandas 官网（https://pandas.pydata.org/docs/reference/api/pandas.read_json.html）。

新建一个 num_json.json 文件，其内容如图 2-18 所示。

```
{
    "index": [1, 2],
    "columns": ["first", "second", "third", "fourth", "fifth", "sixth"],
    "data": [
        [1, 2, 3, 4, 5, 6],
        [7, 8, 9, 10, 11, 12]
    ]
}
```

图 2-18　新建 json 数据示例

读取 num_json.json 的代码如下：

```
file_name = 'num_json.json'
# index -> [index], columns -> [columns], data -> [values]
json_file = pd.read_json(file_name, orient = 'split')
print(json_file)
```

运行程序后，可以得到如图 2-19 所示的结果。

```
   first  second  third  fourth  fifth  sixth
1      1       2      3       4      5      6
2      7       8      9      10     11     12
```

图 2-19　读取 json

2.3.3　使用 Pandas 处理数据

使用 Pandas 读取数据后，可以使用 NumPy 中的方法处理 DataFrame 中的 values，也可以直接使用 Pandas 对 DataFrame 进行处理，本节展示几种常见的数据处理方式。

1. 取行数据

本节将说明如何取出 DataFrame 中的一行。使用 DataFrame 的 loc 属性并传入行名称取出对应行，或者使用 DataFrame 的 iloc 属性，此时需要传入的是行索引以取出对应行。取出 csv_file 中的第 1 行（索引为 0）的代码如下：

```
print(csv_file.iloc[0])
```

运行以上程序后，可以得到如图 2-20 所示的结果。可以看出其确实取出了 DataFrame 中的第一行，并且其结果同时输出了列名及行名和数据类型等信息。

```
first     1
 second   2
 third    3
 fourth   4
 fifth    5
Name: 0, dtype: int64
```

图 2-20 取出 DataFrame 中的行数据

2. 取列数据

本节说明如何取出 DataFrame 中的一列，同样可以使用 loc 属性和 iloc 属性，此时对 loc 的索引格式为 loc[:, <column_name>]，需要向 loc 传入两个索引值，前一个值表示行索引，后一个值则表示列索引。除此之外，还可以直接使用 DataFrame[<column_name>]的形式取出列数据，这两种方法的代码如下：

```
#方法 1
print(csv_file['first'])
#方法 2
print(csv_file.loc[:, 'first'])
```

运行程序后，可以得到如图 2-21 所示的结果。

```
0    1
1    6
Name: first, dtype: int64
```

图 2-21 取出 DataFrame 中的列数据

3. 求数据的统计信息

使用 Pandas 可以方便地得到 DataFrame 的统计信息，如最大值、最小值、平均值等，下面的程序分别展示了如何取出 DataFrame 中行的最大值、DataFrame 中列的最小值及整个 DataFrame 中的平均值，代码如下：

```
#axis = 1 表示对行进行操作
print(csv_file.max(axis = 1))
#axis = 0 表示对列进行操作,默认 axis 为 0
print(csv_file.min(axis = 0))
#先取出列的平均值,接着求一次列均值的均值即为整个 DataFrame 的均值
print(csv_file.mean().mean())
```

运行程序后可以得到如图 2-22 所示的结果，可以看到 0 行和 1 行的最大值分别为 5 和 10，first～fifth 这 5 列的最小值分别为 1、2、3、4、5，而整个 DataFrame 的均值为 5.5。

```
0     5
1    10
dtype: int64
first     1
 second   2
 third    3
 fourth   4
 fifth    5
dtype: int64
5.5
```

图 2-22 DataFrame 中的统计信息

4. 处理缺失值

在数据集中，常常存在缺失数据，对于缺失数据的处理通常有两种方法，一种是直接将含有缺失数据的记录删除，另一种是将特征值填入缺失位置，常用方法是在该位置填入该列的平均值或 0，或者直接填入字段以示此处空缺/无效。找到 DataFrame 中的缺失数据并进一步进行处理的代码如下：

```
//ch2/test_pandas.py
#插入一条所有数据为 NaN 的记录
csv_file_with_na = csv_file.reindex([0, 1, 2])
print(csv_file_with_na)
#查看 NaN 在 DataFrame 中的位置
print(csv_file_with_na.isna())
#使用每一列的平均值填入该列所有 NaN 的位置
print(csv_file_with_na.fillna(csv_file_with_na.mean(axis = 0)))
#在所有 NaN 的位置填入 0
print(csv_file_with_na.fillna(0))
#在所有 NaN 的位置填入 Missing 字段
print(csv_file_with_na.fillna('Missing'))
#丢弃 DataFrame 中含有 NaN 的行
print(csv_file_with_na.dropna(axis = 0))
#丢弃 DataFrame 中含有 NaN 的列
print(csv_file_with_na.dropna(axis = 1))
```

运行程序后，可以得到如图 2-23 所示的结果。从结果可以看出，使用 reindex 方法后，由于原 DataFrame 中没有索引为 2 的行，因此 Pandas 自动新建了一条所有字段都为 NaN 的记录，使用了 isna 方法查看 DataFrame 中所有 NaN 的位置，其返回一个 bool 类型的 DataFrame，可以看到除了索引为 2 的行都为 True 外，其他记录都为 False，说明只有刚才插入的记录是 NaN。接下来代码分别使用了 fillna 方法将各列均值、0 或 Missing 字段对缺失值进行了填充，从图 2-23 中可以看出不同填充方案得到的结果。最后代码还展示了如何

```
   first  second  third  fourth  fifth
0    1.0     2.0    3.0     4.0    5.0
1    6.0     7.0    8.0     9.0   10.0
2    NaN     NaN    NaN     NaN    NaN
   first  second  third  fourth  fifth
0  False   False  False   False  False
1  False   False  False   False  False
2   True    True   True    True   True
   first  second  third  fourth  fifth
0    1.0     2.0    3.0     4.0    5.0
1    6.0     7.0    8.0     9.0   10.0
2    3.5     4.5    5.5     6.5    7.5
   first  second  third  fourth  fifth
0    1.0     2.0    3.0     4.0    5.0
1    6.0     7.0    8.0     9.0   10.0
2    0.0     0.0    0.0     0.0    0.0
     first   second    third   fourth    fifth
0        1        2        3        4        5
1        6        7        8        9       10
2  Missing  Missing  Missing  Missing  Missing
   first  second  third  fourth  fifth
0    1.0     2.0    3.0     4.0    5.0
1    6.0     7.0    8.0     9.0   10.0
Empty DataFrame
Columns: []
Index: [0, 1, 2]
```

图 2-23 处理 DataFrame 中的缺失值

直接舍弃含有 NaN 的数据，一共有两种舍弃方式，即舍弃行或者舍弃列。从舍弃行的结果可以看出，索引为 2 的记录被直接删除，而舍弃列的结果返回了一个空的 DataFrame，因为每一列都含有 NaN，因此所有的数据都被舍弃。

本节说明了 Pandas 的基本用法，从各种类型数据的读取到数据的处理，相比本书介绍的部分，Pandas 还有许多数据处理与分析方法，更多信息可以查看 Pandas 的官网(https://pandas.pydata.org)。

2.4 SciPy 的使用

SciPy 是一个开源的 Python 包，它致力于数学、科学及工程上的计算，其图标如图 2-24 所示。SciPy 的核心基于以下 Python 包：NumPy、Matplotlib、IPython、SymPy、Pandas。IPython 是一个交互式的 Python 命令行，它具有变量自动补全、自动索引，并且支持 bash 命令，相较于默认的 Python 命令行，IPython 好用得多。SymPy 是一个 Python 的科学计算库，它有一套完整的符号计算体系，可以用来求极限、求解方程、求积分及级数展开等。

基于以上包的 SciPy 自然对科学计算及数据的分析具有良好的支持，不过本节不涉及使用 SciPy 进行科学计算或数据分析，在此仅简要介绍使用 SciPy 读取与保存 Matlab 中的 mat 文件，因为这将在第 5 章使用到。

图 2-24　SciPy 的图标

2.4.1 使用 SciPy 写入 mat 文件

mat 文件是 Matlab 数据存储文件，有些数据集以 mat 文件格式进行存储。本节将说明如何使用 Python 操作 mat 文件，考虑到目前读者可能没有现成的 mat 文件，因此笔者先说明如何使用 Python 将数据写入 mat 文件中，将在 2.4.2 节说明如何读取 mat 文件。

mat 文件中保存了各种变量，其中每个变量都保存了其变量名与变量值，这样的数据结构其实与 Python 中的字典(键-值对)十分相似。因此使用 SciPy 保存数据至 mat 文件时，需要先将数据整理为字典的形式再保存，将 Python 数据保存至 mat 文件的代码如下：

```
//ch2/test_scipy.py
import numpy as np
import scipy.io as io

#初始化 3 个数据
#模拟一张 16 * 16 的 3 通道图像
ones_matrix = np.ones([16, 16, 3])
#模拟一张 32 * 32 的单通道图像
zeros_matrix = np.zeros([32, 32])
#模拟一张 256 * 256 的单通道图像
random_matrix = np.random.randn(256, 256)
```

```
#以字典的形式整理数据
data = {
    'ones_matrix': ones_matrix,
    'zeros_matrix': zeros_matrix,
    'random_matrix': random_matrix
}

mat_filename = 'data.mat'

#将数据存入 data.mat
io.savemat(mat_filename, data)
```

运行程序后，可以发现代码目录下多了一个 data.mat 文件，这就是我们刚才使用程序保存的数据文件，在 2.4.2 节我们将读取该 mat 文件以验证我们写入文件是否成功。

2.4.2 使用 SciPy 读取 mat 文件

本节将说明如何使用 SciPy 读取 mat 文件，读取及验证 mat 文件的代码如下：

```
//ch2/test_scipy.py
#载入 mat 文件
load_data = io.loadmat(mat_filename)
#查看 mat 文件中有哪些变量
print(load_data.keys())
#查看 mat 文件中字段的内容及其形状
print(load_data['ones_matrix'])
print(load_data['ones_matrix'].shape)
print(load_data['zeros_matrix'])
print(load_data['zeros_matrix'].shape)
print(load_data['random_matrix'].shape)
```

运行程序后可以看到，data.mat 文件中确实存在名为 ones_matrix、zeros_matrix 和 random_matrix 的变量，并且它们的形状分别为(16，16，3)、(32，32)和(256，256)，其中 ones_matrix 和 zeros_matrix 中的值分别为 1 和 0。

由于本书并不使用 SciPy 处理数据，因此对于 SciPy 仅做 mat 文件的读取与写入操作的讲解，SciPy 的更多用法可以参考其官网 https://www.scipy.org。

2.5 scikit-learn 的使用

scikit-learn 又叫作 sklearn，是一个基于 Python 语言的机器学习库，它建立在 NumPy、SciPy 和 Matplotlib 上，是一个简单高效的数据挖掘与数据分析工具，scikit-learn 的图标如图 2-25 所示。

scikit-learn 适用于中小型的机器学习项目，适用于数据量较小并且用户自己处理数据的场景。使用 scikit-learn，用户能快速搭建传统机器学习模型如 SVM、KNN、随机森林、SVR、k-means 等，可以帮助用户快速完成分类、回归、聚类等任务。由于本书不涉及传统机器学习模型，因此在此仅使用 scikit-learn 进行简单的回归与分类任务，以简要说明其用法。

图 2-25 scikit-learn 的图标

2.5.1 scikit-learn 的使用框架

在开始说明具体任务之前，先向读者阐述 scikit-learn 中模型的建立与使用过程。在使用 scikit-learn 做机器学习的过程中，第一步是准备数据，此时准备好训练集数据与测试集数据。在此之后，便可以开始准备模型了：先实例化一个模型的对象(模型即上述的 SVM、随机森林等)，此时需要根据具体任务选择适合的模型，在实例化模型完成之后，直接调用 fit 函数即可，此函数需要传入训练数据，函数内部自动拟合所传入的数据。在 fit 完成后，若需要测试，则调用 predict 函数即可，接着可以使用 score 函数对预测值与真实值之间的差异进行评估，该函数会返回一个得分以表示差异的大小。

从上述使用框架中可以看出，scikit-learn 是一个封装性很强的包，这对于新手而言十分友好，无须自己定义过多函数或写过多代码，直接调用其封装好的函数即可，但整个过程对用户形成了一个黑盒，使用户难以理解算法内部的具体实现，这也是封装过强的弊端。

下面笔者就以回归及分类任务具体讲解框架中每一步的做法。

2.5.2 使用 scikit-learn 进行回归

本节笔者就以简单的回归问题说明 scikit-learn 的用法，以 2.5.1 节中所讲的 5 个步骤依次进行介绍。

1. 准备数据

本节选取了一张图像较为复杂的函数 $y=x\sin(x)+0.1x^2\cos(x)+x$，使用以下程序生成 y 在 $x\in[-10, 10]$上的数据，并且 x 以间隔为 0.01 取值。为了验证 scikit-learn 中模型的学习能力，直接使用训练数据进行测试，代码如下：

```
//ch2/test_scikit_learn.py
from sklearn.svm import SVR, SVC
import numpy as np
import matplotlib.pyplot as plt

#生成回归任务的数据
def get_regression_data():
    start = -10
    end = 10
```

```
    space = 0.01

    #自变量从[start, end]中以 space 为等间距获取
    x = np.linspace(start, end, int((end - start) / space))
    #根据自变量计算因变量,并给其加上噪声干扰
    y = x * np.sin(x) + 0.1 * x ** 2 * np.cos(x) + x + 5 * np.random.randn( * x.shape)

    #返回训练数据
    return np.reshape(x, [ - 1, 1]), y

#得到回归数据
x, y = get_regression_data()
#打印数据形状以进行验证
print(x.shape, y.shape)
```

运行以上程序可以得到命令行的输出：(2000，1)(2000,)，说明我们的训练与测试数据已经正确获取。其中训练数据 x 的形状中 2000 表示有 2000 个训练样本，1 表示每个训练样本由 1 个数构成，而训练标签 y 的形状表明其是由 2000 个数组成的标签。

接下来我们对训练数据进行可视化，让读者对数据有一个直观上的认识，同时也测试我们生成的数据是否符合要求。使用 Matplotlib 对数据进行可视化，以蓝色的点进行标识，可视化过程的代码如下：

```
//ch2/test_scikit_learn.py
#可视化数据
figure, axes = plt.subplots()

#以散点图绘制数据
axes.scatter(x, y, s = 1, label = 'training data')
#以 Latex 风格设置标题
axes.set_title(' $ y = x sin(x) + 0.1x^2 cos(x) + x $ ')
axes.legend()
axes.grid()
plt.show()
```

运行以上程序，可以得到如图 2-26 所示的函数图像，从图中可以看出，数据基本属于一条曲线，该曲线即上面设置的函数，说明训练与测试数据都被正确生成。

2. 实例化模型

在这一节笔者选用 Support Vector Regression，即将 SVM 运用到回归问题上。本节对于原理不做阐述，仅说明 scikit-learn 的用法。初始化 SVR 模型的代码如下：

```
#初始化分类模型
svr = SVR(Kernel = 'rbf', C = 10)
```

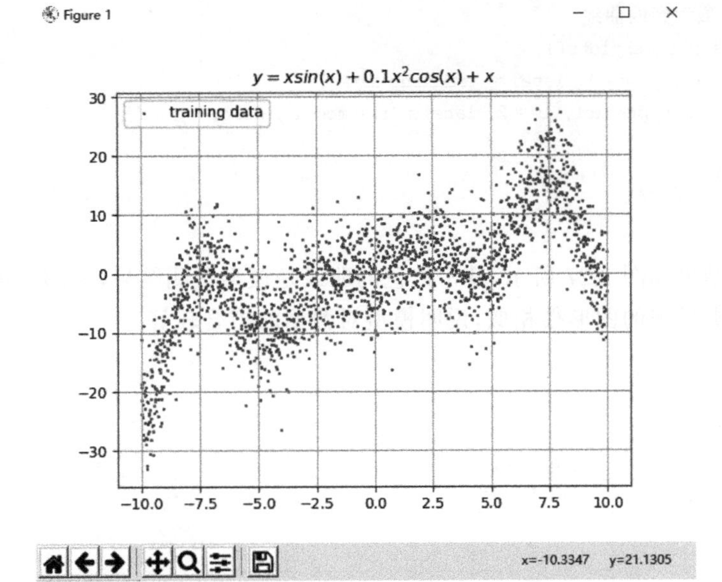

图 2-26 训练数据的图像

上面的代码表示初始化了一个 SVR 模型，其 Kernel 参数表示模型选用的核函数，scikit-learn 对 SVR 的核函数有以下常见 3 种选择：rbf、linear 和 poly，在此选用 rbf 作为核函数，C 表示误差的惩罚系数，惩罚系数越大，则对训练数据拟合越好，但有可能造成过拟合，其默认值为 1，由于训练数据较难拟合，所以笔者将 C 值设置为 10，以加强模型的拟合能力，读者可以自行尝试其他值。

3. 使用模型进行拟合

定义好模型后，接下来便可使用模型拟合训练数据，代码如下：

```
#用模型对数据进行拟合
svr_fit = svr.fit(x, y)
```

使用 fit 函数对训练数据进行拟合，需要传入数据及其对应的标签。

4. 使用模型进行测试

在模型拟合完数据后，为了测试模型的性能，可以使用 predict 函数查看其对不同的输入值的预测，测试的代码如下：

```
#使用模型进行测试
svr_predict = svr_fit.predict(x)
```

predict 函数中只需传入训练数据，函数会将预测值返回，此时我们使用训练数据进行预测，这样方便在之后的可视化过程中查看模型预测与真实值之间的差异。绘制真实值与预测值的代码如下：

```
#可视化模型学到的曲线
fig, axes = plt.subplots()
axes.scatter(x, y, s = 1, label = 'training data')
axes.plot(x, svr_predict, lw = 2, label = 'rbf model', color = 'red')
axes.legend()
axes.grid()
plt.show()
```

可视化的结果如图 2-27 所示，其中红色的曲线是模型预测结果，从图中可以看出，该曲线和原离散数据呈现的图形很相似，说明模型对数据的拟合较好。

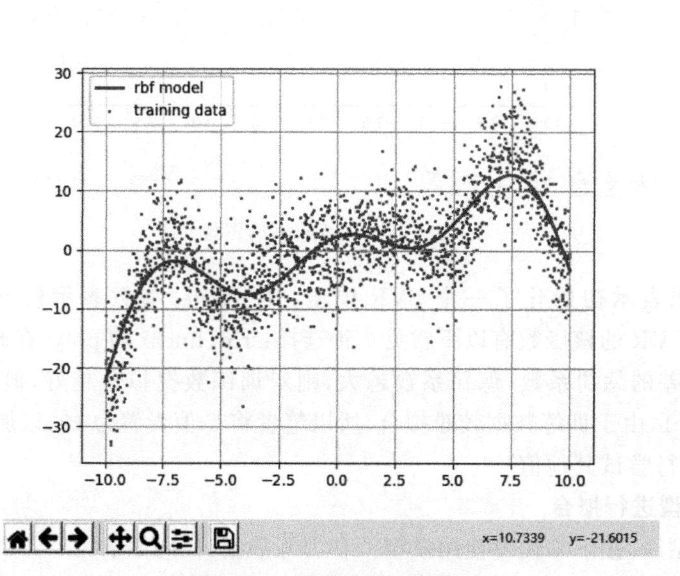

图 2-27 训练数据的图像

5. 评估模型性能

除了可以使用可视化的方式查看模型拟合情况，还可以使用 score 方法定量评估模型的好坏，score 函数定量地刻画了预测值与真实值之间的差异，其用法的代码如下：

```
#评估模型性能
score = svr_fit.score(x, y)
print(score)
```

score 方法需要传入训练数据及其标签，最终 score 在命令行的输出为 0.6428078808326549(读者的 score 和笔者的结果可能不同，因为数据的初始化是随机的)，说明模型对于 64.28%的数据预测正确。由于原数据在空间中较为离散化，过高的 score 可能会带来过拟合的问题，因此无论从可视化的结果还是从 score 上来看，该模型的表现可以接受。

2.5.3 使用 scikit-learn 进行分类

本节同样以使用 scikit-learn 的 5 个步骤分别说明如何解决分类问题。

1. 准备数据

与回归的数据不同,分类需要给特定的数据指定类标签,为了简便起见,本节使用二维坐标作为分类特征,落在椭圆 $\frac{x^2}{1.5^2}+y^2=1$ 内的点为一类,类标签以 0 表示,而落在椭圆 $\frac{x^2}{1.5^2}+y^2=1$ 与圆 $x^2+y^2=4$ 之间的点为另一类,其类标签为 1。下面的程序用于生成分类的训练数据,代码如下:

```
//ch2/test_scikit_learn.py
#生成分类任务的数据
def get_classification_data():
    #数据量
    cnt_num = 1000
    #计数器
    num = 0

    #初始化数据与标签的占位符,其中训练数据为平面上的坐标,标签为类别号
    x = np.empty(shape=[cnt_num, 2])
    y = np.empty(shape=[cnt_num])

    while num < cnt_num:
        #生成随机的坐标值
        rand_x = np.random.rand() * 4 - 2
        rand_y = np.random.rand() * 4 - 2

        #非法数据,如果超出了 x^2 + y^2 = 4 的圆的范围,则重新生成合法坐标
        while rand_x ** 2 + rand_y ** 2 > 4:
            rand_x = np.random.rand() * 4 - 2
            rand_y = np.random.rand() * 4 - 2

        #如果生成的坐标在 x^2 / 1.5^2 + y^2 = 1 的椭圆范围内,则类标号为 0,否则为 1
        if rand_x ** 2 / 1.5 ** 2 + rand_y ** 2 <= 1:
            label = 0
        else:
            label = 1

        #将坐标存入占位符
        x[num][0] = rand_x
        x[num][1] = rand_y
```

```
            #将标签存入占位符
            y[num] = label

            num += 1

        #向训练数据添加随机扰动以模拟真实数据
        x += 0.3 * np.random.randn( * x.shape)

        return x, y

    #得到训练数据与标签
    x, y = get_classification_data()
    #查看数据和标签的形状
    print(x.shape, y.shape)
```

运行上面的程序后，可以看到命令行输出(1000, 2) (1000,)，表示有 1000 个训练数据及其对应的标签，其中每个训练数据由 2 个数(即坐标)构成，而标签由 1 个数字构成。

除此之外，我们也可以使用 Matplotlib 以散点图的形式可视化训练数据，由于同时存在不同类的数据，我们需要先将类标为 0 的数据和类标为 1 的点分开，并以不同的标识绘制，这样会增强图像的直观性，代码如下：

```
//ch2/test_scikit_learn.py
#获取标签为 0 的数据下标
zero_cord = np.where(y == 0)
#获取标签为 1 的数据下标
one_cord = np.where(y == 1)

#以下标取出标签为 0 的训练数据
zero_class_cord = x[zero_cord]
#以下标取出标签为 1 的训练数据
one_class_cord = x[one_cord]

figure, axes = plt.subplots()
#以圆点画出标签为 0 的训练数据
axes.scatter(zero_class_cord[:, 0], zero_class_cord[:, 1], s = 15, marker = 'o', label = 'class 0')
#以十字画出标签为 1 的训练数据
axes.scatter(one_class_cord[:, 0], one_class_cord[:, 1], s = 15, marker = '+', label = 'class 1')
axes.grid()
axes.legend()

#分别打印标签为 0 和 1 的训练数据的形状
print(zero_class_cord.shape, one_class_cord.shape)
plt.show()
```

运行以上程序，命令行会输出(388, 2) (612, 2)(读者输出的结果可能不同，因为数据的初始化是随机的)，表示1000个训练样本中，有388个属于类0，612个属于类1，同时能看到类似图2-28的结果。

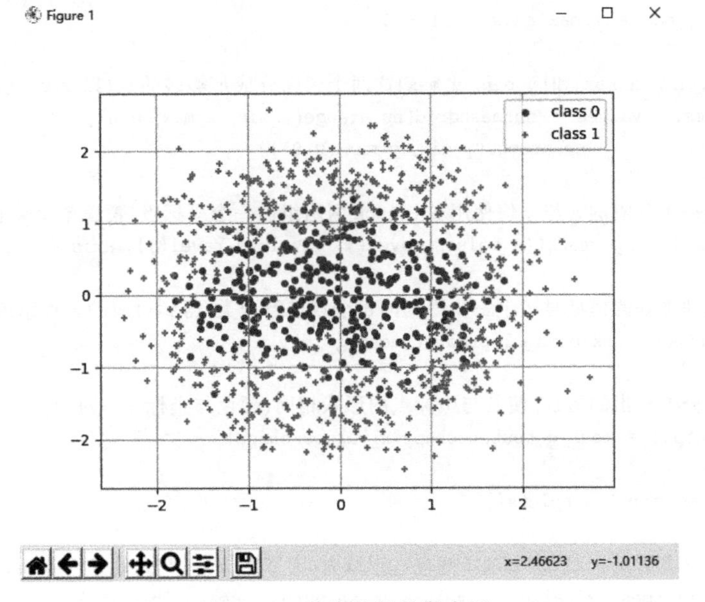

图2-28　分类数据的散点图

2. 实例化模型

本节使用SVM完成对训练数据的分类，对SVM的介绍可以参见2.5.2节的第2部分，代码如下：

```
# 创建 SVM 模型
clf = SVC(C = 100)
```

3. 使用模型进行拟合

同样，类似2.5.2节的第3部分，使用fit函数即能使模型拟合训练数据，代码如下：

```
clf.fit(x, y)
```

4. 使用模型进行测试

本节对分类器的分类边界进行可视化，由于变量(训练数据)可以充斥整个二维空间，因此我们从二维空间中取出足够多的点，以覆盖我们所关心的区域(由于需要将分类数据与分类边界相比较，因此可以将关心的区域设置为训练数据所覆盖的区域)，使用得到的模型对我们关心的区域中的每个点进行分类，以得到其类别号，最终将不同预测的类别号以不同的颜色画出，即能得到我们模型的分类边界，代码如下：

```
//ch2/test_scikit_learn.py
def border_of_classifier(sklearn_cl, x):
    #求出所关心范围的边界值:最小的 x、最小的 y、最大的 x、最大的 y
    x_min, y_min = x.min(axis = 0) - 1
    x_max, y_max = x.max(axis = 0) + 1

    #将[x_min, x_max]和[y_min, y_max]这两个区间分成足够多的点(以 0.01 为间隔)
    x_values, y_values = np.meshgrid(np.arange(x_min, x_max, 0.01),
                    np.arange(y_min, y_max, 0.01))

    #将上一步分隔的 x 与 y 值使用 np.stack 两两组成一个坐标点,覆盖整个关心的区域
    mesh_grid = np.stack((x_values.ravel(), y_values.ravel()), axis = -1)

    #使用训练好的模型对于上一步得到的每个点进行分类,得到对应的分类结果
    mesh_output = sklearn_cl.predict(mesh_grid)

    #改变分类输出的形状,使其与坐标点的形状相同(颜色与坐标一一对应)
    mesh_output = mesh_output.reshape(x_values.shape)

    fig, axes = plt.subplots()

    #根据分类结果从 cmap 中选择颜色进行填充(为了图像清晰,此处选用 binary 配色)
    axes.pcolormesh(x_values, y_values, mesh_output, cmap = 'binary')

    #将原始训练数据绘制出来
    axes.scatter(zero_class_cord[:, 0],
           zero_class_cord[:, 1], s = 15, marker = 'o', label = 'class 0')
    axes.scatter(one_class_cord[:, 0],
           one_class_cord[:, 1], s = 15, marker = '+', label = 'class 1')
    axes.legend()
    axes.grid()

    plt.show()

#绘制分类器的边界,传入已训练好的分类器,以及训练数据(为了得到我们关心的区域范围)
border_of_classifier(clf, x)
```

运行上面的程序,可以得到类似图 2-29 所示的结果(由于训练数据的随机性,读者模型的分类边界与图 2-29 所示的结果可能会不完全一致)。

5. 评估模型性能

与 2.5.2 节第 5 部分类似,使用 score 函数评估模型即可,代码如下:

```
#评估模型性能
score = clf.score(x, y)
print(score)
```

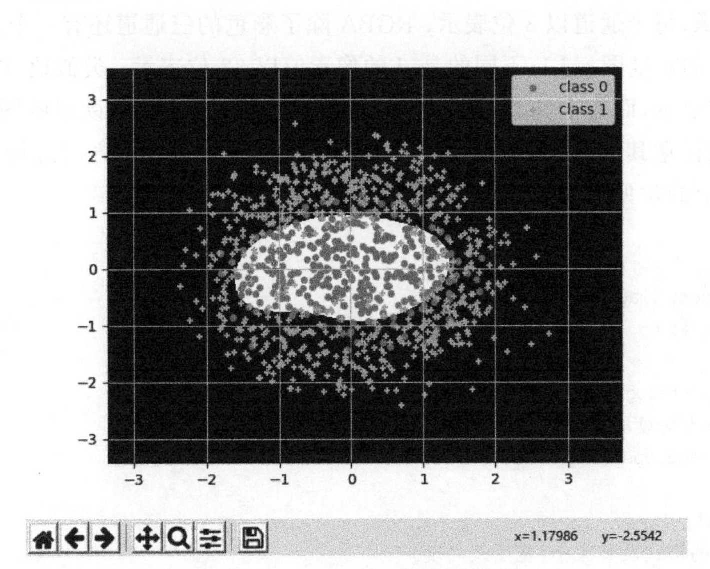

图 2-29 训练数据与模型分类边界

运行以上代码，可以得到输出 0.859(读者结果可能与此不同)，说明我们的分类器对于 85.9%的数据正确分类，而从可视化结果可以看出，剩余 14.1%未被正确分类的数据很有可能是噪声数据(即存在于那些两类数据交叉部分的点)，因此基于这个准确率，可以接受此分类器。

本节以简单的回归与分类问题作为实例，讲解了 scikit-learn 的基本用法，其还有许多其他的模型和应用值得读者进一步探究，由于本书不涉及过多的机器学习知识，所以在此不进行讲解，更多信息可以参考 scikit-learn 官网 https://scikit-learn.org/stable/index.html。

2.6 Pillow 的使用

Pillow 的前身是 PIL(Python Imaging Library)，作为 Python 平台图像处理库，PIL 仅支持到 Python 2.7，而 Pillow 则是由一群志愿者在 PIL 的基础上进行更新并维护的兼容库，此兼容库支持 Python 3。前面讲过，Pillow 是图像处理的专用库，因此本节将主要说明如何使用 Pillow 对图像进行处理。在深度学习中，经常使用计算机图形学中的处理方式以获得更多的图像，下面就说明几种常见的处理方法。

2.6.1 使用 Pillow 读取并显示图像

由于需要对图像进行处理，因此读取图像永远是第一步，本节就说明如何使用 Pillow 读取图像。Pillow 中的常见 Image 格式(也称为 mode)有以下几种：1、L、P、RGB、RGBA、CMYK、YCbCr、LAB、HSV、I 及 F，下面就几种使用较多的格式进行说明。1 代表图像为二值图像，0 值表示黑，255 表示白，而 L 表示灰度图，其每个像素值以 8 位进行表示；RGB 即三通道彩色图像，每个通道以 8 位表示；RGBA 除了彩色的三通道还有一个 8 位的 alpha 通道；I 代表整型的灰度图，与 L 不同的是，I 的像素值以 32 位表示；类似地，F 模式下的每个像素也以 32 位表示，而每个像素值是浮点类型。首先需要准备待读取的图像 tf_logo. jpg（读者可以使用任意其他图像），使用 Pillow 中 Image 模块的 open 方法进行读取，将图像的格式转换成以上的常见格式的代码如下：

```
//ch2/test_pillow.py
from PIL import Image
import numpy as np

img_name = 'tf_logo.jpg'
#使用 open 方法读取图像
rgb_im = Image.open(img_name)
#显示图像
rgb_im.show()
#显示图像的格式及其大小(宽度及高度)
print(rgb_im.mode, rgb_im.size)

#图像格式转换函数
def convert(im, mode):
    #将图像转换为 mode 格式
    im = im.convert(mode)
    im.show()
    #取出图像中的一个像素,以便查看其类型
    pixel = im.getpixel((0, 0))
    #查看特定 mode 下图像的相关信息
    print(im.mode, im.size, pixel, type(pixel))
    im.close()

#待查看的 mode
modes = ['1', 'L', 'RGBA', 'I', 'F']

for m in modes:
    convert(rgb_im, m)
    input()
```

以上程序首先读取了 tf_logo. jpg，此时图像读进来的是 RGB 格式。接着定义了一个 convert 函数，表示将 RGB 图像转换成目标格式，并在 convert 函数中打印转换后图像的相关信息。运行以上程序可以在控制台得到如图 2-30 所示的输出。

从结果可以看出，原读入的 jpg 格式为 RGB，转换为格式 1、L 及 I 后，像素值都是以 int 进行表示的，而转换成格式 F 后，像素值则以 float 进行表示。较为特殊的是，RGBA 格式每个像素由 4 个通道组成，因此其类型为 tuple。同时，由于调用了 show 函数，运行完程序

```
RGB (200, 200)
1 (200, 200) 255 <class 'int'>
L (200, 200) 255 <class 'int'>
RGBA (200, 200) (255, 255, 255, 255) <class 'tuple'>
I (200, 200) 255 <class 'int'>
F (200, 200) 255.0 <class 'float'>
```

图 2-30　Pillow 中不同 mode 及其像素的数据类型

读者还能得到如图 2-31 所示的图像显示结果。

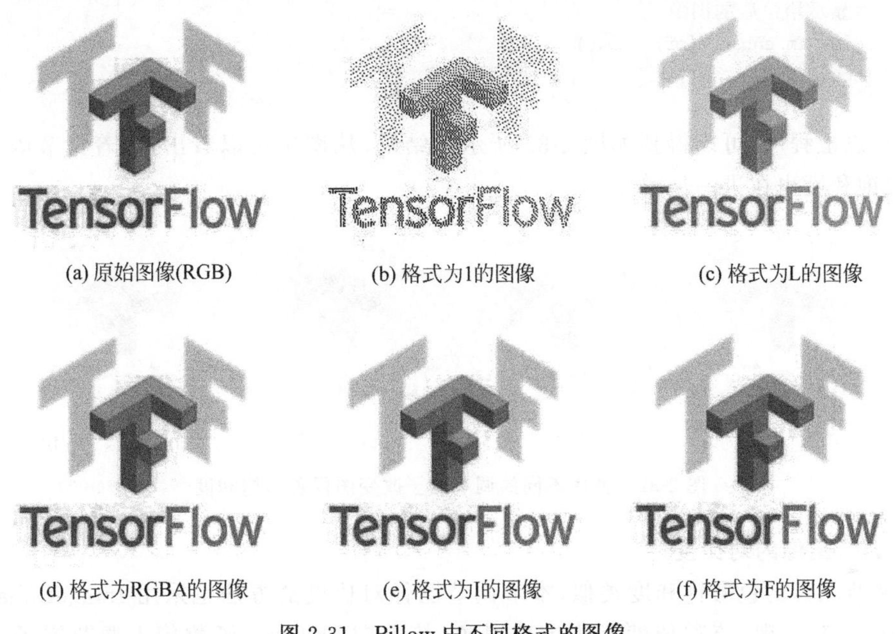

(a) 原始图像(RGB)　(b) 格式为1的图像　(c) 格式为L的图像

(d) 格式为RGBA的图像　(e) 格式为I的图像　(f) 格式为F的图像

图 2-31　Pillow 中不同格式的图像

2.6.2　使用 Pillow 处理图像

本节简要说明如何使用 Pillow 进行图像处理，其中涉及的模块主要有 ImageEnhance 及 ImageOps。其中 ImageEnhance 模块提供了一系列图像增强类，使用这些类的统一接口 enhance 方法执行具体的增强，可以为 enhance 方法传入不同的调节因子以获得不同强度的处理效果。下面就以具体图像处理方法介绍这些模块的使用。

1. 调节图像的色彩饱和度

使用 ImageEnhance 中的 Color 类对图像的饱和度进行调节，首先为待调节图像创建 Color 对象，再向 enhance 方法传入调节因子。

当调节因子为 0.0 时，图像将被调节为灰度图像(饱和度为 0)。当调节因子为 1.0 时，图像则保持不变。传入的调节因子越大，则图像的色彩饱和度越高。不同调节因子对于图像色彩饱和度的影响的代码如下：

```
//ch2/test_pillow.py
from PIL import ImageEnhance

#待测试的饱和度调节因子
color_factors = [0, 0.5, 1, 10]
#创建 Color 对象
color_im = ImageEnhance.Color(rgb_im)
for cf in color_factors:
    #显示增强后的图像
    color_im.enhance(cf).show()
    input()
```

运行以上程序，可以得到如图 2-32 所示的结果，从图中可以看出，随着调节因子的增大，色彩饱和度也在进一步增加。

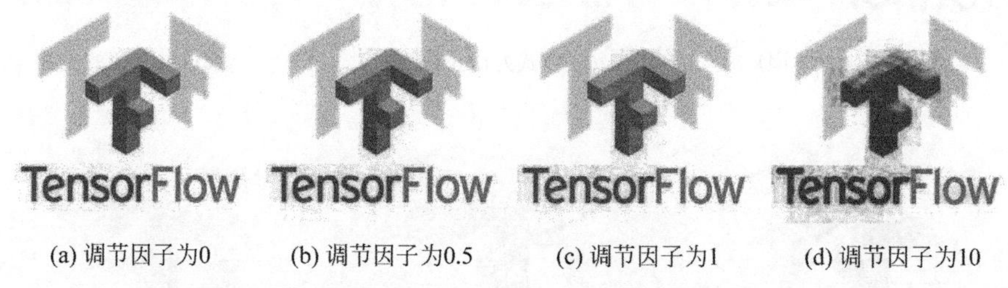

(a) 调节因子为0　(b) 调节因子为0.5　(c) 调节因子为1　(d) 调节因子为10

图 2-32　使用不同的调节因子改变图像色彩饱和度

2. 调节图像的对比度

和调节图像的色彩饱和度类似，本节调节图像对比度的方法也采用 ImageEnhance 中的 Contrast 类实现，流程依然是先创建对象，接着向 enhance 函数传入调节因子并进行调用。

当调节因子为 0.0 时，图像变为纯灰色图像(对比度为 0)。当调节因子为 1.0 时，图像不发生改变。不同调节因子的影响的代码如下：

```
//ch2/test_pillow.py
#待测试的对比度调节因子
contrast_factors = [0, 0.5, 1, 10]
#创建 Contrast 对象
contrast_im = ImageEnhance.Contrast(rgb_im)
for cf in contrast_factors:
    #显示增强后的图像
    contrast_im.enhance(cf).show()
    input()
```

运行以上程序后，可以得到如图 2-33 所示的输出图像，从图中可以看出，随着调节因子的增大，图像对比度也在增强。

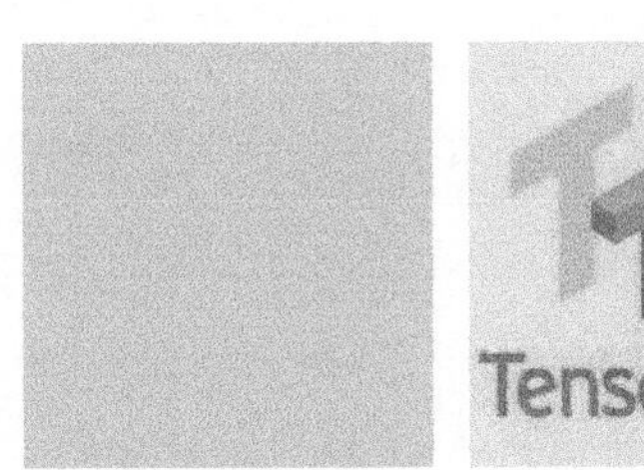

(a) 调节因子为0　　(b) 调节因子为0.5　　(c) 调节因子为1　　(d) 调节因子为10

图 2-33　使用不同的调节因子改变图像的对比度

3. 调节图像的亮度

同样，使用 ImageEnhance 模块中的 Brightness 类完成对图像亮度的调节。当调节因子为 0.0 时，输出图像为全黑(亮度为 0)。调节因子越大，则输出图像越亮，当调节因子为 1.0 时输出原图，这一过程的代码如下：

```
//ch2/test_pillow.py
#待测试的亮度调节因子
brightness_factors = [0, 0.5, 1, 10]
#创建 Brightness 对象
brightness_im = ImageEnhance.Brightness(rgb_im)
for bf in brightness_factors:
    #显示增强后的图像
    brightness_im.enhance(bf).show()
    input()
```

运行以上程序，读者可以看到如图 2-34 所示的输出图像。

(a) 调节因子为0　　(b) 调节因子为0.5　　(c) 调节因子为1　　(d) 调节因子为10

图 2-34　使用不同的调节因子改变图像的亮度

4. 调节图像的锐度

锐度不像颜色饱和度、亮度及对比度那样被人们经常使用，所以此处首先说明什么是图像锐度。锐度由不同颜色区域之间的边界进行定义，当锐度调高时，图像不同区域边界的细节对比度也更高，看起来更清楚。

使用 ImageEnhance 模块中的 Sharpness 类很容易调节图像锐度。同样地，使用的调节因子越大，图像的锐度则越高，边缘看起来越清晰。当调节因子为 1.0 时，输出原图像，不同调节因子对图像锐度的影响的代码如下：

```
//ch2/test_pillow.py
#待测试的锐度调节因子
sharpness_factors = [0, 0.5, 1, 10]
#创建 Sharpness 对象
sharpness_im = ImageEnhance.Sharpness(rgb_im)
for sf in sharpness_factors:
    #显示增强后的图像
    sharpness_im.enhance(sf).show()
    input()
```

运行以上程序，可以得到如图 2-35 所示的图像，可以看出，随着调节因子的增大，图像的细节越清晰，边界的对比度越高。

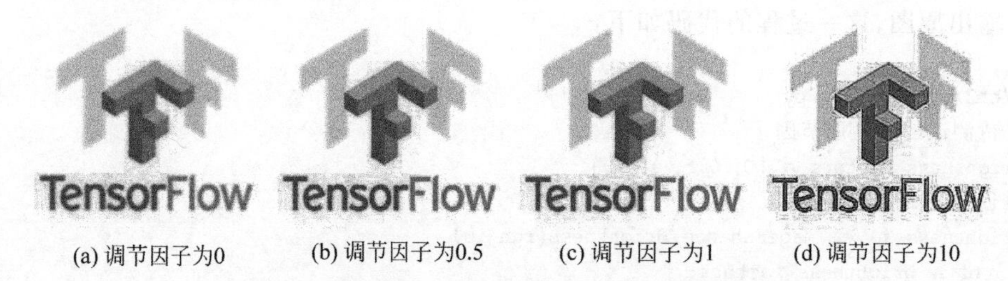

(a) 调节因子为0　(b) 调节因子为0.5　(c) 调节因子为1　(d) 调节因子为10

图 2-35　使用不同的调节因子改变图像的锐度

5. 裁剪图像

裁剪图像使用 Pillow 中的 ImageOps 模块中的 crop 方法，该函数需要传入待裁剪的图像及需要裁剪的宽度，此宽度为图像四周需要裁剪的宽度，裁剪方式如图 2-36 所示，可以看出，crop 方法只能完成四边等距的裁剪，无法完成任意大小的裁剪，更多的裁剪方式可以参考 2.7 节中的 OpenCV 操作。

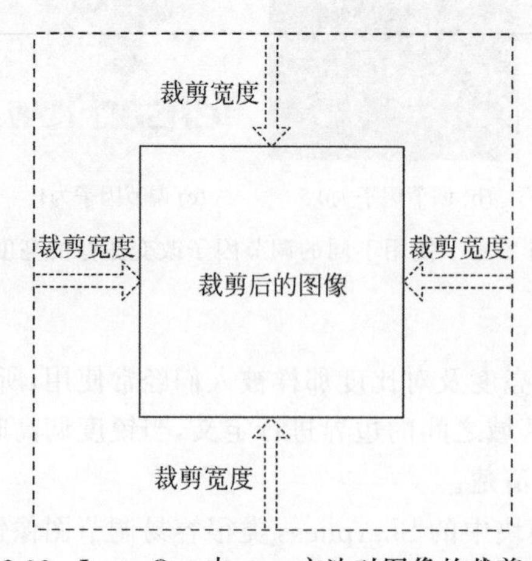

图 2-36　ImageOps 中 crop 方法对图像的裁剪方式

同样以 tf_logo.jpg 图像(大小为 200px×200px)为例说明 crop 函数的使用方式,不同裁剪宽度的图像裁剪效果的代码如下:

```
//ch2/test_pillow.py
from PIL import ImageOps

#待测试的裁剪宽度
crop_borders = [0, 10, 20, 50]

for cb in crop_borders:
    #向 crop 函数传入待裁剪图像及裁剪宽度
    crop_im = ImageOps.crop(rgb_im, cb)
    #打印裁剪后图像的大小
    print(crop_im.size)
    #显示裁剪后的图像
    crop_im.show()
    input()
```

运行以上程序,可以看到如图 2-37 所示的结果(图 2-37 将四张图像缩放到了同一大小,以便直观比较),同时在控制台可以得到 4 个输出,分别表示裁剪后的图像大小:(200,200)、(180,180)、(160,160)及(100,100)。

(a) 裁剪宽度为0　(b) 裁剪宽度为10　(c) 裁剪宽度为20　(d) 裁剪宽度为50

图 2-37 对同一图像进行不同尺度的裁剪

6. 缩放图像

使用 ImageOps 模块中的 scale 函数对图像进行缩放,其参数有 3 个,分别为待缩放的图像、缩放因子及采样方法,其默认方法为双三次插值。scale 函数的使用方法的代码如下:

```
//ch2/test_pillow.py
#待测试的缩放因子
scale_factors = [0.1, 0.3, 0.5, 0.7]

for sf in scale_factors:
    #向 scale 函数传入待缩放图像及缩放因子
    scale_im = ImageOps.scale(rgb_im, sf)
    #打印缩放后图像的大小
```

```
    print(scale_im.size)
    #显示缩放后的图像
    scale_im.show()
    input()
```

运行以上程序，可以得到如图 2-38 所示的结果，并且控制台会打印缩放后图像的大小：(20，20)、(60，60)、(100，100)和(140，140)分别为缩放因子为 0.1、0.3、0.5 和 0.7 的缩放图像大小。从结果可以看出，缩放后的图像边长为缩放因子乘以原图像的边长。大小为 200px×200px 的原图，经过因子为 0.1 的缩放操作后，图像大小变为 20px×20px。

(a) 缩放因子为0.1　(b) 缩放因子为0.3　(c) 缩放因子为0.5　(d) 缩放因子为0.7

图 2-38　使用不同的调节因子对图像进行缩放

7. 翻转图像

翻转图像包括水平翻转及竖直翻转，这两种操作在 ImageOps 中采用不同的函数进行实现，其分别为 mirror 和 flip。由于操作是固定的，仅需向这两个函数传入待翻转的图像，这两个翻转函数的使用方法的代码如下：

```
//ch2/test_pillow.py
#竖直翻转图像
flip_im = ImageOps.flip(rgb_im)
flip_im.show()

#水平翻转图像
mirror_im = ImageOps.mirror(rgb_im)
mirror_im.show()
```

运行以上代码，可以得到如图 2-39 所示的图像翻转结果。

(a) 竖直翻转图像　(b) 水平翻转图像

图 2-39　使用不同方式翻转图像

8. 旋转图像

图像的旋转并不使用 ImageEnhance 或 ImageOps 中的方法，所有 Pillow 中的 Image 对象都可以直接使用 rotate 方法进行旋转。

使用 rotate 方法需要指定如下参数：旋转的角度（逆时针）、旋转中心（以坐标形式给出，默认为图像中心）、旋转后图像空缺的填充颜色（默认填充黑色）及是否扩展旋转后图像的边界以保留原始图像信息（默认为不进行扩展）。rotate 方法的代码如下：

```
//ch2/test_pillow.py
#旋转角度
rotate_angle = 45

#将图像逆时针旋转 45°
rgb_im.rotate(rotate_angle).show()
#设置图像旋转中心为左上角，并逆时针旋转 45°
rgb_im.rotate(rotate_angle, center = (0, 0)).show()
#将图像逆时针旋转 45°并以白色填充缺失部分
rgb_im.rotate(rotate_angle, fillcolor = 'white').show()
#扩展图像边界以容纳所有图像信息
rgb_im.rotate(rotate_angle, expand = 1).show()
```

运行以上程序，可以得到如图 2-40 所示的结果，从结果可以看出，当设置 center 为 (0, 0)时，整个图像以左上角为旋转中心进行旋转，如图 2-40(b)所示；当设置 fillcolor 为 white 时，原本旋转填充背景的黑色变为了白色，如图 2-40(c)所示；当把 expand 设置为非 0 值时，旋转后的图像会保留原图所有的信息，而不会裁剪原图任何部分，如图 2-40(d)所示。

(a) 旋转角度为45°

(b) 设置旋转中心

(c) 设置填充为白色

(d) 设置扩展

图 2-40 使用不同的参数对图像进行旋转

9. 使图像反色

图像反色也是一种常见的操作，反色表示将图像中所有的颜色替换为其互补的颜色（使用白色减去其颜色值）。在 Pillow 中，使图像反色十分简便，只需调用其 ImageOps 中的 invert 方法，由于反色操作是固定的，所以只需向其函数传入待反色的图像，无需其他任何参数，invert 函数的代码如下：

```
#使图像反色
ImageOps.invert(rgb_im).show()
```

运行以上程序，可以得到如图 2-41 所示的反色图像结果。

图 2-41　图像反色结果

10. Posterize

在 Pillow 中，可以使用 ImageOps 模块中的 posterize 方法调整图像。其在实现代码上的具体做法是对原图像每个通道的像素值进行截断，仅保留每个通道原像素值的前 k 位。由于像素值的范围是 0～255，即使用 8 位表示颜色，因此保留的位数 k 的范围只能是 1～8。这个操作比较晦涩，整个过程的代码如下：

```
//ch2/test_pillow.py
#图像像素保留位数
posterize_bits = [1, 2, 4, 8]

for pb in posterize_bits:
    posterized_im = ImageOps.posterize(rgb_im, bits = pb)
    #显示图像
    posterized_im.show()
    #查看图像左上角的像素
    pixel = posterized_im.getpixel((0, 0))
    #打印左上角像素及其对应的二进制值
    print(pixel, bin(pixel[0]))
```

运行以上程序，可以看到如图 2-42 所示的结果。从图像结果可以看出，随着保留位数的增加，图像的亮度也随之增加，当保留位数为 8 时输出原图。当保留位数较少时，只有较亮的像素被保留(较暗的像素被截断)，相应地，图像的细节损失较多，如图 2-42(a)和图 2-42(b)所示。反之图像整体变化不大，细节也更多地被保留，如图 2-42(c)和图 2-42(d)所示。

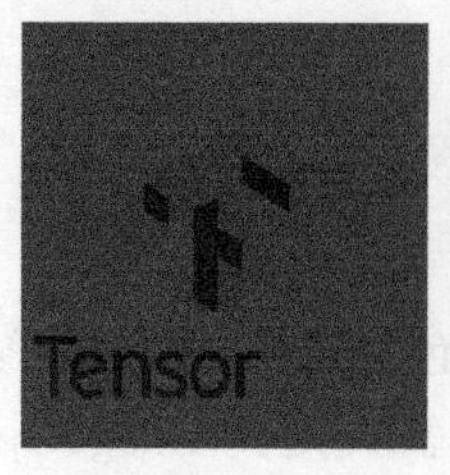

(a) 保留位数为1

(b) 保留位数为2

(c) 保留位数为4

(d) 保留位数为8

图 2-42　图像曝光结果

除此之外，在控制台可以看到如图 2-43 所示的打印信息。四行输出分别代表图像像素保留前 1、2、4、8 位（原图像）之后的像素结果。为了方便理解具体操作，程序还将像素值转换为了二进制值进行输出。可以看到当将像素保留 8 位（原图像）时，像素值为 255，其二进制值为 11111111，而保留 1 位时，仅在原图像素基础上保留了最高位的 1，二进制值为 10000000，像素值被截断为 128。同理，对于其他的保留位数也是类似的。

```
(128, 128, 128) 0b10000000
(192, 192, 192) 0b11000000
(240, 240, 240) 0b11110000
(255, 255, 255) 0b11111111
```

图 2-43　图像 posterize 后的像素值

11. Solarize

在 Pillow 中，可以使用 ImageOps 中的 solarize 方法反转图像的颜色。与前面介绍过的 invert 不同，solarize 方法仅对高于阈值 threshold 的像素进行反转，不改变其余像素，而 invert 会反转图像中的所有像素。因此在调用 solarize 方法时，需要传入待处理的图像与阈值作为参数。

值得注意的是，solarize 单独考虑每个通道值，使用原三通道 RGB 图像的每个单独的通道与 threshold 进行对比，换言之，solarize 操作对于通道是独立的。下面的程序就以不同的阈值对比了 solarize 与 invert 方法，并查看了操作前后的像素值，代码如下：

```
//ch2/test_pillow.py
#图像 solarize 像素参数
solarize_thresh = [127, 255]

for st in solarize_thresh:
    #solarize 方法
    solarized_im = ImageOps.solarize(rgb_im, threshold = st)
    solarized_im.show()

    #invert 方法
    invert_im = ImageOps.invert(rgb_im)
    invert_im.show()
    input()
    #对比原图、solarize 及 invert 图像中的像素
    print(rgb_im.getpixel((100, 100)), solarized_im.getpixel((100, 100)), invert_im.
getpixel((100, 100)))
```

运行以上程序，可以得到如图 2-44（a）和图 2-44（b）对比可以看出，对于不同的阈值，solarize 操作会得到不同结果，当阈值越大，被反转的像素越少。将图 2-44（a）与图 2-44（c）对比，不难发现当使用 invert 方法对图像所有像素反转时，原为橙色的 TensorFlow 的标志被反转为蓝色（互补色），而将阈值设置为 127 的图像进行 solarize 操作后其结果为绿色标志，这说明 solarize 方法并没有将图像中的所有像素反转（否则图像的结果和 invert 得到的结果应一致），而是仅反转了高于阈值的部分，这一点从控制台输出的结果也能看出。

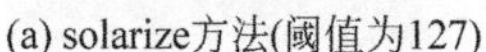
(a) solarize方法(阈值为127)　(b) solarize方法(阈值为255)　(c) invert方法

图 2-44　solarize 后的图像结果

同时,程序打印了 TensorFlow 标志在 solarize 和 invert 前后的像素值(位于图像正中央的像素)。从图 2-45 可以看出,原始图像中的 TensorFlow 标志的像素值为(213,98,17)(橙色),当使用 invert 对图像进行反转后,得到的像素为(255－213,255－98,255－17)即(42,157,238)(蓝色),当阈值设置为 127 时,由于只有 R 通道上的值(213)大于阈值,所以只有该通道的值被反转,因此阈值为 127 时的 solarize 结果为(255－213,98,17)即(42,98,17)(绿色)。同理,当阈值为 255 时,由于各个通道值都不高于阈值,此时颜色保持不变。

```
(213, 98, 17) (42, 98, 17) (42, 157, 238)
(213, 98, 17) (213, 98, 17) (42, 157, 238)
```

图 2-45　原图、solarize 与 invert 后的像素值

12. 将图像直方图均衡化

灰度图的每个像素使用 8 位进行表示,其值为 0～255,而直方图则统计了灰度图中每个像素值(或某个区间的像素值)在图像中出现的频数(频率)。图像的直方图很直观地反映了不同灰度(亮度)在图像中的分布情况,如果直方图中的灰度集中在某一区域,则说明图像中的灰度大多类似,此时图像不清晰,如果对比度不高,此时则可以使用均衡化方法使图像对比度增强。图像的直方图均衡化指修改图像在整个灰度区间内的分布,使输出的图像直方图在区间内大致呈均匀分布(Uniform Distribution)。

读者可以使用 ImageOps 中的 equalize 方法对图像直方图进行均衡化,该函数需要的参数为待均衡化的图像及一张图像掩码(mask),使用掩码可以指定只对图像中的特定区域进行均衡化,默认为 None,即对整张图像进行均衡化,下面的程序说明了 equalize 函数的使用方法,并使用 Matplotlib 中的条形图绘制出其直方图分布情况(2.2.2 节中第 4 部分),代码如下:

```
//ch2/test_pillow.py
#导入 Matplotlib 以绘制直方图
import matplotlib.pyplot as plt
```

```
# 直方图均衡化
equalized_im = ImageOps.equalize(rgb_im)

# 将图像转换为灰度图并得到直方图数据(在此仅考虑灰度图直方图)
# 原图像直方图
rgb_hist = rgb_im.convert('L').histogram()
# 均衡化后图像直方图
equalized_hist = equalized_im.convert('L').histogram()

# 绘制图像及其对应的直方图
figure, axes = plt.subplots(1, 4)

axes[0].imshow(rgb_im)
axes[0].set_title('Original image')
axes[1].bar(range(len(rgb_hist)), rgb_hist)
axes[1].set_title('Original histogram')
axes[2].imshow(equalized_im)
axes[2].set_title('Equalized image')
axes[3].bar(range(len(equalized_hist)), equalized_hist)
axes[3].set_title('Equalized histogram')

plt.show()
```

运行以上程序,可以得到如图 2-46 所示的结果,从结果可以看出,原图整体亮度较高,其灰度分布集中于 200 左右,而经过直方图均衡化后,其灰度分布整体更加均匀,此时图像的对比度也有所提高。

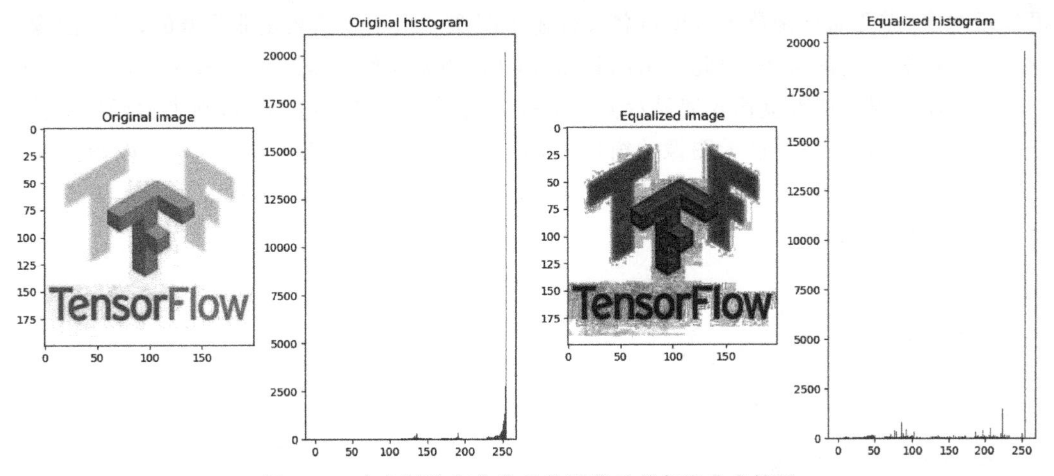

图 2-46 直方图均衡化前后的图像及其灰度分布情况

本节介绍了 Python 图像处理包 Pillow 的用法,其中着重介绍了几种图像处理的方法,这些图像处理方法在保证图像标签/内容不发生改变的情况下,对图像像素进行了改变,从而生成新的图像。这种操作在深度学习中可以作为数据增强的手段使用,在有限的数据量下生成大量的额外图像数据辅助模型的训练,以防止模型过拟合,从而提高模型的泛化性能。关于这一点,在第6、7、8章会详细说明图像操作作为数据增强在深度学习中的使用方法。

2.7 OpenCV的使用

OpenCV是一个开源的跨平台计算机视觉库,其图标如图2-47所示。由于OpenCV的代码由C与C++语言编写,并提供Python接口,因此使用OpenCV处理图像能同时兼顾高效性和易用性。由于OpenCV年限较长,其默认读取图像的通道顺序为BGR,而非现在常见的RGB,这一点读者需要特别注意。不过好在OpenCV读入的图像格式为NumPy数组(ndarray),能够使用NumPy中所有对数组的操作方法处理图像。

图2-47 OpenCV的图标

本节采用几种简单的图像处理方法对OpenCV进行介绍。

2.7.1 使用OpenCV读取与显示图像

在OpenCV中,使用imread方法读取图像,在读取图像时可以指定读取模式:读取彩色图像(mode 1)、读取灰度图像(mode 0)、读取图像alpha通道(mode −1)。读取彩色图像时,通道顺序为BGR,形状为(H, W, 3),此时使用NumPy对数组进行切片操作,直接对最后一个维度取反即可得到RGB的通道顺序。读取图像后,使用OpenCV的imshow方法即可显示图像,需要向该函数传入窗口名及待显示图像。由于该函数是非阻塞的,显示图像的窗口会在极短时间内关闭,因此在调用imshow后,还需要使用waitKey函数并为其传入0,以表示程序无限等待键盘输入使显示窗口不被关闭(若传入任意正数a,则表示函数等待a毫秒后关闭)。在不需要显示图像的窗口时,需要调用destroy All Windows()以销毁所有的图像显示窗口,尽管这不是必须的,但是这是一个好的编程习惯。使用OpenCV读取并显示图像的代码如下:

```
//ch2/test_opencv.py
import cv2

img_name = 'tf_logo.png'

#以彩色模式读取图像
im_bgr = cv2.imread(img_name, 1)
#以灰度模式读取图像
im_gray = cv2.imread(img_name, 0)
#连同图像的alpha通道一起读取
```

```
im_alpha = cv2.imread(img_name, -1)

#打印各个模式图像的数据类型及形状
print(type(im_bgr), im_bgr.shape)
print(type(im_gray), im_gray.shape)
print(type(im_alpha), im_alpha.shape)

#显示图像
cv2.imshow('im_bgr', im_bgr)
cv2.imshow('im_gray', im_gray)
cv2.imshow('im_alpha', im_alpha)
#阻塞以防止窗口关闭
cv2.waitKey(0)
#销毁所有图像显示窗口
cv2.destroyAllWindows()
```

运行以上程序，可以得到如图 2-48 所示的结果，从显示结果来看，模式 1 与模式－1 所显示的图像一致，而模式 0 则将彩色图像转换为灰度图进行显示。

(a) 以模式1读取图像　(b) 以模式0读取图像　(c) 以模式-1读取图像

图 2-48　以不同的模式读取图像并显示

与此同时，控制台还打印了各个模式图像的数据类型和形状大小，如图 2-49 所示，可以看出由 imread 函数读取的图像类型都是 NumPy 的 ndarray。在形状上，以彩色模式读取的形状有 3 个通道，而灰度图由于每个像素只需一个数字进行表示，因此本为 1 的通道数在 OpenCV 中被省略，而将 alpha 通道一起读入时，总通道数变为 4。需要注意的是，OpenCV 的 imread 方法不支持路径中含有中文字符。如果路径中含有中文字符，imread 函数不会报错，此时函数返回 None。若一定需要读取含有中文字符路径的图像，可以借助 NumPy 的 fromfile 先读取图像内容，再使用 OpenCV 中的 imdecode 方法对读到的内容进行解码，该方法在此不进行展开，有兴趣的读者可以进行尝试。

```
<class 'numpy.ndarray'> (200, 200, 3)
<class 'numpy.ndarray'> (200, 200)
<class 'numpy.ndarray'> (200, 200, 4)
```

图 2-49　以不同模式读取图像的数据类型和形状大小

在 waitKey 等待时间内，若用户按下键盘，waitKey 会返回按下按键的 ASCII 码值。若超过了 waitKey 等待时间用户没有任何输入，此时函数返回－1。可以通过判断用户按下的按键是否和某键的 ASCII 码值相等来控制程序的逻辑。下面的程序写法只有当用户在 2000ms(2s)内按下 Q 键才会打印 True，代码如下：

```
print(ord('Q') == cv2.waitKey(2000))
```

2.7.2 使用 OpenCV 处理图像

本节简要介绍几种 OpenCV 处理图像的方式，对于较为复杂的处理方式，如调节图像亮度、对比度等及更多复杂计算机图形学操作，在此不涉及，需要学习或使用的读者可以参考 OpenCV 官方 Python 教程：https://docs.opencv.org/master/d6/d00/tutorial_py_root.html。

1. 裁剪图像

裁剪 OpenCV 中的图像十分方便，因为处理对象是 NumPy 的 ndarray，因此直接对图像使用 NumPy 数组的切片操作即可，在图像正中间裁剪出一块 100px×100px 的子图并进行显示的代码如下：

```
//ch2/test_opencv.py
#定义需要裁剪的子图大小
sub_h = sub_w = 100
#获取原图像的形状
h, w = im_bgr.shape[: 2]

#计算子图的左上角坐标
x = (w - sub_w) //2
y = (h - sub_h) //2

print(x, y)
#切割子图,仅需要在空间上(前 2 维)切割,通道信息则全部保留(第 3 维)
sub_im = im_bgr[y: y + sub_h, x: x + sub_w, :]
print(sub_im.shape)
#显示子图
cv2.imshow('sub_im', sub_im)
cv2.waitKey(0)
cv2.destroyAllWindows()
```

运行以上程序，可以得到如图 2-50 所示的结果，从结果可以看出，程序确实裁剪出了原图像中间的一块，并且从控制台可以看到打印的子图大小为(100，100，3)。需要注意的是，在显示的图像右侧有一条灰色的背景，这一部分并不属于裁剪出的图像，而是 OpenCV 显示时默认的背景色。

图 2-50 裁剪子图并显示

2. 使用仿射变换处理图像

仿射变换指将几何图形在向量空间中进行一次线性变换和一

次平移，变换至另一个向量空间。简单来说，仿射变换不会改变原图中几何关系，如平行关系等。而有一些变换可能会改变这种几何关系，如透视变换等，图 2-51 说明了这两种变换的区别，可以看出仿射变换尽管进行了旋转、缩放、拉伸及平移等操作，但是变换后的图像中线段几何关系和原图保持一致，而透视变换则改变了这一关系，将原图中的平行关系破坏了。

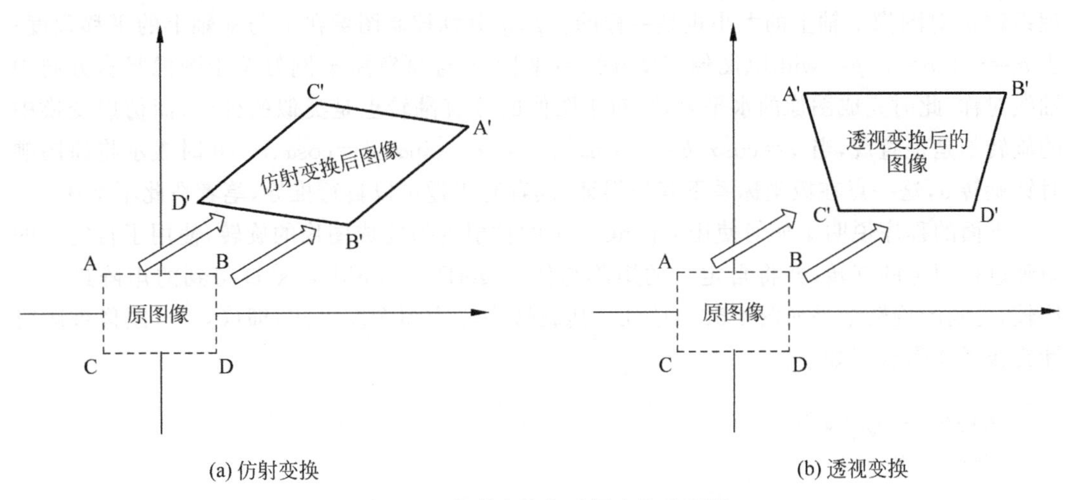

图 2-51　仿射变换与透视变换示意图

从图中可以看出，仿射变换实际上是透视变换的一个子集，这一点从这两种变换的数学关系上也能得到印证。透视变换将二维数据投影到三维空间，再将其映射到另一个二维空间，而仿射变换仅包括二维空间的映射。使用 OpenCV 对图像进行透视变换也十分便捷，不过笔者在此只对仿射变换进行简要介绍，不涉及透视变换。

由前面的介绍可以知道，旋转、平移、缩放、翻转、拉伸等操作实际上都属于仿射变换，并且这些操作任意组合的变换也属于仿射变换。仿射变换对图像中的坐标逐一进行变换（具体而言，就是以仿射矩阵和原坐标相乘，得到新图像的坐标），如图像中有一个点(x,y)，为简便表示，此时将坐标点(x,y)表示为列向量，即$[x,y]^{\mathrm{T}}$，形状为(1, 2)，现在需要通过一个变换矩阵得到新的坐标（新坐标形状仍然是(1, 2)），因此需要一个 2×2 的矩阵与原坐标相乘，得到新坐标$[x',y']^{\mathrm{T}}$：

$$\begin{bmatrix} x' \\ y' \end{bmatrix} = \begin{bmatrix} a & b \\ c & d \end{bmatrix} \begin{bmatrix} x \\ y \end{bmatrix} \tag{2-1}$$

即新坐标中：$x'=ax+by$、$y'=cx+dy$，这便是仿射变换中所说的线性变换部分，仅凭此无法完成平移操作，由于平移操作实际上仅仅对坐标加上一个偏置，即新坐标应满足以下形式，其中 p、q 为任意实数

$$\begin{cases} x' = ax + by + p \\ y' = cx + dy + q \end{cases} \tag{2-2}$$

因此仿射变换一般使用以下形式进行书写：

$$\begin{bmatrix}x'\\y'\\1\end{bmatrix}=\begin{bmatrix}a&b&p\\c&d&q\\0&0&1\end{bmatrix}\begin{bmatrix}x\\y\\1\end{bmatrix}\tag{2-3}$$

这样就能满足变换中存在的平移操作，只不过最后仅需取出 x' 与 y' 即可。从仿射变换的一般形式即(2-2)式中可以看出，$a>1$ 时表示在原图的 x 方向上放大，反之表示缩小，同理系数 d 对图像 y 轴上的大小也是一样的。p、q 分别控制图像在 x 与 y 轴上的平移程度；当 $a=-1$、$b=0$、$p=\text{width}$(图像宽度)时，新坐标 x' 与原坐标 x 刚好关于图像竖直方向中轴线对称，此时完成图像的水平翻转，对于图像的竖直翻转也是类似的分析，而仿射变换中的旋转不是很直观，当 $a=\cos\alpha$、$b=-\sin\alpha$、$p=0$、$c=\sin\alpha$、$d=\cos\alpha$、$q=0$ 时表示将原图顺时针旋转 α，这一点在极坐标系下容易得证，读者有兴趣可以自行推导，笔者在此不赘述。

下面的程序说明了如何使用 OpenCV 中的仿射变换完成图像的旋转，使用了自定义的矩阵进行图像的旋转，并将自定义的矩阵与使用 getRotationMatrix2D 得到的矩阵进行了比较，得到的旋转结果如图 4-52(a)所示，其旋转中心为图像左上角，即(0, 0)，图像被顺时针旋转了 30°，代码如下：

```
//ch2/test_opencv.py
import numpy as np

#图像旋转
#定义顺时针旋转角度
angle = 30

#求旋转角度的正弦及余弦值
sine = np.sin(angle / 180 * np.pi)
cosine = np.cos(angle / 180 * np.pi)

#用于旋转的仿射矩阵
rotate_mat = np.array([[cosine, - sine, 0], [sine, cosine, 0]])
#将旋转的仿射矩阵用于图像
rotate_im = cv2.warpAffine(im_bgr, rotate_mat, dsize = im_bgr.shape[ : 2])
cv2.imshow('rotate', rotate_im)

#使用 OpenCV 的 API 得到旋转矩阵，需要传入旋转中心、旋转角度(以逆时针旋转换为正方向)、缩放
#尺度
rotate_mat2 = cv2.getRotationMatrix2D((0, 0), - 30, scale = 1)
#比较手动初始化的矩阵与 API 初始化的矩阵是否相同(True)
print(rotate_mat == rotate_mat2)
```

由于平移只需改变式(2-3)中的 p 与 q，而不需要改变图像形状信息。下面的程序说明了如何使用仿射变换完成图像的平移，将图像分别向右和向下平移 100px，得到的结果如图 2-52(b)所示，代码如下：

```
#平移
shift_mat = np.array([[1., 0., 100.], [0., 1., 100.]])
shift_im = cv2.warpAffine(im_bgr, shift_mat, dsize=im_bgr.shape[:2])
cv2.imshow('shift', shift_im)
```

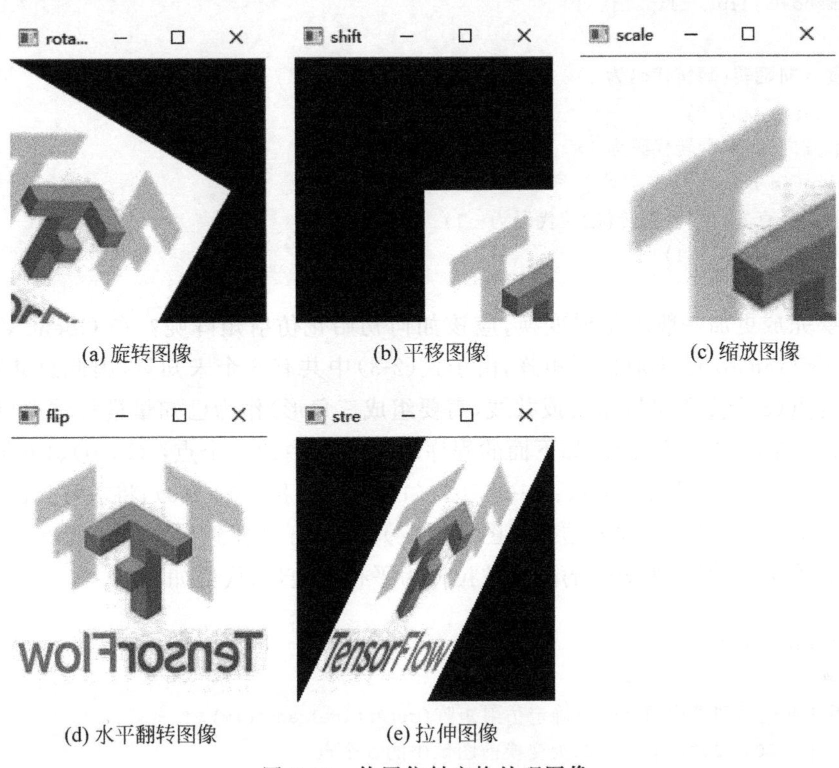

(a) 旋转图像　(b) 平移图像　(c) 缩放图像

(d) 水平翻转图像　(e) 拉伸图像

图 2-52　使用仿射变换处理图像

改变原图 x 与 y 坐标前的系数 a 与 d 即能完成图像的缩放，下面的程序说明了如何使用仿射变换完成对图像的缩放，将原图像在 x 与 y 方向上放大了 2 倍，所得结果如图 2-52(c)所示，代码如下：

```
#缩放
scale_mat = np.array([[2., 0., 0.], [0., 2., 0.]])
scale_im = cv2.warpAffine(im_bgr, scale_mat, dsize=im_bgr.shape[:2])
cv2.imshow('scale', scale_im)
```

如本节开头所描述，改变坐标和平移系数即可完成图像的翻转。下面的程序展示了在 OpenCV 中两种翻转图像的方式：一种是使用仿射变换，程序将原图在水平方向进行了翻转，另一种是直接使用 OpenCV 中的 flip 方法，为其传入响应的翻转代码即可完成不同方向上的翻转，仿射变换完成的翻转结果如图 2-52(d)所示，代码如下：

```
//ch2/test_opencv.py
#翻转
flip_mat = np.array([[-1., 0., im_bgr.shape[0]], [0., 1., 0]])
flip_im = cv2.warpAffine(im_bgr, flip_mat, dsize=im_bgr.shape[:2])
cv2.imshow('flip', flip_im)

#竖直方向翻转(翻转代码为 0)
cv2.flip(im_bgr, 0)
#水平方向翻转(翻转代码为 1)
cv2.flip(im_bgr, 1)
#水平和竖直方向同时翻转(翻转代码为 -1)
cv2.flip(im_bgr, -1)
```

如果要完成更加一般的仿射变换，应该如何初始化仿射矩阵呢？在 OpenCV 中，提供了 getAffineTransform 求取仿射矩阵，由于式(2-3)中共有 6 个未知量，因此总共需要 3 对变换前后的点(3 个点不可以重合或共线，需要组成三角形)作为已知量进行求解(即 6 个未知量，12 个已知量，6 个方程)。如下面的程序取了原图中的 3 个点：(0，0)、(200，200)和(0，100)，及对应变换后的 3 个点：(100，0)、(100，200)和(50，100)，将求解到的仿射矩阵应用到图像上进行变换，得到的结果如图 2-52(e)所示，可以看到变换前后的点确实满足之前所定义的关系，此时原为矩形的图像被拉伸为平行四边形，代码如下：

```
//ch2/test_opencv.py
#拉伸
#使用变换前后图像中的 3 个点确定仿射矩阵(getAffineTransform)
#[0, 0], [200, 200], [0, 100]为变换前图像中的 3 个点
pts1 = np.float32([[0, 0], [200, 200], [0, 100]])
#[100, 0], [100, 200], [50, 100]为变换后图像中对应的 3 个点
pts2 = np.float32([[100, 0], [100, 200], [50, 100]])

stre_mat = cv2.getAffineTransform(pts1, pts2)
print(stre_mat)

stre_im = cv2.warpAffine(im_bgr, stre_mat, dsize=im_bgr.shape[:2])
cv2.imshow('stre', stre_im)
```

在此演示仿射变换的例子都十分简单直观，读者可以使用随机初始化的仿射矩阵完成对图像的随机变换。在一定的变换程度上，图像的内容不会发生改变，因此，使用随机的仿射矩阵处理后的图像也可以作为神经网络模型新的训练样本，以数据增强的形式辅助模型的训练。

2.8　argparse 的使用

在 Python 中，可以使用 argparse 模块方便地对命令行参数进行处理。编程时，可以通过命令行传入的不同参数改变程序的执行逻辑，极大地增加了程序的灵活性。因此本节将对 argparse 模块进行一个简要的介绍。

2.8.1　argparse 的使用框架

argparse 模块能处理指明的命令行参数与位置命令行参数（根据传入参数的位置进行识别），其整体使用流程如下：

首先使用 ArgumentParser 方法创建一个解析器 parser（此时 parser 中的参数列表为空），在创建过程中可以为 ArgumentParser 方法传入定制化的属性，如对该 parser 的描述等。

创建完 parser 后，接下来需要为 parser 添加参数，一般使用 add_argument 方法，该方法需要指定参数名，同时 add_argument 方法含有许多可选属性，如参数目标数据类型、默认值、目标参数指定动作 action 等。读者可以将一个添加完参数的 parser 理解成一个参数的集合，该集合包含了所有待从命令行接收的参数。对于 add_argument 方法的探究是本节的重点，将在 2.8.2 节详细说明。

为 parser 添加完目标参数后，最后使用 parse_args 方法将命令行中传入的参数转换为 argparse 中的 Namespace 对象（表示参数读取完毕），此时可以使用 args.[变量名]的形式访问由命令行传入的参数。

通过以上 3 个步骤，即可方便地解析来自命令行的参数，不过值得注意的是，在使用 add_argument 方法为 parser 添加参数时，如何正确地设计参数的类型、属性及动作至关重要，有时错误的设计会给之后的编码带来不小的麻烦。

2.8.2　使用 argparse 解析命令行参数

本节只对 add_argument 方法进行探讨，若读者想进一步学习 ArgumentParser 方法的运用，可以参考 argparse 的文档（https://docs.python.org/3/library/argparse.html）。

1. 解析字符串类型的参数

parser 从命令行接收的参数默认类型是字符串，因此直接按照 2.8.1 节所讲的使用流程接收参数即可，下面的程序说明了这一过程，为创建的 parser 添加了一个名为 vvv(--vvv)的参数，并且此参数的简写形式为 v(-v)，默认值为 string，代码如下：

```
//ch2/test_argparse.py
import argparse
```

```
def parse_str():
    #创建 parser
    parser = argparse.ArgumentParser()
    #为 parser 添加一个名为 vvv(简称 v)的参数,其默认值为 string
    parser.add_argument('-v', '--vvv', default='string')
    #解析参数
    args = parser.parse_args()
    return args

args = parse_str()
#打印 Namespace
print(args)
#打印接收的参数及其类型
print(args.vvv, type(args.vvv))
```

在控制台使用命令 python test_argparse.py -v TensorFlow_is_good(或 python test_argparse.py --vvv TensorFlow_is_good)可以得到如图 2-53(a)所示的结果,可以看到 args 中只有一个名为 vvv 的参数,它的值恰好是我们从命令行传入的 TensorFlow_is_good 字符串。同时该参数类型为 str。如果直接使用命令 python test_argparse.py(不传入任何参数),则会得到如图 2-53(b)所示的结果,可以看到此时 vvv 参数的值为默认值 string。

```
Namespace(vvv='TensorFlow_is_good')
Tensorflow_is_good <class 'str'>
```

(a) 从命令行传入参数

```
Namespace(vvv='string')
string <class 'str'>
```

(b) 使用默认值

图 2-53　使用 argparse 解析字符串参数

2. 解析 int 型的参数

与 2.8.2 节的第 1 部分类似,在使用 add_argument 时,为 type 参数传入目标类型即可,下面的程序说明了如何指定 type 为 int 型,以解析整型参数,代码如下:

```
#为 parser 添加一个名为 iii(简称 i)的参数,其默认值为 0,限制传入的类型为整型
parser.add_argument('-i', '--iii', default=0, type=int)
```

指定 type 为 int 型后,程序会尝试将从命令行传入的参数转换为 int 型,如果转换失败(如使用命令 python test_argparse.py -i TensorFlow_is_good),程序会报错终止。有意思的一点是,default 值的类型可以与指定的类型无关,因为只有当命令行未传入参数时,才会使用 default 值(尝试将 default 值转换为 type 类型)。因此,如果将上述程序的 default 改为 string,而使用正确传入整型数的命令时,程序仍能正常执行。除了可以使用 int 作为 type 外,对于 float 也是类似的处理方式,对于 type 为 bool 则是其他的处理方法,有兴趣的读者可以自行尝试将 type 指定为 bool 的解析结果(因为本质是将字符转换为 bool 值,因此会发现无论传入什么数,结果都为 True,除非将 default 置为 False 并不传入任何参数)。

3. 解析bool型的参数

由于bool仅有两个值，即True或False，因此argparse在处理bool的过程中，不需要传入任何值，仅以是否写出该参数进行判别。例如定义了一个名为*b*的参数，仅当命令中写出了参数*b*时，该值才为True（或False），没写时为False（或True），而无须显式传入True或False。这一点和使用if语句判别bool值十分相似，如下面的程序，使用b==True进行判断是多此一举的，直接使用*b*本身即可，代码如下：

```
b = True
if b == True:
    …
if b:
    …
```

对于bool型参数的处理，需要用到add_argument中的action参数，将其指定为store_true（或store_false）表示命令中写了该参数就将其置为True（False），解析bool型的参数的代码如下：

```
#添加一个名为bbb(简称b)的参数,其默认值为False,若命令写出 --bbb(-b),则值为True
parser.add_argument('-b', '--bbb', default=False, action='store_true')
#添加一个名为ppp(简称p)的参数,其默认值为True,若命令写出 --ppp(-p),则值为False
parser.add_argument('-p', '--ppp', default=True, action='store_false')
```

4. 解析list型参数

将命令行传入的参数返回为一个list有多种方法，本节介绍其中常用的两种。下面分别对这两种方法进行介绍。

一种是指定add_argument方法的action为append（列表的追加），这种用法适合命令中多次重复使用相同参数传值的情况。假设现已为parser添加了名为eee的参数并指定action为append，此时使用命令python test_argparse.py --eee 1 --eee 2则会得到参数eee为['1', '2']，这种方法的缺点是需要多次传入同名参数，不方便使用。

第二种更为便捷的方法是指定add_argument方法中的nargs参数，将这个参数指定为"+""?"或"*"，分别表示传入1个或多个参数、0个或1个参数及0个或多个参数（同正则表达式的规则一致），并将传入的参数转换为list。例如指定nargs为"+"并且变量名为eee的整型变量时，使用python test_argparse.py --eee 1 2后，直接可以得到名为eee值为[1, 2]的参数。

下面的程序分别说明了以上两种解析列表参数的方法，第一种方法得到的结果为['1', '2']；而由于第二种方法指定了type为int，因此结果为[1, 2]，代码如下：

```
#添加一个名为eee(简称e)的参数,若多次使用 --eee(-e),则结果以列表的append形式连接
parser.add_argument('-e', '--eee', action='append')
#添加一个名为lll(简称l)的参数,将传入的参数返回为一个list
parser.add_argument('-l', '--lll', nargs='+', type=int)
```

argparse 还有更多高级用法，如打开指定文件等。由于其他操作在后面的章节编码中不会使用到，因此笔者就不加以说明了。

2.9 JSON 的使用

JSON 全称为 JavaScript Object Notation，是一种轻量级的数据交换格式，其使用键值对的形式存储与交换数据(与 Python 中的字典相同，不过 Python 中的字符串可以使用单引号或双引号表示，而 JSON 中仅能使用双引号)。其键是无序的，仅支持由键访问数据，而其值是可以有序的，使用有序列表(数组)进行存储。

在 Python 中，使用 JSON 模块可以轻松完成 JSON 数据的存储与读取。在 Python 中，JSON 支持直接以 JSON 格式处理 Python 字典，也支持处理类 JSON 格式的字符串。值得注意的一点是，使用 JSON 持久化字典数据时，仅支持 Python 中的内置数据类型，除此以外的类型需要进行转换，如键值对中存在 NumPy 中的数据类型(常常会持久化 NumPy 数组)，需要先将其转换为 Python 中的基本类型才能继续持久化。下面通过 JSON 数据的写入与读取来分别介绍这两种处理方式。

2.9.1 使用 JSON 写入数据

在 JSON 中，写入数据使用 dump 方法，需要为其传入待存储的字典数据及对应的文件指针。除此之外，可以使用 dumps(dump+string)方法将 Python 字典数据转换为字符串，dump 与 dumps 用法的代码如下：

```
//ch2/test_json.py
import json

# 初始化 Python 字典
py_dict = {'message': 'TensorFlow is brilliant!', 'version': 1.14, 'info': 'python dict'}

# 使用 dump 方法向文件写入 Python 字典
with open('py_dict.json', 'w', encoding = 'utf8') as f:
    json.dump(py_dict, f)

# 使用 dumps(dump + string)将字典值转换为对应字符串
dict2str = json.dumps(py_dict)
print(dict2str)
```

运行以上程序后，可以发现代码目录下多了一个 py_dict.json 文件，其内容即我们定义的 py_dict 字典中的值，不同的是，在持久化为 JSON 文件时，会将原字典中的格式自动重整为 JSON 的标准格式。与此同时，控制台打印的 dict2str 结果也正是 py_dict 转换为 JSON 格式字符串的结果。

2.9.2 使用 JSON 读取数据

说明了如何使用 JSON 写入数据后，本节将说明如何读取 JSON 文件。与持久化数据时所用的 dump 与 dumps 这一对孪生兄弟类似，读取 JSON 文件时也有对应的 load 与 loads(load+string)方法：load 方法从 JSON 文件中读取持久化内容到 Python 字典中，而 loads 则直接从类 JSON 字符串中获取数据，这两种数据读取的方法的代码如下：

```
//ch2/test_json.py
#打开并读取 JSON 文件
with open('py_dict.json', 'r', encoding = 'utf8') as f:
    load_json_file = json.load(f)

#初始化一个 JSON 格式的字符串
json_like_str = r'{"message": "TensorFlow is brilliant!", "version": 1.14, "info": "json-like string"}'
#从字符串中读取数据
load_json_str = json.loads(json_like_str)

#打印从文件中读取的数据
print(load_json_file)
#打印从字符串读取的数据
print(load_json_str)
```

运行程序后，可以看到控制台分别打印出来文件与字符串的内容，并且它们都是 Python 中的字典类型，说明读取的内容已经从字符串正确加载并转换为字典类型。

2.10 小结

本节就 Python 常用的数据处理模块进行了介绍，主要分为科学计算相关模块(NumPy、Pandas、SciPy、scikit-learn)、图像处理模块(Matplotlib、Pillow、OpenCV)、命令行数据处理模块(argparse)及数据持久化模块(JSON)。在之后的章节会陆续使用本节介绍的工具，除此之外，熟练掌握这些模块也能极大提高日常的 Python 编程效率。

第 3 章

TensorFlow 基础

本章将向读者介绍 TensorFlow 基础，包括 TensorFlow 的基本框架、TensorFlow 模型相关内容及 TensorBoard 的基本使用方法。

值得注意的是，本书采用的 TensorFlow 版本为 1.14.0，此时 TensorFlow 框架已经在向 TensorFlow 2 转型，因此许多 TensorFlow 1 版本的 API 都同时存在于 tf 模块(TensorFlow 2 中不可用)与 tf.compat.v1 模块(TensorFlow 2 中可用)中。为了提高程序的兼容性，本书使用 tf.compat.v1 模块中的 API 进行说明(TensorFlow 1.14.0 之前的版本没有 tf.compat.v1 模块，此时读者直接使用 tf 模块中的相应方法即可)。

3.1 TensorFlow 的基本原理

想要了解 TensorFlow，需要先从 TensorFlow 的名字理解其大致原理。

TensorFlow 可以拆解为两个词进行理解，即 Tensor 与 Flow。其中 Tensor 是贯穿整个深度学习的重要概念，也是 TensorFlow 的设计灵魂，其中文意义是张量，读者可以将其简单理解为高维矩阵，或与 NumPy 中的 ndarray 进行类比。如图 3-1 所示，无形状的数据称作标量，一维数据称作矢量，二维数据称作矩阵，更高维度的数据我们就可以称其为张量。明白这一点后，我们就可以对张量的属性进行一些说明，我们称张量的维数为它的阶，它的

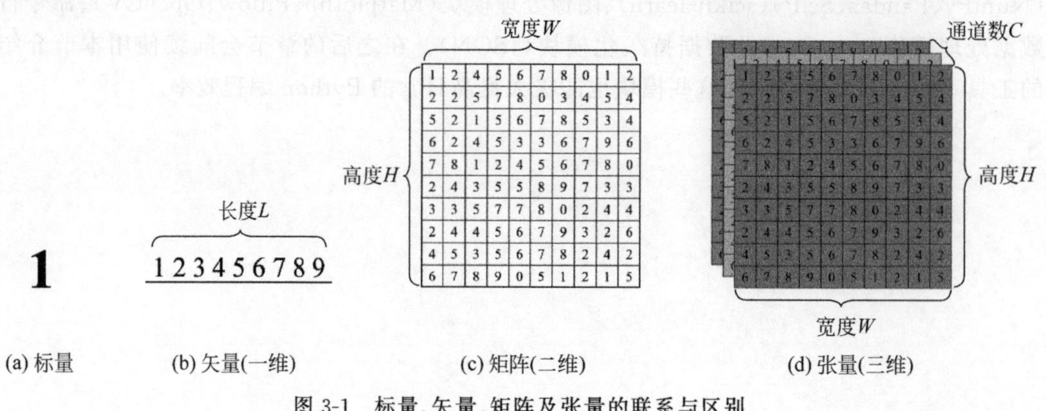

图 3-1　标量、矢量、矩阵及张量的联系与区别

形状是一个整数元组，其指定了阵列每个维度的长度。

通过观察图 3-1 可以发现，长度为 L 的一维矢量是将 L 个标量堆叠的结果；高度为 H、宽度为 W 的二维矩阵是将 H 个(W 个)长度为 $W(H)$的一维矢量堆叠的结果；高度为 H、宽度为 W、通道数为 C 的三维张量是将 C 个高度为 H、宽度为 W 的二维矩阵堆叠的结果。以此类推，k 维的张量可以通过堆叠 N 个 $k-1$ 维张量得到。

例如一张图像形状为(128, 128, 3)(高度为 128px，宽度为 128px，3 通道图像)，则可以说这张图像就是一个张量，它的维数(阶)为 3，其形状为(128, 128, 3)。如果有 10 张形状为(128, 128, 3)的图像该如何表示呢？我们将 10 张图像(三维张量)堆叠(stack)在一起(参照 NumPy 中的 stack 方法)，得到形状为(10,128,128,3)的张量，其中第一维表示图像数量。此时该张量为四维张量，其形状可以抽象为(N,H,W,C)，其中 N 表示张量中的图像数量(三维张量的数量)，H、W、C 分别表示图像的高度、宽度和通道数。这种四维张量表示数据的形式也是 TensorFlow 中模型图像输入采用的常用形式。

Flow 则表示张量 Tensor 在模型中"流动"的过程。具体而言，是指输入的图像(或其他数据)张量 Tensor 从模型输入层"流动"到模型输出层，变为输出张量 Tensor。在"流动"过程中，张量会不断发生改变，从图像张量(或其他输入数据)变换为输出张量(预测结果)，如图 3-2 所示。

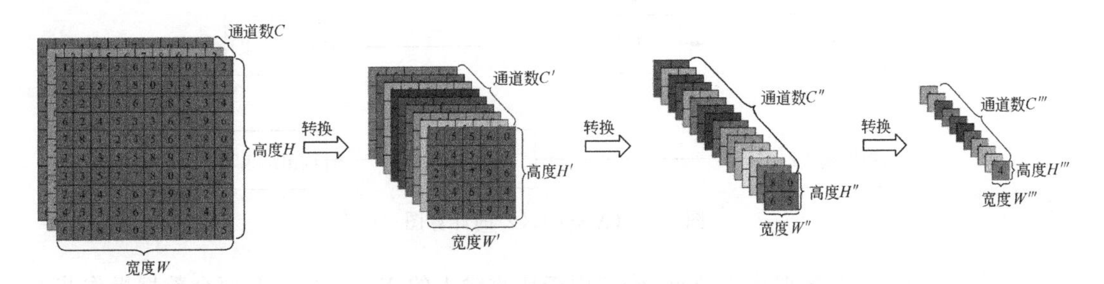

图 3-2 张量流动/转换过程

分别理解了 Tensor 与 Flow，则能明白 TensorFlow 是通过不断将输入张量进行转换得到最终预测的输出张量，以从训练数据中学习到转换规则，从而完成对数据的学习(本质上是一个拟合过程)。最终达到给定输入数据，模型给出其对应预测的过程，显示出其"智能"。

3.2 TensorFlow 中的计算图与会话机制

TensorFlow(仅限 TensorFlow 1. x 中，TensorFlow 2. x 已将会话机制删除)的核心概念就是它的计算图及其会话机制。

计算图定义了从数据输入到处理，最终到模型输出的依赖关系，TensorFlow 将每个操作(数据输入及数值计算)都抽象为一个节点，通过节点之间的依赖关系画出整张计算图。若需要得到计算图中某一个节点的值(或执行某一节点的运算)，则需要通过会话查看当前节点的值(执行当前节点的运行)。由于节点间存在依赖关系,当尝试查看某节点的值(执行某节点的运算)时,该节点依赖的所有前驱节点都会被计算(执行)。

下面分别详细介绍计算图与会话机制的基本概念。

3.2.1 计算图

图(Graph)由顶点的有穷非空集合和顶点之间边的集合组成,通常以 $G(V,E)$ 表示。其中,G 表示一张图,V 是图 G 中顶点的集合,E 是图 G 中边的集合。类似地,TensorFlow 的计算图也有顶点 V 与边 E 的概念。其中顶点 V 即图中的计算节点,可以是 TensorFlow 中的任何操作,如张量的相加、数据的输入等,而图中的边则表示张量数据,数据在不同的操作节点之间传递("流动"),以完成数据的处理与学习。

如图 3-3 所示,表示一个最多可以完成算术运算 $(X+Y)\times Z$ 的计算图。需要注意的是,这里所表述的"最多"是指该计算图除了能完成 $(X+Y)\times Z$ 以外,它也可以用于完成 $X+Y$ 运算,下面再来详细解读这一计算图。

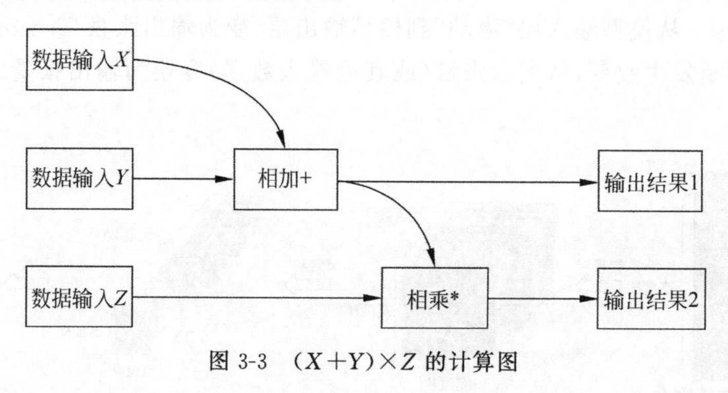

图 3-3 $(X+Y)\times Z$ 的计算图

首先,图中有 3 个数据输入节点,分别用于接收输入的 X、Y、Z,以及两个数据操作节点"相加+"和"相乘 * "分别完成两个数的加与乘操作,还有两个输出节点(可选)。

当尝试得到结果 2 时,可以得知"输出结果 2"依赖于前驱节点"相乘 * ","相乘 * "节点依赖于"数据输入 Z"和"相加+"节点,"相加+"节点依赖于"数据输入 X"与"数据输入 Y"节点。至此,所有节点依赖关系都已经探寻完毕,因此需要得到结果 2,就需要输入数据 X、Y 及 Z。同理,若只需得到结果 1,通过节点间的依赖关系可以得知,此时仅需要输入数据 X 和 Y,而不需要 Z。

可以发现,使用计算图表达运算后,整个过程十分清晰,运算之间的依赖关系也一目了然。除此之外,计算图还有一大好处就是它可以定义一个抽象的运算过程,不依赖于具体的值。如图 3-3 所示的计算图仅仅表达该图是一个最多可以完成 $(X+Y)\times Z$ 运算的图,而没有具体输出的结果值,具体的输出结果值只依赖于输出节点(输出结果 1 或输出结果 2)与具体的输入参数值(输入的 X、Y 与 Z)。

下面的程序说明了如何使用 TensorFlow 定义 $(X+Y)\times Z$ 的计算图,其中 tf.placeholder 函数将在 3.3 节中具体说明,在此读者只要从字面上理解该函数是为变量创建

了占位符(占据一个位置,而不提供具体值)即可,代码如下:

```
//ch3/define_graph.py
import tensorflow.compat.v1 as tf

#为输入变量创建占位符,并为每个变量命名
X = tf.placeholder(dtype = tf.float32, name = 'X')
Y = tf.placeholder(dtype = tf.float32, name = 'Y')
Z = tf.placeholder(dtype = tf.float32, name = 'Z')

#结果1为X与Y相加
result1 = X + Y
#结果2为(X + Y) * Z
result2 = result1 * Z
```

运行以上程序,则能建立如图3-3的计算图。

3.2.2 会话机制

在TensorFlow中,使用会话来运行计算图。会话中存在fetch(取回)与feed(注入)操作,其中fetch操作表示用户期望运行的操作节点,而feed操作则是指为计算图注入数据。

fetch操作需要用户为会话传入需要运行的计算图中阶段,如果一次想要运行多个节点,可以以列表的形式传入fetch以同时得到多个结果,需要注意的是,会话运行得到的结果结构、形状与传入的fetch张量相同。

feed操作则是指为计算图注入数据,这里的注入数据可以分为两种情况,一种是如3.2.1节所使用的placeholder函数,由于placeholder不提供具体值,因此在使用会话运行计算图时,必须为依赖输入数据的节点注入数据。第二种情况,也可以使用feed操作临时改变计算图中的节点值,例如在计算图中定义了一个值为5的节点a,在运行计算图时,可以临时将节点a的值改变为自己想要的值,这种feed仅改变这一次运算中的a节点值,不影响之后的运行。注入数据使用字典的形式,即{变量1:值1,变量2:值2,…}。

TensorFlow提供了两种会话,分别是tf.Session()和tf.InteractiveSession()。使用会话前需要先定义会话变量Session,再使用Session对应的运行节点方法得到结果,这也是这两种会话主要不同的地方,下面就分别对这两种会话加以说明。

tf.Session()适用于运行已经将所有节点定义好的计算图,适用于在Python脚本中使用。第一步先使用tf.Session函数定义会话变量sess,再使用sess.run函数运行图中的节点(fetch)与注入数据(feed)即可。如图3-4所示具体说明了fetch与feed在run函数中的用法,第一个参数可以传入单个节点或使用任意嵌套的列表结构传入多个节点,第二个参数根据待运行的节点依赖关系或用户意愿以字典的形式传入待注入数据。

在使用完成后,为了节约计算机运行资源,需要关闭会话。tf.Session()使用方法的代码如下:

sess.run(fetches, [feed_dict])

待运行节点(必须指定)，可以使用列表进行任意嵌套以同时运行多个节点

待注入数据(可选)，以字典的形式传入{var1：value1, var2：value2，...}

图 3-4 使用 tf.Session 创建的会话运行节点的方法

```
//ch3/session.py
import tensorflow.compat.v1 as tensorflow
#导入 3.2.1 节所定义的计算图
from define_graph import *

#方法 1:手动开启/关闭会话
#sess = tf.Session()
#... 运行计算图
#关闭会话
#sess.close()

#方法 2:使用 with 语句让程序自动管理变量(推荐)
with tf.Session() as sess:
    #运行 result1(仅依赖 X 与 Y 变量),为 X 和 Y 变量分别赋值 1 和 2
    r1 = sess.run(result1, feed_dict = {X: 1, Y: 2})

    #运行 result2(依赖 X、Y 与 Z 变量),为 X、Y 和 Z 变量分别赋值 1、2 和 3
    r2 = sess.run(result2, feed_dict = {X: 1, Y: 2, Z: 3})

    #运行 result1 和 result2,为 X、Y、Z 变量分别赋值 4、5、6
    r3 = sess.run([result1, result2], feed_dict = {X: 4, Y: 5, Z: 6})

    #打印不同的运行结果
    print(r1, r2, r3)

    #运行 result1 和 result2,为 X、Y 变量分别赋值 7、8
    r4 = sess.run([result1, result2], feed_dict = {X: 7, Y: 8})
```

运行以上程序，可以得到如图 3-5 所示的结果。从结果中可以看到，r1、r2 及 r3 的结果分别为 3.0、9.0 和[9.0, 54.0](由于传入的张量为一个列表，因此结果也是列表)，可以看出，当为 feed_dict 传入不同值时，其具体结果也会不一样，这也进一步说明了该计算图定义

```
3.0 9.0 [9.0, 54.0]
Traceback (most recent call last):
  File "D:\Software\Anaconda3\envs\tf_gpu\lib\site-packages\tensorflow\python\client\session.py", line 1356, in _do_call
    return fn(*args)
  File "D:\Software\Anaconda3\envs\tf_gpu\lib\site-packages\tensorflow\python\client\session.py", line 1341, in _run_fn
    options, feed_dict, fetch_list, target_list, run_metadata)
  File "D:\Software\Anaconda3\envs\tf_gpu\lib\site-packages\tensorflow\python\client\session.py", line 1429, in _call_tf_sessionrun
    run_metadata)
tensorflow.python.framework.errors_impl.InvalidArgumentError: You must feed a value for placeholder tensor 'Z' with dtype float
         [[{{node Z}}]]
```

图 3-5 计算图中节点的运算结果

了一个计算范式，而只有当运行时根据具体输入值得到具体输出。当尝试仅给定 X 与 Y 运行 result1 和 result2 节点时，程序会报错，因为 result2 需要依赖 Z 值，而此时未给定，自然也无法计算其值。

类似地，tf. InteractiveSession()适用于在交互式命令中使用会话，如 shell 或 IPython 中。与 tf. Session()不同的是，当调用了 tf. InteractiveSession()时，即表示开启了交互式会话，此时不需要显式使用 run 方法得到节点运算结果，取而代之的是使用节点的 eval 方法直接得到值，若待运算的节点依赖注入值，则可直接以字典形式传入 eval 方法。同时，也可以使用和 tf. Session 相同的方式（先得到会话变量 sess，再使用其 run 方法运行节点）使用 tf. InteractiveSession，不过这显然违背了交互式会话的设计初衷。图 3-6 说明了如何在 shell 中使用交互式会话，可以看到直接使用 tf. InteractiveSession()即能开启交互式会话，而无须显式的会话变量，eval 的使用方法也与 Session 的 run 方法类似，具体输出结果类似图 3-5 所示，区别在于交互式会话无法同时对多个操作节点求值，而只能使用单个节点/张量的 eval 方法计算。

```
>>> import tensorflow.compat.v1 as tf
...
... X = tf.placeholder(dtype=tf.float32, name='X')
... Y = tf.placeholder(dtype=tf.float32, name='Y')
... Z = tf.placeholder(dtype=tf.float32, name='Z')
...
... result1 = X + Y
... result2 = result1 * Z

>>> tf.InteractiveSession()

>>> result1.eval(feed_dict={X:1, Y:2})
1.0

>>> result2.eval(feed_dict={X:3, Y:4})
Traceback (most recent call last):
…
tensorflow.python.framework.errors_impl.InvalidArgumentError: 2 root error(s) found.
  (0) Invalid argument: You must feed a value for placeholder tensor 'Z' with dtype float
       [[node Z (defined at <stdin>:6) ]]
       [[mul/_11]]
  (1) Invalid argument: You must feed a value for placeholder tensor 'Z' with dtype float
       [[node Z (defined at <stdin>:6) ]]
0 successful operations.
0 derived errors ignored.
…
>>> result2.eval(feed_dict={X:3, Y:4, Z:5})
3.0
```

图 3-6 交互式会话的使用与输出结果

3.3 TensorFlow 中的张量表示

在 TensorFlow 中，有几种常见的张量表示法，分别使用 tf. constant、tf. Variable、tf. placeholder 和 tf. SparseTensor，在此仅对前 3 种进行介绍。

3.3.1 tf.constant

tf.constant 用于在 TensorFlow 中创建常量张量，创建时需要为函数传入常量的值（value，必须指定）、常量的数据类型（dtype，可选）、张量的形状（shape，可选）、张量的名字（name，可选），以及是否验证张量的形状（verify_shape，可选）。其中只有常量的值是必须指定的，其他参数皆为可选参数。传入的参数有以下几种特殊情形值得注意：

（1）当 dtype 未指定时，TensorFlow 会根据传入的常量值自动推断最合适的类型，TensorFlow 中的数据类型在 3.4 节会详细说明。

（2）当未指定形状 shape 时，TensorFlow 也会根据传入的常量值自动推断形状。

（3）当指定的形状 shape 与传入的常量形状不一致，并且常量值的个数小于指定的 shape 个数时，TensorFlow 会将常量值的最后一个值填充到缺少的 shape 中得到新的常量，并将新的常量 reshape 为传入的 shape。

（4）当指定了 verify_shape 时，要么不传入 shape 参数，要么传入的 shape 参数必须与传入的常量值形状一致（这样做其实没有必要，因为此时形状是唯一的）。

tf.constant 使用的代码如下：

```
//ch3/tensor_types.py
import tensorflow.compat.v1 as tf

#建立 4 个含有常量值的节点
#const1 传入整型值
const1 = tf.constant(0)
#const2 传入浮点数
const2 = tf.constant(0.0)
#const3 传入含有整型值的 list,tf 会将其自动转换为 const 张量
const3 = tf.constant([0, 1])
#const4 传入含有整型与浮点数的 list,tf 会将其自动转换为相应数据类型的 const 张量
const4 = tf.constant([0, 1.0])

#初始化会话以运行节点
with tf.Session() as sess:
    #分别运行 4 个常量值节点及直接打印节点
    print(sess.run(const1), const1)
    print(sess.run(const2), const2)
    print(sess.run(const3), const3)
    print(sess.run(const4), const4)
```

运行以上程序，可以得到如图 3-7 所示的结果，从结果可以看出，使用会话运行节点能直接得到节点中的值，如果不通过会话运行而是直接打印节点，则会得到一个张量 Tensor，从中可以看出，这个张量/节点的信息，包括名称、形状、数据类型等。const1 传入的值为整型的 0，其被 TensorFlow 自动转换为 int32 类型（TensorFlow 中对于整型数的默认类型）。

类似地，const2 被转换为默认的 float32 类型。const3 由于传入的 list 都是整型数，因此转换得到张量数据类型为 int32，形状为(2,)。同样地，const4 中由于同时存在整型数与浮点数，此时将数据都转换为浮点数，因此张量的数据类型为 float32。

```
0 Tensor("Const:0", shape=(), dtype=int32)
0.0 Tensor("Const_1:0", shape=(), dtype=float32)
[0 1] Tensor("Const_2:0", shape=(2,), dtype=int32)
[0. 1.] Tensor("Const_3:0", shape=(2,), dtype=float32)
```

图 3-7 在 TensorFlow 中创建常量张量

以上程序说明了第 1 种和第 2 种传参情形，即不指定 dtype 或 shape 参数，让 TensorFlow 自动推断数据类型与数据形状，对第 3 种与第 4 种传参的特殊情形的代码如下：

```
//ch3/tensor_types.py
#第 3 种与第 4 种特殊传参情况
#指定的形状 shape 与传入的常量形状不一致,用常量中最后一个值进行填充
#以 0 填充形状为(2, 3)的数组
const5 = tf.constant(0, shape = [2, 3])

#以 1 填充形状为(2, 3)的数组
const6 = tf.constant([0, 1], shape = [2, 3])

#以 1 填充形状为(2, 3)的数组
const7 = tf.constant([[0], [1]], shape = [2, 3])

#指定的常量形状大于 shape 参数,报错
#const8 = tf.constant([0, 1], shape = [1, 1])

#指定 verify_shape 参数
#指定 verify_shape 为 True 并且常量值形状与给定的 shape 相同
const9 = tf.constant([[0, 1]], shape = [1, 2], verify_shape = True)

#指定 verify_shape 为 True 并且常量值形状与给定的 shape 不同,报错
#const10 = tf.constant([[0, 1]], shape = [2, 1], verify_shape = True)

#指定 verify_shape 为 False 并且常量值形状与给定的 shape 相同
const11 = tf.constant([[0, 1]], shape = [2, 1], verify_shape = False)

with tf.Session() as sess:
    print(sess.run(const5), const5)
    print(sess.run(const6), const6)
    print(sess.run(const7), const7)
    #print(sess.run(const8), const8)
    print(sess.run(const9), const9)
    #print(sess.run(const10), const10)
    print(sess.run(const11), const11)
```

运行以上程序，可以得到如图 3-8 所示的结果，从结果可以看出，只有当传入常量中数字的数量小于 shape 中数字总数时，TensorFlow 才会使用常量中最后一个值进行扩充，否则会报错，其本质相当于先将传入常量 reshape 为(1,)，即一行数字，将这行数中的最后一个数填充满 shape 指定的数字总数，再将这一行数 reshape 为指定的 shape。而 verify_shape 参数为 True 时指定了传入常量值形状必须与传入的 shape 一致。

```
[[0 0 0]
 [0 0 0]] Tensor("Const_4:0", shape=(2, 3), dtype=int32)
[[0 1 1]
 [1 1 1]] Tensor("Const_5:0", shape=(2, 3), dtype=int32)
[[0 1 1]
 [1 1 1]] Tensor("Const_6:0", shape=(2, 3), dtype=int32)
[[0 1]] Tensor("Const_7:0", shape=(1, 2), dtype=int32)
[[0]
 [1]] Tensor("Const_8:0", shape=(2, 1), dtype=int32)
```

图 3-8　tf. constant 的特殊传参情形

3.3.2　tf. Variable

在 TensorFlow 中，使用 tf. Variable 定义变量，变量常用于存储与更新神经网络中的参数。使用 tf. Variable 创建变量时，与 tf. constant 类似，也需要为其传入初始值、形状与数据类型等参数。比较特殊的一点是，tf. Variable 定义的变量还可以传入 trainable 参数，表示定义的该变量是否可训练，其默认值为 True。对于神经网络模型中的参数，其都是可训练的，而对于一些辅助的变量，如迭代计数器等，则是不可训练的。

神经网络模型中的权重通常使用随机数进行初始化，TensorFlow 中也提供了相应的随机数产生函数，如从均匀分布产生随机数使用 tf. random_uniform，使用 tf. random_normal 产生服从正态分布的随机数等。与 tf. constant 不同的是，在用会话运行由 tf. Variable 定义的变量之前，需要先初始化所有定义的变量，使用会话运行 tf. global_variables_initializer()以完成所有变量的初始化之后，才可使用会话运行定义的变量节点，否则会报错“尝试使用未初始化的变量值”。

除了需要先将定义的节点初始化以外，tf. Variable 与 tf. constant 使用方法十分类似，在 TensorFlow 中创建变量的代码如下：

```
//ch3/tensor_types.py
#定义初始化值为 0 的变量,其类型为整型,并定义变量名为 var1
var1 = tf.Variable(initial_value = 0, name = 'var1')

#定义初始化值为[0., 1]的变量,其类型为浮点型,并定义变量名为 var2
var2 = tf.Variable(initial_value = [0., 1], name = 'var2')

#使用随机正态分布值(均值 1.0,标准差 0.2)初始化变量,形状为(1, 2),并定义变量名为 var3
var3 = tf.Variable(
```

```
        initial_value = tf.random_normal(shape = [1, 2], mean = 1.0, stddev = 0.2),
        name = 'var3'
    )

# 使用整型值 10 初始化变量,指定该变量不可训练,并定义变量名为 var4
var4  =  tf.Variable(initial_value = 10, trainable = False, name = 'var4')

with tf.Session() as sess:
    # 初始化所有定义的变量
    sess.run(tf.global_variables_initializer())
    print(sess.run(var1), var1)
    print(sess.run(var2), var2)
    print(sess.run(var3), var3)
    print(sess.run(var4), var4)

# 使用 tf.trainable_variables()打印所有可训练变量
for v in tf.trainable_variables():
    print(v)
```

运行以上程序,可以得到如图 3-9 所示的结果,从结果可以看出,定义的 4 个变量 var1～var4 的值都被正常打印出来了,并且直接打印节点时,可以看到其相应的属性,如名称、形状、数据类型等。读者可以尝试不使用 sess.run(tf.global_variables_initializer())运行变量初始化器,查看直接使用会话运行变量节点时程序的报错情况。

```
0 <tf.Variable 'var1:0' shape=() dtype=int32_ref>
[0. 1.] <tf.Variable 'var2:0' shape=(2,) dtype=float32_ref>
[[1.0481267 0.6772984]] <tf.Variable 'var3:0' shape=(1, 2) dtype=float32_ref>
10 <tf.Variable 'var4:0' shape=() dtype=int32_ref>
<tf.Variable 'var1:0' shape=() dtype=int32_ref>
<tf.Variable 'var2:0' shape=(2,) dtype=float32_ref>
<tf.Variable 'var3:0' shape=(1, 2) dtype=float32_ref>
```

图 3-9 使用 tf.Variable 创建变量并打印结果

以上程序还使用了 tf.trainable_variables 方法得到所有可训练变量并将其一一打印出来,能够发现结果中并没有 var4(其 trainable 参数被指定为 False),说明使用 tf.Variable 定义的变量默认都是可训练的。

3.3.3 tf.placeholder

在 TensorFlow 中,除了使用 tf.constant 创建常量与使用 tf.Variable 创建变量,还可以使用 tf.placeholder 为变量创建占位符。占位符(placeholder),顾名思义,它会为你占据一个位置而不知其具体值。由于计算图仅定义一个计算的范式,而不依赖具体值,所以在搭建计算图的过程中使用占位符作为输入数据的接口是十分常见的做法,当需要运行计算图时再为占位符输入具体值以得到具体的结果。这一点在 3.2 节介绍计算图时也有提及。

与前面几节提到的创建常量与变量类似,使用 tf.placeholder 创建占位符时也有数据类型(dtype)、形状(shape)与名称(name)等参数可以指定,其中数据类型是必须指定的,因为占位符不像 constant 与 Variable 能自动推断数据类型。不同的是,占位符由于不产生具体值,因此其也没有 value、verify_shape 等参数。值得注意的是,若创建占位符时未指定 shape,则在运行计算图时可以为此占位符传入任意形状的数据。

tf.placeholder 在不同参数下用法的代码如下:

```
//ch3/tensor_types.py
#定义一个数据类型为 float32 的占位符,形状任意
plh1 = tf.placeholder(dtype = tf.float32)
plh2 = tf.placeholder(dtype = tf.float32, name = 'plh2')

#定义一个数据类型为 float32 的占位符,形状为(2, 2)
plh3 = tf.placeholder(dtype = tf.float32, shape = [2, 2], name = 'plh3')

#定义一个数据类型为 float32 的占位符,形状的第一维任意,第二维为 2
plh4 = tf.placeholder(dtype = tf.float32, shape = [None, 2], name = 'plh4')

#定义一个数据类型为 float32 的占位符,形状的第一维任意,第二维也任意
plh5 = tf.placeholder(dtype = tf.float32, shape = [None, None], name = 'plh5')

with tf.Session() as sess:
    print(sess.run(plh1, feed_dict = {plh1: 1}))
    print(sess.run(plh1, feed_dict = {plh1: [1, 2]}))
    print(sess.run(plh1, feed_dict = {plh1: [1, 2, 3]}))
    print(sess.run(plh2, feed_dict = {plh2: 2}))
    print(sess.run(plh3, feed_dict = {plh3: [[1, 2], [3, 4]]}))

    #报错,因为 feed 的数据形状与 placeholder 定义的形状不一致
    #print(sess.run(plh3, feed_dict = {plh3: [[1, 2]]}))

    print(sess.run(plh4, feed_dict = {plh4: [[1, 2]]}))
    print(sess.run(plh4, feed_dict = {plh4: [[1, 2], [3, 4]]}))
    print(sess.run(plh5, feed_dict = {plh5: [[1, 2]]}))
    print(sess.run(plh5, feed_dict = {plh5: [[1, 2], [3, 4]]}))
    print(sess.run(plh5, feed_dict = {plh5: [[1], [2]]}))
```

代码中定义的 plh1 未指定 shape,因此在传入值的时候可以传入任意形状的数据,plh3 指定了数据形状为(2, 2),因此传入的数据形状严格限定为(2, 2),plh4 指定的 shape 为(None, 2),第一维指定为 None 表示该维度任意,只需数据的第二维长度为 2。类似地,可以为 plh5 传入任意形状的二维数据,需要注意的是,plh5 与 plh1 的区别在于,plh1 可以接收任意维度的数据,而 plh5 只能接收维度大小任意的二维数据。

3.4 TensorFlow 中的数据类型

本节对 TensorFlow 中数据类型进行一个简单的介绍。和 Numpy 中类似(参见 2.1.1 节),TensorFlow 中也有自己定义的数据类型,其所有的类型如表 3-1 所示。

表 3-1 TensorFlow 中的数据类型

数据类型	含义	说明
tf.float16	16 位浮点数	
tf.float32	32 位浮点数	
tf.float64	64 位浮点数	
tf.bfloat16	16 位截断浮点数	仅在 TPU 上有原生支持,由 tf.float32 截断前 16 位得到。其表示范围与 tf.float32 相同,但是占用空间仅有其一半。不容易溢出
tf.complex64	64 位复数	
tf.complex128	128 位复数	
tf.int8	8 位有符号整数	
tf.int16	16 位有符号整数	
tf.int32	32 位有符号整数	
tf.int64	64 位有符号整数	
tf.uint8	8 位无符号整数	
tf.uint16	16 位无符号整数	
tf.uint32	32 位无符号整数	
tf.uint64	64 位无符号整数	
tf.bool	布尔型	
tf.string	字符串	
tf.qint8	量化操作的 8 位有符号整数	量化表示将具有连续范围的 float 值以定点近似(如整型)表示。在保证精度近似时压缩模型体积
tf.quint8	量化操作的 8 位无符号整数	
tf.quint16	量化操作的 16 位无符号整数	
tf.qint32	量化操作的 32 位有符号整数	
tf.resource	可变资源值	本书不使用
tf.variant	任意类型值	本书不使用

虽然 TensorFlow 中有这么多不同的数据类型,但是在实际 TensorFlow 编程中,使用 32 位的数据类型居多(浮点数与整数都采用 32 位表示),这也是 TensorFlow 中默认的数字类型格式,除此以外,使用较多的还有布尔型(tf.bool)及字符串(tf.string)。本书不涉及量化操作的数据类型、tf.resource 及 tf.variant 的使用。

在创建张量时,为 dtype 参数传入表 3-1 中的数据类型即可。在实际使用中,计数器性质的变量等使用 tf.int32,而对于输入的图像数据,由于一般将归一化后的数据(像素值大多落在 0～1 之间或－1～1 之间）作为输入，因此一般使用 tf.float32，若直接使用没有归一化的图像，则使用 tf.uint8 即可。tf.string 用于接收字符串类型的变量，一般用于文件或图像路径，得到路径后在计算图中再进行数据读取。

读者可能会有疑问，既然 Python 及 Numpy 已经有一套自己的数据类型，为什么 TensorFlow 还需要定义自己的一套数据类型，这是因为在神经网络训练过程中，不仅仅需要在前向过程中的数值运算，更重要的是反向过程中的模型参数优化过程，这涉及求导等运算过程。因此为了配合 TensorFlow 中的各种运算操作，定义自己的一套适用于这些操作的数据类型也是必不可少的。同时，由于 TensorFlow 的大多数据类型与 NumPy 数据类型直接兼容，因此只需要在为网络输入数据时，直接传入 NumPy 处理好的数据即可（大多数情况这样做，也可以传入字符串而不直接传入数据），此时模型的输入层会根据数据类型的对应关系直接将 NumPy 数据转换为兼容的 TensorFlow 类型的数据，进而完成之后的模型运算。在模型输出时，由于输出结果已不需要进行网络前向与反向计算过程，因此不需要使用 TensorFlow 中的内置数据类型，返回的结果为 NumPy 中的数据类型。

与 NumPy 类似，TensorFlow 使用 tf.cast 方法完成数据类型之间的转换，其具体使用方法为 tf.cast([待转换变量], dtype=[目标转换类型])，tf.cast 用法的代码如下：

```
//ch3/data_type.py
import tensorflow.compat.v1 as tf

var1 = tf.Variable(1.5, name = 'var1')
#将浮点数转换为 int32
re1 = tf.cast(var1, dtype = tf.int32, name = 'var2')

const1 = tf.constant(False, name = 'const1')
#将布尔值转换为 float32
re2 = tf.cast(const1, dtype = tf.float32, name = 'const2')

plh1 = tf.placeholder(dtype = tf.string, name = 'plh1')
#将 string 转换为 bool(报错)
re3 = tf.cast(plh1, dtype = tf.bool)

with tf.Session() as sess:
    #初始化所有的变量
    sess.run(tf.global_variables_initializer())
    print(sess.run(var1))
    print(sess.run(re1))

    print(sess.run(const1))
    print(sess.run(re2))

    print(sess.run(plh1, feed_dict = {plh1: 'TensorFlow is awesome'}))

    #报错,不允许从 string 转换为 bool
    #print(sess.run(re3, feed_dict = {plh1: 'TensorFlow is great'}))
```

运行以上程序，可以得到如图 3-10 所示的结果，可以看到原本值为 1.5 的浮点数被转换为整型后值为 1，而布尔值 False 转换为浮点数时变成了 0.0，从此图可以看出，TensorFlow 数据类型之间的转换规则与 Python 和 NumPy 中一致，这也方便了用户的操作。

```
1.5
1
False
0.0
TensorFlow is awesome
```

图 3-10 使用 tf.cast 转换张量的类型

3.5 TensorFlow 中的命名空间

在 TensorFlow 中能十分方便地定义命名空间，使用命名空间有两大好处：一是可以让代码结构更加清晰，使用 TensorBoard 可视化计算图时更加清晰（将在 3.9 节说明 TensorBoard 的用法）。二是通过定义不同的命名空间可以将不同的变量分隔开，这样有利于变量的区分与重用。

在 TensorFlow 中，有两种方式定义命名空间，分别是 tf.name_scope 与 tf.variable_scope，两者在绝大多数情况下是等价的，只有在使用 tf.get_variable 函数时有细微的区别，下面就 tf.get_variable 函数和两种定义命名空间的方式加以说明。

3.5.1 tf.get_variable

如 3.3 节第 2 部分所讲，在 TensorFlow 中可以使用 tf.Variable 定义变量，事实上 tf.get_variable 函数也是定义变量的一种方法。该函数具体参数与 tf.Variable 类似，不过表现形式不同，使用 tf.Variable 创建变量时传入的变量名称 name（可选）是将创建的新变量命名为 name，而使用 tf.get_variable 传入的名称 name 是用来查询是否已经存在名为 name 的变量，如果有则直接返回该变量，否则该函数将创建一个名为 name 的新变量。tf.get_variable 使用方法的代码如下：

```
//ch3/name_scope.py
import tensorflow.compat.v1 as tf

#使用 tf.Variable 创建一个浮点型变量
var1 = tf.Variable(1.2, name='var1')

#尝试使用 tf.get_variable 方法获取定义过的变量 var1
var2 = tf.get_variable(name='var1', shape=[])

#查看 var2 与 var1 是否指向同一变量
print(var1 == var2)
```

```
with tf.Session() as sess:
    sess.run(tf.global_variables_initializer())
    print(var1, sess.run(var1))
    print(var2, sess.run(var2))
```

运行以上程序，读者可以得到 var1==var2 的结果为 False，这说明 var2 与 var1 实际上并不指向同一变量，并且使用会话运行得到的两个变量值也不同，从打印的节点信息可以看出，使用 tf.get_variable 并没有得到已经定义的名为 var1 的变量，而是自动创建了一个新变量，其名为 var1_1。这是因为若想使用 tf.get_variable 重复使用变量或者得到已经创建的变量，其变量也必须是通过 tf.get_variable 创建的，而不可以是通过 tf.Variable 创建的变量，重用变量的写法将在下面讲解命名空间的时候说明。值得注意的是，使用 tf.Variable 总能够创建新的变量，即使传入的 name 是一样的，此时 TensorFlow 会自动解决命名冲突，而使用 tf.get_variable 则严格按照传入的 name 寻找或创建变量。

3.5.2 tf.name_scope

从设计上来讲，tf.name_scope 一般用于操作节点而不用于变量节点，使用 tf.name_scope 定义命名空间时，需要传入名称 name 作为空间名称。当 tf.name_scope 定义的命名空间内存在变量节点时，需要分情况进行说明。当命名空间内有由 tf.Variable 定义的变量时，空间名称会以前缀的形式加在变量名之前，其结构如 scope_name/var_name 所示，命名空间允许嵌套，即结构可以为 scope_name1/scope_name2/…/var_name，这一点与操作节点的表现形式相同，例如空间内的加操作会被命名为类似 scope_name/add 的形式。而使用 tf.get_variable 得到的变量则不受 tf.name_scope 的影响，其参数中指定的 name 即最终得到的变量名称。验证这两者不同之处的代码如下：

```
//ch3/name_scope.py
#定义一个名为 scope1 的命名空间
with tf.name_scope('scope1'):
    #使用 tf.Variable 定义变量 var3
    var3_1 = tf.Variable(2.5, name = 'var3')

    #使用 tf.get_variable 定义变量 var4
    var4_1 = tf.get_variable(name = 'var4', initializer = 0.0)

    #定义加操作
    var5_1 = var3_1 + var4_1

#打印空间内节点信息以查看其名称
print(var3_1)
print(var4_1)
print(var5_1)
```

运行以上程序，可以得到如图 3-11 所示的结果，从结果可以看出，在命名空间中，由 tf. get_variable 定义的变量名不受空间名的影响，而由 tf. Variable 定义的变量名和操作节点都会受其影响。

```
<tf.Variable 'scope1/var3:0' shape=() dtype=float32_ref>
<tf.Variable 'var4:0' shape=() dtype=float32_ref>
Tensor("scope1/add:0", shape=(), dtype=float32)
```

图 3-11 使用 tf. name_scope 创建命名空间

使用 tf. name_scope 并不能完成变量的重用，其作用仅为操作等节点加上空间前缀，使计算图结构更加清晰。在 TensorFlow 中，重用(reuse)属性默认为关闭的，只有通过手动将该属性置为 True 或自动(tf. AUTO_REUSE)才能完成变量的重用，这个属性只存在于 tf. variable_scope 而在 tf. name_scope 不存在。

3.5.3 tf. variable_scope

与 3.5.2 节的 tf. name_scope 类似，tf. variable_scope 也旨在定义计算图的结构，但是区别在于它对于 tf. Variable 和 tf. get_variable 得到的变量都产生作用(为其 name 前加上空间名前缀)，并且其还有 reuse 属性，以完成变量的重用。tf. variable_scope 用法的代码如下：

```
//ch3/name_scope.py
#使用 tf.variable_scope 创建命名空间
with tf.variable_scope('scope1'):
    #使用 tf.Variable 创建名为 var3 的变量
    var3_2 = tf.Variable(3.5, name = 'var3')
    #使用 tf.get_variable 得到名为 var4 的变量
    var4_2 = tf.get_variable(name = 'var4', initializer = 1.0)

#打印命名空间中的变量
print(var3_2)
print(var4_2)
```

运行以上程序，可以得到如图 3-12 所示的结果，从结果可以看出，使用 tf. Variable 和 tf. get_variable 得到的变量名称都受 tf. variable_scope 的影响，需要注意的是 3.5.2 节由 tf. name_scope 定义的 scope1 中已经有名为 var3 的变量，因此 TensorFlow 在此自动为 tf. variable_scope 中的 var3 解决命名冲突，并将其命名为“scope1_1/var3”。

```
<tf.Variable 'scope1_1/var3:0' shape=() dtype=float32_ref>
<tf.Variable 'scope1/var4:0' shape=() dtype=float32_ref>
```

图 3-12 使用 tf. variable_scope 创建命名空间

接下来，我们再使用 tf. variable_scope 定义一个名为 scope1 的命名空间，并尝试在这个命名空间中得到以上代码中定义的 var4_2，这一过程的代码如下：

```
with tf.variable_scope('scope1', reuse = True):
    var4_3 = tf.get_variable(name = 'var4', initializer = 10.0)

print(var4_3 == var4_2)
```

如上述代码所示,新定义的名为 scope1 的命名空间中设置重用(reuse)为 True,使用 tf.get_variable 尝试得到一个名为 var4 的变量。运行以上代码可以得到 var4_3==var4_2 的结果为 True,这说明两者实际上指向的是同一变量,完成对变量 var4_2 的重用。若此时尝试在定义的 scope1 内创建新变量会怎样呢?代码如下:

```
with tf.variable_scope('scope1', reuse = True):
    var4_3 = tf.get_variable(name = 'var4', initializer = 10.0)
    var5_2 = tf.get_variable(name = 'var5', initializer = 100)
```

上述代码尝试在 scope1 内创建新变量 var5_2,var4_3 仍然尝试重用变量 var4_2,此时运行代码会报错,表示其无法找到能够被重用的名为 var5 的变量。因为 scope1 的 reuse 属性指定为 True,这要求命名空间中所有的变量都能够被重用(包括 var5_2,事实上 scope1 中不存在名为 var5 的变量,因此无法重用)。在这种情况下我们希望代码的行为是 var4_3 重用变量 var4_2,而 var5_2 是一个被新建的变量,当在命名空间内变量行为不一致时,我们需要将 reuse 属性置为 tf.AUTO_REUSE,表示是否重用这一行为由 TensorFlow 帮助我们决定,能找到的变量则进行重用,不能找到的就进行新建。正确的写法代码如下:

```
//ch3/name_scope.py
with tf.variable_scope('scope1', reuse = tf.AUTO_REUSE):
    var4_3 = tf.get_variable(name = 'var4', initializer = 10.0)
    var5_2 = tf.get_variable(name = 'var5', initializer = 100)

print(var4_3 == var4_2)
print(var5_2)
```

运行以上代码,可以得到如图 3-13 所示的结果,可以发现此时 var4_3 完成了对变量 var4_2 的重用,同时 var5 也被创建成值为 100(从 dtype 为 int32 可以得知)的变量。笔者建议使用 tf.variable 时尽量将 reuse 设置为 tf.AUTO_REUSE 以防止空间内变量行为不一致的情况。

```
True
<tf.Variable 'scope1/var5:0' shape=() dtype=int32_ref>
```

图 3-13　使用 tf.variable_scope 重用变量

当有嵌套的命名空间时,还可以通过手动指定带有命名空间的变量名完成重用,下面的程序首先嵌套定义命名空间 scope_x 与 scope_y,并在 scope_y 中定义了一个变量 reuse_var,该变量在命名空间的作用下全名变为 scope_x/scope_y/reuse_var。接着定义一个名为

scope_x 的命名空间并指定其中的变量自动进行重用(reuse=tf.AUTO_REUSE),现尝试重用名为 scope_y/reuse_var 的变量。运行程序后,发现 reuse_var2 能够成功重用变量 reuse_var,这说明重用变量时可以手动指定需要重用的命名空间前缀,代码如下:

```
//ch3/name_scope.py
with tf.variable_scope('scope_x'):
    with tf.variable_scope('scope_y'):
        reuse_var = tf.get_variable('reuse_var', initializer = 1000.0)

with tf.variable_scope('scope_x', reuse = tf.AUTO_REUSE):
    reuse_var2 = tf.get_variable('scope_y/reuse_var', initializer = 0.001)
```

需要注意的是,tf.variable_scope 的 reuse 属性仅对作用域中与 tf.get_variable 相关的变量起作用,这是因为 tf.Variable 仅起到新建变量的作用,而没有获取已有变量的作用,读者可以将上面代码中的 tf.get_variable 改成 tf.Variable 进行尝试。

3.6 TensorFlow 中的控制流

程序中除了最常见的顺序结构,还有分支结构(if、switch 等)与循环结构(for、while 等)等。由于计算图是固定的、静态的,而有时候神经网络模型需要根据模型的不同状态使用动态的分支或者循环结构,因此 TensorFlow 提供了一套专门用于计算图中的控制流操作,用于计算图中的动态结构。

除了结构以外,TensorFlow 还能指定计算图中节点的执行顺序。下面就分别对 TensorFlow 中的分支结构与循环结构及如何指定节点执行顺序进行讲解。

3.6.1 TensorFlow 中的分支结构

在程序设计中,常常使用 if/else 与 switch/case 语句完成分支结构(虽然 Python 中没有 switch/case 语句)。相应地,TensorFlow 也提供了两种语句在计算图中的实现形式,与 if/else 对应的函数为 tf.cond,而与 switch/case 语句对应的函数为 tf.case,下面就分别对这两个函数进行介绍。

与 if 的控制流一样,tf.cond 函数一次只对单个分支条件值进行判断,若该值为 True,则执行某些函数(true_fn),否则执行另一些函数(false_fn)。tf.cond 函数有几个重要的参数,分别为分支条件 pred(True 张量或者 False 张量),条件为 True 时执行的函数 true_fn,条件为 False 时执行的函数 false_fn。需要注意的是,TensorFlow 要求 true_fn 与 false_fn 不可有参数且必须有返回值,并且这两个函数的返回值的数据类型与返回参数个数与结构需要相同,简单来说,若 true_fn 返回两种类型为 float32 的张量,则 false_fn 也必须返回两种类型为 float32 的张量。tf.cond 的具体使用方法的代码如下:

```
//ch3/control_flow.py
import tensorflow.compat.v1 as tf

#定义常量 a 与 b,其值分别为 1.0 与 2.0
a = tf.constant(1.0, name = 'a')
b = tf.constant(2.0, name = 'b')

#定义一个判断条件的占位符,其类型为 tf.bool
condition = tf.placeholder(dtype = tf.bool, name = 'condition')

#当 condition 为 True 时,返回 c = a + b,否则返回 c = a - b,此处使用匿名函数实现
c = tf.cond(condition, lambda: a + b, lambda: a - b)

#当 a < b 时,d = a * b,否则 d = a/b
d = tf.cond(a < b, lambda: a * b, lambda: a / b)

#由于计算图中不存在变量,因此不需要使用 variable_initializer
with tf.Session() as sess:
    #根据传入的不同 bool 值得到不同的结果
    print(sess.run(c, feed_dict = {condition: True}))
    print(sess.run(c, feed_dict = {condition: False}))
    print(sess.run(d))
```

程序中使用 TensorFlow 中的条件语句定义了 c 与 d 的值,运行程序能够发现当传入的 condition 不同时,得到的 c 值也不同。

类似地,tf.case 与 switch/case 的控制流一样(尽管 Python 不提供 switch/case 语句)。tf.cond 函数以键值对的形式传入每个 case 条件,其形式为{case1: func1, case2: func2,…},并且其还有一个 default 参数,表示当没有 case 匹配时需要执行的函数,同时 tf.case 还有一个 exclusive 参数,当 exclusive 为 True 时,表示传入的控制流中至多只能有一个分支为 True,若多于一个条件为 True,则报错。tf.case 的具体使用方法的代码如下:

```
//ch3/control_flow.py
#定义常量 a 与 b,其值分别为 1.0 与 2.0
a = tf.constant(1.0, name = 'a')
b = tf.constant(2.0, name = 'b')

#定义一个判断条件的占位符,其类型为 tf.int32
condition = tf.placeholder(dtype = tf.int32, name = 'condition')

#使用键值对定义 case,并指定 exclusive 为 False
c = tf.case(
    {condition > 1: lambda: a + b, condition > 2: lambda: a + 2 * b},
    default = lambda: a - b, exclusive = False
)
```

```
#使用键值对定义 case,并指定 exclusive 为 True,此时会报错,因为两个条件在 condition > 2 时都
#为 True
d = tf.case(
    {condition > 1: lambda: a + b, condition > 2: lambda: a + 2 * b},
    default = lambda: a - b, exclusive = True
)

#由于计算图中不存在变量,因此不需要使用 variable_initializer
with tf.Session() as sess:
    #根据传入不同的 condition 值得到不同的结果
    print(sess.run(c, feed_dict = {condition: 1}))
    print(sess.run(c, feed_dict = {condition: 2}))
    print(sess.run(c, feed_dict = {condition: 3}))

    print(sess.run(d, feed_dict = {condition: 1}))
    print(sess.run(d, feed_dict = {condition: 2}))
    #报错
    print(sess.run(d, feed_dict = {condition: 3}))
```

运行以上程序,会发现当 exclusive 为 True 并且传入的 condition 为 3 时程序会报错并退出,这是因为当 condition 为 3 时,此时传入的 case 多于一个为 True。细心的读者再运行以上程序会发现程序会抛出一个 WARNING:TensorFlow:case: An unordered dictionary of predicate/fn pairs was provided, but exclusive=False. The order of conditional tests is deterministic but not guaranteed.,这是因为传入的 case 为字典类型,其本身不保证顺序性,若要消除这个 WARNING,只需将传入的 case 改为有确定性顺序的列表,将传入的 case 改成如下“列表+元组”的形式即可,代码如下:

```
c = tf.case(
    [(condition > 1, lambda: a + b), (condition > 2, lambda: a + 2 * b)],
    default = lambda: a - b, exclusive = False
)
```

3.6.2 TensorFlow 中的循环结构

在 TensorFlow 中,使用 tf.while_loop 完成循环,其参数需要传入循环条件函数、循环体函数及这两个函数需要传入的参数,tf.while_loop 的返回值与循环体函数的返回值形式保持一致,并且条件判断函数与循环体函数的参数列表需要保持一致,因为在循环体函数中有可能对判断条件的参数进行了更改,因此需要循环体函数接收条件判断函数所有的参数,同时要求循环体参数将传入的所有参数进行返回。下面的程序说明了 tf.while_loop 的用法,实现了一个变量加 1 的操作,代码如下:

```
//ch3/control_flow.py
#定义循环中需要使用的变量 i 和 n
i = 0
n = 10

#循环条件函数
def judge(i, n):
    #当 i < sqrt(n)时才执行循环
    return i * i < n

#循环体函数
def body(i, n):
    #循环中使 i 增 1
    i = i + 1

    #返回的参数与输入的参数保持一致
    return i, n

#为 tf.while_loop 传入条件函数、循环体函数及参数
new_i, new_n = tf.while_loop(judge, body, [i, n])

with tf.Session() as sess:
    print(sess.run([new_i, new_n]))
```

运行以上程序，可以得到最终由循环得到的 new_i 与 new_n 分别为 4 和 10，说明当 i 由 0 增加到 4 时，由于 4×4>10 而跳出循环得到最终结果。

3.6.3 TensorFlow 中指定节点执行顺序

TensorFlow 中可以对计算图中的节点指定执行顺序，这可以使用 tf.control_dependencies 进行实现，首先需要明确 tf.control_dependencies 会创建一个作用域，创建该作用域时需要为 tf.control_dependencies 传入一个操作或者计算图中节点的列表，表示这个列表中的操作需要先于作用域中的操作执行。tf.control_dependencies 用法的代码如下：

```
//ch3/control_flow.py
#定义一个变量 x,其初始值为 2
x = tf.Variable(2)
#为 x 定义一个加 1 操作
x_assign = tf.assign(x, x + 1)
#y1 的值为 x^2
y1 = x ** 2

with tf.control_dependencies([x_assign]):
    #y2 的值为 x^2,其需要在执行 x_assign 之后执行
```

```
    y2 = x ** 2

with tf.Session() as sess:
    tf.global_variables_initializer().run()
    print(sess.run([y1, y2]))
```

运行程序后，可以得到 y_1 的值为 4，而 y_2 的值为 9，这说明 y_1 在 x 未提供加 1 时即得到了计算，而 y_2 由于有控制依赖，它的计算在 x_assign（即 x 已经加 1）后才被执行。如上代码的计算图可以用图 3-14 进行表示。

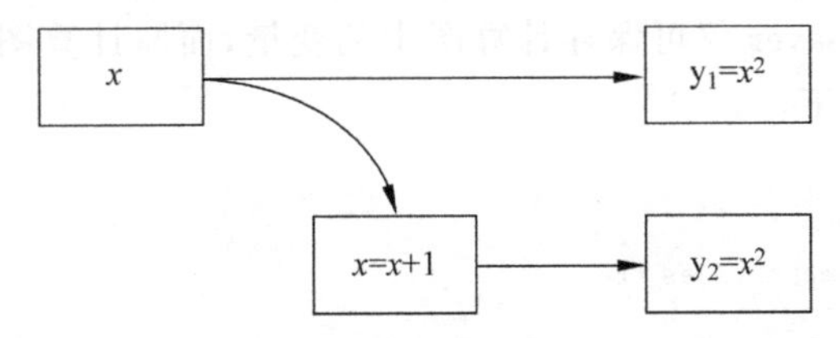

图 3-14　含有 tf.control_dependencies 的计算图

3.7　TensorFlow 模型的输入与输出

明确了 TensorFlow 中的基本概念（如张量、计算图等），想要理解 TensorFlow 中对模型的输入与输出便也不难了。

在 TensorFlow 中，最为常见的模型输入便是使用 tf.placeholder 进行实现，在运行计算图时，再为该占位符输入具体的训练数据。由于在训练网络时，常常因为训练数据过多过大而无法一次性全部放入内存，所以在训练模型时可以将数据分为一个个小的 batch 放入网络进行训练，这也恰好满足了 tf.placeholder 的特性，在每一次训练迭代时将不同的 batch 数据放入占位符以完成训练。

模型的输出通常为 NumPy 类型，在使用 tf.Session 得到模型输出的具体结果后可以通过处理 NumPy 数据的一切方法进行后期处理。

3.8　TensorFlow 的模型持久化

训练神经网络模型常常是一件十分耗时的事情，因此如果能将训练好的网络权值保存到磁盘，当需要使用该权值时再从磁盘中进行恢复以继续训练或者仅仅只进行前向推理，将省下每次需要重复训练的大量时间。

在 TensorFlow 中，使用 saver 对模型进行持久化，由 tf.train.Saver 创建。使用 saver 既可以完成对模型的保存，也能完成对磁盘上已保存的权值的读取，分别使用其 save 和 restore 方法。下面就分别介绍如何使用 tf.train.Saver 完成权值的保存与读取。

3.8.1 模型的保存

当定义好计算图时，可以使用 tf.train.Saver 的 save 方法保存计算图中的变量，当使用 tf.train.Saver 创建对象时，可以为其构造函数传入一个 var_list，表示仅保存 var_list 中指定的变量，否则默认保存计算图中所有的变量。在使用 save 方法时，需要传入当前所在的 Session（因为在不同的 Session 下，同一模型的参数值有可能不相同）与需要保存的文件名，下面的程序说明了如何使用 saver 保存计算图中的变量，为简便起见，程序中定义的计算图沿用 3.2 节第 1 部分中定义的 $(X+Y)\times Z$ 的计算图，不同的是将 X 与 Y 改为 tf.Variable 而非 placeholder（因为 saver 仅可保存计算图中的变量，而原计算图中全都为 placeholder，因此无法保存），代码如下：

```
//ch3/handle_ckpt.py
import tensorflow.compat.v1 as tf

X = tf.Variable(56.78, dtype = tf.float32, name = 'X')
Y = tf.Variable(12.34, dtype = tf.float32, name = 'Y')
Z = tf.placeholder(dtype = tf.float32, name = 'Z')

#结果 1 为 X 与 Y 相加
result1 = X + Y
#结果 2 为(X + Y) * Z
result2 = result1 * Z

saver = tf.train.Saver()

with tf.Session() as sess:
    tf.global_variables_initializer().run()
    saver.save(sess, 'graph.ckpt')
```

代码中在 Session 外初始化了一个 saver，并不指定 var_list，表明需要保存计算图中的所有变量，在会话内使用 save 方法将计算图中的变量保存成名为 graph.ckpt 的权重文件。运行以上程序可以发现根目录下多了 4 个文件，其中 3 个分别以 data、index 和 meta 结尾，还有一个为 checkpoint 文件，其中以 data 结尾的文件存储了计算图中变量的具体值，而以 index 结尾的文件提供了文件索引，以 meta 结尾的文件存储了计算图结构而没有任何具体值，checkpoint 以文本形式存储了最新的一个权值名称，在此不涉及这几个文件内部具体的存储方式，下面通过代码说明如何查看这些权值文件中究竟保存了哪些变量及对应的值。

在 TensorFlow 中，可以使用 tf.train.NewCheckpointReader 来查看权值文件中具体存储了哪些变量及其对应的值。使用 debug_string 方法查看权值文件中具体存在的变量名，使用 get_tensor 并传入相应的变量名查看其对应的值。tf.train.NewCheckpointReader 使用方法的代码如下：

```
new_ckpt = tf.train.NewCheckpointReader('graph.ckpt')
print(new_ckpt.debug_string().decode('utf8'))
print(new_ckpt.get_tensor('X'), new_ckpt.get_tensor('Y'))
```

运行以上程序，可以得到如图3-15所示的结果。从结果可以看出，权值文件中保存了两个变量，其名称分别为 X 和 Y，类型为float，并且形状为空（表明是标量），X 和 Y 的值分别为56.78和12.34，这和前面定义计算图过程中的变量值完全一致。

```
X (DT_FLOAT) []
Y (DT_FLOAT) []

56.78 12.34
```

图3-15 查看权值文件中的变量及其值

3.8.2 模型的读取

通过3.8.1节的学习，我们已经成功保存了网络中的变量，并通过NewCheckpointReader查看了权值文件中的变量名与值。本节对权值文件进行读取，将值恢复到模型中，并进一步进行操作。

在TensorFlow中，恢复模型权值使用saver的restore方法。同样，在创建saver时可以传入一个var_list以指定需要被恢复的变量，restore方法需要传入目标Session和磁盘上权值文件的路径。在进行恢复时，我们常常会读取一个路径下最新保存的权值进行恢复（默认认为最终的权值文件是最好的），这一过程常常使用tf.train.latest_checkpoint来完成，为该函数传入权值文件所在的文件夹，它就会自动得到最新的权值文件路径。读取权值文件中的权重并将其恢复的代码如下：

```
//ch3/handle_ckpt.py
#重新定义计算图,并改变变量的初始值
X = tf.Variable(11.1111, dtype = tf.float32, name = 'X')
Y = tf.Variable(22.2222, dtype = tf.float32, name = 'Y')
Z = tf.placeholder(dtype = tf.float32, name = 'Z')

#结果 1 为 X 与 Y 相加
result1 = X + Y
#结果 2 为(X + Y) * Z
result2 = result1 * Z

var_list = [X]
saver = tf.train.Saver(var_list = var_list)

with tf.Session() as sess:
    tf.global_variables_initializer().run()
    last_ckpt = tf.train.latest_checkpoint('.')
    print(last_ckpt)
    saver.restore(sess, last_ckpt)
```

```
print(sess.run(X))
print(sess.run(Y))
```

运行以上程序,可以得到 sess.run(X)结果为 56.78 而非定义的 11.1111,这是因为在调用 tf.global_variables_initializer 对 X 进行初始化后,又使用 saver 将权值文件中保存的 X 值(56.78)恢复到变量 X 中了,而 sess.run(Y)的值则是 22.2222,与代码中定义的 Y 值相同,说明 Y 值没有被权值文件中恢复的值覆盖,因为代码中指定了 var_list 中仅含有 X 变量,所以变量 Y 的值仍是初始化的值 22.2222。

3.9 使用 TensorBoard 进行结果可视化

TensorBoard 是 TensorFlow 的可视化工具包,使用 TensorBoard 能够可视化实时跟踪模型训练过程中的数据量变化情况,如训练损失等。它还能对图像及计算图等进行可视化。TensorBoard 是 TensorFlow 框架的一大优势,所以本节介绍 TensorBoard 可视化的用法。

为了保存计算图中的各种信息,首先需要使用 tf.summary.FileWriter 初始化一个 writer 对象,表示使用其写入网络中的各种信息。

3.9.1 计算图的可视化

为了简便起见,本节使用的是 3.8 节第 1 部分所定义的计算图,为了保存代码中定义的计算图,只需要在定义 writer 时为 graph 参数传入当前的默认计算图(tf.get_default_graph()得到当前默认的计算图),在程序结束前使用 writer.close 关闭这个 IO 对象即可(纯粹是一个好习惯)。下面的程序说明了如何将计算图添加到 TensorBoard 文件中,其中加粗的代码与 TensorBoard 操作直接相关,代码如下:

```
//ch3/use_tb.py
import tensorflow.compat.v1 as tf

X = tf.Variable(56.78, dtype = tf.float32, name = 'X')
Y = tf.Variable(12.34, dtype = tf.float32, name = 'Y')
Z = tf.placeholder(dtype = tf.float32, name = 'Z')

#结果 1 为 X 与 Y 相加
result1 = X + Y
#结果 2 为(X + Y) * Z
result2 = result1 * Z

#创建一个 summary 的 IO 对象,并将计算图添加到 summary 中
writer = tf.summary.FileWriter('summary', graph = tf.get_default_graph())

with tf.Session() as sess:
```

```
    tf.global_variables_initializer().run()

#关闭 IO 对象
writer.close()
```

运行以上程序,会发现根目录下多了一个 summary 文件夹,其中有一个名为 events.out.tfevents…的文件。此时在 summary 文件夹下打开命令行,使用 TensorBoard -logdir . 指令,并在浏览器中输入 localhost:6006(6006 是 TensorBoard 默认使用的端口,当然可以更改),此时可以看到如图 3-16 所示的结果。

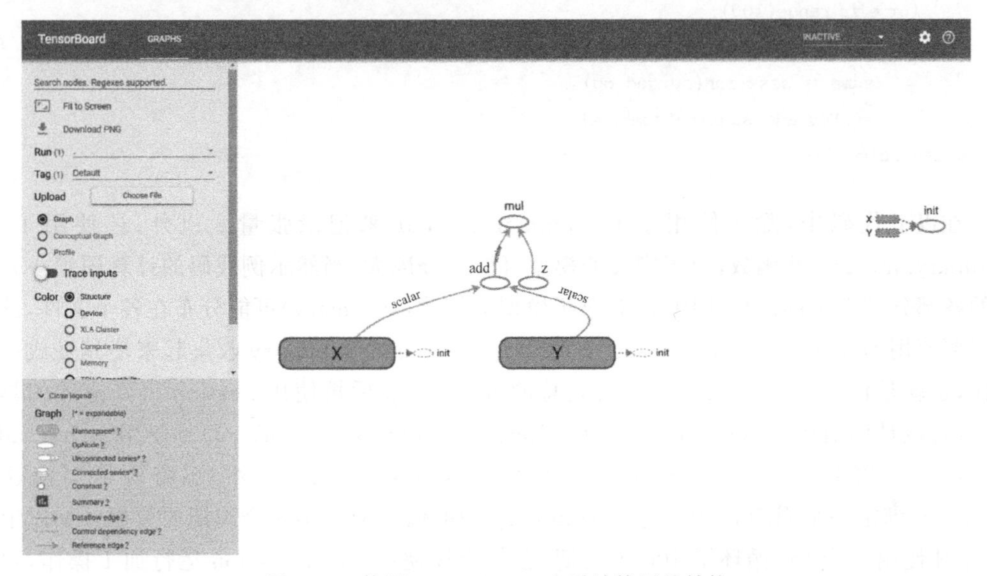

图 3-16 使用 TensorBoard 查看计算图的结构

从结果可以看出,使用 TensorBoard 画出来的计算图与我们在 3.2 节第 1 部分人工绘制的计算图结构一致。不同的是,TensorBoard 绘制的计算图更加细致,如果读者尝试双击 X 或 Y 节点,则可以看到节点内部更加细化的操作(如初始化操作等)。

3.9.2 矢量变化的可视化

在训练模型时,常常需要保存与查看损失函数的变化情况。此时可以使用 TensorBoard 保存损失以查看损失随着迭代次数的变化情况。在 TensorFlow 中,使用 tf.summary.scalar 保存需要记录的标量,为该函数传入名称与对应的张量即可。下面的程序使用了循环完成变量的加 1 操作,并使用 TensorBoard 记录了变量的变化过程,代码如下:

```
//ch3/use_tb.py
i = tf.Variable(1)
```

```
writer = tf.summary.FileWriter('summary_1', graph = tf.get_default_graph())

assign_op = tf.assign(i, i + 1)

tf.summary.scalar('i', i)
merged_op = tf.summary.merge_all()

with tf.Session() as sess:
    tf.global_variables_initializer().run()
    for e in range(100):
        sess.run(assign_op)
        summ = sess.run(merged_op)
        writer.add_summary(summ, e)
writer.close()
```

在以上代码中，除了使用了 tf. summary. scalar 来记录张量 i 以外，还使用了 tf. summary. merge_all 函数，由于定义的模型可能十分庞大(当然示例代码的计算图很小)，模型的各部分都在不同的模块中，此时对于模型的描述(summary)可能分布在各个文件，此时就需要使用 tf. summary. merge_all 将“散落”在各部分的 summary 收集起来使其变成一个操作，也就是代码中的 merge_op。得到总的 merge_op 后再使用 Session 得到描述的具体值，再将该具体值放入 IO 对象 writer(writer. add_summary(sum, e))。使用 writer. add_summary 时需要注意，除了需要给其传入具体的 summary 以外，还需要给当前这个 summary 绑定一个周期 e，表示这个 summary 中的值对应于第 e 个周期的数据。如以上代码，整体使用一个 for 循环了 100 个周期，在每个周期内，先用 Session 运行加 1 操作，再得到加 1 操作后计算图中的 i 变量值，最后将得到的 i 值与当前周期 e 绑定放入 writer。

运行以上程序后，并在根目录的 summary_1 文件夹下使用 TensorBoard -logdir . 命令，可以得到如图 3-17 所示的结果，可以看到此时有两个选项 SCALARS 和 GRAPH，在 GRAPH 选项卡中可以看到我们定义的计算图，在 SCALARS 里可以看到我们记录的变量 i，并且可以发现其值从 2 一直增加到 101(读者可以思考为什么不是从 1 开始增加到 100，以及如何才能使 i 值从 1 增加到 100)。

3.9.3 图像的可视化

在某些应用场景下，我们需要以图像的形式可视化模型中间层的表示或者对于生成式模型而言，我们需要可视化模型最终生成的结果，此时可以使用 TensorBoard 对图像进行可视化，与可视化标量类似，使用 tf. summary. image 函数可以对图像进行可视化，下面的程序说明了使用 TensorBoard 可视化图像的过程，运行程序前需要确保根目录下有一张名为 1. jpg 的图像，代码如下：

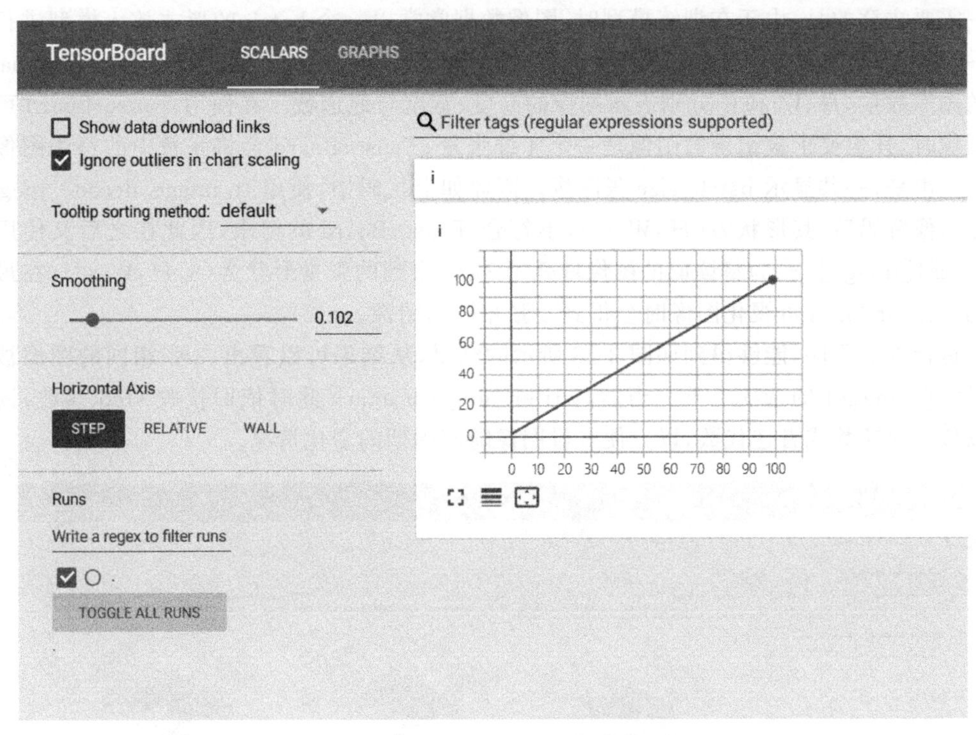

图 3-17 使用 TensorBoard 记录标量变化情况

```
//ch3/use_tb.py
with open('1.jpg', 'rb') as f:
    data = f.read()

#图像解码节点,3 通道 jpg 图像
image = tf.image.decode_jpeg(data, channels = 3)

#确保图像以 4 维张量的形式表示
image = tf.stack([image] * 3)

#添加到日志中
tf.summary.image("image1", image)
merged_op = tf.summary.merge_all()

writer = tf.summary.FileWriter('summary_2', graph = tf.get_default_graph())

with tf.Session() as sess:
    #运行并写入日志
    summ = sess.run(merged_op)
    writer.add_summary(summ)

writer.close()
```

需要注意的是，由于在训练模型时，图像数据常常以一个 batch 的形式放入模型进行训练，一个 batch 数据为一个 4 维张量，其形状为(batch_size，H，W，C)，batch_size 表示 batch 中的图像数量，H、W 和 C 分别表示图像的高度、宽度与通道数。在使用 TensorBoard 可视化图像时，其也要求被记录的图像是一个 4 维张量，TensorBoard 会将张量中的每张图像依次显示出来，一共显示 batch_size 张图像。因此如上代码中，使用 tf. image. decode_jpeg 对单张图像解码后，其形状为(H，W，C)，不符合 TensorBoard 的要求，因此在之后又使用了 tf. stack([image] * 3)将读取的图像堆叠了 3 次，得到的张量形状为(3，H，W，C)，在最后使用 TensorBoard 可视化图像时会得到 3 张相同的图像。

运行以上程序，能够得到如图 3-18 所示的结果，从结果可以看出，3 张相同的图像被依次显示在 image1 的选项卡下。当然，writer. add_summary 此时依旧接收 step 参数，读者可以传入周期数或者迭代数，以方便查看图像随着周期的变化情况。

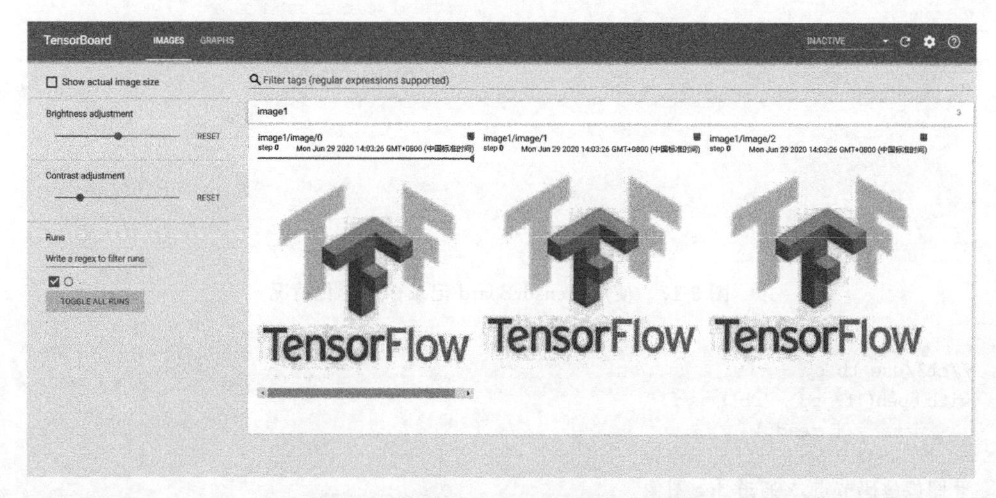

图 3-18 使用 TensorBoard 可视化图像

本节简要说明了 TensorBoard 的用法，分别介绍了使用 TensorBoard 对于计算图、标量及图像的可视化方法，这三者也是使用 TensorBoard 最常用的可视化对象。当然，TensorBoard 实际上还能完成更多复杂数据的可视化，如使用直方图等可视化张量的统计信息，其使用方法与标量或图像的可视化类似，对于复杂数据的可视化本书在此并不涉及，有兴趣的读者可以自行查阅资料进行学习。

3.10 小结

本章就 TensorFlow 的基础知识进行了讲解，从 TensorFlow 最基本的计算图与张量等概念讲到 TensorBoard 在可视化方面的使用。关于 TensorFlow 还有许多高级的函数与用法，读者可以自行到 TensorFlow 官网(https://www.tensorflow.org/)进行学习。

第4章

深度学习的基本概念

在介绍了 TensorFlow 的基本概念与用法后，本章将使用 TensorFlow 介绍一些深度学习的基本概念。

深度学习模型本质上使用一个非线性函数拟合输入数据的分布，其中常见的形式为使用线性操作(加法、乘法等)后再过一层非线性的激活函数得到非线性的结果，从而达到抑制/加强某些信息的目的。当模型的层数越多，数据经过的非线性变换越多，则模型的变换/表达能力越强。

本章从深度学习的优势入手，讲解深度学习中最常见的概念，如激活函数、损失函数等，在本章的最后一节，会探讨一些深度学习中的常见参数设置。

4.1 深度学习相较于传统方法的优势

传统机器学习依赖于人为对数据的清洗，甚至需要人为提炼特征、维度压缩等。在人工完成这些步骤后，才能使用传统的机器学习模型，并且传统的机器学习模型含有复杂的调参过程，最终的模型泛化性能较差。如使用 SVM 进行图像分类时，常常需要人工对图像进行特征提取，如提取图像的 HOG、SIFT 特征后，再对这些特征使用 SVM 进行分类。整个过程可以理解为两阶段：特征提取→分类。不同的是，深度学习模型是一种表示学习，模型自身对数据进行提炼，不需要人为地得到特征，这样由模型自动学到的特征通常要优于人们定义的图像特征(HOG、SIFT 等)，因为对于不同的数据集而言，其可能有适合自身性质的特征，而这种差异性是无法被人为定义的特征捕捉到的。

就分类问题而言，无论是传统的机器学习模型还是深度学习模型，其本质都是将低维输入映射到高维空间进行区分，如前面所述，两者最大的区别是特征提取的过程，特征的好坏直接影响最终的分类效果。已经证明，用于分类的深度学习模型可以用于特征提取，将训练好的深度分类模型去掉最终用于分类的层后，仍然可以使用 SVM 对深度模型提取的特征进行分类。

4.2 深度学习中的激活函数

前面讲过，深度学习模型中常常将线性变换的结果经过一层非线性变换层得到非线性变换的结果。而模型中的非线性层实际上就是通过非线性函数实现的，我们将这些非线性函数称为激活函数，在深度学习中有许多激活函数，它们分别有自己的优缺点，也有各自适用的应用场景，本节就深度学习中常见的激活函数及它们的优缺点展开讨论。

6min

4.2.1 Sigmoid

作为最常见的激活函数之一，Sigmoid 函数也被称作 Logistic 函数，常被用于二分类任务与非互斥的多类别预测，与此同时，其也常被用于层数较少的神经网络(后面将会说明原因)。由于其良好的性质，能将$(-\infty,+\infty)$的输入压缩到$(0,1)$之间，而所有的概率值又恰好位于 0～1 之间，因此当最终任务需要输出概率值时常常使用 Sigmoid 函数(如前面所讲的二分类任务与非互斥的多类别预测任务，需要给出预测结果为某类别的概率，并将概率最大值或最大的几个值对应的类别作为最终的预测结果)。Sigmoid 函数表达形式如式(4-1)所示，其相应的函数图像如图 4-1 所示。

$$\mathrm{Sigmoid}(x)=\frac{1}{1+\mathrm{e}^{-x}} \tag{4-1}$$

从式(4-1)和其函数图像可以看出，Sigmoid 函数(简写为 $S(x)$)处处平滑并可导，容易得出 $S(x)$导数即 $S'(x)=S(x)(1-S(x))$，可以发现其导数可以使用当前的函数值直接表示，而无须计算额外的函数，这一点使导数计算十分方便。然而从图像及函数导数的数学表达式可以看出，当函数值 $S(x)$接近 0 或 1(自变量$|x|>5$)时，其导数值接近于 0，进而导致梯度接近于 0，此时会产生“梯度消失”的问题。当网络深度较大时，由于链式法则本质是导数(梯度)之间的连乘，当连乘元素中有一个小值或多个小值时，整个网络的梯度都会接近

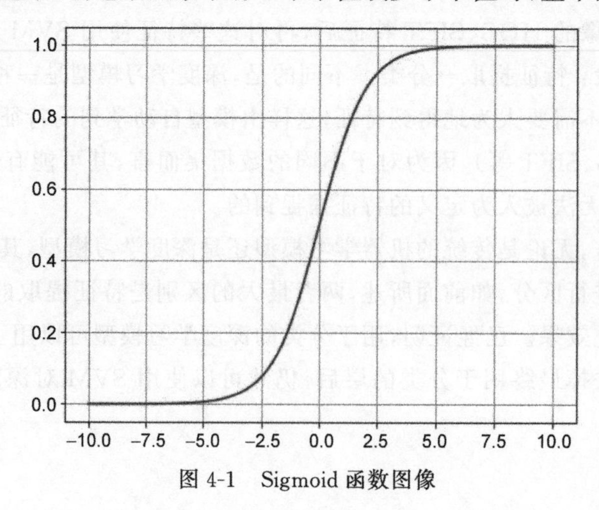

图 4-1 Sigmoid 函数图像

于 0，此时网络无法学习到新知识或者学习的速度很慢。

下面我们来看一看 Sigmoid 激活函数在分类任务下的应用场景，前面讲过 Sigmoid 适用于二分类及非互斥的多分类任务。一个常见的二分类任务是医学图像的分类，其需要对医学图像（X 光影像等）进行分类，最终输出一个该影像为疾病影像（阳性）的概率。在此应用场景下，最终的目标有两类：{阴性、阳性}，需要注意的是，在二分类问题中，类别之间带有“天然”的抑制关系，换句话说，当一个影像为阴性的概率 p 越大，则其为阳性的概率一定为 $1-p$，两个分类结果之间是一个“此消彼长”的关系。对于二分类问题，我们实际上只需设置一个阈值 t，表示预测概率 $p>t$ 时为阳性（阴性），而当概率 $p<t$ 时为阴性（阳性）。因此对于二分类而言，我们只需模型最终输出一个数值 $k\in(-\infty,+\infty)$，并使用 Sigmoid 函数得到 $S(k)\in(0,1)$，用 $S(k)$ 表征预测结果为阳性的概率。

何谓非互斥的多分类任务？首先需要明确的是，多分类任务表示模型需要对输入数据做出预测，并且预测结果的类别不互相抑制、不存在“此消彼长”的过程。如已经有一个训练好的动物分类模型，其能对各种动物输入图像进行分类，为了简化，假设该模型能对猫、狗、马、牛、羊和鹿的图像进行分类，同时在训练该模型时使用非互斥的 Sigmoid 作为激活函数进行训练，当位置 i 上的概率分量大于某一阈值 t 时，则认为输入图像属于第 i 类。此时测试时输入一张麋鹿（俗称四不像，其脸像马、角像鹿、蹄像牛、尾像驴）的图像，从原理上而言，非互斥的分类模型会将该输入图像预测为马、鹿、牛的概率显著高于预测为其他类（原模型无法分类驴，因此不存在将输入预测为驴的概率），例如模型会将输入预测为马、鹿和牛的概率分别为 0.75、0.7、0.65，而预测为猫、狗、羊的概率都要小于 0.1。非互斥多分类任务的训练与测试阶段的示意图如图 4-2 所示。

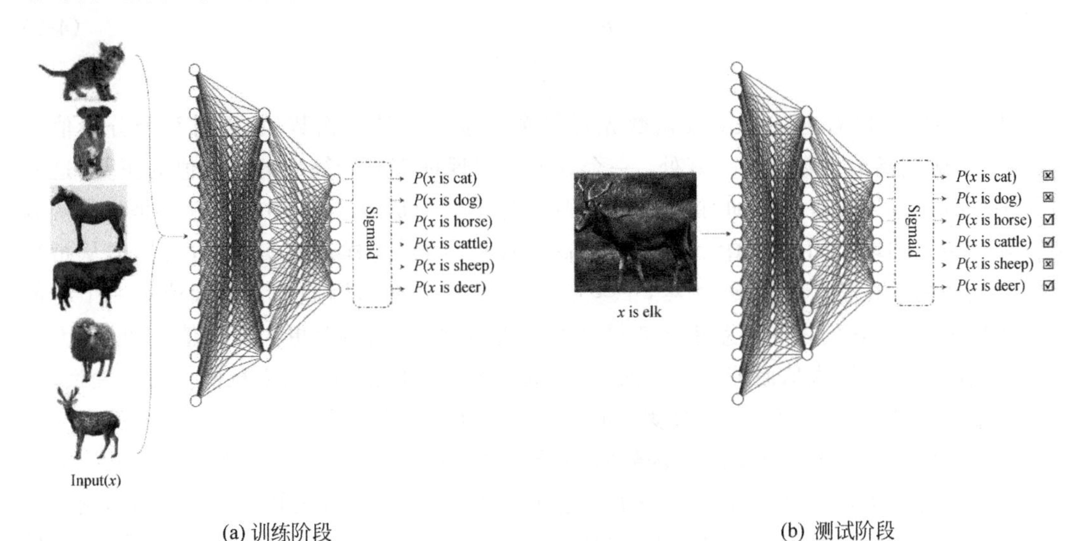

图 4-2　使用 Sigmoid 激活函数完成非互斥的多分类任务

显而易见，非互斥的分类任务在类别之间不存在抑制性，对于输入而言，模型可能会给出类似"输入既是猫也是狗"这种结论。由于 Sigmoid 函数的输出只与输入的变量 x 值有关，因此当模型输出对输入的 k 个类预测值为 $x_1, x_2, \cdots, x_k$ 时，最终经过 Sigmoid 函数得到的 k 类预测概率为 $S(x_1), S(x_2), \cdots, S(x_k)$，由于变量 x_i 之间没有依赖关系，因此 $S(x_i)$ 之间同样也没有依赖关系，换言之，由 Sigmoid 函数得到的预测概率之间没有依赖关系。尽管有时非互斥的多分类问题的结论看起来十分荒谬，但是其确是一种存在于生活中的常见任务，如对于一段新闻，其常常对应多个类别。

在 TensorFlow 中使用 Sigmoid 函数十分方便，tf. nn 模块中有直接封装好的 API，代码如下：

```
#input 表示待激活的张量
output = tf.nn.sigmoid(input, name = 'sigmoid')
```

3min

4.2.2 Softmax

如前所述，Sigmoid 常用于非互斥的多分类问题，而在实际生活中也时常存在类别之间排斥的情况。对于模型给出的"既是猫又是狗"这样的结论在实际生活中其实并不存在，当输入属于某一类别 c_i 时，其应当抑制模型对于其他所有类别 $\{c_1, c_2, \cdots, c_{i-1}, c_{i+1}, c_k\}$ 的预测。与 Sigmoid 激活函数只考虑输入值不同，Softmax 函数则会考虑所有的预测值，并对它们进行归一化。假设对于 k 个类别的预测值分别为 $\{z_1, z_2, \cdots, z_k\}$，Softmax 函数将每个分量 z_i 按照以下规则进行变换得到概率值 p_i：

$$p_i = \frac{e^{z_i}}{\sum_{j=1}^{k} e^{z_j}} \tag{4-2}$$

从式(4-2)可以看出，Softmax 函数先对每个分量的值计算指数值，再对每个分量值进行归一化，使用指数函数有两个好处：一个好处是能保证得到计算后的分量值为正数，这样在归一化时可以直接进行累加，保证归一化的分母不会为负数或零，另一个好处是指数函数值会随着输入的增大而迅速增大，其增长率高于线性函数(这样说其实并不严谨，但从指数函数与线性函数在整个定义域$(-\infty, +\infty)$上来看确实如此)，因此当一个大值和一个小值经过指数函数时，它们之间的差距会变得更大。通俗地说，大值会更大而小值会更小，因此指数函数起到了保留大值而抑制小值的功能，最终的归一化相当于只对区间做线性变换，将每个分量压缩到(0,1)之间，不会改变大值与小值之间的相对关系。

若还是以 4.1.1 节中 Sigmoid 函数的例子来讲，假设先有一个能对猫、狗、马、牛、羊和鹿的图像进行分类，在测试阶段使用一张麋鹿的图像作为输入，假定其对每一类的预测值为[-2,-3,4,3,1,5](数值代表每一类的预测值)，在经过式(4-2)的 Softmax 激活后，得到最终的概率向量为[0.00059,0.00022,0.24,0.088,0.012,0.65]，可以看到，原预测值最大的两个分量(马、鹿)分别为 4 和 5，经过 Softmax 之后分别得到 0.24 和 0.65，说明预测输入为鹿的概率显著高于马,因此最终的预测结果为鹿,其示意图如图 4-3 所示。若使用 Sigmoid 作为激活函数,则可以得到结果[0.12,0.047,0.98,0.95,0.73,0.99],此时在最后 4 个分量上的预测概率都很大(置信度大于 0.7),此时结论为输入为"马+牛+羊+鹿"。

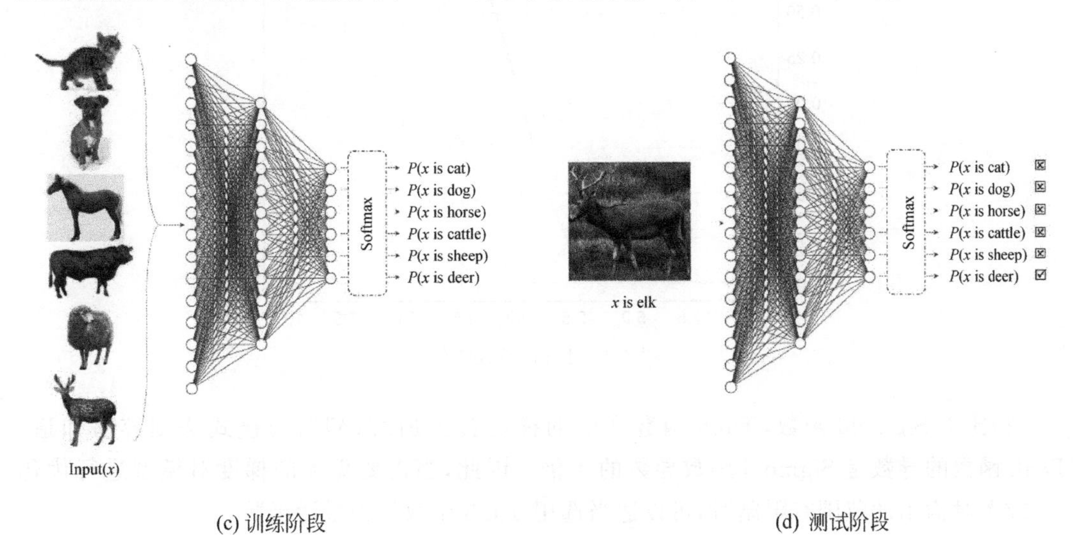

图 4-3 使用 Softmax 激活函数完成多分类任务

在 TensorFlow 中,直接使用 tf.nn.softmax 即可使用 Softmax 函数。需要注意的是,由于 Softmax 函数需要对输入之间采取抑制操作,并且其需要归一化操作,因此该函数有 axis 参数,表示在哪个轴上进行 Softmax 操作。以二维的矩阵为例,其存在两个 axis,分别为 0(行)和 1(列),若指定 axis 为 0,则表示将输入之间的抑制关系置于矩阵列上(axis=0 时表示在 0 轴上求和进行归一化),并对矩阵列进行归一化,当 axis 为 1 时情况也类似。TensorFlow 中的 Softmax 函数使用方法的代码如下:

```
# input 表示待激活的张量
output = tf.nn.softmax(input, axis = axis, name = 'softmax')
```

4.2.3 Tanh

与 Sigmoid 函数类似,Tanh 函数的形状也是 S 形,这意味着 Tanh 作为激活函数时也存在"梯度消失"的问题。Tanh 的函数表达形式为

$$\text{Tanh}(x)=\frac{e^{x}-e^{-x}}{e^{x}+e^{-x}}=2\times\frac{1}{1+e^{-2x}}-1=2\text{Sigmoid}(2x)-1 \tag{4-3}$$

从式(4-3)可以看出来,Tanh 函数实际上是 Sigmoid 函数的线性变换+缩放变换。由之前的讨论可知,Sigmoid 函数的值域为(0,1),可以知道 Tanh 函数的值域为(−1,1),它的函数图像如图 4-4 所示。

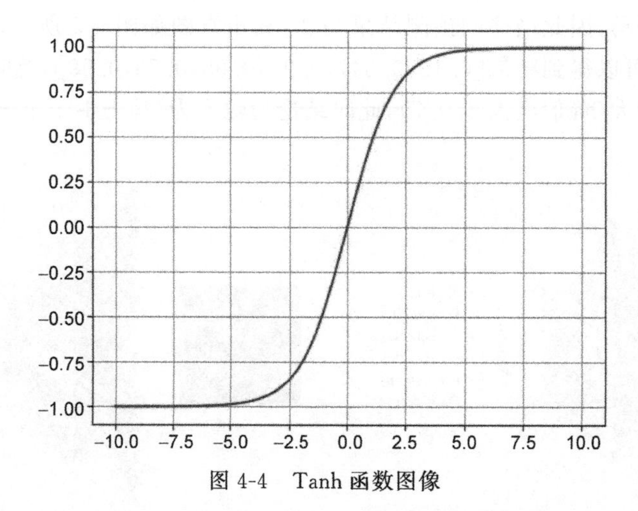

图 4-4 Tanh 函数图像

相比于 Sigmoid 函数，Tanh 函数产生的梯度会更加“激烈”，由链式法则容易知道，Tanh 函数的导数是 Sigmoid 函数导数的 4 倍。因此，当需要更大的梯度对模型进行优化时，或者对输出的范围有限制时，可以适当选用 Tanh 函数作为激活函数。

TensorFlow 中使用 Tanh 函数的代码如下：

```
#input 表示待激活的张量
output = tf.nn.tanh(input, name='tanh')
```

5min

4.2.4 ReLU

作为现代神经网络使用最广泛的激活函数之一，ReLU 函数全称为 Rectified Linear Unit，其中文名为线性整流函数。与 Sigmoid 和 Tanh 函数不同的是，ReLU 实际上是一个分段函数，其表达式为

$$\mathrm{ReLU}(x)=\begin{cases}0 & \text{if } x<0\\ x & \text{if } x\geqslant 0\end{cases}=\max(0,x) \tag{4-4}$$

根据 ReLU 的表达式可以画出图像，如图 4-5 所示。从式(4-4)和图 4-5 可以看出，当 $x<0$ 时导数为 0，而在 $x\geqslant 0$ 时函数导数为 1，这意味着 ReLU 会过滤所有小于 0 的输入，仅保留大于或等于 0 的部分。

与前面介绍的函数相比，ReLU 的导数计算简单，使模型的计算成本降低，并且不存在“梯度消失”的问题(导数为定值)。当 ReLU 将部分输出置为 0 后，会造成网络的稀疏性，并且减少网络之间参数的相互依赖，从而也能缓解过拟合。

从 ReLU 函数图像可以看出，它的值域为$[0,+\infty)$，因此 ReLU 不适用于某些带有限制的输出层(例如需要输出概率)。除此之外，如果输入的所有值都小于 0，此时 ReLU 函数的输出会变成全 0，无法反映输入数据的自身分布情况(因为对于任意分布的小于 0 数据的

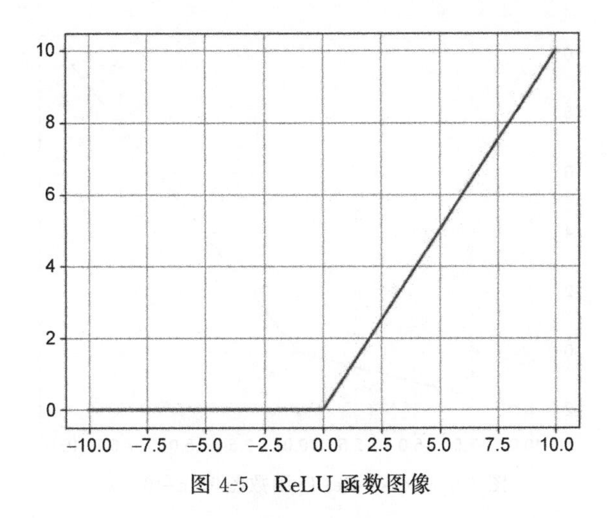

图 4-5　ReLU 函数图像

输出都一样)，并且由于 ReLU 小于 0 的部分的导数为 0，所以网络中的参数将永远无法得到更新，换句话说，一旦在某次迭代优化的过程中 ReLU 的输入值绝大部分值为负值，那么在这之后参数将永远得不到更新。我们称此时的激活函数节点为"死亡节点"(Dead ReLU)，节点的死亡在 ReLU 函数的使用中是一个较为常见的问题，为了避免节点的死亡，更多的激活函数应运而生。

在 TensorFlow 中使用 ReLU 的代码如下：

```
#input 表示待激活的张量
output = tf.nn.relu(input, name = 'relu')
```

值得注意的一点是，无论是从函数表达式还是从图像上来看，ReLU 在原点处不可导(左侧导数为 0，右侧导数为 1)，在实际中有以下几种解决思路：使用 softplus 函数($\ln(1+e^x)$)代替 ReLU，其在原点导数值为 0.5，恰好为 ReLU 正负半轴导数均值，使用正半轴导数值 1 代替原点导数值，使用负半轴导数值 0 代替原点导数值。在 TensorFlow 中，ReLU 的处理方式为最后一种。

4.2.5　Leaky ReLU

与上面介绍的 ReLU 十分类似，Leaky ReLU 在 x 小于 0 时施加了一个小的正数作为参数，其函数表达式为

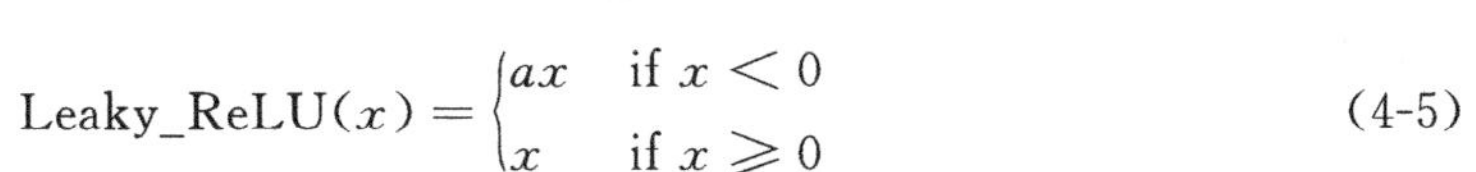

$$\text{Leaky\_ReLU}(x)=\begin{cases}ax & \text{if } x<0\\ x & \text{if } x\geqslant 0\end{cases}\tag{4-5}$$

式(4-5)中的 a 为一个小的正数，其在 TensorFlow 中的典型值为 0.2。当 $a=0.2$ 时，其图像如图 4-6 所示。

容易知道，当 $x<0$ 时，函数的导数值恒为 a；当 $x\geqslant 0$ 时，函数的导数值恒为 1。相较

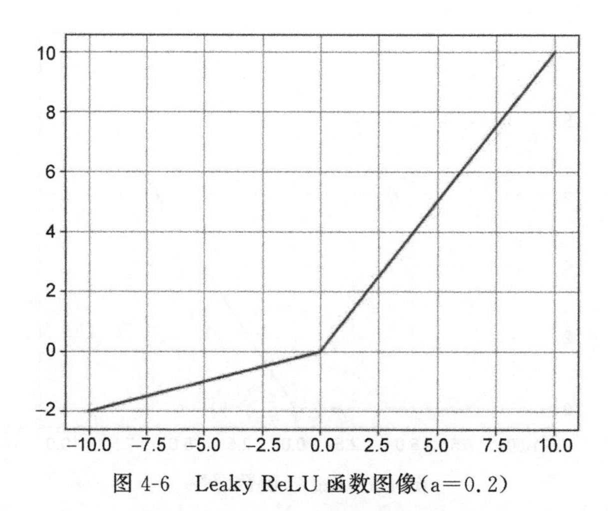

图 4-6　Leaky ReLU 函数图像(a=0.2)

于 ReLU,其避免了在 $x<0$ 时节点"死亡"的问题,取而代之的是以一个较小的梯度值继续更新参数。虽然 Leaky ReLU 函数比 ReLU 函数效果好,但在实际应用中 Leaky ReLU 并没有 ReLU 用得多。就应用经验来说,ReLU 是最常用的默认激活函数,若不确定用哪个激活函数,就使用 ReLU 或者 Leaky ReLU。

如上所述,TensorFlow 中的 Leaky ReLU 函数的默认 a 值为 0.2,其函数原型为 tf.nn.leaky_relu,也可以传入自定义的 a 值,代码如下:

```
#input 表示待激活的张量
output = tf.nn.leaky_relu(input, alpha = a, name = 'leaky_relu')
```

2min

4.2.6 PReLU

Leaky ReLU 对所有的输入值都使用相同的小值 a,而 PReLU(Parametric ReLU)旨在为不同通道的输入学习不同的权值 a。假设 PReLU 的输入有 C 个通道,那么对于每个通道 i,其都有一个可学习的参数 a_i 与之对应,其函数形式可用下式表述:

$$\text{PReLU}(x_i)=\begin{cases}a_i x_i & \text{if } x_i<0\\ x_i & \text{if } x_i\geqslant 0\end{cases} \tag{4-6}$$

其中,下标 i 表示通道 i。与模型中的其他参数相同,a_i 也使用相同的方式进行优化。TensorFlow 中没有 PReLU 直接对应的 API,可以使用手动定义变量的方式完成 PReLU,代码如下:

```
//ch4/activations/activations.py
#input 表示待激活的张量
def prelu(inp, name):
    with tf.variable_scope(name, reuse = tf.AUTO_REUSE) as scope:
```

```
        #根据输入数据的最后一个维度来定义参数形状
        #对于卷积即通道数,对于全连接即特征数
        alpha = tf.get_variable('alpha', inp.get_shape()[-1],
                                initializer = tf.constant_initializer(0.0),
                                dtype = tf.float32)

        #得到负半轴为0,正半轴不变的激活结果
        pos = tf.nn.relu(inp)

        #得到正半轴为0,负半轴为ax的激活结果
        neg = alpha * (inp - abs(inp)) * 0.5

        #将两部分激活结果相加
        return pos + neg
```

4.2.7 RReLU

🎥 3min

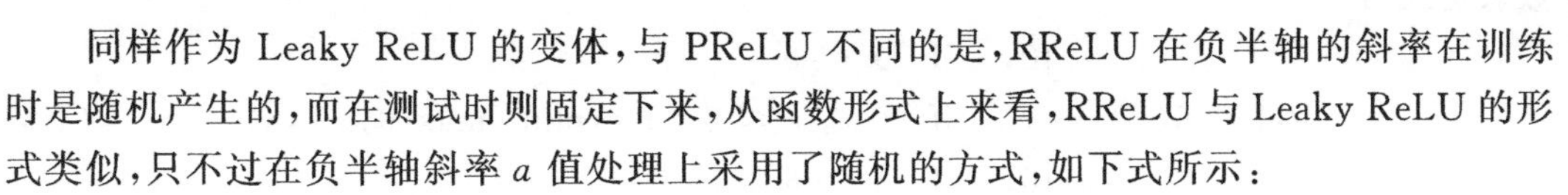

同样作为 Leaky ReLU 的变体，与 PReLU 不同的是，RReLU 在负半轴的斜率在训练时是随机产生的，而在测试时则固定下来，从函数形式上来看，RReLU 与 Leaky ReLU 的形式类似，只不过在负半轴斜率 a 值处理上采用了随机的方式，如下式所示：

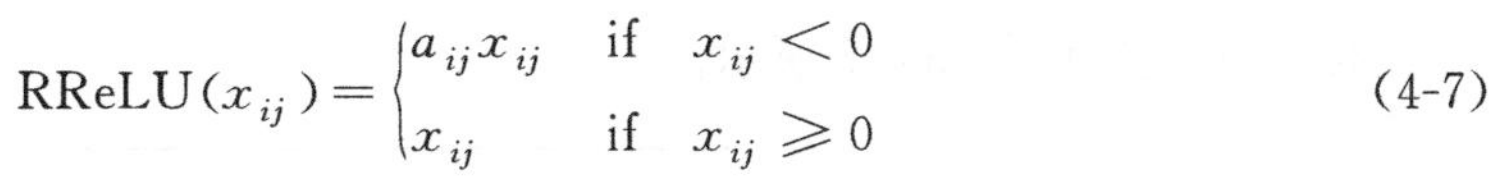

$$\text{RReLU}(x_{ij})=\begin{cases}a_{ij}x_{ij} & \text{if} \quad x_{ij}<0 \\ x_{ij} & \text{if} \quad x_{ij}\geqslant 0\end{cases} \tag{4-7}$$

a 值从均匀分布 $U(l,u)$ 中选取，其中 $l<u$ 并且 $u\in[0,1)$ $\left(\text{也有从}\left[\frac{1}{8},\frac{1}{3}\right]\text{中选取的做法}\right)$。可以看出，RReLU 的激活对象是每个单独的值，对于输入的每个小于 0 的数都有其自身的一个激活参数 a 值。由于 RReLU 在训练阶段引入了随机性，实验结果表明其能有效缓解过拟合。

TensorFlow 中同样没有 RReLU 的 API，不过实现起来十分简便，代码如下：

```
//ch4/activations/activations.py
def rrelu(inp, is_training, name):
    with tf.variable_scope(name) as scope:
        #定义a值的取值范围
        u = 1
        l = 0

        #从均匀分布中随机选取a值
        rand_a = tf.Variable(
            tf.random_uniform(tf.shape(inp), minval = l, maxval = u))

        #若 is_training = True,则使用随机生成的 rand_a
```

```
#若 is_training = False,则使用(1 + u)/2 作为负半轴斜率
alpha = tf.cond(tf.cast(is_training, tf.bool), lambda: rand_a,
                lambda: tf.Variable((u + 1) / 2.0, dtype = tf.float32))

pos = tf.nn.relu(inp)
neg = alpha * (inp - abs(inp)) * 0.5

return pos + neg
```

代码中使用 tf.cond 对训练/测试阶段进行判断,并根据当前状态决定使用随机斜率还是固定斜率。

2min

4.2.8 ReLU-6

ReLU-6 的提出源于实验结果,其相当于将 ReLU 激活函数的结果在 6 处进行截断,函数表达式为

$$\text{ReLU\_6}(x)=\begin{cases}0, & \text{if} \quad x<0 \\ x, & \text{if} \quad 0\leqslant x\leqslant 6 \\ 6, & \text{if} \quad x>6\end{cases} \quad x=\min\left(\max(0,x),6\right) \tag{4-8}$$

ReLU-6 的图像如图 4-7 所示。

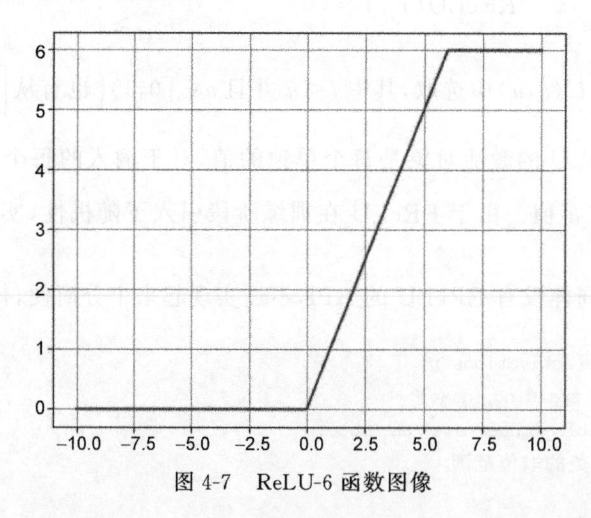

图 4-7 ReLU-6 函数图像

实验表明当使用 ReLU-6 代替 ReLU 作为激活函数时,模型能够更加稀疏地表示。手动实现 ReLU-6 函数十分简单,TensorFlow 中提供了 ReLU-6 的 API,代码如下:

```
#input 表示待激活的张量
output = tf.nn.relu6(input, name = 'relu6')
```

4.2.9 ELU

使用 ReLU 时，由于其仅保留大于 0 的正值，从而导致激活后的均值一定为正数，其有可能极大地改变了激活前后数据的分布。而 Leaky ReLU 及其一系列变种虽然从某种程度上缓解了分布偏移的问题，但是其对噪声却不稳健，当输入一个小的扰动时，由于其是线性激活，输出可能会有相应的改变。

ELU 在正半轴依旧采用线性激活，而在负半轴采取软饱和的方式，这使 ELU 能同时缓解分布偏移与对噪声不稳健的问题。其函数表达式如下，α 是一个可调整的参数，其控制着负半轴的梯度何时饱和：

$$\mathrm{ELU}(x)=\begin{cases}\alpha(\mathrm{e}^{x}-1), & \text{if } x<0 \\ x, & \text{if } x\geqslant 0\end{cases} \tag{4-9}$$

ELU 的图像如图 4-8 所示。

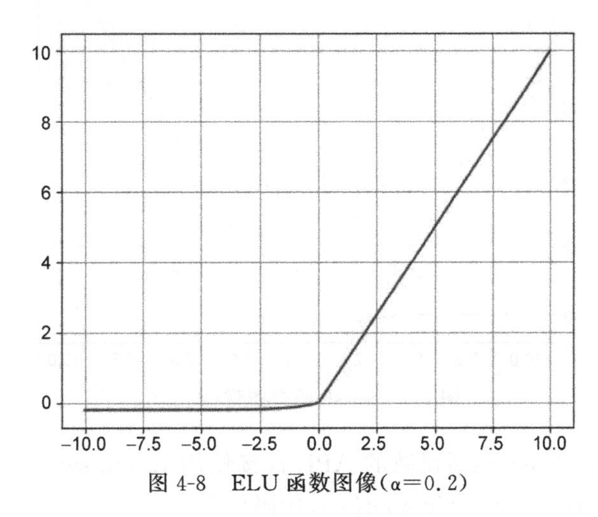

图 4-8 ELU 函数图像(α=0.2)

当 $x\rightarrow-\infty$ 时，从函数表达式及图像中可以看出，其梯度为一个接近于 0 而非 0 的小数，这种形式称为“软饱和”，由于其梯度十分小，因此其对噪声有一定的抵抗能力。除此之外，由于其激活之后会产生正值与负值，因此其也缓解了均值偏移的问题。有实验表明，在分类任务中使用 ELU 的精度高于使用 ReLU 的精度。

由于 ELU 涉及指数运算，因此其在运行效率上要低于 ReLU 系列激活函数。在 TensorFlow 中，直接使用 tf.nn.elu 即可使用 ELU 激活函数，代码如下：

```
#input 表示待激活的张量
output = tf.nn.elu(input, name = 'elu')
```

4min

4.2.10 Swish

与前面介绍的大部分激活函数不同，Swish是一个非分段函数，其具有无上界有下界、光滑及非单调的特性。其函数表达式如下所示：

$$\text{Swish}(x)=x*\text{Sigmoid}(\beta x) \tag{4-10}$$

其中，β值可以人工指定或通过学习得到，当$\beta=0$时，Swish退化为线性函数$\frac{x}{2}$，而当$\beta\to+\infty$时，Swish退化为ReLU，因此可以认为对于一般的β而言，Swish实际上是线性激活函数与非线性激活函数的非线性插值，其中β值用来控制函数之间的插值效果。实验表明，在大型模型与大型数据集上使用Swish激活函数完成分类任务要比使用ReLU效果更好。作为一般情形，当$\beta=1$时的Swish函数图像如图4-9所示。

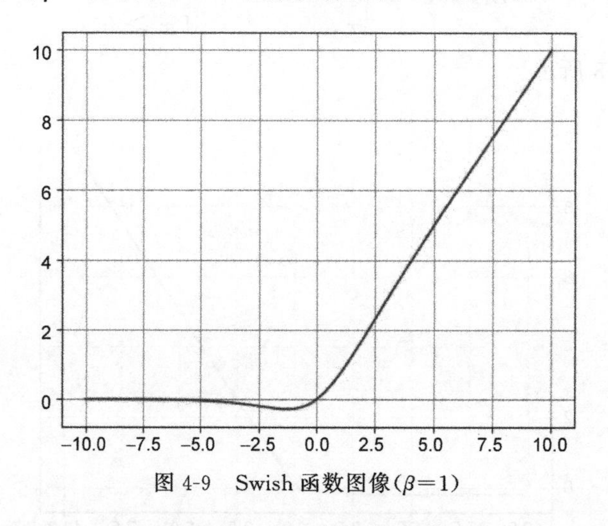

图4-9 Swish函数图像($\beta=1$)

TensorFlow自带Swish激活函数的API，直接使用tf.nn.swish即可，其β值不可改变，指定为1，即$\text{Swish}(x)=x*\text{Sigmoid}(x)$，代码如下：

```
#input 表示待激活的张量
output = tf.nn.swish(input, name = 'swish')
```

3min

4.2.11 Mish

与Swish类似，Mish也是一种由多个部分组成的激活函数，其函数表达式为

$$\text{Mish}(x)=x*\tanh(\ln(1+e^{x})) \tag{4-11}$$

Mish的图像与Swish的图像十分类似，如图4-10所示。

从函数图像上可以看出，Mish同样具有无上界有下界、光滑及非单调的特性。实验结果表明，在分类任务上使用Mish作为激活函数的效果要明显好于使用Swish。TensorFlow中没有Mish直接对应的函数，但可以根据其函数定义实现，代码如下：

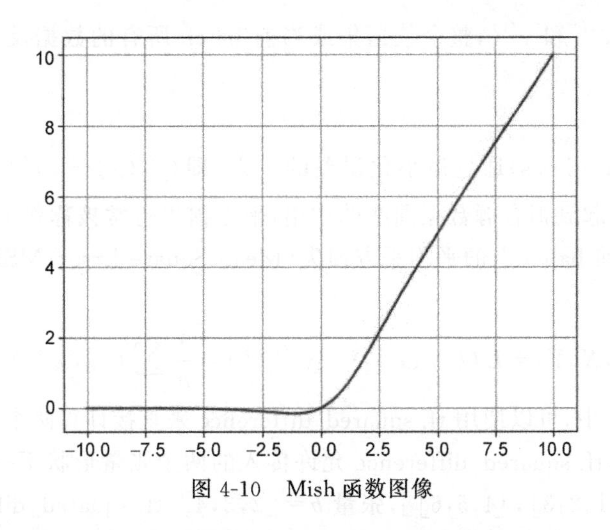

图 4-10 Mish 函数图像

```
def mish(inp, name):
    with tf.variable_scope(name) as scope:
        output = inp * tf.nn.tanh(tf.nn.softplus(inp))
        return output
```

本节就一些常用的及近期提出的激活函数进行了简要介绍，事实上激活函数还有许多，但是在目前的任务中使用最多的激活函数仍然是 ReLU 及 Leaky ReLU。随着网络参数的增加，使用具有恒定斜率的 ReLU 和 Leaky ReLU 能带来计算上的便捷，实验表明使用单层激活函数进行前向与反向传播时，ReLU 的运行时间分别是 Mish 和 Swish 的 0.85 与 0.9 倍。

4.3 深度学习中的损失函数

将网络模型 H 搭建好之后，对于某一有标记的训练样本 $(x^{(i)}, y^{(i)})$，如何衡量模型预测结果 $H(x^{(i)})$ 与真实标记 $y^{(i)}$ 的差距/相似度呢？这里需要用到损失函数进行衡量。总体来讲，回归任务和分类任务的损失函数并不相同，本节主要从回归任务和分类任务两方面来介绍常用的损失函数。

4.3.1 回归任务

回归任务是指标签信息是一个连续的值，因此要求模型输出的预测也是一个连续值。根据训练数据来推断输入所对应的输出值(实数)是多少，输出值是一种定量输出，也常被称作连续变量预测。

对于回归任务，我们常使用的损失函数有平方损失、绝对值损失及 Huber Loss，以下对具体损失进行说明时，将模型记为 f_θ，其中 θ 表示模型 f 中的参数集合，第 i 个输入数据及

其对应的标签记为 $x^{(i)}$ 和 $y^{(i)}$，整个数据集或当前 batch 所有的数据及其对应的标签记为 X 和 Y。

1. 平方损失

平方损失(Square Loss)通过最小化误差的平方(即 $(f_\theta(x)-y)^2$)来寻找与源数据最佳匹配的函数，从而起到拟合源数据曲线的作用，平方损失也常被称作 L_2 损失。通常将计算整个数据集或当前 batch 上的平均平方损失(Mean Square Error, MSE)作为当前迭代的损失，即

$$\text{MSE}(f_\theta, X, Y) = E((f_\theta(x^{(i)}) - y^{(i)})^2) = \frac{1}{n}\sum_{i=1}^{n}(f_\theta(x^{(i)}) - y^{(i)})^2 \tag{4-12}$$

在 TensorFlow 中，可以使用 tf. squared_difference 来直接计算两个张量中每个对应位置元素的差的平方，tf. squared_difference 允许传入的两个张量形状不一致，其支持广播操作，例如张量 $a=[[1,2,3],[4,5,6]]$，张量 $b=[2,3,4]$，tf. squared_difference(a,b)实际上计算的是[[1,2,3],[4,5,6]]与[[2,3,4],[2,3,4]]之间对应位置差的平方。

为了将损失表示成一个标量，还需要对由 tf. squared_difference 计算得到的差的平方张量计算平均值(或求和)，并将其转换标量，代码如下：

```
def squared_difference(label, pred, name):
    with tf.variable_scope(name) as scope:
        output = tf.reduce_mean(tf.squared_difference(label, pred))
        return output
```

当然，tf. losses 模块里也集成了 tf. losses. mean_squared_error 方法，除了需要传入预测值 pred 与真值 label，还可以为该方法传入权重 weights，该参数允许对 batch 中的不同样本赋予不同的权重。tf. losses. mean_squared_error 基本用法的代码如下：

```
loss = tf.losses.mean_squared_error(label, pred)
```

由于平方损失的一阶导数连续，因此对其优化较为容易。由于其引入了平方操作，对于预测与真值偏差较大的数据点，平方损失会放大这种偏差效应，因此其会"偏爱"优化偏差较大的数据，受离群值(outlier)影响较大。

2. 绝对值损失

与平方损失类似，绝对值损失(Absolute Loss)通过优化预测值与真实值之间的绝对值偏差达到拟合源数据的目的，绝对值损失常被称为 L_1 损失。将整个数据集或当前 batch 上的平均绝对值损失(Mean Absolute Error, MAE)作为当前迭代的损失，即

$$\text{MAE}(f_\theta, X, Y) = E(|f_\theta(x^{(i)}) - y^{(i)}|) = \frac{1}{n}\sum_{i=1}^{n}|f_\theta(x^{(i)}) - y^{(i)}| \tag{4-13}$$

在 TensorFlow 中，可以使用 tf. abs 求某张量每个位置上的绝对值，再使用 tf. reduce_mean 将绝对值张量转换为其平均值标量，即当前损失，代码如下：

```
def absolute_difference(label, pred, name):
    with tf.variable_scope(name) as scope:
        # 计算预测与真值差(label - pred)的绝对值,再计算绝对值的均值
        output = tf.reduce_mean(tf.abs(label - pred))
        return output
```

类似地,在 tf.losses 模块中有 tf.losses.absolute_difference 方法,其可以直接计算 MAE,该方法也可接收 weights 参数,为不同样本的误差赋予权重,代码如下:

```
loss = tf.losses.absolute_difference(label, pred)
```

相比于 MSE,MAE 由于不涉及误差的缩放,计算绝对值仅表征预测值与真实值的距离,因此其受离群点影响较小。由于绝对值函数的导数恒为定值(+1 或-1),因此当误差较小时,其仍然以一个较大的梯度对参数进行更新,容易造成训练不收敛。其次,绝对值函数在原点处不可导,使计算机在处理时需要单独对处于原点的损失进行处理(绝对值为 0 说明当前位置的预测值与真实值相同,则不应该进行更新,梯度为 0)。

3. Huber Loss

Huber Loss 结合了 MSE 和 MAE 的优点,在预测值与真实值相差较大时采用 MAE 计算损失,而在预测值与真实值相差较小时使用 MSE 计算损失,其也被称作 Smooth L_1 损失。从定义可以看出,Huber Loss 本质上是一个分段函数,其分界点 δ 需要人为指定,其典型值为 1,即当预测值与真实值的绝对值相差小于 1 时,采用 MSE 计算损失,否则使用 MAE,Huber Loss 可以用以下公式进行表示:

$$\text{Huber}(f_\theta,X,Y)=E(L(f_\theta(x^{(i)}),y^{(i)}))=\frac{1}{n}\sum_{i=1}^{n}L(f_\theta(x^{(i)}),y^{(i)}) \tag{4-14}$$

其中,

$$L(p,l)=\begin{cases}\frac{1}{2}(p-l)^2, & \text{if } |p-l|\leqslant\delta \\ \delta|p-l|-\frac{1}{2}\delta^2, & \text{if } |p-l|>\delta\end{cases} \tag{4-15}$$

通过求导容易发现,Huber Loss 在 $|p-l|=\delta$ 的左侧和右侧导数相等,因此其在 $|p-l|=\delta$ 处是连续的。

由于手动实现 Huber Loss 较为复杂,有兴趣的读者可以自己尝试实现,在此仅介绍 tf.losses.huber_loss 方法。该方法除了接收预测值 pred 与真实值 label 及权重 weights 外,还允许指定 δ 值(默认值为 1),其基本用法的代码如下:

```
loss = tf.losses.huber_loss(label, pred, d = 1.0)
```

4.3.2 分类任务

与回归任务不同,分类任务是指标签信息是一个离散值,其表示的是样本对应的类别,

一般使用 one-hot 向量来表示类别，例如源数据中有 2 类，分别为猫和狗，此时可以使用数字 1 和数字 2 分别标识猫和狗，但是更常用的方法是使用向量 [1,0] 表示猫，[0,1] 表示狗。one-hot 译为中文为“独热”，“热”的位置对应于向量中的 1，容易理解“独热”的意思是指向量中只有一个位置为 1，而其他位置都为 0。

那么使用 one-hot 表征类别相较于直接用标量进行表征有什么好处呢？从类别的区分性来说，两者都可以完成对不同类别的区分。但是从标量数字的性质来说，其在距离方面的诠释不如 one-hot。例如现在有 3 个类别，分别为猫、狗及西瓜，若以标量表示，可以表示如下：label(猫)=1，label(狗)=2，label(西瓜)=3，从距离上来说，以欧氏距离为例，dist(猫，狗)=1，dist(狗，西瓜)=1，dist(猫，西瓜)=2，这样则会得出一个荒谬的结论：狗要比猫更像西瓜，因此用标量来区分类别是不明智的。若以 one-hot 表示类别，即 label(猫)=[1,0,0]，label(狗)=[0,1,0]，label(西瓜)=[0,0,1]，容易验证各类别之间距离都相同。

由于分类目标为向量，其长度为类别数 C，模型相应输出的预测值也应该为长度为 C 的向量，再以某种指标来衡量预测值与真实值之间的差异。常用的指标有交叉熵损失、铰链损失、KL 散度和 JS 散度。本节继续使用 4.3.1 节中的符号记法，将模型记为 f_θ，其中 θ 表示模型 f 中的参数集合，第 i 个输入数据及其对应的标签记为 $x^{(i)}$ 和 $y^{(i)}$，整个数据集或当前 batch 所有的数据及其对应的标签记为 X 和 Y。

1. 交叉熵损失

交叉熵损失是分类问题中最常用的损失函数，在讲解交叉熵损失之前，读者可以思考一下为什么不使用回归任务常用的损失函数来衡量分类预测与真实值的差距呢？首先，回归任务的损失都基于距离，而我们在 4.3.2 节中讲过，对于分类问题来说，距离实际上是没有意义的。其次，分类的真实值向量中非 0 即 1，预测结果向量的值也在 0～1 之间(通常会将网络输出结果通过一层 Sigmoid 或 Softmax 激活，以将每个分量转换为 0～1 之间的概率值)，在小值优化方面，会存在平方损失优化过慢、绝对值损失优化过快的问题。而且，想象一个分类的最坏情况，假设此时真实值是[1,0,0,0]，那么最差预测对应的预测值应为[0,1,1,1](Sigmoid 激活，类别之间不互相抑制)或者[0,p,p,p](Softmax 激活，类别之间相互抑制)，无论以哪种距离函数计算差距，其都为一个有限值，或者说一个小值，那么对于这种“错到离谱”的预测结果有没有一种方式能表征其差距为一个大值呢？这也正是交叉熵所做的事情。

作为信息论基本概念之一，熵被用来衡量一个系统内信息的复杂度。一个事件包含的可能性越多，则这个事件越复杂，其熵越大；若某个事件具有确定性的结果，则该事件不包含任何信息，其熵为 0。

例如，假设天气状态只有下雨与晴天，明天下雨的概率是 100%(P(明天下雨)=1)，则 H(明天下雨)=0，即“明天下雨”这件事的熵为 0(对于明天下雨的概率是 0%也表示同样的结论)。那么什么时候明天下雨包含的信息最多、熵最大呢？我们有 P(明天下雨)=0.5，则 H(明天下雨)=a($a>0$ 并且是该事件的最大熵)，即完全不知道明天天气情况下(50%概率)，这件事包含的可能性最多，其对应的熵也应该是最大的。

假设对于某个事件 x，其处于不同状态 i 的概率为 p_i，可以使用下式计算它的熵：

$$H(x) = -\sum_i p_i * \log_2 p_i \tag{4-16}$$

通过求导容易得到，当 $p_i = \frac{1}{i}$ 时，$H(x)$ 能取得最大值（所有状态均等发生），当 $p_i = 0$ 或 $p_i = 1$ 时，$H(x)$ 取得最小值 0。

以上的例子是对某单一事件信息熵的计算，如果现有两个事件 A 和 B，其不同状态对应的发生概率分别为 p_i 和 q_i，那么定义 A 与 B 的交叉熵为

$$H(A,B) = -\sum_i p_i * \log_2 q_i \tag{4-17}$$

需要注意的是，虽然我们说交叉熵是一种衡量两个分布距离的机制，但是其不满足对称性，即 $H(A,B) \neq H(B,A)$。在实际应用中，A 相当于真实值 label，而 B 是预测值 pred，由于 label 实际上是固定值，因此 p_i 不会改变，只需优化 pred 中的 q_i 并使 $H(A,B)$ 最小。结论是当 $q_i = p_i$ 时，$H(A,B)$ 取得最小值，证明过程可以在 4.3.2 节第 3 部分 KL 散度中找到。

在此我们介绍 TensorFlow 中两种交叉熵的计算方式，根据定义可以手动计算 label 与 pred 的交叉熵，假设总共有 C 个类别，那么 label 和 pred 张量的形状都为（batch_size，C），其中第二个维度的 C 个数表示预测为某一类的概率。在代码实现时，通常需要将模型输出通过 Softmax 将其变为概率值，再和 label 计算交叉熵，整个过程的代码如下：

```
//ch4/losses/loss.py
def softmax_ce(label, pred, name):
    with tf.variable_scope(name) as scope:
        #将预测值通过 softmax 变换为 0～1 概率值
        pred = tf.nn.Softmax(pred)
        #计算预测值以 2 为底的对数值
        pred = tf.math.log(pred) / tf.math.log(2.0)
        #计算预测值与真实值对应位置的熵
        output = - label * pred
        #对每个样本而言,将每个位置上求得的熵进行求和
        #得到的形状为[batch_size, ]的张量
        output = tf.reduce_sum(output, axis = - 1)
        #计算整个 batch 上熵的均值
        output = tf.reduce_mean(output)

        return output
```

TensorFlow 中有直接可以调用的 API，其可以直接完成 Softmax 与交叉熵的计算，该方法在 tf.nn 模块内，名为 tf.losses.softmax_cross_entropy。此方法直接返回标量作为损失，同样该方法也支持传入 weights 以表示不同样本的权重，代码如下：

```
loss = tf.losses.softmax_cross_entropy(label, pred)
```

值得注意的是，tf.losses.softmax_cross_entropy 方法中对于对数的部分不是求取以 2 为底的对数，而是求自然对数。由于可以使用换底公式转换，自然对数与以 2 为底的对数之间只相差一个常数因子，因此使用自然对数同样也可以进行交叉熵的计算。

2. 铰链损失

铰链损失(Hinge Loss)最初在 SVM 中被提出，通常被用于最大化分类间隔。SVM 的目标是在数据中找到一个最大的分隔平面或者超平面，首先其能将数据分隔开，其次这个平面或者超平面对于不同类别的样本间隔距离最大，因此对错误有最大的容忍度。对于 SVM 的原理在此不过多涉及，下面主要对铰链损失进行介绍。

铰链损失专用于二分类问题，其标签值 $y^{(i)}$ 为±1，Hinge Loss 的核心思想是，其着重关注尚未分类正确的样本，对于已经能正确分类的样本即预测标签已经是±1 的样本不做惩罚，其 loss 为 0，对于介于－1～1 的预测标签才计算损失，其损失计算表达式为

$$\text{Hinge\_loss}(X,Y)=\frac{1}{n}\sum_{i=1}^{n}\max(0,1-y^{(i)}*f_{\theta}(x^{(i)})) \tag{4-18}$$

由上式容易得出，当真值 $y^{(i)}$ 与预测值 $f_{\theta}(x^{(i)})$ 相等时，或 $y^{(i)}*f_{\theta}(x^{(i)})>1$(模型以高置信度分类正确)时，样本 $x^{(i)}$ 对应的损失为 0，当 $y^{(i)}*f_{\theta}(x^{(i)})<1$ 时才会计算损失值，并且容易发现，当 $y^{(i)}$ 与 $f_{\theta}(x^{(i)})$ 相差越大时其损失也越大，极端情况是真实值与预测值异号，此时损失是一个大于 1 的正数。

在 TensorFlow 中，直接使用 tf.losses.hinge_loss 即可计算铰链损失，与其他所有的损失类似，其也接收 weights 参数，表示每个样本损失的权重。若传入的真实值 label∈{0,1}，该函数会自动将标签 0 转换为－1，代码如下：

```
loss = tf.losses.hinge_loss(label, pred)
```

在生成对抗网络(GAN)中，有研究表明使用 Hinge Loss 能提高训练的稳定性与生成数据的质量，因为本质上辨别器(Discriminator)是一个二分类器，其只用于判断输入数据是数据集中的真实数据还是由生成器(Generator)生成的虚假数据，因此使用 Hinge Loss 能增强辨别器的辨别能力，从而提高生成器的性能。

3. KL 散度

KL 散度又称为相对熵，其与交叉熵计算方式类似，沿用交叉熵中的符号记法，KL 散度的计算方法如下：

$$D_{\text{KL}}(A||B)=\sum_{i=1}^{n}p_i*\log\left(\frac{p_i}{q_i}\right)=\sum_{i=1}^{n}p_i*\log(p_i)-\sum_{i=1}^{n}p_i*\log(q_i)=H(A)-H(A,B) \tag{4-19}$$

由上式可以得出，事件 A 与 B 的 KL 散度可以转化为计算事件 A 的熵与事件 A 与 B 的交叉熵之差。而在实际应用中，A 一般对应真实值，因此 A 的熵为一个定值，因此最小化 KL 散度实际上与最小化交叉熵是相同的。同时由 KL 散度的计算式还能得出，当 $q_i=p_i$

时,KL 散度能取得最小值 0,因此当 $q_i = p_i$ 时,交叉熵也会取得最小值。

在 TensorFlow 中没有与 KL 散度的计算直接对应的方法,但可以根据定义手动实现,其实现方法十分简单,代码如下:

```
//ch4/losses/loss.py
def kl_div(label, pred, name):
    with tf.variable_scope(name) as scope:
        #计算真实值的熵与真实值和预测值的交叉熵
        entro = label * tf.math.log(label + 1e-10) / tf.math.log(2.0)
        entro = tf.reduce_sum(entro, axis = -1)
        entro = tf.reduce_mean(entro)
        output = entro + softmax_ce(label, pred, name = 'sm_ce')
        return output
```

在实际场景中,一般不使用 KL 散度。如上所述,在真实值确定时,KL 散度的优化目标与交叉熵一致,所以交叉熵使用更为广泛。需要注意的是,和交叉熵一样,KL 散度也不具有对称性,即 $D_{KL}(A||B) \neq D_{KL}(B||A)$。

4. JS 散度

从直观的角度来看,当衡量两件事物的相似性时,其应该具有对称性,而不应该根据选取的比较标准不同而不同。从这个角度来讲,KL 散度并不是一个好的衡量相似性方法,为了解决对称性的问题,JS 散度应运而生。

JS 散度的计算方法是基于 KL 散度的,其具体的计算方式如下:

$$D_{JS}(A||B) = \frac{1}{2}D_{KL}\left(A \middle\| \frac{A+B}{2}\right) + \frac{1}{2}D_{KL}\left(B \middle\| \frac{A+B}{2}\right) \tag{4-20}$$

容易得出,JS 散度具有对称性,即 $D_{JS}(A||B) = D_{JS}(B||A)$,并且当 A 和 B 完全相等时,JS 散度取得最小值 0。可以使用下面的代码用 TensorFlow 实现 JS 散度的计算,代码如下:

```
def js_div(label, pred, name):
    with tf.variable_scope(name) as scope:
        return 0.5 * kl_div(label, (label + pred) / 2, name = 'js1') \
            + 0.5 * kl_div(pred, (label + pred) / 2, name = 'js2')
```

如上所述,JS 散度最大的优点就是对称性。不过在实际应用过程中,由于优化方向是确定的(使预测值靠近真实值),因此无论是使用 JS 散度、KL 散度或者是交叉熵,其优化目标都是一致的,因此为了简便起见,在实际应用中仍然是交叉熵使用得最多。

4.4 深度学习中的归一化/标准化方法

在深度学习中,常常对数据进行归一化或标准化。从定义上来讲,归一化是指把数据转化为长度为 1 或原点附近的小区间(如(0,1)或(-1,1))内的小数,而标准化是指将数据转化为均值为0、标准差为1的数据。归一化与标准化实质上都是某种数据变化，无论是线性变换或是非线性变换，其都不会改变原始数据中的数值排序，它们都能将特征值转换到同一量纲下。由于归一化是将数据映射到某一特定区间内，因此其缩放范围仅由数据中的极值决定，而标准化是将源数据转换为均值为0、方差为1的分布，其涉及计算数据的均值与标准差，所以每个样本点都会对标准化过程产生影响。

在深度学习中，使用归一化/标准化后的数据可以加快模型的收敛速度，其有时还能提升模型的精度，这在涉及距离计算的模型中尤为显著，在计算距离时，若数据量纲不一致，则最终计算结果会更偏向极差大的数据。由于数值层面被减小，在计算机进行计算时，一方面可以防止模型的梯度过大（爆炸），另一方面也能避免一些由于太大的数值引发的数值问题。

如上所述，归一化会限定输出后数据的范围，因此当输出有范围要求时更适用归一化，否则默认情况下，选择标准化的效果通常要好于归一化。这两者通常用于数据的预处理中（输入层），而需要对模型内部的特征进行变换时，则通常使用标准化。

在深度学习中，归一化和标准化常常会被同时提及，由于这两者都是数据的线性变换方法，有时对两者不加区分。为了阐述清晰，本节主要分为两个部分分别对常用的归一化与标准化方法进行介绍。

4.4.1 归一化方法

本节介绍数据预处理阶段常用的归一化方法，其中最常用的有最小-最大值归一化与平均值归一化，根据不同的应用场景，还可以应用对数函数归一化和反正切函数归一化。记数据总体为 X，总共包含 n 个数据，第 i 个样本记为 $x^{(i)}$。

3min

1. 最小-最大值归一化

对于数据总体 X，其所有数据落在$[x_{\min}, x_{\max}]$内，需要先将其转换为$[0,1]$区间，可以使用以下方法映射：

$$\hat{x}^{(i)} = \frac{x^{(i)} - x_{\min}}{x_{\max} - x_{\min}} \tag{4-21}$$

从上式转换关系得知 $\hat{x}^{(i)} \in [0,1]$，$x_{\min}$ 被转换为0，$x_{\max}$ 被转换为1，其余值都落在$[0,1]$内。转换之后的数据均值为正数。

2. 均值归一化

与最小-最大值归一化方法类似，均值归一化用数据总体 X 的均值 μ 作为转换基准，用下式进行转换：

$$\hat{x}^{(i)} = \frac{x^{(i)} - \mu}{x_{\max} - x_{\min}} \tag{4-22}$$

对于原始数据 $x^{(i)} \in [x_{\min}, x_{\max}]$，可以认为 $x^{(i)} - \mu$ 实际上是对原始数据的一个平移结果，所以平移后的数据所在的区间长度不变，即 $(x^{(i)} - \mu) \in [x_{\min} - \mu, x_{\max} - \mu]$。因此变换后的数据总体$\hat{X}$ 所在区间长度为1。由于源数据的转换是基于数据均值的，因此转换

后的数据 X 是以 0 为均值的。

当数据基本均匀分布时$\left(\mu \approx \frac{x_{\min}+x_{\max}}{2}\right)$,容易推出 $\forall \hat{x}^{(i)} \rightarrow \hat{x}^{(i)} \in [-0.5, 0.5]$。

3. 对数函数归一化

当数据分布分化较大时,可以使用对数函数先将其压缩。当数据中含有 0 或者负数时,可以先统一加一个正数再进行对数转换,对数转换的计算方法如下所示(以 10 为底):

$$\hat{x}^{(i)}=\frac{\lg(x^{(i)})-\lg(x_{\min})}{\lg(x_{\max})-\lg(x_{\min})} \tag{4-23}$$

读者应该能看出,对数函数归一化实际上就是在最小-最大值归一化的基础上先进行了一次对数变换,并且需要基于具体的任务选取对数函数的底数。前面讲过,对数函数变换适用于数据分布分化较大的情况,使用对数转换实质是将大的分化变小,使数据更加紧凑。那么对于数据分布本身很紧凑的情况,是否也可以选取别的函数呢?答案是肯定的,此时可以选取指数函数或多项式函数将数据分布扩大。对于更一般的情况,需要对某一特定的任务选取其最适合的函数 $f(x)$进行变换,并将变换后的值通过最小-最大值进行归一化:

$$\hat{x}^{(i)}=\frac{f(x^{(i)})-f(x_{\min})}{f(x_{\max})-f(x_{\min})} \tag{4-24}$$

4. 反正切函数归一化

由于正切函数 tan 可以将 $x \in \left(-\frac{\pi}{2}, \frac{\pi}{2}\right)$映射至$(-\infty, +\infty)$,因此可以通过反正切函数将无穷大的区间压缩至$\left(-\frac{\pi}{2}, \frac{\pi}{2}\right)$,再将其变换至某个定值区间,如$(-1,1)$。使用式(4-25)可以进行转换:

$$\hat{x}^{(i)}=2 * \frac{\arctan(x^{(i)})}{\pi} \tag{4-25}$$

4.4.2 标准化方法

标准化方法通过计算样本中的均值与方差,通常将其原数据分布变换为均值为 0、方差为 1 的新分布。下面介绍几种常用的标准化方法,其中 Z-score 标准化常用于数据预处理的标准化,而 Batch Normalization、Layer Normalization、Instance Normalization 等常用于网络中的特征标准化。

1. Z-score 标准化

4min

Z-score 常用于数据预处理,需要先计算所有样本数据的均值 μ 与标准差 σ,再通过式(4-26)对样本进行变换:

$$\hat{x}^{(i)}=\frac{x^{(i)}-\mu}{\sigma} \tag{4-26}$$

对于输入图像而言,通常来说都有 RGB 三通道,此时通常需要将 3 个通道看作不同的特征分别进行标准化。即分别求出 RGB 通道对应的均值$[\mu_R, \mu_G, \mu_B]$与对应的标准差

$[\sigma_R,\sigma_G,\sigma_B]$，再对 3 个通道的数据分别进行标准化。

一般情况下，由于样本的选取决定了均值 μ 和标准差 σ 的计算，因此特征的选取对于转化的结果至关重要，例如通常将图像每个通道看作单独的不同特征。

13min

2. Batch Normalization

Batch Normalization(BN)是深度网络中最常用的加快模型收敛的手段之一。在 BN 提出之前，人们发现随着网络深度的加深与训练的深入，数据的分布会逐渐发生偏移(Internal Covariance Shift)，一般整体分布倾向于逐渐靠近非线性激活函数的取值区间的上下端，从而导致梯度计算出现问题。例如对于 Sigmoid 激活函数，当分布偏向于一个小的负值或一个大的正值时，其梯度十分小甚至接近于 0，此时会导致反向传播的低层神经网络的梯度消失，这也是一个训练深层神经网络收敛变慢的主要原因。

而 BN 本质上通过将数据标准化，把每层网络神经元的输入值转换为均值为 0、方差为 1 的标准正态分布，从而使激活函数的输入值落在非线性函数比较敏感的区域，这样就能规范梯度的计算与传播，加快模型的收敛速度。

在神经网络中，以卷积神经网络为例，模型内部的特征形状为(n,h,w,c)，分别表示一次训练中样本数量 n/batch_size、特征图的高度 h、特征图的宽度 w 和特征图的通道数 c。而 BN 中的 Batch 一词则表示 BN 的标准化对象是 Batch，所以对样本数量 n 这一维度进行操作。因此 BN 实际上是在每一次训练时对此时的 n 个训练样本中每个通道单独进行标准化的过程，示意图如图 4-11(a)所示。为了简便起见，将 h 与 w 维度压缩成一个维度，称为空间维度 s(spatial)，此时特征形状变为(n,s,c)。

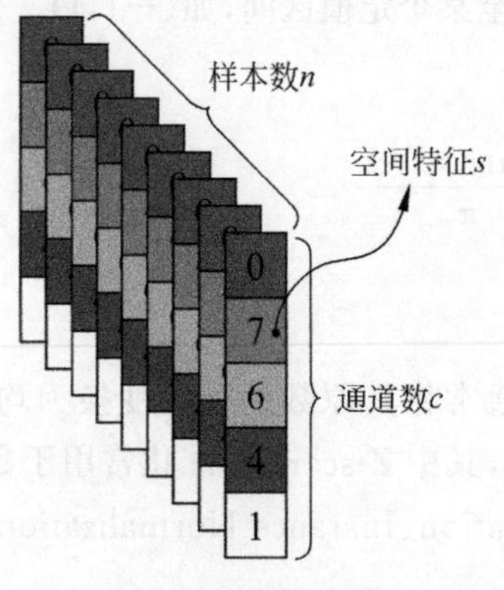

(a) BN对不同通道进行转换

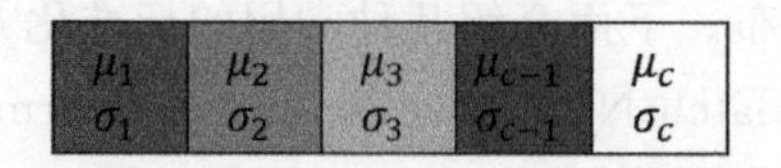

(b) BN计算每个通道的均值与标准差

图 4-11 BN 的计算对象与计算结果

图 4-11(a)以不同的颜色表示不同的通道，表明 BN 对于不同的通道进行计算。如图 4-11(b)所示，BN 会对每个通道计算其平均值 μ_k 与标准差 σ_k，一共得到 $2c$ 个值并使用它们对每个通道的特征进行标准化，即

$$x_k'^{(i)}=\frac{x_k^{(i)}-\mu_k}{\sigma_k} \tag{4-27}$$

其中，下标 k 表示当前样本属于第 k 个通道，上标 i 表示第 i 个样本，因此 $x_k^{(i)}$ 表示第 k 个通道中的第 i 个样本。

在对每个通道特征进行归一化以后，BN 还引入了 $2c$ 个可学习参数 γ 和 β，用于对每个通道标准化后的特征缩放与平移，即经过 BN 最终的结果 $\hat{x}_k^{(i)}$ 为

$$\hat{x}_k^{(i)} = \gamma_k * x_k'^{(i)} + \beta_k = \gamma_k * \frac{x_k^{(i)} - \mu_k}{\sigma_k} + \beta_k \tag{4-28}$$

引入可学习参数 γ 和 β 实际上是为了进一步增强模型的表达能力，当 $\gamma_k = \sigma_k$ 并且 $\beta_k = \mu_k$ 时，容易得出 $\hat{x}_k^{(i)} = x_k^{(i)}$，即 BN 前后结果不变。使用 γ 和 β 能够保证 BN 对数据标准化的同时还能保有学习到的特征，加速模型的收敛。

相信细心的读者会注意到，在 4.4.2 节第 1 部分讨论 Z-score 时使用了整个数据集上的均值与标准差，而 BN 使用的仅仅只是一个 batch 数据上的均值与标准差，并且对于每次输入的不同 batch，其计算的值自然也不相同。那么问题来了，按照这个流程，训练过程可以正确进行，但如果到了测试阶段遇到 BN 时，该如何选取标准化的均值与标准差呢？首先在机器学习的假设条件下，训练数据与测试数据的采样遵从独立同分布，即可以认为训练与测试数据从同一个样本空间中得到，那么进一步测试数据的统计量与训练数据应该一致。如何通过每个 batch 数据的均值与标准差来计算/推测测试数据的均值与标准差呢？一个直接的想法是将每个 batch 的均值和标准差记录下来，并根据式(4-29)和式(4-30)计算两者的期望值作为数据集的均值与标准差：

$$\mu_{\text{test}} = E(\mu_k) \tag{4-29}$$

$$\sigma_{\text{test}} = \text{sqrt}\left(\frac{n}{n-1} * E(\sigma_k^2)\right) \tag{4-30}$$

问题是训练时往往采用随机采样，理论上可以形成 $C(N,n)$ 个不同的 batch，对于大数据集而言，数据集总量 N 的量级在 $10^6 \sim 10^8$，而 batch 大小的典型值是 32～1024，存储如此多数值是不切实际的。因此在实际操作中使用均值 μ 和标准差 σ 的移动平均值作为测试阶段使用的统计量 μ_{test} 和 σ_{test}：

$$\mu_{\text{test}}^{i} = \varepsilon * \mu_{\text{batch}} + (1-\varepsilon) * \mu_{\text{test}}^{i-1} \tag{4-31}$$

$$\sigma_{\text{test}}^{i} = \varepsilon * \sigma_{\text{batch}} + (1-\varepsilon) * \sigma_{\text{test}}^{i-1} \tag{4-32}$$

其中，上标 i 表示迭代次数为 i，在 TensorFlow 中，ε 的默认值为 0.01。明确了 BN 的基本原理后，可以确定 BN 由几个部分组成，首先计算 batch 上每个通道的均值 μ_{batch} 与标准差 σ_{batch}，定义可学习缩放与平移参数 γ 与 β，最后使用移动平均计算测试阶段使用的均值与标准差，并且 BN 在训练和测试阶段的行为不同。

在 TensorFlow 中，使用 tf.nn.moments 计算张量某一或某几个维度上的均值与方差，由于 BN 需要为每个通道计算均值与标准差，因此对于形状为(n,h,w,c)的输入张量需要为函数传入的轴为[0,1,2]，表示参与计算的轴为 0、1 和 2 轴(即 n、h 和 w 维度，保留 c 维度)，而对于全连接网络而言，其特征形状为(n,m)，其中 m 为特征维数，此时使用 tf.nn.

moments 传入的计算轴为 0 轴。综合以上两种情况，需要使用 tf. nn. moments 保留最后一维（-1 轴），在剩余轴上进行计算，即 tf. nn. moments(tensor, axes=[i for i in range(len(tensor. shape)-1)]。为了减少初始值对特征缩放与平移的影响，所以分别使用初值 1 和 0 初始化学习变量 γ 和 β。为了记录均值与标准差的历史值，并且减少初始值对历史值计算的影响，分别使用 0 和 1 初始化不可训练（trainable=False）的变量 hist_mean 和 hist_var，这两个历史变量的更新方法遵从移动平均值的计算方法，并且使用 tf. assign 将赋值过程封装为操作节点。在测试阶段，需要先计算移动平均后的值再使用它们进行归一化，所以此处需要使用 tf. control_dependencies 使赋值过程先执行。完整的 BN 代码如下：

```
//ch4/normalizations/batch_normalization.py
def batch_normalization(inp,
                        name,
                        weight1 = 0.99,
                        weight2 = 0.99,
                        is_training = True):
    with tf.variable_scope(name):
        #获取输入张量的形状
        inp_shape = inp.get_shape().as_list()

        #定义不可训练变量 hist_mean 记录均值的移动平均值
        #形状与输入张量最后一个维度相同
        hist_mean = tf.get_variable('hist_mean',
                                    shape = inp_shape[-1:],
                                    initializer = tf.zeros_initializer(),
                                    trainable = False)

        #定义不可训练变量 hist_var 记录方差的移动平均值
        #形状与输入张量最后一个维度相同
        hist_var = tf.get_variable('hist_var',
                                   shape = inp_shape[-1:],
                                   initializer = tf.ones_initializer(),
                                   trainable = False)

        #定义可训练变量 gamma 和 beta,形状与输入张量最后一个维度相同
        gamma = tf.Variable(tf.ones(inp_shape[-1:]), name = 'gamma')
        beta = tf.Variable(tf.zeros(inp_shape[-1:]), name = 'beta')

        #计算输入张量除了最后一个维度外的均值与方差
        batch_mean, batch_var = tf.nn.moments(inp,
                                    axes = [i for i in range(len(inp_shape) - 1)],
                                    name = 'moments')

        #计算均值的移动平均值,并将计算结果赋予 hist_mean/running_mean
```

```
        running_mean = tf.assign(hist_mean,
                                  weight1 * hist_mean + (1 - weight1) * batch_mean)

        #计算方差的移动平均值,并将计算结果赋予 hist_var/running_var
        running_var = tf.assign(hist_var,
                                 weight2 * hist_var + (1 - weight2) * batch_var)

        #使用 control_dependencies 限制先计算移动平均值
        with tf.control_dependencies([running_mean, running_var]):
            #根据当前状态究竟是训练还是测试选取不同的值进行标准化
            #is_training = True,使用 batch_mean & batch_var
            #is_training = False,使用 running_mean & running_var
            output = tf.cond(tf.cast(is_training, tf.bool),
                             lambda: tf.nn.batch_normalization(inp,
                                                               mean = batch_mean,
                                                               variance = batch_var,
                                                               scale = gamma,
                                                               offset = beta,
                                                               variance_epsilon = 1e - 5,
                                                               name = 'bn'),
                             lambda: tf.nn.batch_normalization(inp,
                                                               mean = running_mean,
                                                               variance = running_var,
                                                               scale = gamma,
                                                               offset = beta,
                                                               variance_epsilon = 1e - 5,
                                                               name = 'bn')
                             )
        return output
```

上述代码没有自己手动计算标准化的过程,而是将定义的变量与求得的统计量传入 tf.nn.batch_normalization 方法中完成计算。实际上,相比于 tf.nn 模块中较为低层的 API,tf.layers 提供了 BN 封装更高级的 API,函数为 tf.layers.batch_normalization,默认执行缩放与平移操作,并自动完成移动平均值的计算,用户一般只需传入 training 参数为 True 或 False,并指定当前究竟是训练还是测试过程即可,代码如下:

```
output = tf.layers.batch_normalization(input, training = is_training)
```

BN 在 batch_size 较小的时候效果较差,因为其本质是通过样本统计量估计总体统计量的过程,因此使用 BN 时,需要在合理范围内将 BN 调大一些。类似地,BN 在 RNN 中效果较差,由于本书不涉及该部分,在此不展开讨论。

3. Layer Normalization

由 Batch Normalization 的讨论可知,其效果与选取的 batch_size 有很大关系。当硬件资源受限，并且只能使用很小的 batch_size 时，BN 的效果会变得很差，此时可以选用 Layer Normalization(LN)，因为它是一种与 batch_size 无关的标准化方法。

前面讲过，对于四维数据(n,h,w,c)来说，BN 在[0,1,2]轴上计算均值与方差，而 LN 的计算对象是每个样本，即[1,2,3]轴，最终得到的均值与方差的形状为$(n,)$，即对于 batch 中的每个数据计算一个均值与方差，LN 的示意图如图 4-12 所示。

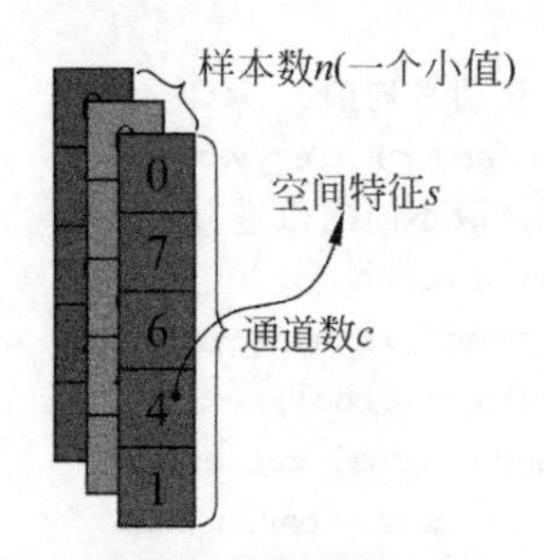

(a) LN对不同样本进行转换

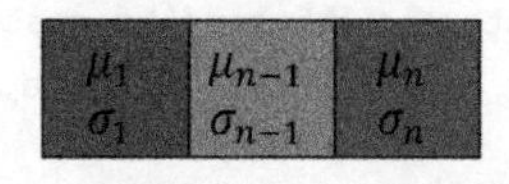

(b) LN计算每个样本的均值与标准差

图 4-12　LN 的计算对象与计算结果

LN 还有一点与 BN 不相同，其在训练与测试阶段执行的计算完全一致，不需要像 BN 一样取估算测试数据上的均值与方差，测试阶段仍然对输入的每个样本计算其均值与方差即可。与 BN 相同，在进行标准化之后，仍然引入了两个可学习的参数 γ 和 β 用于标准化后特征的缩放与平移，即

$$\hat{x}_k^{(i)} = \gamma_k * \frac{x_k^{(i)} - \mu_k}{\sigma_k} + \beta_k \tag{4-33}$$

此时下标 k 表示第 k 个样本，μ_k 与 β_k 分别表示第 k 个样本的均值与方差。TensorFlow 中没有直接计算 LN 的代码，不过根据 LN 的计算原理及上述 BN 的代码，很容易通过删除 BN 特有的移动平均与判断训练测试部分，并修改需要计算均值与方差的轴，得到 LN 的计算代码如下：

```
//ch4/normalizations/layer_normalization.py
def layer_normalization(inp, name):
    with tf.variable_scope(name):
        #获取输入张量的形状
        inp_shape = inp.get_shape().as_list()

        #定义可训练变量 gamma 和 beta,batch 维度与输入张量第一个维度相同
        para_shape = [inp_shape[0]] + [1] * (len(inp_shape) - 1)
        gamma = tf.Variable(tf.ones(para_shape, name = 'gamma'))
        beta = tf.Variable(tf.zeros(para_shape, name = 'beta'))

        #计算输入张量除了第一个维度外的均值与方差
        layer_mean, layer_var = tf.nn.moments(inp,
                                    axes = [i for i in range(1, len(inp_shape))],
                                    name = 'moments', keep_dims = True)
```

```
        output = gamma * (inp - layer_mean) / tf.sqrt(layer_var + 1e-5) + beta
        return output
```

就目前而言,LN仍然在循环神经网络(RNN)中应用较多,主要因为在由卷积神经网络(CNN)组成的判别式模型中会尽量避免小batch_size的设置,而在大batch_size设置下,LN的性能不如BN。在CNN中,LN较多用于batch_size为1的情况。

4. Instance Normalization

对于判别式模型而言(如分类模型,需要判定输入属于哪一个类别),其注重根据数据的整体分布进行判别,而BN这种标准化方法正是注重对每个batch进行标准化,从而保证数据整体分布的一致性。而对于生成式模型而言(例如使用生成对抗网络GAN生成图像),生成的图像需要带有某种特定的风格,而图像的生成结果也依赖于某一个输入的图像样本,其风格化信息与图像中的每个像素都有关,而与数据整体分布鲜有关联。由于在使用BN的过程中考虑了整个batch的信息,因此在标准化的过程中在某种程度上损失了单张图像的独特细节信息(如风格信息)。同理,LN将所有通道的信息都考虑了进来,也丢失了不同通道之间的差异性信息。

2min

由上可知,对于图像生成的任务需要考虑每个通道的差异与每个样本的差异,因此可以只对空间尺度进行标准化,即 H 和 W 维度,其示意图如图4-13所示。

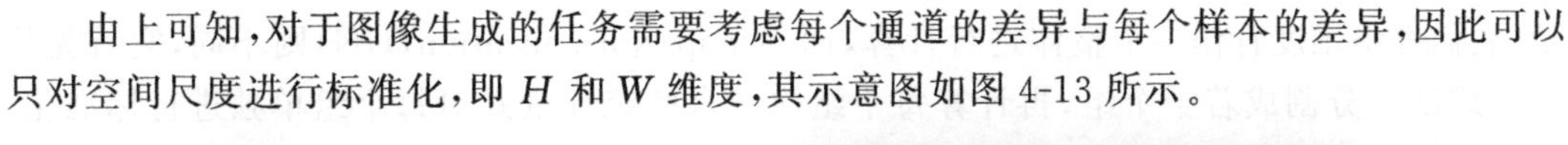

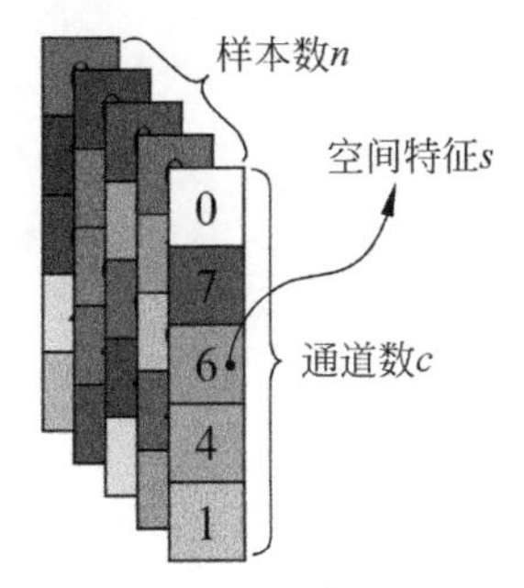

(a) IN对每个样本的空间信息进行转换

$\mu_{1,1}$ $\sigma_{1,1}$	$\mu_{1,2}$ $\sigma_{1,2}$	$\mu_{1,3}$ $\sigma_{1,3}$	$\mu_{1,n-1}$ $\sigma_{1,n-1}$	$\mu_{1,n}$ $\sigma_{1,n}$
$\mu_{2,1}$ $\sigma_{2,1}$	$\mu_{2,2}$ $\sigma_{2,2}$	$\mu_{2,3}$ $\sigma_{2,3}$	$\mu_{2,n-1}$ $\sigma_{2,n-1}$	$\mu_{2,n}$ $\sigma_{2,n}$
$\mu_{3,1}$ $\sigma_{3,1}$	$\mu_{3,2}$ $\sigma_{3,2}$	$\mu_{3,3}$ $\sigma_{3,3}$	$\mu_{3,n-1}$ $\sigma_{3,n-1}$	$\mu_{3,n}$ $\sigma_{3,n}$
$\mu_{c-1,1}$ $\sigma_{c-1,1}$	$\mu_{c-1,2}$ $\sigma_{c-1,2}$	$\mu_{c-1,3}$ $\sigma_{c-1,3}$	$\mu_{c-1,n-1}$ $\sigma_{c-1,n-1}$	$\mu_{c-1,n}$ $\sigma_{c-1,n}$
$\mu_{c,1}$ $\sigma_{c,1}$	$\mu_{c,2}$ $\sigma_{c,2}$	$\mu_{c,3}$ $\sigma_{c,3}$	$\mu_{c,n-1}$ $\sigma_{c,n-1}$	$\mu_{c,n}$ $\sigma_{c,n}$

(b) IN计算每个样本空间信息的均值与标准差

图4-13 IN的计算对象与计算结果

从计算公式的表现形式来说,IN与BN和LN都一样,不同的是统计量计算的维度。值得注意的是,由于IN设计的出发点就是为生成式任务定制,因此只有对图像的特征谈论IN才有意义,对于全连接网络中形状为(n,m)的特征谈论IN便失去了意义。基于LN的代码,调整可学习参数 γ 和 β 的形状,并更改计算统计量的轴,容易得到IN的代码如下:

```
//ch4/normalizations/instance_normalization.py
def instance_normalization(inp, name):
    with tf.variable_scope(name):
```

```
    # 获取输入张量的形状
    inp_shape = inp.get_shape().as_list()

    # 定义可训练变量 gamma 和 beta,形状为[n,1,1,c]方便直接线性变换
    para_shape = [inp_shape[0], 1, 1, inp_shape[-1]]
    gamma = tf.Variable(tf.ones(para_shape, name='gamma'))
    beta = tf.Variable(tf.zeros(para_shape, name='beta'))

    # 计算输入张量第一(H)和第二(W)维度外的均值与方差
    insta_mean, insta_var = tf.nn.moments(inp,
                                          axes=[1,2],
                                          name='moments', keep_dims=True)

    output = gamma * (inp - insta_mean) / tf.sqrt(insta_var + 1e-5) + beta
    return output
```

3min

5. Group Normalization

基于以上几节的讨论可知,对于卷积神经网络的四维特征(n,h,w,c)而言,BN 在 n、h、w 维度上计算统计量,而 LN 在 h、w、c 维度上计算统计量,IN 在 h、w 维度上计算统计量,它们都将维度看作一个整体进行计算,而 Group Normalization(GN)则不同,它首先将通道维度 c 分割成若干个组,再计算每个组内各自的统计量并对每个组单独进行标准化。GN 的示意图如图 4-14 所示。

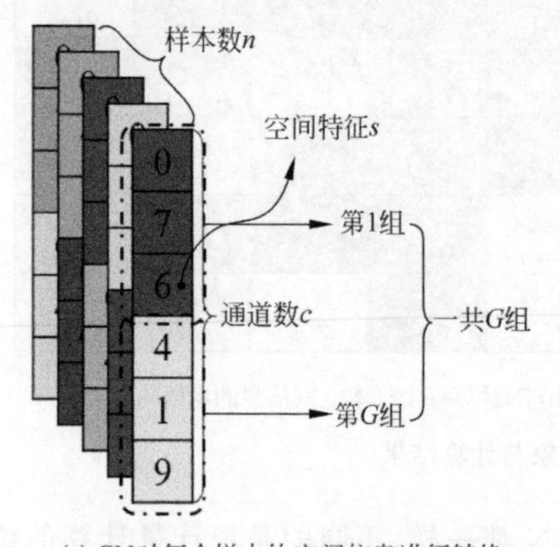

(a) GN对每个样本的空间信息进行转换

$\mu_{1,1}$ $\sigma_{1,1}$	$\mu_{1,2}$ $\sigma_{1,2}$	$\mu_{1,3}$ $\sigma_{1,3}$	$\mu_{1,n-1}$ $\sigma_{1,n-1}$	$\mu_{1,n}$ $\sigma_{1,n}$
$\mu_{G,1}$ $\sigma_{G,1}$	$\mu_{G,2}$ $\sigma_{G,2}$	$\mu_{G,3}$ $\sigma_{G,3}$	$\mu_{G,n-1}$ $\sigma_{G,n-1}$	$\mu_{G,n}$ $\sigma_{G,n}$

(b) GN计算每个样本空间信息的均值与标准差

图 4-14 GN 的计算对象与计算结果

实际上,为了计算的方便,通常通过转置操作将通道维度转置到第 1 维,将空间维度 h 和 w 放在最后,即通过转置将(n,h,w,c)转换为(n,c,h,w)的格式,这可以通过 tf.transpose 方法实现,第一个参数传入需要转置的张量,第二个参数传入原始张量每个轴在新张量中的排列,原始的 0 轴(n)在新张量中仍为 0 轴,原始的 1、2 轴(h、w)在新张量中为 2、3 轴,原始的 3 轴(c)在新张量为 1 轴,因此可以将(n,h,w,c)的张量转换为(n,c,h,w),

代码如下：

```
output = tf.transpose(input, [0, 3, 1, 2])
```

得到了转置后格式为(n,c,h,w)的张量后，对通道维度进行分组，假设分组数为G，总共可以分为c/G组（当然这里的隐含条件是c能整除G），可以认为每个包含c个通道的特征被切分成了G个包含c/G个通道的子特征。通过tf.reshape方法将特征转换为形状为$(n,G,c/G,h,w)$的新张量，代码如下：

```
#使用"//"是为了保证除法得到整数结果
output = tf.reshape(input, [n, G, c //G, h, w])
```

从形状可以看出，最后3个维度$(c/G,h,w)$实际上代表的是子特征，GN对每个组内的子特征进行标准化实际上是计算子特征的统计量，即使用tf.moments计算2、3和4轴上的均值与方差，代码如下：

```
mean, var = tf.nn.moments(inp, axes = [2,3,4], name = 'moments')
```

得到均值与方差后，分别对每个组进行标准化即可。不过不要忘记将标准化之后的张量重新通过reshape与transpose操作变换回原始输入的(n,h,w,c)形状，以便后续操作。GN的计算代码如下：

```
//ch4/normalizations/group_normalization.py
def group_normalization(inp, name, G = 32):
    with tf.variable_scope(name):
        #获取输入张量的形状
        insp = inp.get_shape().as_list()

        #将输入的NHWC格式转换为NCHW方便进行分组
        inp = tf.transpose(inp, [0, 3, 1, 2])

        #将输入张量进行分组,得到新张量形状为[n,G,c//G,h,w]
        inp = tf.reshape(inp,
                [insp[0], G, insp[-1] //G, insp[1], insp[2]])

        #定义可训练变量gamma和beta,形状为[1,1,1,c]方便直接线性变换
        para_shape = [1, 1, 1, insp[-1]]
        gamma = tf.Variable(tf.ones(para_shape, name = 'gamma'))
        beta = tf.Variable(tf.zeros(para_shape, name = 'beta'))

        #计算输入张量第2、3和4(c//G,h,w)维度外的均值与方差
        group_mean, group_var = tf.nn.moments(inp,
                                    axes = [2, 3, 4],
                                    name = 'moments', keep_dims = True)
```

```
inp = (inp - group_mean) / tf.sqrt(group_var + 1e-5)

#将张量形状还原为原始形状[n,h,w,c]
#先将标准化之后的分组结果重新组合为[n,c,w,h]
inp = tf.reshape(inp,
        [insp[0], insp[-1], insp[1], insp[2]])

#通过转置操作将 NCHW 格式转换为 NHWC
inp = tf.transpose(inp, [0, 2, 3, 1])

output = gamma * inp + beta
return output
```

无论是从 GN 的原理还是代码可以看出，GN 也是一种与 batch_size 无关的标准化方法，因此在 batch_size 较小时，使用 GN 也是一种可以选用的标准化方法。可以看出，当分组数 G 与通道数 c 相等时，GN 会退化为 IN。当 $G=1$ 时，GN 退化为 LN。实验表明，当 batch_size 较大时，GN 在训练时的误差低于 BN，而验证时误差稍高于 BN。当 batch_size 较小时，GN 的误差基本不变，而 BN 的误差显著增大。

6. Switchable Normalization

从 BN 到 GN，其本质都是人们手工设计的标准化方式，而 Switchable Normalization 的目的则是使模型自动学会最适合的一种标准化策略。其希望从 BN、LN 和 IN 计算得到的均值与方差中自动学会一套权重 w 和 w'，以得出最适合模型的均值与方差：

$$
\begin{aligned}
&\mu_{\text{Switchable Norm}}=w_1\mu_{\text{BN}}+w_2\mu_{\text{LN}}+w_3\mu_{\text{IN}} \\
&\sigma^2_{\text{Switchable Norm}}=w'_1\sigma^2_{\text{BN}}+w'_2\sigma^2_{\text{LN}}+w'_3\sigma^2_{\text{IN}} \\
&\text{s.t.}\quad \sum_i w_i=\sum_i w'_i=1
\end{aligned} \tag{4-34}
$$

通过式(4-34)得到 Switchable Normalization 使用的均值与方差后，再进行标准化即可。借鉴 BN、LN 及 IN 的计算代码，容易写出 Switchable Normalization 的代码，对于权重和为 1 的条件可以使用 Softmax 函数加以限制。

由于 Switchable Normalization 本质上是一个可学习的标准化方法，其能根据不同的任务学习到更适合的权重，从而能在不同的标准化方法之间转换。实验结果表明，在分类任务上 BN 的权重较大，而在检测与分割的任务中，LN 的权重最大，在风格迁移的任务中 IN 权重最大，这与这几种标准化方法的设计初衷保持了一致。

Switchable Normalization 对 batch_size 是稳健的，并且更具通用性，减去了人工设计与选择归一化策略的过程。由于目前主流网络仍然使用手工设计的标准化方法，所以在此不演示 Switchable Normalization 的代码，有兴趣的读者可以根据前几个部分的知识写出代码。

4.5　深度学习中的优化器

当定义好网络中的所有参数，添加好所有的归一化和标准化层与激活函数，并选用合适的损失函数后，整个网络的前向过程就算基本完成，而网络的反向传播过程需要对神经网络进行不断迭代训练，优化网络中的参数使误差减小，使用不同的优化器算法往往得到的最终网络的性能也大不相同。为了降低理解的难度，本节使用较为生活化的语言对不同的优化器进行讲解并说明如何在 TensorFlow 中使用这些优化器。

在讲解优化器之前，读者需要理解的一点是，对于函数 $f(x)$ 而言，朝着导数/梯度的负方向能使函数值减小，即对于任意小的 $\varepsilon>0$，有 $f(x-\varepsilon f'(x))<f(x)$，朝着负梯度方向进行优化的方法称作"梯度下降法"。目前所有的优化器都基于梯度下降，大体上可以将优化器分为"带有动量的优化器"与"不带动量的优化器"。

通俗地来讲，不带动量的优化器仅仅根据梯度值进行优化，一旦当函数优化到梯度为 0 的点便不再进行优化，而带动量的优化器除了根据当前的梯度值计算最新的优化方向，往往还会根据历史的梯度值修正优化方向。假设从山顶往山坡下以速度 v 推下一颗小球，此时小球的重力势能不断转换为动能，其动量也会越来越大，其运动状态就越难以改变，当小球滚到某一个"平地"或者"上坡"时，由于动量的影响，其还会继续向前滚动一段，继续探寻是否还有更低点，初始速度 v 的选择对最低点的选择至关重要，大的速度可能会使小球更快到达最低点，也有可能造成小球一直在低点附近来回振荡，难以收敛。因此从生活经验来讲，带动量的优化器更符合真实的"小球下坡"过程，由于动量的存在，小球不会一遇到梯度为 0 的"平地"便瞬间停止。

在优化器中，速度 v 实际上就是学习率，即以多大的速率更新参数，其往往是一个经验参数，对于收敛性至关重要。在 TensorFlow 中，所有的优化器都继承自 tensorflow.python.training.optimizer.Optimizer 类，使用优化器时，先创建一个对应的优化器实例，创建时根据需要传入某些可选参数，如学习率等，当使用优化器时调用其 minimize 方法，为该方法传入计算出的损失即可。

本节主要对不带动量与带动量的优化器分别进行讲解。将损失/成本函数（此处不严格区分损失函数与成本函数）记为 L，网络中的参数记为 θ，$\eta>0$ 表示学习率，数据与标签总体记为 X 和 Y，其中第 i 个样本与标签记为 $x^{(i)}$ 与 $y^{(i)}$。

4.5.1　不带动量的优化器

1. BGD

BGD 全称为 Batch Gradient Descent，其对于参数的更新规则也很简单：

$$\theta=\theta-\eta\times\nabla_\theta L(\theta,X,Y) \tag{4-35}$$

可以看出，BGD 的思想是采用整个训练集中的数据来计算损失函数并对参数进行更新。但是这种方法存在明显的缺点，由于每对参数更新一次，就需要计算所有数据上的梯度，这样计算起来十分缓慢，但其优点也很明显，由于其考虑了所有的数据，所以其可以保证每次更新方向的正确性，因此BGD对于凸函数一定能收敛到全局最小值，而对于非凸函数一定能收敛到局部最小值。

2. SGD

SGD全称为Stochastic Gradient Descent，与BGD将所有样本考虑进来不同，SGD对参数更新时只使用每个单独样本的信息：

$$\theta=\theta-\eta\times\nabla_\theta L(\theta,x^{(i)},y^{(i)}) \tag{4-36}$$

由于SGD对每个样本都进行一次迭代更新，不能保证每个样本的更新方向都是最优的，因此相较于BGD，SGD可能会造成准确率降低，其损失函数值来回振荡，不过由于BGD对于非凸函数会收敛到局部极小值，由SGD带来的振荡也有可能会使其跳出局部极小值。从统计意义上来说，SGD与BGD的收敛性是相同的。

需要注意的是，由于使用每个样本来更新参数的SGD并不常用，因此现在的SGD一般指代的是更常用的MBGD。

3. MBGD

MBGD全称为Mini-Batch Gradient Descent，其本质是BGD与SGD的折中方法，MBGD使用一个batch中的数据对参数进行更新：

$$\theta=\theta-\eta\times\nabla_\theta L(\theta,x^{(i)\sim(i+n)},y^{(i)\sim(i+n)}) \tag{4-37}$$

其中，n是batch_size。相比于SGD，由于MBGD考虑更多样本，因此其可以减小每次更新参数的噪声，从而使更新过程更稳定。MBGD对学习率的选择十分敏感，过小的学习率会造成收敛过慢，而过大的学习率则会造成损失函数持续振荡，从而无法收敛。一个常见的做法是，在训练初期使用大的学习率（如0.1），随着迭代次数的增加逐渐减小学习率，例如使用指数递减法或阶梯递减法。这就好比学生的学习过程，在学习的初期先粗略把握整个知识的体系与框架，随着学习的深入，逐渐细化每个知识点并进行一个细致的学习。

由于BGD和SGD不常被使用，现在谈及SGD时一般指代的是MBGD方法，本节之后提到的SGD皆指代MBGD。在TensorFlow中使用SGD十分简单，直接使用tf.train.GradientDescentOptimizer类即可，代码如下：

```
optim = tf.train.GradientDescentOptimizer(learning_rate)
```

创建好优化器的实例后，还需要调用其minimize方法最小化损失，直接为其传入计算的损失即可，代码如下：

```
#loss使用损失函数计算出的整个batch的损失
op = optim.minimize(loss)
```

有时为了写法的简便，直接将创建实例与最小化损失的过程写在一起，代码如下：

```
op = tf.train.GradientDescentOptimzer(learning_rate).minimize(loss)
```

此时得到名为 op 的计算节点表示优化网络的节点，使用 sess.run(op)即可完成网络中参数的更新，可以画出包含优化节点的计算图简图，如图 4-15 所示。

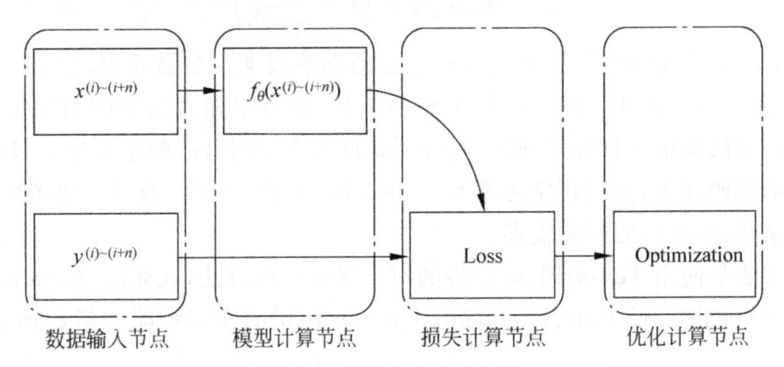

图 4-15　完整神经网络优化的计算图简图

从图 4-15 可以看出，优化节点依赖于传入的损失节点，进而依赖最初的输入数据与标签，从而完成模型中所有参数的优化计算。

使用 GradientDescentOptimizer 创建优化器时，需要为其传入一个学习率参数，可以传入浮点值或张量。例如传入 learning_rate=0.1，则表示学习恒定不变为 0.1。目前有两种主流的随着训练迭代数改变学习率的方式，下面就分别进行介绍。

第一种方法是为 learning_rate 传入一个占位符 tf.placeholder，其值由手动维护成一个与训练迭代数相同的变量，每次使用会话 Session 运行优化的过程中在 feed_dict 中传入不同的值，这种方法的代码如下：

```
//ch4/optimizers/optimizer.py
#定义学习率为占位符
lr = tf.placeholder(dtype = tf.float32, name = 'lr')

#定义优化计算节点(loss 为根据网络输出与标签算出的损失)
op = tf.train.GradientDescentOptimizer(learning_rate = lr).minimize(loss)

#假设总共训练 100 个 epoch,最初学习率为 0.1
epoch = 100
base_lr = 0.1

with tf.Session() as sess:
    for e in range(epoch):
        #根据当前周期与总周期数计算每个周期内使用的学习率(可修改为任意的递减算法)
        e_lr = base_lr * (1 - e / epoch)

        #在运行优化计算节点时,传入当前应使用的学习率
        sess.run(op, feed_dict = {lr: e_lr})
```

从代码可以看出，当前周期 e 使用的学习率为

$$\mathrm{lr}_e = \mathrm{base\_lr} \times \left(1 - \frac{e}{\mathrm{epoch}}\right) \tag{4-38}$$

其中，base_lr 是最初的学习率，epoch 是总的训练周期。容易看出，当 $e=0$ 时，学习率为 base_lr。当 $e=$epoch 时，学习率为 0，整体来说，学习率随着周期的增加以线性逐渐减小。这种方式写法简单并且容易理解，此外还允许用户定制自己的递减策略，较为灵活。缺点是需要写的代码较多，并且将学习率与 TensorFlow 独立分开，有时需要考虑其与模型之间的交互关系，需要考虑的问题较多。

第二种方法是使用 TensorFlow 自带的对标量递减的方法，在此以 tf. train. exponential_decay 为例进行说明。tf. train. exponential_decay 使用的递减策略为指数递减，其计算方法如下：

$$\mathrm{lr}_e = \mathrm{base\_lr} \times \mathrm{decay\_rate}^{\frac{e}{\mathrm{decay\_steps}}} \tag{4-39}$$

其中，decay_rate 表示衰减速率，decay_steps 表示每间隔 decay_steps 减小一次学习率，除此以外，tf. train. exponential_decay 还有一个参数 staircase（默认值为 false），若 staircase=True，则指数部分的除法执行整数除法，此时学习率的递减变为阶梯状，两种形式的区别如图 4-16 所示。

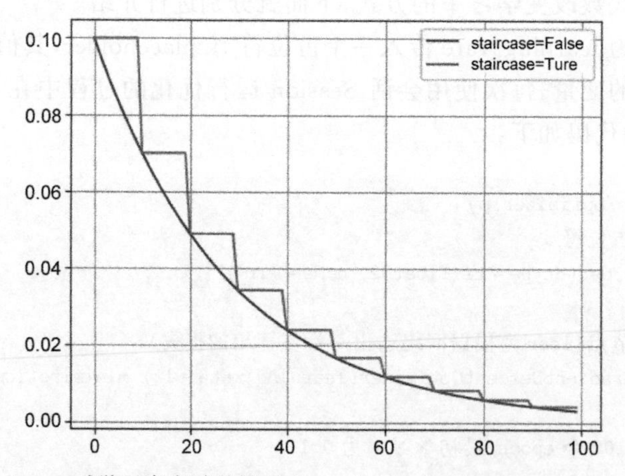

图 4-16 参数 staircase 对学习率衰减的影响（base_lr=0.1，decay_rate=0.7，decay_steps=10）

在使用 tf. train. exponential_decay 时，需要指定以上的参数，注意当前周期数 e 需要使用 tf. Variable 创建一个不可训练的变量，代码如下：

```
#global_step 从 0 或 1 开始计算即可
global_step = tf.Variable(0, trainable = False)
#根据需要指定 staircase 的值
lr = tf.train.exponential_decay(learning_rate, global_step, decay_steps,
            decay_rate, staircase = True)
```

此时需要将定义的 global_step 传入 minimize 函数，minimize 函数每运行一次，它会自动为 global_step 做增加 1 的操作以完成计数，代码如下：

```
op = optim.minimize(loss, global_step = global_step)
```

4.5.2　带动量的优化器

1. Momentum

当不带动量的优化器在某一点遇到比指向极小值的梯度更大的梯度时，其会产生振荡现象。如图 4-17 所示，整个锥面的极小值位于虚线圆圈内，此时小球有两个选择滚动的方向，向下滚动或绕着锥面滚动，根据不带动量的优化方法，其会沿着两个方向合成的新方向滚动，其中梯度大的方向起主导作用。当沿着锥面的梯度小于向下滚动的梯度时，小球自然而然能顺利滚动到极小值处。

此时想象你用力将这个圆锥体压扁，即此时的圆锥体截面为一个椭圆而非正圆，容易发现此时沿着锥面的梯度变得大于向下滚动的梯度，如图 4-18 所示，此时沿着锥面滚动的梯度占主导地位，那么小球倾向于沿着锥面来回滚动，难以向下滚动到极小值处。此时不带动量的优化方法难以找到极小值。

图 4-17　使用小球滚动模拟优化算法寻找极小值的过程

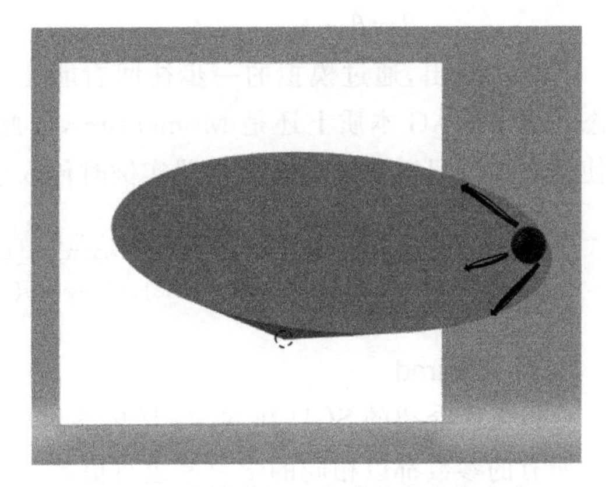

图 4-18　当沿着锥面滚动的梯度较大时，小球倾向于在锥面上振荡

带有动量的优化器思想很简单，其会保留上一次优化的方向，将上一次的优化方向与本次求出的优化方向叠加作为新的优化方向。以小球为例来说明，上一次小球向左振荡时，这一次本应向右振荡，但是由于动量记录到上次向左振荡的信息，将上次与本次的梯度在振荡方向叠加后，振荡方向上的梯度被部分或完全抵消，在向下方向的梯度进行了累加，也加速了小球向下滚动。因此带有动量的优化器相较于不带动量的优化器，其能加速收敛，并且可以抑制振荡。

Momentum 通过记录前一次的更新梯度来修正 SGD：

$$v_t = \gamma \times v_{t-1} + \eta \times \nabla_\theta L(\theta, x^{(i)\sim(i+n)}, y^{(i)\sim(i+n)})$$
$$\theta = \theta - v_t \tag{4-40}$$

其中，$\gamma<1$，其典型值为 0.9。在 TensorFlow 中使用 Momentum 优化器十分方便，直接使用 tf.train.MomentumOptimizer 即可，其他部分和 SGD 一致，代码如下：

```
op = tf.train.MomentumOptimizer(learning_rate, momentum).minimize(loss)
```

除了需要为 MomentumOptimizer 传入学习率 learning_rate 之外，还需要为其传入动量系数 momentum。

2. NAG

NAG 全称为 Nesterov Accelerated Gradient，其本质是一个改进版的 Momentum。NAG 使动量向未来再看一步，使用超前一步的动量与当前梯度结合，相当于让小球"模拟"向前走一步，再根据向前走的一步往回看当前的这一步该怎么走。假如"模拟"的这一步发现再往前走是上坡，那么会修正小球在当前这一步进行减速，防止由于动量滚上坡。

其计算方法与 Momentum 十分类似，相比只是提前更新了一次参数：

$$v_t = \gamma \times v_{t-1} + \eta \times \nabla_\theta L(\theta - \gamma \times v_{t-1}, x^{(i)\sim(i+n)}, y^{(i)\sim(i+n)})$$
$$\theta = \theta - v_t \tag{4-41}$$

可以看出，通过模拟的一步往回看能让小球更加智能，根据前方状态自动修正当前状态。由于 NAG 本质上还是 Momentum，因此在 TensorFlow 中通过 MomentumOptimizer 使用 NAG，只需要在创建优化器实例时传入参数 use_nesterov=True，代码如下：

```
op = tf.train.MomentumOptimizer(learning_rate, momentum,
          use_nesterov = True).minimize(loss)
```

3. Adagrad

以上所介绍的 SGD 和 NAG 优化器对所有的参数都使用相同的计算方法，准确来说，对所有的参数都以相同的学习率进行更新。有没有这样一种可能，频繁更新的参数其实只需更少地更新，而那些被很少更新的参数需要更多的学习呢？答案是肯定的，那些被频繁更新的参数实际上已十分接近最优值，若仍然以较大的学习率进行学习很可能使其跳出最优值，而那些被极少更新的参数距离它们的最优值还很远，实际上可以使用更大的学习率进行更新。

这样看来，我们不应该把网络中的所有参数 θ 看作一个整体，而是应该单独考虑每个参数 $\theta_i \in \theta$。除此之外，我们还需要记录这个参数被更新的程度，在这里使用该参数的历史梯度平方和进行衡量，梯度平方和大的则认为该参数应频繁更新，这正是 Adagrad 的思想。

Adagrad 全称为 Adaptive Gradient，其会累积每个参数的梯度平方和，每个参数的学习率与它的历史梯度平方和成反比，对参数 θ_i 而言，在第 $t+1$ 次更新时，会计算前 t 次的梯度值 $g_{i,k}$ 的平方和：

$$V_{i,t}=\sum_{k=1}^{t}g_{i,k}^{2} \tag{4-42}$$

同时改变 θ_i 的学习率为

$$\eta_{i,t}=\frac{\eta}{\text{sqrt}(V_{i,t})} \tag{4-43}$$

此时第 $t+1$ 次更新参数 θ_i 的计算式为

$$\theta_i=\theta_i-\eta_{i,t}\times g_{i,t+1}=\theta_i-\frac{\eta}{\varepsilon+\text{sqrt}(V_{i,t})}\times\nabla_{\theta_i}L(\theta,x^{(i)\sim(i+n)},y^{(i)\sim(i+n)}) \tag{4-44}$$

小值 ε 用于防止除以 0 操作，一般为 10^{-7}。由 $V_{i,t}$ 的计算方法可以看出，其值会随着迭代逐渐增大（准确来说，非递减），因此总有一次迭代时，自适应的学习率会变成 0，在这之后网络便停止了更新过程，若此时还有训练样本，也无法被学习到。

在 TensorFlow 中使用 Adagrad 优化器十分简单，使用 tf. train. AdagradOptimizer 类即可，代码如下：

```
op = tf.train.AdagradOptimzer(learning_rate).minimize(loss)
```

4. RMSprop

如上所述，Adagrad 的缺点十分明显，其梯度随着迭代的增加逐渐减小至 0。RMSprop 的思想十分简单，其不累积全部的历史梯度，而是只关注过去某一段时间/迭代次数内的梯度累积情况。例如某个参数 θ_i 在过去 10 次迭代中更新很多，那么在这一次的学习率将会减小。

为节省内存与计算，RMSprop 使用移动平均值替代直接对过去某段时间求均值，其对于梯度平方的累积策略如下：

$$V_{i,t}=\beta\times V_{i,t-1}+(1-\beta)\times g_{i,t}^{2} \tag{4-45}$$

$V_{i,t}$ 的平方根记为 $\text{RMS}[g_{i,t}]$，则 RMSprop 的参数更新计算式为

$$\theta_i=\theta_i-\frac{\eta}{\text{RMS}[g_i]_t}\times\nabla_{\theta_i}L(\theta,x^{(i)\sim(i+n)},y^{(i)\sim(i+n)}) \tag{4-46}$$

在 TensorFlow 中直接使用 tf. train. RMSPropOptimizer 类即可，代码如下：

```
op = tf.train.RMSPropOptimzer(learning_rate).minimize(loss)
```

5. Adadelta

即使 RMSprop 改进为仅依赖于近期几次迭代的结果，其仍然需要依赖初始学习率 η 的值，有没有办法使学习率完全自适应呢？这正是 Adadelta 的思想。由于 Adadelta 的数

学推导过程较为复杂，其本质是一个带 Hessian 逼近的修正单元，在此只简单阐述其思想，不涉及过多的公式推导。

若想使用 Adadelta 对参数 θ_i 进行第 $t+1$ 次更新，需要使用移动平均值先计算出 θ_i 在前 t 次更新量平方的平均值，并将该移动平均值的平方根作为第 $t+1$ 次的学习率，即 $\eta_{\theta_i,t+1}=\text{RMS}[\Delta\theta_i]$。在函数局部光滑的假设下，可以使用前 t 次的更新值对第 $t+1$ 次的更新值合理估计。因此第 $t+1$ 次的 Adadelta 的参数更新计算式为

$$\theta_i=\theta_i-\frac{\text{RMS}[\Delta\theta_i]_t}{\text{RMS}[g_i]_t}\times\nabla_{\theta_i}L(\theta,x^{(i)\sim(i+n)},y^{(i)\sim(i+n)}) \tag{4-47}$$

可以看出 RMSprop 实际上是 Adadelta 的一个特殊情况。在 TensorFlow 中使用 tf. train. AdadeltaOptimizer 即可使用 Adadelta 优化器，代码如下：

```
op = tf.train.AdadeltaOptimzer(learning_rate).minimize(loss)
```

由 Adadelta 的原理可知，其实际上完全不需要指定学习率，而在使用 tf. train. AdadeltaOptimizer 创建优化器时仍会为其传入 learning_rate 参数，此时的 learning_rate 仅仅表示对于更新量的缩放系数。TensorFlow 中对于 AdadeltaOptimizer 的 learning_rate 默认值为 0.001，若要保持与 Adadelta 原论文一致，可以使用 learning_rate=1.0。

6. Adam

Adam 全称为 Adaptive Moment Estimation，其本质上相当于 RMSprop+Momentum。与 RMSprop 和 Adadelta 类似，Adam 也会存储梯度的二阶矩历史信息，除此之外，其也会像 Momentum 一样存储梯度的一阶矩历史信息。即

$$M_{i,t}=\beta_1\times M_{i,t-1}+(1-\beta_1)\times g_{i,t} \tag{4-48}$$

$$V_{i,t}=\beta_2\times V_{i,t-1}+(1-\beta_2)\times g_{i,t}^2 \tag{4-49}$$

由于计算移动平均值计算 $M_{i,t}$ 和 $V_{i,t}$ 对初始值 $M_{i,0}$ 和 $V_{i,0}$ 的依赖巨大，因此 Adam 使用了偏差校正来减弱初值选取的影响：

$$\hat{M}_{i,t}=\frac{M_{i,t}}{1-\beta_1^t} \tag{4-50}$$

$$\hat{V}_{i,t}=\frac{V_{i,t}}{1-\beta_2^t} \tag{4-51}$$

其中，β_1 的典型值为 0.9，β_2 的典型值为 0.999。最终 Adam 的参数更新规则如下：

$$\theta_i=\theta_i-\eta\times\frac{\hat{M}_{i,t}}{\varepsilon+\text{sqrt}(\hat{V}_{i,t})} \tag{4-52}$$

在 TensorFlow 中使用 tf. train. AdamOptimizer 即可使用 Adam 优化器，代码如下：

```
op = tf.train.AdamOptimzer(learning_rate).minimize(loss)
```

由 tf. train. AdamOptimizer 创建优化器时，learning_rate 默认值为 0.001。实验表明，使用 Adam 能获得更快的收敛，但是 Adam 寻找的局部最小值往往不如 SGD 或 Momentum 寻找到的好。

4.6 深度学习中的技巧

12min

至此，相信读者已经掌握了深度学习中的几大部分的内容：数据处理、模型内部激活函数、损失计算、优化损失。对于一个完整的深度学习系统而言，还有最重要的模型搭建还没有涉及，由于任务的不同，模型设计上也会有很大区别，有关模型设计的部分将在本书的第7章及第8章涉及，分别针对图像分类与图像的生成任务。除此之外，深度学习中还有很多训练的技巧，适当运用技巧有时能够使模型的性能得到显著提高，本节就介绍一些深度学习中常使用的技巧。

4.6.1 输入数据的处理

数据决定了模型的性能上限。通常来说，数据量越大、多样性越多，其包含的信息与知识就越多。因此在有限数据的情况下，通常可以采用数据增强的手段来增加数据的多样性，例如对于一张猫的图像，将其左右翻转仍然是一张猫的图像，通过翻转这一简单的操作能将数据量扩充到原来两倍。除了使用翻转以外，常用于数据增强的方法还有图像旋转与平移等。本书第2章已经讲解了如何使用 Python 对图像进行变换处理。当然，近期提出的较为有效的数据增强手段还有 Cutout、Random Erasing、Mixup、CutMix 等，有兴趣的读者可以自行查阅相关资料。

输入数据常常使用归一化和标准化方法进行处理，先使用最小-最大值归一化方法将数据压缩到 0～1，再使用 Z-score 标准化方法将其转换为均值为 0 方差为 1 的数据。对于图像数据来说，认为每个通道对应不同的特征，因此需要对每个通道计算均值与标准差。

4.6.2 激活函数的选择

激活函数的选择需要分两个层面讨论：神经网络内部隐含层使用的激活函数及最终模型输出层的激活函数。对于隐含层而言，其重要的是学习到有效的数据特征同时保证梯度能够顺利传递，而对于输出层的激活函数，对于不同的学习任务一般会选择不同的激活函数。下面就从这两个方面讨论激活函数的选择。

对于层数较少的网络而言，可以直接使用 Sigmoid 或 Tanh 作为激活函数，因为层数较少不容易产生梯度消失的问题，同时这两个函数又能保证较好的非线性映射，而对于较深层的网络，一般使用 ReLU 或 Leaky ReLU。

当任务要求对最终的输出结果有数值方面的要求时，需要选用特定的激活函数。例如某个任务要求最终输出概率值，那么此时的输出层激活函数自然应该选用 Sigmoid 函数。当遇到二分类任务时，输出层也应该选用 Sigmoid 作为激活函数，此时相当于 Logistic 回归。当需要非互斥的多分类时，也应该选用 Sigmoid 作为激活函数，而如果是互斥性的多分类问题，则应该选用 Softmax 函数，这两点在之前讲解激活函数时已经讨论过。普通的回归任务一般使用线性激活函数即可。

4.6.3 损失函数的选择

对于不同的任务，损失函数的选择一般也不同。在讲解损失函数时，实际上已经将回归任务与分类任务分开进行了讨论，此时只要根据不同的任务选取不同的损失函数即可。

4.6.4 标准化方法的选择

此处的标准化指的是模型隐含层中使用的各种 Normalization 方法。在 batch_size 较大时，一般直接选用BN，反之可以选用 LN。当 batch_size 为 1 时或者任务为画风迁移这种"像素密集型"问题时，一般选用 IN。就目前的应用而言，Switchable Normalization 应用得还是较少。大多数情况下直接使用 BN 即可，这也是大多数模型的默认行为。

4.6.5 batch_size 的选择

可以确定的是，batch_size 绝不是越大越好。实际上，batch_size 的选取与数据集的总体大小 N 有一定关系。例如数据集较小，小到可以把所有的数据一次性放入内存中进行训练，那么此时直接设置 batch_size＝N 即可，即每次把所有的数据放入网络进行训练，此时的优化算法直接选用 BGD 即可。如果数据集较大，一般将 mini-batch 大小选取在 64～512 比较合适，不过值得注意的一点是，一般将 batch_size 设为 2 的幂次方，这样代码的运行速度会快一些。

一般而言，推荐使用 batch_size 与 GPU 数量组合为 128 和 8，如果硬件不满足要求，使用 128 和 1 也可以。

4.6.6 优化器的选择

优化器的选择相对简单。Adam 这一类具有自适应学习率的优化器在训练初期能较快收敛，而到训练后期收敛到的极小值往往不如意。若对收敛速度没有要求，一般直接选用 NAG 即可。

4.6.7 学习率的选择

学习率一般初始值选为 0.1 即可，但是对于含有大量样本的数据集而言，一般需要将学习率设置得较小，例如 0.00001。

在对学习率进行调整时，一般经验是当模型的性能在验证集上基本不增加时，将当前学习率减小到 1/2 或 1/5，这样学习率会一直单调减小，当学习率足够小并且验证集性能不变时停止训练即可。

4.7 小结

本节就一些深度学习中常用的技术进行了一些介绍，如常用的激活函数、损失函数、标准化方法及优化器的原理和对应的 TensorFlow 实现方法。在本章最后一节介绍了深度学习中对于以上各部分的经验选择方法。总体而言，到第 4 章结束，读者应该了解了深度学习中的基本概念，并对整个深度学习的过程有一定的了解。

第5章

常用数据集及其使用方式

数据是决定模型性能的关键因素之一，本章以图像数据集为主，对深度学习中常用的数据集的用法进行介绍。

在介绍数据集之前，需要先说明训练模型中的一些基本概念。在深度学习中，对于数据集一般会将其分为若干个 batch 依次送入模型进行训练，假设数据集全体样本数量为 N，batch_size 为 n，那么将所有数据可以分为 ceil(N/n)份，所以总共需要迭代 ceil(N/n)次才能将数据集中所有的数据训练一次，这通常被称为一个训练周期 epoch，而在每个 epoch 内使用一个 batch 的数据进行训练称为一次迭代 iteration。由以上描述容易知道 iteration 与 epoch 的关系如下：

$$\text{iteration} \times n = \text{epoch} \times N \tag{5-1}$$

每次迭代时选取 batch 的时候，通常有两种选取策略。第一种是顺序选取，当选取到最后一个 batch 时，下一次迭代又从数据集开头进行 batch 的样本选取。另一种是随机选取 batch 样本。前一种方法能够有效覆盖数据集中所有数据，后一种方法虽然有一定概率无法选取到数据集中所有数据，但是其大多数时候能提升模型的性能，由于是乱序的 batch，其能使模型避免刻意对数据样本之间的顺序关系进行记忆。

由于需要评价模型的性能，所以通常需要将全体样本数据分为训练集、验证集和测试集。为了简便起见，我们只把数据集分为训练集和测试集。此处我们不严格区分验证集与测试集，只需理解我们的出发点是将总体训练样本的一部分用于训练，另一部分用于评价模型性能。

对于有监督(有标签)任务而言，我们需要构建一种方法返回一个 batch 数据，包括训练样本及其对应的标签，即我们希望的代码如下：

```
def next_batch():
    …
    return batch_x, batch_y
#每一次调用 next_batch 方法时返回下一个 batch 数据
batch1 = next_batch()
batch2 = next_batch()
```

除此以外，对于数据集类 Dataset Class 来说，在创建该数据集的实例时，必要传入的参数还有数据存储路径 dataset_path、批处理大小 batch_size、取 batch 时是否乱序 shuffle、是否需要对数据做标准化与归一化处理 normalize（因为有的输入数据可能已经处理好了）及是否需要添加数据增强 augmentation 等，Dataset 类至少需要实现以下几种方法：__init__ 记录该实例必要的参数配置，next_batch 方法用于提取下一批数据，还有 num_examples 用于返回数据集中总体样本数，方便计算 iteration 数。因此理想中的 Dataset 类的构造函数应该包含以下结构，代码如下：

```
//ch5/data_utils/base_class.py
import abc


class Dataset(metaclass = abc.ABCMeta):
    @abc.abstractmethod
    def __init__(self,
                 dataset_path,
                 batch_size,
                 shuffle = True,
                 normalize = True,
                 augmentation = True):
        pass

    @abc.abstractmethod
    def next_batch(self, which_set):
        pass

    @abc.abstractmethod
    def num_examples(self, which_set):
        pass
```

__init__方法中传入了几个默认参数，分别将 shuffle、normalize 及 augmentation 置为 True，这么做主要是为了模型的性能提升，而 next_batch 与 num_examples 还有一个参数 which_set，用于表示对于训练集还是测试集进行操作。

5.1 IRIS 鸢尾花数据集

IRIS 数据集是常用的分类实验数据集，其是一类多变量分析的数据集。具体来说，数据集一共包含 150 个样本，总共分为 3 类，每类 50 个数据，每个数据包含 4 个属性，分别为花萼长度、花萼宽度、花瓣长度和花瓣宽度。模型的目标是通过这 4 个属性值来预测这个样本属于哪一种鸢尾花，三类鸢尾花分别 Iris Setosa（山鸢尾）、Iris Versicolour（杂色鸢尾）和 Iris Virginica（维吉尼亚鸢尾）。

通过阅读上面对数据集的叙述，不知读者能不能发现数据集的哪里需要我们来处理，下面我们就来分析需要我们处理的地方，首先最显而易见的就是模型不接收标量的类标号，我们需要将类标号 Iris Setosa、Iris Versicolour 和 Iris Virginica 转换成 one-hot 向量[1,0,0]、[0,1,0]和[0,0,1]。其次我们注意到 IRIS 是一个数据高度平衡的数据集，每一类样本的数量都相同，那么我们在划分训练集与测试集的时候应该注意这一点，划分后的数据集内部也应该基本保证类别之间的平衡。最后我们注意到每个样本有 4 个属性，需要注意的是我们应该对每个属性/特征进行单独的归一化和标准化。

IRIS 数据集总共由 3 个文件构成，文件名分别为 Index、iris. data 和 iris. names(读者可能还会看到一个名为 bezdekIris. data 的文件，此处我们不使用该文件)。其中，Index 是说明数据集中所有的文件，iris. data 是 150 个样本的具体值，iris. names 是 IRIS 数据集的描述性文字。因此 3 个文件中，我们实际上只用关注 iris. data 即可。

iris. data 本质是一个 csv 文件，文件内共有 150 行，表示 150 个训练样本，每一行的样本中包含 5 个分量，前 4 个为特征值，最后一个字符串表示其类别。因此我们可以使用 pandas 模块读取该文件并分别获得特征值与类别，代码如下：

```
//ch5/data_utils/iris.py
def read(file):
    return pd.read_csv(file, header = None, low_memory = False).values

data = list()
labels = list()

for dp in data_path:
    _data = read(dp)
    data.extend([_d[: 4] for _d in _data])
    labels.extend([_d[-1] for _d in _data])
```

将所有样本分为训练集与测试集，我们默认随机选取 20%的数据作为训练数据，使用 random 模块的 sample 方法随机指定测试集样本的下标，并通过该下标将所有数据分割为训练集与测试集，代码如下：

```
//ch5/data_utils/iris.py
#计算出测试集应包含多少个样本
split_train_and_test = 0.2
num_test = int(split_train_and_test * len(__data))
#使用 random 随机选取测试集样本的下标
test_ids = random.sample(list(range(len(__data))), k = num_test)

#将全部样本通过下标分割为训练集与测试集
self.__train_data = [__data[idx]
                     for idx in range(len(__data)) if idx not in test_ids]
self.__train_labels = [__labels[idx]
```

```
                        for idx in range(len(__data)) if idx not in test_ids]

    self.__test_data = [__data[idx]
                        for idx in range(len(__data)) if idx in test_ids]
    self.__test_labels = [__labels[idx]
                        for idx in range(len(__data)) if idx in test_ids]
```

获得数据后，我们需要进行一些预处理，例如将字符串的类标先转换为标量再转换为one-hot向量，代码如下：

```
//ch5/data_utils/iris.py
#将训练和测试的标签由字符串转换为标量值
self.__train_labels = [self.flower_name_id_dic[n]
                        for n in self.__train_labels]
self.__test_labels = [self.flower_name_id_dic[n]
                        for n in self.__test_labels]

#将数据和标签转换为Numpy.array类型
self.__train_data = np.stack(self.__train_data, axis=0)
self.__test_data = np.stack(self.__test_data, axis=0)

#将标签转换为one-hot向量
self.__train_labels = np.eye(self.num_classes)[self.__train_labels]
self.__test_labels = np.eye(self.num_classes)[self.__test_labels]
```

还需要计算每个特征的最值（为归一化）和均值方差（为标准化），在此直接给出类别与标量类别号及IRIS数据集的最值与均值方差，代码如下：

```
//ch5/data_utils/iris.py
#类别名称与类标之间的映射关系
flower_name_id_dic = {
    'Iris-setosa': 0,
    'Iris-versicolor': 1,
    'Iris-virginica': 2
}

#每个特征的最大值与最小值
max_val = [7.9, 4.4, 6.9, 2.5]
min_val = [4.3, 2.0, 1.0, 0.1]

#每个特征的均值与标准差
mean = [0.42870370, 0.43916666, 0.46757062, 0.45777777]
std = [0.22925036, 0.18006108, 0.29805579, 0.31692192]
```

有了数据集上的统计量后，归一化和正则化过程也十分简单。先将数据归一化到0～

1，再使用 Z-score 将其标准化，代码如下：

```
//ch5/data_utils/iris.py
def __normalization(self, data):
    data = (data - self.min_val) / (self.max_val - self.min_val)
    data = (data - self.mean) / self.std

    return data
```

特征处理完毕后，还需要将类别名称先转换为类别号，再转换为 one-hot 向量，代码如下：

```
//ch5/data_utils/iris.py
#将训练和测试的标签由字符串转换为标量值
self.__train_labels = [self.flower_name_id_dic[n]
                        for n in self.__train_labels]
self.__test_labels = [self.flower_name_id_dic[n]
                        for n in self.__test_labels]

#将数据和标签转换为 Numpy.array 类型
self.__train_data = np.stack(self.__train_data, axis = 0)
self.__test_data = np.stack(self.__test_data, axis = 0)

#将标签转换为 one - hot 向量
self.__train_labels = np.eye(self.num_classes)[self.__train_labels]
self.__test_labels = np.eye(self.num_classes)[self.__test_labels]
```

由于获得了训练集与测试集数据，num_example 方法也十分简洁，代码如下：

```
//ch5/data_utils/iris.py
def num_examples(self, which_set):
    if 'train' in which_set:
        return len(self.__train_data)
    elif 'test' in which_set:
        return len(self.__test_data)
```

整个数据集类的核心是 next_batch 方法，其实现相对复杂。首先需要为方法传入 which_set 参数，表示从训练集还是测试集中取数据。其次读取数据分为两种方式，一种是顺序读取，另一种是随机读取。随机读取实际上十分简单，使用 np.random.choice 在目标数据样本中随机选取 batch_size 个数据样本即可。顺序读取相对复杂，先设定一个指针 pointer，其表示选取[pointer-batch_size, pointer]中的数据，因此 pointer 的初值为 batch_size。当 pointer 超过 len(data)即所有数据时，可以使用取模运算将其重置到合法位置。可以看出 pointer 应该是一个全局变量，因此将其设置为成员变量，并且为了能在 next_batch 中改变它的值，可以直接传入引用类型而非基本数字类型，将 pointer 写成一个列表即可，即

[batch_size]。next_batch 函数的具体实现代码如下：

```
//ch5/data_utils/iris.py
def next_batch(self, which_set):
    #判断对哪一个集合进行操作
    #分别取出对应的数据、标签及当前数据位置指针
    if 'train' in which_set:
        target_data = self.__train_data
        target_label = self.__train_labels
        target_pointer = self.__train_pointer
    elif 'test' in which_set:
        target_data = self.__test_data
        target_label = self.__test_labels
        target_pointer = self.__test_pointer

    #如果需要将 batch 内数据乱序(shuffle = True),直接随机选取样本即可
    if self.shuffle:
        indices = np.random.choice(
            self.num_examples(which_set), self.batch_size)
    else:
        #否则使用指针顺序取出数据与标签,注意指针指到最后时需要将其重新指向数据开头
        indices = list(
            range(target_pointer[0] - self.batch_size, target_pointer[0])
        )

        target_pointer[0] = (target_pointer[0] + self.batch_size)
                    % self.num_examples(which_set)

    #取出 batch 数据后,使用深复制得到一个副本以方便操作,防止篡改原始数据
    batch_data = deepcopy(target_data[indices])

    #对 batch 里的数据做标准化
    if self.normalize:
        batch_data = self.__normalization(batch_data)

    return batch_data, target_label[indices]
```

IRIS 类完整代码具体可见随书代码//ch5/data_utils/iris.py。对于所有的数据集类来说，使用的流程大致相同，首先将数据从外存读取进来，再对样本与标签做必要的转换和处理，最后在 next_batch 中写取 batch 逻辑即可。容易理解，所有的数据集类中的 normalize 方法与 next_batch 方法逻辑大致相同，使用不同的数据集时只需改变其具体数据。因此，若这两种方法相较于 IRIS 类没有较大改动，之后不再单独列出这两种方法的代码。

5.2 MNIST手写数字数据集

MNIST是一个0～9的手写数字图像数据集，由250个不同的人手写数字构成，共包含60000个训练数据与10000个测试数据。数据分布均衡，训练集中每个数字包含6000张图像，测试集中每个数字包含1000张图像。每张图像大小为28×28像素，不过由于其是黑白图像，只有一个通道，因此每张图像总共可以使用28×28×1=784个像素进行表示。为了简单起见，每张图像都被平展为784个数的一维结构。因此，容易知道训练集的形状为(60000,784)，同理测试集的形状为(10000,784)，标签以标量进行存储，标签与该样本对应的数字相同，即数字0的标签也为0等。

MNIST数据集一共包含4个文件：train-images-idx3-uByte. gz、t10k-images-idx3-uByte. gz、train-labels-idx1-uByte. gz和t10k-labels-idx1-uByte. gz，分别代表训练集图像、测试集图像、训练集标签和测试集标签。下载完数据后，需要先将这4个压缩文件进行解压，得到train-images.idx3-uByte、t10k-images.idx3-uByte、train-labels.idx1-uByte和t10k-labels. idx1-uByte。在此我们不深究每个文件的内部存储结构（有兴趣的读者可以移步MNIST官网了解数据结构），此处只提供读取文件的方法，代码如下：

```
//ch5/data_utils/mnist.py
def __read(self, buffer, to_skip, each_size):
    objs = list()
    idx = struct.calcsize(to_skip)

    try:
        while True:
            o = struct.unpack_from(each_size, buffer, idx)
            objs.append(o)
            idx += struct.calcsize(each_size)
    except struct.error:
        return objs

def __read_zip_file(self, file_path):
    with open(file_path, 'rb') as f:
        buffer = f.read()
    return buffer

#训练集与测试集的文件名标识
train_identifier = 'train'
test_identifier = 't10k'

for imp in image_path:
    #读取训练样本，每次读取784个数
    if self.train_identifier in imp:
```

```
            self.__train_images.extend(self.__read(
                self.__read_zip_file(imp), '>IIII', '>784B'))
        #读取测试样本,每次读取 784 个数
        if self.test_identifier in imp:
            self.__test_images.extend(self.__read(
                self.__read_zip_file(imp), '>IIII', '>784B'))

    for lp in label_path:
        #读取训练标签,每次读取 1 个数
        if self.train_identifier in lp:
            self.__train_labels.extend(self.__read(
                self.__read_zip_file(lp), '>II', '>1B'))
        #读取测试标签,每次读取 1 个数
        if self.test_identifier in lp:
            self.__test_labels.extend(self.__read(
                self.__read_zip_file(lp), '>II', '>1B'))
```

由于最终的研究对象是二维图像，所以我们希望 next_batch 返回的数据是一个 28×28 的二维图像而非一维的 784 个像素，next_batch 函数的代码如下：

```
//ch5/data_utils/mnist.py
def next_batch(self, which_set, reshape = True):
    #读取训练或测试数据
    if 'train' in which_set:
        …
    elif 'test' in which_set:
        …
    #以随机或顺序的方式读取数据
    if self.shuffle:
        …
    else:
        …
    batch_data = deepcopy(target_image[indices])

    #对输入数据进行标准化
    if self.normalize:
        batch_data = self.__normalization(batch_data)

    #将数据重整为二维图像
    if reshape:
        batch_data = np.reshape(batch_data, [-1, 28, 28, 1])

    return batch_data, target_label[indices]
```

读取数据后，可以使用 Matplotlib 将 28×28 的图像显示出来，代码如下：

```
//ch5/data_utils/mnist.py
#取出一个 batch 数据
ims, labs = mnist.next_batch('train')

#将数据重整成 Matplotlib 可以显示的形状
ims = np.squeeze(ims)

#一共随机取出 8×8 张图像
row = col = 8

random_ids = random.sample(list(range(batch_size)), k = row * col)
selected_ims = ims[random_ids]

fig, axes = plt.subplots(row, col)
for i in range(row):
    for j in range(col):
        #取出每个 axes 对图像进行显示
        axes[i][j].imshow(selected_ims[i * row + j], cmap = 'gray')
#总图标题
plt.suptitle('MNIST samples')
plt.show()
```

运行以上程序，可以看到从 MNIST 中随机选取的 64 张图像，如图 5-1 所示。

从图像中容易看出，MNIST 数据集中图像的特点，其是黑底白字的图像，并且其基本是二值图像，非黑即白，基本不存在介于两者之间的像素。可以看出不同人写的数字差异还是较大的，例如数字的粗细及数字 4 和 7 的不同写法。

由于图像近似为二值图像，实际上不需要对所有数据求取最大值与最小值，其最大值直接按照 255，最小值按照 0 处理即可，同时计算出归一化后的数据均值与方差，并进行归一化。下面的代码直接给出归一化后的 MNIST 数据集上的均值与标准差：

```
//ch5/data_utils/mnist.py
#归一化后的 MNIST 上的均值与标准差
mean = 0.13092535192648502
std = 0.3084485240270358

def __normalization(self, imgs, epslion = 1e - 5):
    imgs = imgs / 255.0
    imgs = (imgs - self.mean) / self.std

    return imgs
```

完整代码可见随书代码//ch5/data_utils/mnist.py。

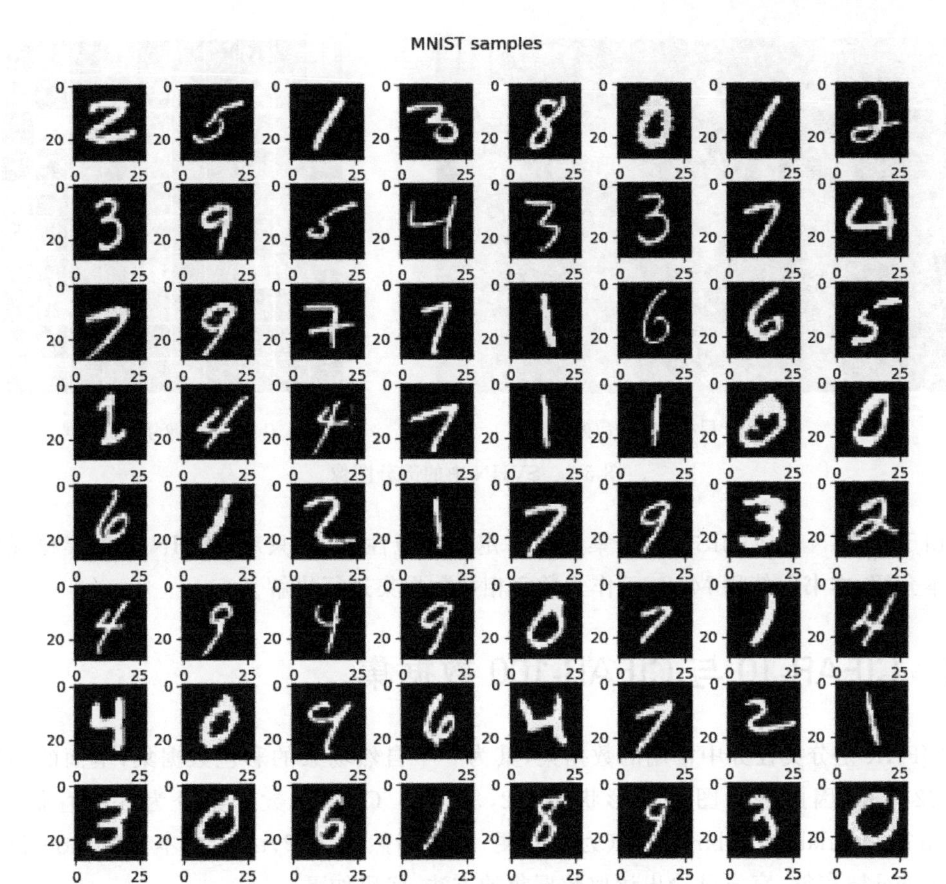

图 5-1 MNIST 中的部分图像

5.3 SVHN 数据集

与 MNIST 数据集类似，SVHN 也是一个关于数字的数据集，不同的是 SVHN 对数字 0 的标签为 10，因此使用之前需要将数字 0 的标签修改为 0。SVHN 的数字取自于街景中的门牌号，为彩色图像。

SVHN 数据集分为两部分，第一部分通常用于目标检测，即用框将需要检测的数字框出。第二部分数据集用于分类，可以认为是将检测框中的数字框出来作为单独的图像，每张图像的尺寸为 32×32×3。两者的区别如图 5-2 所示。

训练集中有 73257 个数字训练样本，测试集中有 26032 个数字训练样本。不同的是，SVHN 还有额外数据，其中包含 531131 个数字训练样本，这些样本较训练集中的数字更简单并容易识别，通常作为补充数据一起用于训练。分类数据集以 Matlab 格式进行存储，使用时直接使用 SciPy 读取即可，具体使用方法可以参考第 2 章相关内容。

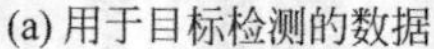

(a) 用于目标检测的数据

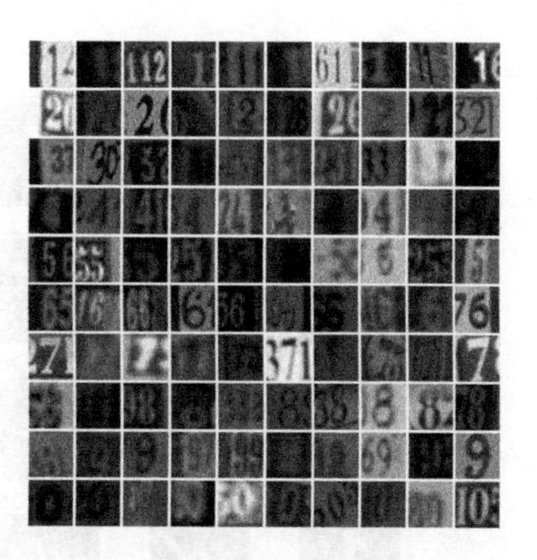

(b) 用于图像分类的数据

图 5-2 SVHN 中的部分图像

由于 SVHN 与 MNIST 数据集具有一定的相似性，本节只对 SVHN 数据集概况做一个基本介绍，本书仅使用 MNIST 作为数字相关数据集进行讲解。

5.4 CIFAR-10 与 CIFAR-100 数据集

CIFAR 是分类任务中常用的数据集，其为一个自然场景的彩色数据集，里面的图像大小为 32×32，因此每张图像的形状为(32,32,3)。CIFAR 数据集分为 3 个存储版本：Python 版、Matlab 版和 binary 版(为了简便，本书当然使用 Python 版本)，Python 版的数据使用 pickle 存储，官方已给出读取数据集的方法，代码如下：

```
def unpickle(file):
    import pickle
    with open(file, 'rb') as fo:
        dict = pickle.load(fo, encoding = 'Bytes')
    return dict
```

读取的数据以字典形式返回，需要以传入 key 的形式从字典中获取图像数据与标签。

需要特别注意的一点是，与 MNIST 类似，CIFAR 数据集中的图像也是以一维数据的形式存储的，即每张图像以 32×32×3=3072 个像素值存储，其中第 1～1024 个像素值是 R 通道上的值，第 1025～2048 是 G 通道上的值，第 2049～3072 是 B 通道上的值。换言之，可以认为每张图像的组织方式如下所示，下标 i、j 表示像素值所在的行和列：

$$[R_{0,0}, R_{0,1}, \cdots, R_{0,31}, \cdots, R_{31,31}, G_{0,0}, G_{0,1}, \cdots, G_{0,31}, \cdots, G_{31,31}, B_{0,0}, B_{0,1}, \cdots, B_{0,31}, \cdots, B_{31,31}]$$

由于 MNIST 数据只有一个通道，因此对其可以直接使用 reshape 方法转换为二维图像，但是对于 CIFAR 的数据组织方式，若直接使用 np. reshape(im, [32, 32, 3])进行转换，得到的结果如下：

$$[[[R_{0,0},R_{0,1},R_{0,2}],[R_{0,3},R_{0,4},R_{0,5}],\cdots,[R_{2,29},R_{2,30},R_{2,31}]],\cdots,$$
$$[\cdots,[B_{31,29},B_{31,30},B_{31,31}]]]$$

这显然不符合图像像素组织形式的要求，我们希望得到的图像像素组织形式为$[R_{i,j},G_{i,j},B_{i,j}]$，因此在 reshape 时，第一个维度应该将 3072 个像素值分为 3 个部分 RGB，再对每个通道内的像素组织成二维形式 32×32，所以需要使用下面的代码进行形状重整，代码如下：

```
new_im = np.reshape(im, [3, 32, 32])
```

此时得到的新图像格式为 CHW，即通道在前，空间维度在后，此时只需再使用转置方法将通道维度转置到空间维度后即可得到格式为 HWC 的图像，代码如下：

```
new_im = np.transpose(new_im, [1, 2, 0])
```

若附加上 batch_size 维度，整个转换过程的代码如下，其中维度为－1 值表示代码自动计算该维度的值，代码如下：

```
new_ims = np.transpose(np.reshape(ims, [-1, 3, 32, 32]), [0, 2, 3, 1])
```

CIFAR 有两个数据集版本，分别为 CIFAR-10 与 CIFAR-100，下面分别介绍这两个数据集版本。

5.4.1　CIFAR-10

CIFAR-10 数据集含有 60000 张彩色图像，总共包含 10 类图像，分别为 airplane（飞机）、automobile（汽车）、bird（鸟）、cat（猫）、deer（鹿）、dog（狗）、frog（青蛙）、horse（马）、ship（船）和 truck（卡车）。CIFAR-10 数据集高度平衡，每一类含有 6000 张图像。CIFAR-10 中部分图像如图 5-3 所示。

CIFAR-10 数据集总共含有 8 个文件，其中描述性文件有 readme. html 和 batches. meta，readme. html 是一个将请求重定向至 CIFAR 数据集官网的网页，batches. meta 中含有 CIFAR-10 数据集的元数据，其中包含 10 个类名（airplane 等），表示数字标签到类名之间的映射关系，剩下的 6 个数据文件中，data_batch_1～data_batch_5 表示训练集数据，每个文件中包含 10000 张图像与 10000 个对应的数字标签，test_batch 表示测试集数据，其中同样包含 10000 张图像与其对应的标签。

从 CIFAR-10 的文件中读取数据时，使用键 data 取图像样本，每个文件中的样本形状为(10000，3072)。使用 label 取图像标签，其形状为(10000,)，说明标签以数字标签进行标识，后期需要将其转换为 one-hot 形式。我们需要把 6 个数据集文件一次性读入，最终得到训练集和测试集样本的形状为(50000，3072)和(10000，3072)，代码如下：

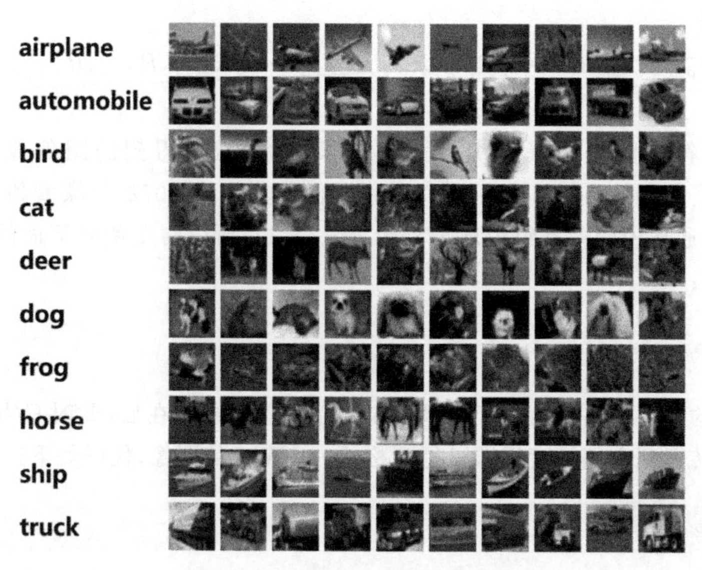

图 5-3 CIFAR-10 中的部分图像

```
//ch5/data_utils/cifar.py
#定义训练集与测试集文件名标识符
self.train_identifier = 'data_batch'
self.test_identifier = 'test_batch'

#CIFAR-10 中标签的 key
label_name = b'labels'

for dp in data_path:
    data = self.unpickle(dp)
    if self.train_identifier in dp:
        self.__train_images.append(data[b'data'])
        self.__train_labels.append(data[label_name])
    if self.test_identifier in dp:
        self.__test_images.append(data[b'data'])
        self.__test_labels.append(data[label_name])
```

由于 CIFAR-10 是自然图像的数据集，像素值范围较为广泛，因此我们直接将 CIFAR-10 的图像除以 255 进行归一化。归一化后的 CIFAR-10 数据集的均值与标准差分别为

```
mean = [0.49186878, 0.48265391, 0.44717728]
std = [0.24697121, 0.24338894, 0.26159259]
```

5.4.2 CIFAR-100

CIFAR-100 数据集与 CIFAR-10 数据集十分类似，不同的是 CIFAR-100 一共有 100

类,并且其类别以层级结构进行组织,例如小类中的 bottles 和 bowls 就共同属于大类/超类 food container,其 100 个小类一共属于 20 个超类,其映射关系如表 5-1 所示。

表 5-1 CIFAR-100 上超类与子类之间的关系

类	子 类
aquatic mammals	beaver, dolphin, otter, seal, whale
fish	aquarium fish, flatfish, ray, shark, trout
flowers	orchids, poppies, roses, sunflowers, tulips
food containers	bottles, bowls, cans, cups, plates
fruit and vegetables	apples, mushrooms, oranges, pears, sweet peppers
household electrical devices	clock, computer keyboard, lamp, telephone, television
household furniture	bed, chair, couch, table, wardrobe
insects	bee, beetle, butterfly, caterpillar, cockroach
large carnivores	bear, leopard, lion, tiger, wolf
large man-made outdoor things	bridge, castle, house, road, skyscraper
large natural outdoor scenes	cloud, forest, mountain, plain, sea
large omnivores and herbivores	camel, cattle, chimpanzee, elephant, kangaroo
medium-sized mammals	fox, porcupine, possum, raccoon, skunk
non-insect invertebrates	crab, lobster, snail, spider, worm
people	baby, boy, girl, man, woman
reptiles	crocodile, dinosaur, lizard, snake, turtle
small mammals	hamster, mouse, rabbit, shrew, squirrel
trees	maple, oak, palm, pine, willow
vehicles 1	bicycle, bus, motorcycle, pickup truck, train
vehicles 2	lawn-mower, rocket, streetcar, tank, tractor

CIFAR-100 的存储结构与 CIFAR-10 的存储结构类似,一共由 4 个文件构成：file. txt 为空文件,meta 为 CIFAR-100 的元数据,包含对数据集中类别的说明信息等；train 为训练数据,包含 50000 个训练样本与其对应的标签(包括子类标签与超类标签)；test 为测试数据,包含 10000 个训练样本与标签。

由于 CIFAR-100 中含有两种标签,因此我们在使用 CIFAR-100 数据集时,需要指定使用 coarse label(粗糙的标签,即超类)还是 fine label(精细的标签,即子类),同时由于 CIFAR-10 与 CIFAR-100 的数据组织方式相同,我们希望通过为构造函数传入相应的参数的方式指定使用 CIFAR-10 数据集还是 CIFAR-100 数据集,以及使用 CIFAR-100 数据集时究竟使用哪一种标签形式,定义 CIFAR 数据集类的构造函数头的代码如下：

```
//ch5/data_utils/cifar.py
class Cifar(Dataset):
    def __init__(self,
                 data_path,
```

```
                    batch_size,
                    shuffle = True,
                    normalize = True,
                    c10 = True,
                    coarse_label = False,
                    augmentation = True):
    ...
```

读取 CIFAR-100 上的样本标签时较为复杂，需要根据 coarse_label 的值来决定从 pickle 读取的字典中取键为 coarse_label 或 fine_label 的标签，从 CIFAR-100 文件中读取数据的代码如下：

```
//ch5/data_utils/cifar.py
#定义训练集与测试集文件名标识符
self.train_identifier = 'train'
self.test_identifier = 'test'

#根据传入的参数判断选用超类或子类作为标签
if coarse_label:
    label_name = b'coarse_labels'
    self.num_classes = 20
else:
    label_name = b'fine_labels'
    self.num_classes = 100

for dp in data_path:
    data = self.unpickle(dp)
    if self.train_identifier in dp:
        self.__train_images.append(data[b'data'])
        self.__train_labels.append(data[label_name])
    if self.test_identifier in dp:
        self.__test_images.append(data[b'data'])
        self.__test_labels.append(data[label_name])
```

CIFAR-100 数据的标准化方法与 CIFAR-10 类似，在此给出归一化后的 CIFAR-100 数据集上的均值与标准差：

```
mean = [0.50736203, 0.48668956, 0.44108857]
std = [0.26748815, 0.2565931, 0.27630851]
```

CIFAR 相关的完整代码可以参考随书代码//ch5/data_utils/cifar.py。

5.4.3 对图像进行数据增强

在 4.6 节介绍深度学习中的技巧时曾提到可以在输入数据上进行数据增强操作以扩大

训练样本，从而提升模型的性能。相较于单通道的 MNIST 数据集，CIFAR 数据集难度大很多，因此常常需要对 CIFAR 数据集使用数据增强技术提升模型在 CIFAR 数据集上的性能。数据增强通常分为两种形式，一种是离线的数据增强，即先使用各种图像处理技术得到新的样本并将其保存下来，从而得到一个新的大数据集。另一种是在线的数据增强，即在每次取 batch 数据时对其进行数据增强，并把增强后的 batch 返回模型输入。

数据增强的核心思想是如何设计一种策略，使图像受到干扰前后数据标签不变，此时我们便认为增强后的图像可以作为新样本对模型进行训练。值得注意的是，数据增强需要引入随机性，通常会指定一个概率值表明执行这项数据增强的可能性，这样才能保证每次对于同样的样本能生成不一样的新样本。

本节介绍的数据增强技术可以应用于离线生成也可以在线应用，本节主要介绍如何将数据增强应用到 batch 数据上，即在线增强。

1. 图像翻转

图像翻转包括水平翻转与竖直翻转。通常对于自然图像来说，使用两者都不会改变其标签，而对于数字图像来说，翻转通常是不适用的，因为数字在方向上具有识别性。例如将 3 水平翻转后得到 ε，显然改变了图像的标签。将数字 6 竖直翻转得到 9 也是同样的道理。

由于我们的数据集类最终将数据转换为 np.array 类型，所以我们直接使用 OpenCV 对图像进行处理即可。在 OpenCV 中可以使用其 flip 方法对图像进行翻转，根据传入的 code 不同分别对图像进行不同的翻转操作。详细操作可以参考 2.4.2 节第 2 部分的讲解，对单张图像进行翻转的代码如下：

```
def flip_one(image, axis):
    image = cv2.flip(image, axis)
    return image
```

当对整个 batch 的数据进行翻转时，需要以一定概率对每张图像进行翻转。下面的程序说明了如何以一定的概率对 batch 中的每张图像进行水平翻转，代码如下：

```
//ch5/data_utils/augmentation.py
def horizontal_flip(batch_data, prob = 0.5):
    #获取 batch 的形状
    N, H, W, C = batch_data.shape

    #为翻转后的数据创建一个形状与输入相同的占位符
    flipped_batch = np.zeros_like(batch_data)

    #对 batch 中的每张图像分别进行操作
    for i in range(N):
        #随机生成执行概率
        flip_prob = np.random.rand()
```

```
        if flip_prob < prob:
            #对 batch 中的第 i 张图像进行水平翻转操作
            flipped_batch[i] = flip_one(batch_data[i], axis = 1)

    #返回水平翻转后的 batch
    return flipped_batch
```

对整个 batch 以概率竖直翻转的代码与水平翻转类似，仅需改变翻转的 code 为 0 即可，代码如下：

```
//ch5/data_utils/augmentation.py
def vertical_flip(batch_data, prob = 0.5):
    #获取 batch 的形状
    N, H, W, C = batch_data.shape

    #为翻转后的数据创建一个形状与输入相同的占位符
    flipped_batch = np.zeros_like(batch_data)

    #对 batch 中的每张图像分别进行操作
    for i in range(N):
        #随机生成执行概率
        flip_prob = np.random.rand()

        if flip_prob < prob:
            #对 batch 中的第 i 张图像进行水平翻转操作
            flipped_batch[i] = flip_one(batch_data[i], axis = 0)

    #返回水平翻转后的 batch
    return flipped_batch
```

2. 图像裁剪

我们通常认为，从原图像中裁剪出一部分图像后，新图像的标签也是不变的。例如对于一张猫的图像，现在从其中随机裁剪出原图像 80%～90%大小的子图，那么我们认为新图像仍然能保留猫的可辨别特征，但是从数据分布上来说，其本质完全是另一张完全不同的图像。

由于神经网络通常要求输入的图像大小保持一致，因此在进行图像裁剪时，我们常用的方法有两种，一种是将原图像放大为大小为(αH,αW)的图像(α 为一个大于 1 的缩放因子)，再从新图像中随机裁剪出一个大小为(H,W)的子图。第二种方法是在原图四周用 0(或其他任意值)填充一周宽度为 d 的像素，得到大小为($H+2d$,$W+2d$)新图像，再从新图像中随机裁剪出一个大小为(H,W)的图像。两种方法没有优劣之分。两种方法的实现方式也像各自所描述的一样，进行放大或填充后再进行随机裁剪。

图像裁剪通常与水平翻转一起使用，作为最常使用的数据增强方法，其被称为 random_

crop_and_flip，其实现方式可以参考以下程序，代码如下：

```
//ch5/data_utils/augmentation.py
def random_crop_and_flip(batch_data, padding_size, resize = False):
    #获取 batch 的形状
    N, H, W, C = batch_data.shape

    #为翻转后的数据创建一个形状与输入相同的占位符
    new_batch = np.zeros_like(batch_data)

    #根据每个方向上填充的宽度计算新图像的大小
    new_H = H + 2 * padding_size
    new_W = W + 2 * padding_size

    for i in range(N):
        #生成随机裁剪的左上角坐标
        y_offset = np.random.randint(low = 0, high = 2 * padding_size)
        x_offset = np.random.randint(low = 0, high = 2 * padding_size)

        #使用缩放方式进行裁剪或使用填充方式进行裁剪
        if resize:
            image = resize_one(batch_data[i], (new_H, new_W))
        else:
            image = np.pad(batch_data[i],
                           (
                               (padding_size, padding_size),
                               (padding_size, padding_size),
                               (0, 0)
                           ),
                           mode = 'constant')

        #完成图像的裁剪
        new_batch[i] = image[y_offset: y_offset + H, x_offset: x_offset + W, :]

    #完成对 batch 的随机水平翻转
    new_batch = horizontal_flip(new_batch, prob = 0.5)

    return new_batch
```

除了像翻转与裁剪这一类图像空间层面上的增强，还有许多图像通道/色彩上的增强方式，例如对图像进行自动对比度、减少饱和度、色彩抖动(color jitter)等。理论上来说，大多数计算机图形学操作的算法都可以作为一种数据增强的手段，没有绝对的好与坏的数据增强方法，需要根据数据集自身的特性选择最适合的数据增强方法。

在线增强需要将数据增强方法应用到每个 batch 数据上，因此需要在 next_batch 函数中进行处理，代码如下：

```
//ch5/data_utils/cifar.py
def next_batch(self, which_set):
    …
    batch_data = deepcopy(target_image[indices])

    #在复制的batch副本上做随机裁剪与水平翻转操作
    if do_augment:
        batch_data = random_crop_and_flip(batch_data, padding_size = 4)

    if self.normalize:
        batch_data = self.__normalization(batch_data)

    return batch_data, target_label[indices]
```

本节介绍的数据增强方法可以应用到任意图像数据集中。

5.5 Oxford Flower 数据集

不难看出,从 IRIS 到 CIFAR 数据集,我们采取的数据读取方式都是一次性将所有的数据放入内存中,再从内存中每次随机选取 batch 放入模型中。这样做的好处是减少对 IO 的操作次数,从而加快了数据读取操作的速度。但是在实际操作中,数据集的大小往往大于内存,无法一次全部将数据放入内存中。此时常采用的做法是将所有数据的路径保存起来(相当于保存字符串),在选取 batch 时,从这些路径中以顺序或随机的方式进行选取,再对选出的路径进行图像的读取,经过必要的处理后(如数据增强、标准化等)将其返回即可。虽然这样做会增加由 IO 带来的时间消耗,但是在硬件条件不足的情况下不失为一个好的选择。

Oxford Flower 是一个花卉的图像数据集,其分为大小数据集两个版本。小的数据集一共含有 17 类花卉,称为 17flowers,其可以用来作为图像分割的数据集。大的数据集一共含有 102 类花卉,称为 102flowers,可以用来作为图像分类与图像分割的数据集。在此我们只使用 102flowers 数据集。

与前面的数据集不同,102flowers 一共有 8189 张图像,更接近于从真实世界中采集到的数据集,首先它的图像大小各异,其次每一类图像的数量不均衡(最少的类别仅有 40 张图像,最多的类别含有 258 张图像),最后也是最重要的一点是,它以纯图像的形式存储,不像前面介绍的数据集有一个较好的封装过程,这也更接近于我们直接从真实世界中得到的数据。

102flowers 一共含有 3 个文件,分别是包含所有图像的压缩包 102flowers.tgz,将其解压能得到 jpg 文件夹,含有所有的 8189 张图像,图像名从 image_00001.jpg 到 image_08189.jpg。imagelabels.mat 里面有每张图像对应的标签,一共含有 8189 个数,分别表示 image_00001.jpg 到 image_08189.jpg 图像的标签,不过需要注意的是,最小的类标为 1,最大的类标为 102,为了处理成 one-hot 标签,我们需要将标签统一减 1,得到新的标签范围为

0～101。setid.mat 是数据集的划分，trnid 表示训练集数据的编号、valid 表示验证集的编号、tstid 表示测试集的编号。读取 mat 文件可以使用 scipy.io 中的 readmat 方法，相关用法可以参考第 2 章。

可以发现图像文件名中的数字都以 5 位数表示，若位数不够则使用前导 0 进行填充，因此当根据 setid.mat 中的数字取相应的文件名时，我们需要为该数补全前导 0 才能符合文件名的要求。

虽然 102flowers 数据大小总共也不过 300MB 左右，以现在的硬件水平来说，将所有的数据放入内存完全绰绰有余，在此我们还是介绍通用的数据集处理方法，即假定内存不足以放入所有的图像情况下的做法。

首先读取训练集、验证集和测试集的编号分割文件，得到每个部分的编号情况，代码如下：

```
//ch5/data_utils/oxford_flower.py
#数据集分割编号文件
image_split = 'setid.mat'

#__read 方法返回 scipy.io.readmat 的结果
readObjs = self.__read(image_split)

#得到每个数据部分的文件 id
self.__train_images = np.squeeze(readObjs['trnid'])
self.__val_images = np.squeeze(readObjs['valid'])
self.__test_images = np.squeeze(readObjs['tstid'])
```

类似地，读取数据标签的代码如下：

```
//ch5/data_utils/oxford_flower.py
#数据集标签文件
label = 'imagelabels.mat'

#通过减 1 将 1～102 的标签转换为 0～101
self.__all_labels = np.squeeze(self.__read(label)['labels']) - 1

#将数字标签转换为 one-hot 向量
self.__all_labels = np.eye(self.num_classes)[self.__all_labels]
```

当获得图像编号后，可以通过为编号加上前导 0 并为其加上 image_前缀即可找到编号对应的文件名，代码如下：

```
//ch5/data_utils/oxford_flower.py
def __read_images(self, img_id):
    #将传入的 image_id 转换为字符串，方便进行拼接
```

```
    img_id = str(img_id)

    #拼接出文件的完整路径
    img_path = os.path.join(self.image_root,
            'image_{}.jpg'.format('0' * (5 - len(img_id)) + img_id))

    #使用OpenCV读取图像(Numpy.array类型)
    img = cv2.imread(img_path)

    #是否对图像进行缩放
    if self.resize:
        img = cv2.resize(img, self.resize)

    #返回读取的图像
    return img
```

读取图像的操作在 next_batch 中完成，代码如下：

```
//ch5/data_utils/oxford_flower.py
def next_batch(self, which_set):
    …
    #以乱序或顺序的方式取一个batch的图像编号
    if self.shuffle:
        indexes = np.random.choice(
                    self.num_examples(which_set), self.batch_size)
    else:
        indexes = list(
            range(target_pointer[0] - self.batch_size, target_pointer[0]))

        target_pointer[0] = (target_pointer[0] + self.batch_size) %
                self.num_examples(which_set)

    #根据选出的batch图像编号读取batch图像
    imgs = np.stack([self.__read_images(target_image[idx])
                        for idx in indexes], axis = 0)

    #由于编号从1~8189,需要将其减1得到0~8188作为索引读取标签
    labels = np.stack([self.__all_labels[target_image[idx] - 1]
                        for idx in indexes], axis = 0)

    #是否进行数据增强
    if do_augment:
        imgs = random_crop_and_flip(imgs, padding_size = 16)

    if self.__normalize:
```

```
            imgs = self.__normalization(imgs)

        return imgs, labels
```

最后，给出 102flowers 数据集的归一化后的均值与标准差：

```
    mean = [0.28749102, 0.37729599, 0.43510646]
    std = [0.26957776, 0.24504408, 0.29615187]
```

5.6 ImageNet 数据集

ImageNet 数据集整体呈金字塔状，由上到下分别是"目录""子目录"和"图像集"，它的标志如图 5-4 所示。

ImageNet 总共含有 1500 万张图像，每张图像都含有图像级别的标注(即图像分类任务的标注形式)，每一类至少含有 500 张图像。除此之外，ImageNet 还为其中的 103 万张图像提供边界框(Bounding Box)，可以作为目标检测任务的数据集。ImageNet 提供两种数据下载方式，第一种可以通过下载所有图像的 URL 文件，在需要使用图像数据时，加载其对应的 URL 并下载使用即可。第二种是直接下载所有图像文件，共有 1TB 左右，当磁盘空间允许时，可以选择直接下载图像数据。

图 5-4 ImageNet 的标志

当讨论图像分类时，我们说使用 ImageNet 数据集往往并不是指使用了 ImageNet 的全量数据集，而是使用了 Large Scale Visual Recognition Challenge (ILSVRC)比赛的数据集。它本质上是全量 ImageNet 的一个子集，其中以 2012 年比赛使用的数据集最常用，即 ILSVRC 2012 的数据集。

ILSVRC 2012 含有 1200000 张训练图像，以及含有 150000 张图像的验证集和测试集，它们来源于 Flickr 和别的搜索引擎，数据集中一共含有 1000 个大类和 1860 个小类。当作精细粒度(fine-grained)分类时，需要使用小类进行区分。

由于 ImageNet 数据过大，在此仅对其做一个概述，不介绍其具体使用方法。有兴趣的读者可以通过 http://www.image-net.org/了解 ImageNet 相关信息及通过 http://image-net.org/challenges/LSVRC/2012/了解 ILSVRC 2012 相关信息。

5.7 小结

本节介绍了几个深度学习中常用的数据集。从数据层面来说，可以分为一维数据(IRIS、MNIST)和二维数据(SVHN、CIFAR、Oxford Flower、ImageNet)。从存储方式来说，可以分为以特殊形式存储的数据(MNIST、SVHN、CIFAR)和以字面值(人可以直接读懂)存储的数据(IRIS、Oxford Flower、ImageNet)。从数据大小来说,可以分为小型数据集(IRIS、MNIST、SVHN、CIFAR、Oxford Flower)与大型数据集(ImageNet)。类似的分类方式还有很多,可以看出本书所介绍的数据集基本涵盖了不同表达形式与存储方式的数据集。

同时本节还介绍了如何自己实现数据加载逻辑,可以认为加载数据大致分为以下几个步骤:在构造函数中读取图像数据或文件名数据,读取数据的标签信息,完成训练集、验证集和测试集的划分。在 next_batch 函数中完成读取数据与标签必要的预处理操作,例如对样本的数据进行增强操作、归一化操作,对标签的"软化"(Soft Label)操作等,最终返回预处理好的数据及其对应标签即可。

本书主要对数据读取原理及使用进行讲解,因此只使用有详细讲解的数据集作为不同类型数据集使用的演示,不涉及 ImageNet 这种大型数据集。

第 6 章

全连接神经网络

经过前 5 章的学习，相信读者已经掌握了深度学习的基本概念，对深度学习各部分也有了相应的了解：从输入数据开始，掌握了如何为模型产生训练数据，如何预处理数据；在模型内部如何选取激活函数、标准化方式；在模型输出时，如何选用损失函数及如何选用优化器等。从本章开始，将带领读者深入模型内部，由浅入深地介绍模型的搭建方法，同时还会结合前面所介绍的知识，使用我们搭建的模型进行一些有趣的应用。

本章将介绍最简单的神经网络，我们称为"全连接神经网络"，首先会介绍全连接神经网络的概念，接着介绍全连接神经网络在回归及分类任务上的应用，最后会和读者一起完成一个使用自己训练的模型实时预测自己手写数字的小任务。

6.1 什么是全连接神经网络

6.1.1 感知机

需要了解全连接神经网络的概念，首先需要了解什么是感知机(Perceptron)。从神经元的角度来说，感知机只含有一个神经元，它可以接收若干个输入，并将输出结果经过一个激活函数得到最终的输出结果，如图 6-1 所示。

从图 6-1 可以看出，该感知机接收 n 个输入分量，并执行一个矩阵乘法与加法完成对输入的线性变化，再将变化后的结果经过激活函数得到输出。可以认为输入样本 x 的形状为(batch_size,n)，表示输入由 batch_size 个长度为 n 的输入样本组成。感知机内的可学习参数 W 形状为(n,1)，偏置参数 b 为一个标量，因此经过线性变换后的数据形状为(batch_size,1)。由于激活函数只进行数值运算，并不改变数据的形状，所以最终感知机的输出结果 $f(xW+b)$形状也为(batch_size,1)。从输出的形状来看，对每个输入样本，都输出一个标量值作为结果。那么一个标量值到底能表示多少信息呢？从回归的角度来说，我们可以用一个标量值表示多元单射函数的函数值 $y=F(x_1;x_2;\cdots x_n)$；从分类的角度来说，一个标量值可以表示样本属于某一类的概率，因此其仅适用于简单的二分类问题。从非线性的复杂度来说，整个结构只含有一个非线性变换部分，即激活函数 f，因此使用其完成回归任务时仅能拟合简单的曲线，或者说，模型能拟合的曲线复杂度仅取决于激活函数 f 的复

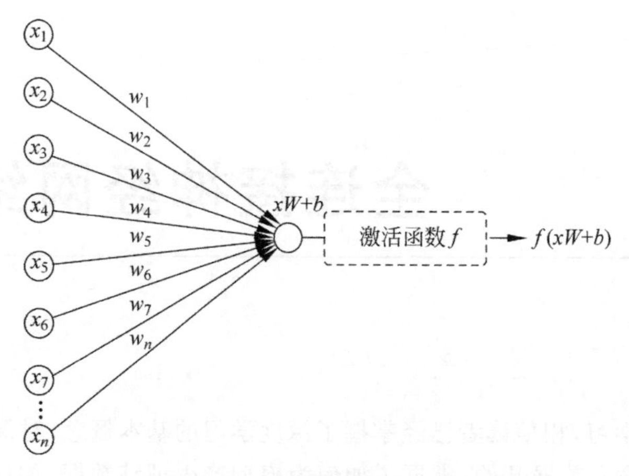

图 6-1 感知机的原理示意图

杂度。

下面我们来看一个感知机的经典应用,例如我们希望用感知机完成与(AND)操作,那么输入层需要有两个节点分别表示 x_1 与 x_2,它们进行与运算的结果如表 6-1 所示。

表 6-1 AND 运算结果

	$x_2=0$	$x_2=1$
$x_1=0$	0	0
$x_1=1$	0	1

因为值域范围为 0 或 1,所以我们选用 Sigmoid 激活函数(也可以选用别的激活函数,如符号函数 $\text{sign}(x)=\frac{x}{\text{abs}(x)}$等),相应地 W 的形状为(2,1),记 $W=[[w_1],[w_2]]$,则最终感知机的输出结果为

$$\text{output}=\text{Sigmoid}(w_1\times x_1+w_2\times x_2+b) \tag{6-1}$$

由第 4 章的 Sigmoid 函数图像可以知道,当 a 为一个小值或一个大值($\text{abs}(x)>5$)时,Sigmoid(a)的值会无限接近 0 或 1,将输入的 x_1 与 x_2 的值代入可以知道最终的参数 w_1、w_2 与 b 需要满足以下关系:

$$\begin{cases} b\text{ 为一个小值}(x_1=0,x_2=0) \\ w_1+b\text{ 为一个小值}(x_1=1,x_2=0) \\ w_2+b\text{ 为一个小值}(x_1=0,x_2=1) \\ w_1+w_2+b\text{ 为一个大值}(x_1=1,x_2=1) \end{cases}$$

满足以上关系的参数值选择十分多,例如 $w_1=15$、$w_2=15$ 及 $b=-20$ 就是一组能满足上述条件的参数,此时我们能得到分类边界为 $15x_1+15x_2-20=0$,即 $x_2=-x_1+1.33$,画出 x_1 与 x_2 不同取值情况下得到的结果与分类边界如图 6-2 所示。

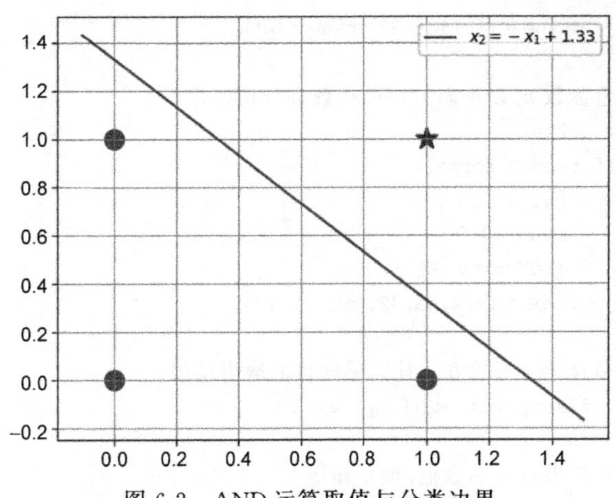

图 6-2　AND 运算取值与分类边界

图 6-2 中圆形图示表示 AND 运算取值为 0 的 3 种情况，星形表示取值为 1 的唯一情况，可以看出分类边界刚好将这两种取值情况分开，在边界上方包含取值为 1 的情况，下方则是取值为 0 的情况。下面我们用 TensorFlow 实际操作实现感知机完成对 AND 运算的分类。

首先我们的训练集只包含 4 个样本：[0，0]、[0，1]、[1，0]和[1，1]，其对应的标签分别为 0、0、0 和 1，代码如下：

```
//ch6/pla/and_op.py
import tensorflow.compat.v1 as tf
import matplotlib.pyplot as plt
import numpy as np

data = tf.constant([[0, 0], [0, 1], [1, 0], [1, 1]], dtype = tf.float32)
label = tf.constant([[0], [0], [0], [1]], dtype = tf.float32)
```

从感知机的描述可以知道，其内部含有两个参数 W 和 b 完成与输入数据的矩阵相乘即可，代码如下：

```
//ch6/pla/and_op.py
def perceptron(inp, name):
    with tf.variable_scope(name) as scope:
        n = inp.get_shape().as_list()[ - 1]
        #定义参数 W 形状为[n, 1],以正态分布随机数进行初始化
        w = tf.Variable(
                tf.random_normal(
                    [n, 1],
                    mean = 0.0,
                    stddev = 0.02
```

```
            ), dtype = tf.float32, name = 'w')

    #定义标量参数 b,以正态分布随机数进行初始化
    b = tf.Variable(
            tf.random_normal(
                [],
                mean = 0.0,
                stddev = 0.02
            ), dtype = tf.float32, name = 'b')

    #以矩阵运算 xW + b 的方式计算感知机的输出结果
    output = tf.add(tf.matmul(inp, w), b)

    #返回计算结果及 w 参数值,便于作图
    return output, w, b
```

得到矩阵运算后的结果之后,我们还需要连接激活函数并对损失进行计算,代码如下:

```
output, w, b = perceptron(data, name = 'perceptron')
output = tf.nn.sigmoid(output)
```

在这之后,我们选用二值交叉熵(交叉熵计算方式的二值退化版本)来计算损失,并使用NAG优化器对损失进行优化,代码如下:

```
loss = tf.reduce_mean(
            - (label * tf.log(output) + (1 - label) * tf.log(1 - output))
        )
op = tf.train.MomentumOptimizer(1e - 1, 0.9, use_nesterov = True).minimize(loss)
```

定义好优化步骤后,计算图(Graph)定义便完成了。接下来定义会话(Session)运行我们的优化步骤即可,同时返回每个周期内的 W 与 b 的参数值,用于动态绘制与运算的分类边界,整个过程的代码如下:

```
//ch6/pla/and_op.py
#打开交互作图模式,方便查看分类边界变化情况
plt.ion()

#生成 x 数据
x = np.linspace( - 0.1, 1.5, 100)
plt.grid()

with tf.Session() as sess:
    #初始化感知机中的随机变量
    tf.global_variables_initializer().run()
```

```
    #训练 100 个周期
    for i in range(100):
        #获取每个周期内的 W 和 b 的参数值及 loss,方便观察其变化情况
        wi, bi, loss_i, _ = sess.run([w, b, loss, op])

        #绘图部分
        plt.cla()

        #绘制与运算的结果
        plt.scatter(0, 0, s = 150, c = 'red')
        plt.scatter(0, 1, s = 150, c = 'red')
        plt.scatter(1, 0, s = 150, c = 'red')
        plt.scatter(1, 1, s = 200, c = 'blue', marker = '*')

        #计算当前得到的直线斜率与截距
        K = -wi[0] / wi[1]
        B = -bi / wi[1]

        #绘制分类边界
        plt.plot(x, K * x + B,
            label = '$x_{2}$ = ' + '{}'.format(K) + '$x_{1}$ + ' + '{}'.format(B)
        )
        plt.legend()
        plt.pause(0.1)

        #打印每个周期的参数与 loss 信息
        print('Epoch {}: K -> {}, B -> {}, loss -> {}'.format(i, K, B, loss_i))

#关闭交互模式
plt.ioff()
#显示最终结果
plt.show()
```

运行程序,可以看到每个周期感知机学习到的分类边界的变化情况,如图 6-3 所示。

从图 6-3 可以看出,随着训练的深入,通过逐渐调整斜率与截距的取值可以得到正确的分类边界,这一点从控制台打印的损失值也能看出来,控制台打印的信息如图 6-4 所示。

图 6-4 显示了训练最初与最终 10 个周期的参数值与损失变化情况,可以看到损失由最初的 0.68 降到了最终的 0.13 左右。

容易看出,与运算的数据是线性可分的(可以简单认为用一条直线即可完全分开),类似的运算还有或运算(OR)和非运算(NOT)的数据,读者只要将代码中定义数据的部分进行相应的修改,即可让模型学习到 OR 运算和 NOR 运算的感知机。我们将这种可以线性可分的谓词逻辑称为一阶谓词逻辑问题,相应地还有高阶谓词逻辑,例如异或运算(XOR)。假设有两个二值变量 x_1 和 x_2,容易得出 x_1 XOR x_2 = (x_1 AND NOT x_2) OR (NOT x_1 AND x_2)。

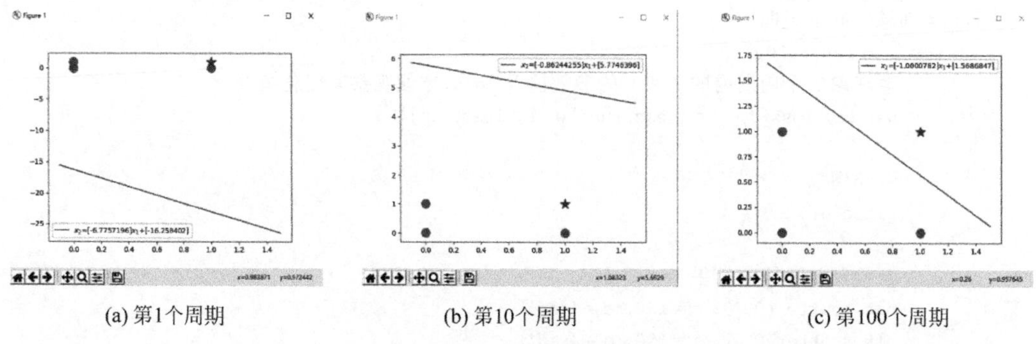

(a) 第1个周期　　(b) 第10个周期　　(c) 第100个周期

图 6-3　训练 AND 运算的感知机

```
Epoch 0: K -> [-6.7757196], B -> [-16.258402], loss -> 0.6847819685935974
Epoch 1: K -> [-15.607745], B -> [-74.19109], loss -> 0.674404501914978
Epoch 2: K -> [7.004895], B -> [63.649235], loss -> 0.6608004570007324
Epoch 3: K -> [1.2623581], B -> [25.746347], loss -> 0.6452777981758118
Epoch 4: K -> [0.08541479], B -> [16.633253], loss -> 0.6289381384849548
Epoch 5: K -> [-0.37658435], B -> [12.313248], loss -> 0.612593412399292
Epoch 6: K -> [-0.6053436], B -> [9.723721], loss -> 0.5967482328414917
Epoch 7: K -> [-0.7337715], B -> [7.9795833], loss -> 0.5816330909729004
Epoch 8: K -> [-0.81197274], B -> [6.7221093], loss -> 0.5672683119773865
Epoch 9: K -> [-0.86244255], B -> [5.7746396], loss -> 0.5535392761230469
Epoch 10: K -> [-0.8964957], B -> [5.038471], loss -> 0.5402673482894897
...
Epoch 90: K -> [-1.0001255], B -> [1.5740284], loss -> 0.14873546361923218
Epoch 91: K -> [-1.0001192], B -> [1.5734118], loss -> 0.14749735593795776
Epoch 92: K -> [-1.0001132], B -> [1.5727986], loss -> 0.14628073573112488
Epoch 93: K -> [-1.0001075], B -> [1.5721898], loss -> 0.145084947347641
Epoch 94: K -> [-1.0001022], B -> [1.5715865], loss -> 0.14390942454338074
Epoch 95: K -> [-1.0000969], B -> [1.5709895], loss -> 0.14275366067886353
Epoch 96: K -> [-1.0000919], B -> [1.5703999], loss -> 0.1416170299053192
Epoch 97: K -> [-1.0000871], B -> [1.5698186], loss -> 0.14049911499023438
Epoch 98: K -> [-1.0000826], B -> [1.5692465], loss -> 0.13939940929412842
Epoch 99: K -> [-1.0000782], B -> [1.5686847], loss -> 0.13831733167171478
```

图 6-4　训练过程中参数及损失变化情况

根据 x_1 和 x_2 的不同取值，我们可以得到它们异或运算后的结果，如表 6-2 所示。

表 6-2　XOR 运算结果

	$x_2=0$	$x_2=1$
$x_1=0$	0	1
$x_1=1$	1	0

在坐标系下画出 XOR 操作的结果如图 6-5 所示。

可以看出，对于 XOR 的数据我们无法找到一条直线将它分开，这是一个线性不可分的

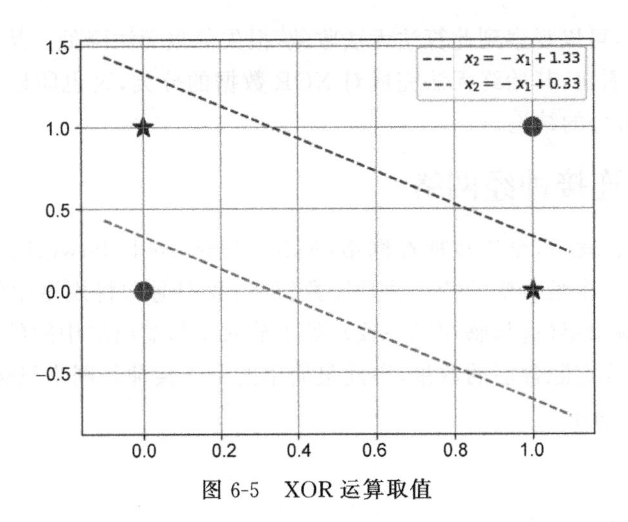

图 6-5 XOR 运算取值

问题。从直观上来说，一个感知机仅能学到一条直线分类边界，想要将异或数据完全分开，直观上可以使用两条直线完成，如图 6-5 所示。

不过我们还是尝试使用感知机去完成对 XOR 数据的分类，万一机器比我们聪明并学到了一个分类边界呢？只需将 AND 运算的代码数据定义部分及绘图部分稍做更改，同时由于 XOR 比 AND 的数据更加难分，我们把训练周期增加到 500 个周期，代码如下：

```
//ch6/pla/xor_op.py
import tensorflow.compat.v1 as tf
import matplotlib.pyplot as plt
import numpy as np

data = tf.constant([[0, 0], [0, 1], [1, 0], [1, 1]], dtype = tf.float32)
label = tf.constant([[0], [1], [1], [0]], dtype = tf.float32)

def perceptron(inp, name):
    …

with tf.Session() as sess:
    #初始化感知机中的随机变量
    tf.global_variables_initializer().run()

    #训练 500 个周期
    for i in range(500):
      …
        #绘制异或运算的结果
        plt.scatter(0, 0, s = 150, c = 'red')
        plt.scatter(0, 1, s = 200, c = 'blue', marker = '*')
        plt.scatter(1, 0, s = 200, c = 'blue', marker = '*')
        plt.scatter(1, 1, s = 150, c = 'red')
    …
```

运行以上程序，可以观察到此算法无法收敛，损失值也无法降低。从每个周期画出的实时分类边界也可以看出，其始终无法完成对 XOR 数据的分类，这也印证了我们之前所说的 XOR 样本线性不可分的结论。

6.1.2 全连接神经网络

了解感知机的概念后，全连接神经网络（Fully Connected Networks）也就容易理解了。全连接神经网络的一个最重要的特点就是层数较多，我们通常将模型中的第一层称作输入层，最后一层称作输出层（这与感知机一致），处于输入层与输出层中间的层称作隐含层。全连接神经网络没有规定隐含层的数量，因此最简单的全连接神经网络只包含一个隐含层，即三层结构，如图 6-6 所示。

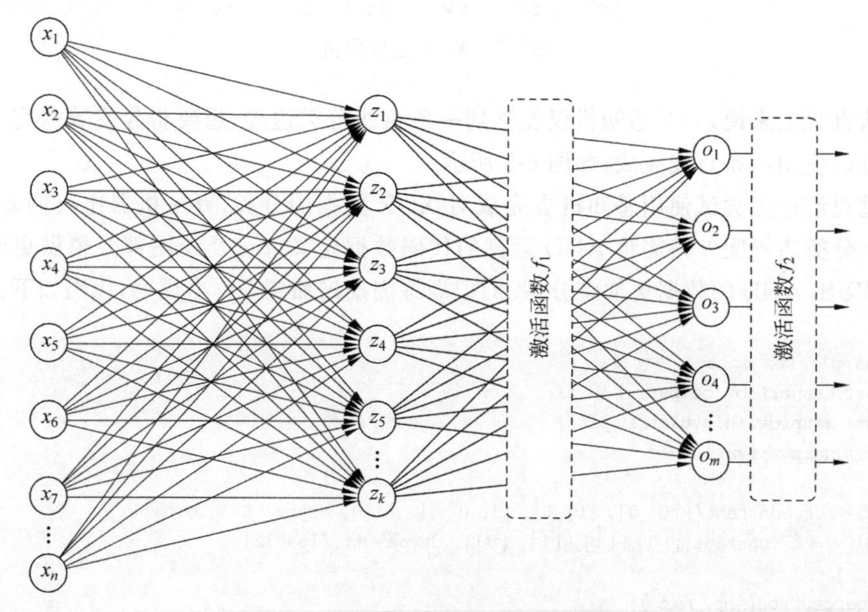

图 6-6 全连接神经网络原理示意图

图 6-6 表示的是一个三层的全连接神经网络，输入层接收含有 n 个分量的样本，可以认为输入 x 的形状为(batch_size,n)，中间隐含层得到的特征为 k 维的特征，因此隐含层中含有可学习参数 W_1 与 b_1 的形状分别为(n,k)与(k,)，隐含层的权重实际上相当于 k 个感知机，隐含层的输出经过激活函数 f_1 得到 $z=f_1(xW_1+b_1)$，形状为(batch_size,k)。同理，可以得到全连接神经网络最后的输出 $o=f_2(f_1(xW_1+b_1)\times W_2+b_2)$，其形状为(batch_size,$m$)。总体来说，全连接神经网络的计算过程是通过多次线性与非线性变换将 n 维的输入数据变换为 m 维的输出数据。

根据图 6-6 所示的最简单的全连接神经网络计算表达式容易将其推广到含有($t+1$)层的全连接神经网络，计算式如下：

$$\text{output}=f_t(f_{t-1}(\cdots f_1(xW_1+b_1)\times W_2+b_2\cdots)\times W_t+b_t) \tag{6-2}$$

可以看出,全连接神经网络实际上是通过不断叠加非线性激活函数达到拟合复杂函数的目的。已经证明,具有三层的全连接神经网络模型(含有两次非线性变换)能够拟合任意复杂的函数。因此在设计全连接神经网络时,应优先考虑仅含有一层隐含层的模型,当拟合效果不佳时再考虑加深(增加隐含层数量)网络或加宽(增加隐含层神经元个数)网络。

我们现在来看一看如何使用全连接神经网络完成异或运算。如 6.1.1 节所述,x_1 XOR x_2=(x_1 AND NOT x_2) OR(NOT x_1 AND x_2),因此可以在隐含层设计两个神经元分别完成 $z_1=x_1$ AND NOT x_2 和 z_2=NOT x_1 AND x_2,在最终的输出层完成 $o=z_1$ OR z_2 即可,整个结构如图 6-7 所示。

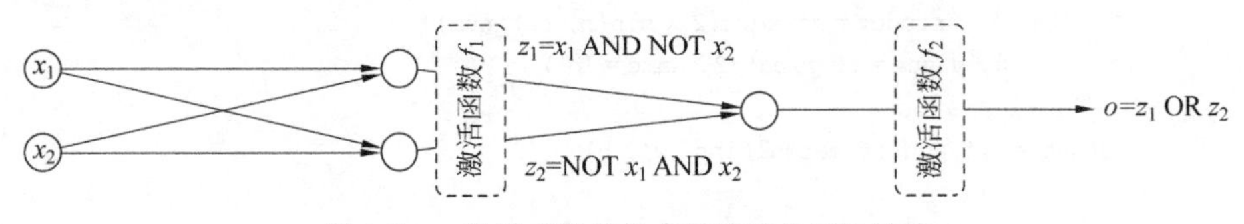

图 6-7 一种异或操作的全连接神经网络结构

为了实现含有多个神经元的层,我们需要稍微修改一下 6.1.1 节中的 perceptron 代码,在 perceptron 代码中,其默认输出个数为 1,因此内部的参数 W 的形状为(n,1)。在全连接神经网络中,由于输入维度是不确定的,因此需要为函数传入一个 out_num 来指定输出的维度,并定义参数 W 的形状为(n,out_num),参数 b 的形状为(out_num)即可。参数 W 和 b 的初始值一般以随机数初始化,Kaiming 初始化是其中一个好的初始化方法:若参数的形状为(n, m),则以均值为 0,方差为$\frac{2}{n}$或$\frac{2}{m}$的正态分布进行初始化即可。由于全连接神经网络本质上是由很多感知机组成的网络结构,全连接神经网络也被称为多层感知机,定义全连接层的代码如下:

```
//ch6/mlp/layers/fc.py
import tensorflow.compat.v1 as tf
import numpy as np


def fully_connected(inp, out_num, name):
    with tf.variable_scope(name) as scope:
        #确保全连接层的输入张量是二维的,形状为[batch_size, n]
        if len(inp.get_shape().as_list()) != 2:
            inp = tf.reshape(inp, shape = [inp.shape[0], -1])

        n = inp.get_shape().as_list()[-1]

        #使用 Kaiming 初始化对参数进行初始化
        #为了保证取值尽可能大的随机性,我们使用较大的方差进行初始化
        w = tf.Variable(
```

```
                tf.random_normal(
                    [n, out_num],
                    mean = 0.0,
                    stddev = np.sqrt(2 / min(n, out_num))
                ), dtype = tf.float32, name = 'w')

        b = tf.Variable(
                tf.random_normal(
                    [out_num],
                    mean = 0.0,
                    stddev = np.sqrt(2 / min(n, out_num))
                ), dtype = tf.float32, name = 'b')

        output = tf.add(tf.matmul(inp, w), b)

        return output
```

从全连接神经网络的原理可以看出，其本质就是不断叠加全连接层而已，如果每一层的神经元个数和激活函数（假定所有的激活函数都使用 Sigmoid 函数）确定，整个全连接神经网络的结构自然也就确定了，因此我们可以通过传入每层的神经元个数来获得一个完整的全连接神经网络模型。

我们可以设想一个模型基类 Model，需要为构造函数传入网络的相应参数（例如对全连接神经网络来说，每一层的神经元个数为确定模型必要的参数），并有一个 build 函数接收输入数据并返回输出数据即可，代码如下：

```
//ch6/mlp/models/base_class.py
import abc

class Model(metaclass = abc.ABCMeta):
    #构造函数传入必要的结构定义参数
    @abc.abstractmethod
    def __init__(self, structure_param):
        pass

    #模型搭建函数
    #传入输入值 x 与布尔值 is_training
    #因为有一些操作在训练与测试阶段计算方式不同，如 BN
    @abc.abstractmethod
    def build(self, x, is_training):
        pass
```

有了模型基类 Model 之后，我们需要继承 Model 并定义全连接神经网络/多层感知机模型的类，并为构造函数传入整型数的列表（不含输入层，输入层维度可以直接从样本得到）

表示每一层的神经元个数，例如输入样本为 n 维，传入的列表为[4,3,2]，则表示模型共含有两层隐含层，分别为4个神经元和3个神经元，最终的输出层含有2个神经元。由于任务的不确定性，通常对输出层不使用激活函数，例如有的任务需要输出概率值，则其适用Sigmoid或Softmax激活函数，而有的任务对输出范围没有要求，则不应该使用激活函数或者使用值域为$(-\infty,+\infty)$的激活函数。于是容易写出下面的FullyConnected类，代码如下：

```
//ch6/mlp/models/fullyConnected.py
import tensorflow.compat.v1 as tf

from models.base_class import Model
from layers.fc import fully_connected
from activations.activations import sigmoid


class FullyConnected(Model):
    #为构造函数传入含有整数的 list,表示每一层(除输入层)含有的神经元个数
    def __init__(self, structure):
        self.structure = structure

    #定义具体模型结构
    #模型中未使用BN,因此可以不使用 is_training 参数
    def build(self, x):
        with tf.variable_scope('fc') as scope:
            #定义输入层到第一隐含层的全连接结构与激活函数
            output = fully_connected(x, self.structure[0], name='fc0')
            output = sigmoid(output, name='sigmoid0')

            #定义第二隐含层到输入层的结构
            for i in range(1, len(self.structure)):
                output = fully_connected(
                        output, self.structure[i], name='fc{}'.format(i)
                )
                #为了编码灵活性,最后一层不使用激活函数,可以根据特定任务选用激活函数
                if i != len(self.structure) - 1:
                    #选用 Sigmoid 函数作为激活函数
                    output = sigmoid(output, name='sigmoid{}'.format(i))

            return output
```

有了FullyConnected类后，我们自然就能定义如图6-7所示的完成异或运算的全连接神经网络，代码如下：

```
//ch6/mlp/xor_op.py
import tensorflow.compat.v1 as tf
import numpy as np

from tools.printer import VarsPrinter
from models.fullyConnected import FullyConnected
from activations.activations import sigmoid

#定义异或数据及其标签
data = tf.constant([[0, 0], [0, 1], [1, 0], [1, 1]], dtype=tf.float32)
label = tf.constant([[0], [1], [1], [0]], dtype=tf.float32)

#隐含层包含2个节点,输出层包含1个节点
structure = [2, 1]

#搭建全连接神经网络
model = FullyConnected(structure)

#调用模型,得到其输出
output = model.build(data)

#最后需要输出0~1值,所以使用Sigmoid作为其激活函数
output = sigmoid(output, name='sigmoid')

loss = tf.reduce_mean(
            -(label * tf.log(output) + (1 - label) * tf.log(1 - output))
        )

#学习率可以自行调节
op = tf.train.MomentumOptimizer(1e-1, 0.9, use_nesterov=True).minimize(loss)

#用于打印模型中所有参数的工具
VarsPrinter()()

with tf.Session() as sess:
    #初始化全连接网络中的随机变量
    tf.global_variables_initializer().run()

    #训练1000个周期
    for i in range(1000):
        #获取每个周期的loss,方便观察其变化情况
        loss_i, _ = sess.run([loss, op])

        #打印每个周期的loss信息
        print('Epoch {}: loss -> {}'.format(i, loss_i))
```

需要注意的是，由于异或属于高阶谓词逻辑，其优化过程相对一阶谓词逻辑更困难，需要学习的参数也更多，所以我们将训练周期加到1000个周期以保证其收敛性。从代码可以看出，由于训练数据过少(4个)，我们采用1次将所有数据全部放入模型进行训练的方式。如4.5.1节第1部分所述，每次训练将所有数据一次性放入进行优化一定能保证找到极小值，同时其也容易陷入局部极小值。关于学习率的配置，读者可以自行调节进行实验。

运行以上程序，可以从控制台中看到损失逐渐降低的变化过程，如图6-8所示。

```
Epoch 0: loss -> 0.9596431851387024
Epoch 1: loss -> 0.9263611435890198
Epoch 2: loss -> 0.8836854100227356
Epoch 3: loss -> 0.8371909856796265
Epoch 4: loss -> 0.7922830581665039
Epoch 5: loss -> 0.7535384893417358
Epoch 6: loss -> 0.7240821123123169
Epoch 7: loss -> 0.7051870822906494
Epoch 8: loss -> 0.6962785124778748
Epoch 9: loss -> 0.6953593492507935
Epoch 10: loss -> 0.6996889114379883
...
Epoch 990: loss -> 0.013906510546803474
Epoch 991: loss -> 0.013886361382901669
Epoch 992: loss -> 0.013866288587450981
Epoch 993: loss -> 0.013846214860677719
Epoch 994: loss -> 0.013826279900968075
Epoch 995: loss -> 0.01380635891109705
Epoch 996: loss -> 0.01378649938851595
Epoch 997: loss -> 0.013766685500741005
Epoch 998: loss -> 0.01374693214893341
Epoch 999: loss -> 0.013727255165576935
```

图6-8　使用全连接神经网络完成XOR操作的损失变化情况

至此，我们使用全连接网络完成了XOR操作的运算，在后面几节读者还会看到全连接神经网络更多的应用场景。

6.2　使用全连接神经网络进行回归

如6.1节所述，当使用感知机进行回归时，由于其只有一个激活函数完成非线性变换，所以其能拟合的函数十分有限，但是当使用全连接神经网络进行回归时，能拟合的函数则灵活得多，其多次的非线性变换实际上相当于使用不同的激活函数对目标函数以分段函数的形式进行拟合。

为了验证全连接神经网络的拟合能力，需要定义一个相对较为复杂的函数，例如：

$$f(x)=\mathrm{e}^x-x\times\sin(x)\times\cos(x)+\ln(x^2+1)\times\sin(x)$$

我们画出其在区间[−10,1]上的图像，如图6-9所示。

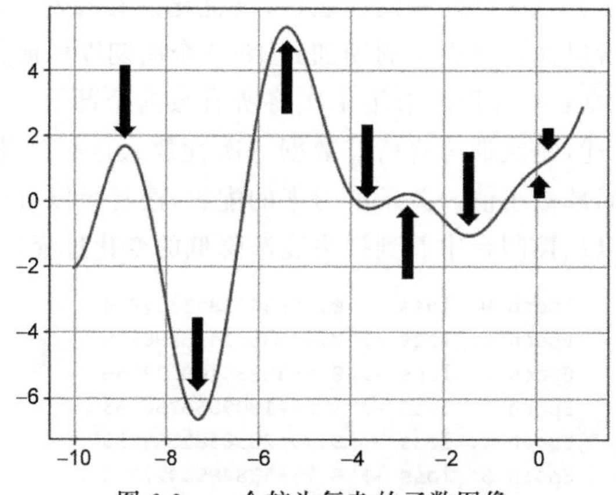

图 6-9 一个较为复杂的函数图像

下面尝试使用全连接神经网络来对该曲线进行拟合，按照前面介绍过的理论，含有两个非线性激活层的全连接神经网络能拟合任意复杂的函数，所以首先尝试使用只有一个隐含层的全连接神经网络进行拟合，那么隐含层中的神经元个数该如何确定呢？我们可以先从最简单的情况开始进行实验，即隐含层只含有一个神经元。

从图 6-9 的函数图像可以看出，函数在[−10,1]的值域包含正负值，其绝对值也没有具体限制，如[−1,1]，所以我们需要为输出层选取合适的激活函数（否则网络中只含有隐含层一层的非线性函数），在这里笔者选取 Leaky ReLU，其值域为(−∞,+∞)并且能完成良好的非线性转换。实现的代码如下：

```
import tensorflow.compat.v1 as tf
import matplotlib.pyplot as plt
import numpy as np

from tools.printer import VarsPrinter
from models.fullyConnected import FullyConnected

#Loss 类含有各种损失函数，根据传入的损失名称执行不同的计算
from losses.loss import Loss

#Optimizer 类含有各种优化器
#接收学习率、是否 warmup、学习率如何递减及使用哪一种优化器作为参数
from optimizers.optimizer import Optimizer

#activation.py 文件中含有各种激活函数，直接 import 需要的激活函数即可
from activations.activations import leaky_relu

#函数的定义域
x = np.float32(
        np.linspace( - 10, 1, 1000)
```

```
    ).reshape( - 1, 1)

#根据定义域计算函数值
y = np.float32(
        np.exp(x) - x * np.sin(x) * np.cos(x) + np.log(x ** 2 + 1) * np.sin(x)
    ).reshape( - 1, 1)

#定义需要拟合的数据
data = tf.constant(x, dtype = tf.float32)
label = tf.constant(y, dtype = tf.float32)

#隐含层包含 1 个节点,输出层包含 1 个节点
#隐含层个数可以任意更改,也可以增加隐含层数量
structure = [1, 1]

#搭建全连接神经网络
model = FullyConnected(structure)

#调用模型得到其输出,并使用 Leaky ReLu 完成第二次非线性转换
output = model.build(data)
output = leaky_relu(output, a = 0.5, name = 'lReLu')

#使用最小均方差作为损失函数,还可以选用 mae、huber 等损失
loss = Loss('mse').get_loss(y, output)

#因为我们只需查看模型拟合函数的能力,不涉及模型在测试数据上的表现
#所以选用在训练集能收敛更快的 adam 优化器
op = Optimizer(1e - 1, None, 1.0, False, 0, 'adam').minimize(loss)

#用于打印模型中所有参数的工具
VarsPrinter()()

#打开交互作图模式,方便查看拟合
plt.ion()

with tf.Session() as sess:
    #初始化全连接网络中的随机变量
    tf.global_variables_initializer().run()

    #训练 2000 个周期
    for i in range(2000):
        #获取每个周期的 loss,方便观察其变化情况
        loss_i, output_i, _ = sess.run([loss, output, op])

        #绘图部分
        plt.cla()
```

```
        #绘制原始数据
        plt.plot(x, y)

        #绘制模型拟合结果
        plt.plot(x, output_i)

        plt.pause(0.001)

        #打印每个周期的loss信息
        print('Epoch {}: loss -> {}'.format(i, loss_i))

plt.ioff()
plt.show()
```

运行以上程序，可以看到模型动态拟合函数的过程，如图 6-10 所示。

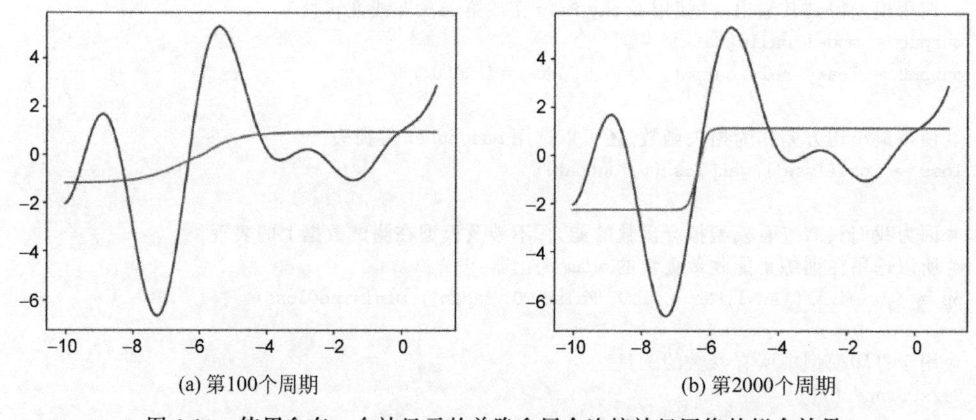

(a) 第100个周期　　(b) 第2000个周期

图 6-10　使用含有一个神经元的单隐含层全连接神经网络的拟合效果

同时控制台也打印了损失值的变化情况，可以看出损失值仍然很大，从图 6-10 也能看出此时的函数拟合效果不佳，那么如果我们将隐含层中的神经元个数改为 2 其结果会如何变化呢？直接将第 34 行代码的 structure 改为[2,1]即可。运行代码容易得到如图 6-11 所示的结果。

由图 6-11 的结果可以看出，含有两个神经元的隐含层比仅含有一个神经元的隐含层效果要更好一些，对于 1 附近的函数值拟合效果还不错，能看出增加隐含层神经元个数确实能增强模型的拟合能力，但是神经元个数设置为多少能达到最佳的拟合效果呢？我们再尝试一下 3 个神经元的隐含层能带来怎样的性能增益，如图 6-12 所示。

可以惊喜地发现，使用 3 个神经元的隐含层后，其表现又要显著好于仅含有两个神经元的情况，这一次模型对于自变量为负值的情况拟合能力也增强了不少。除此之外，可以观察

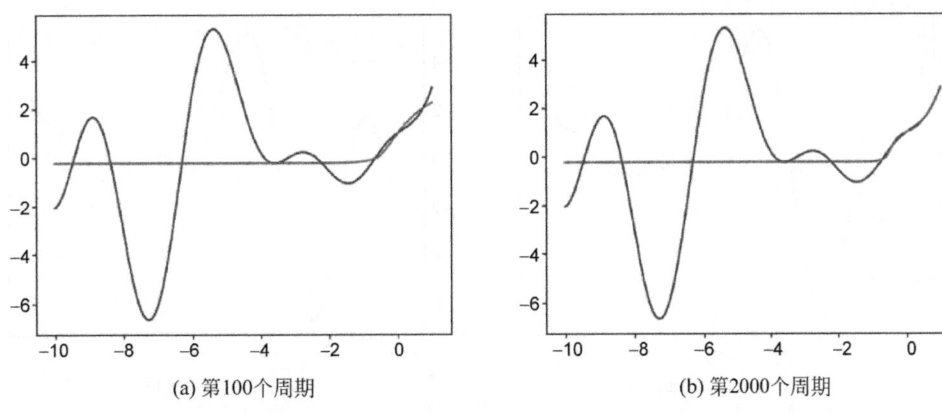

(a) 第100个周期　　(b) 第2000个周期

图 6-11　使用含有两个神经元的单隐含层全连接神经网络的拟合效果

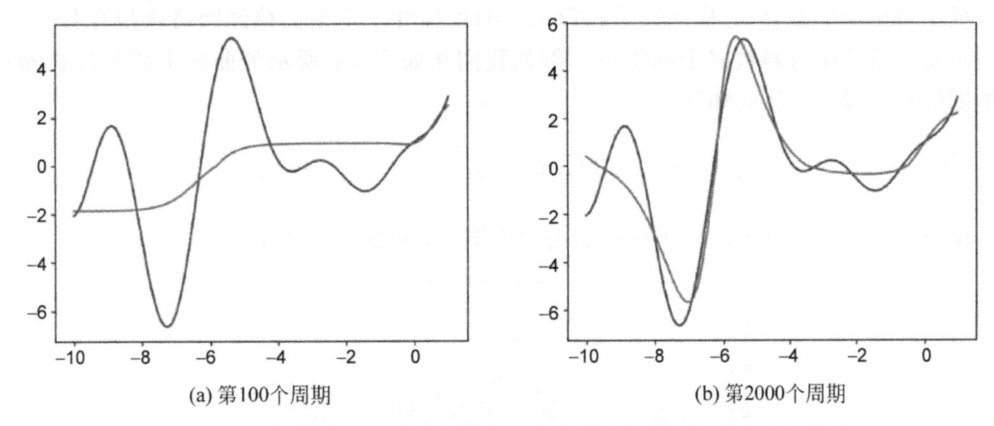

(a) 第100个周期　　(b) 第2000个周期

图 6-12　使用含有 3 个神经元的单隐含层全连接神经网络的拟合效果

到当仅含有一个神经元时,模型只能拟合出某一个激活函数的形状,如图 6-10 所示,实际上最终拟合的函数形状与 Sigmoid 形状相同。当使用两个神经元时,可以看到其拟合的函数能出现两个拐点,而使用 3 个神经元时,其拟合的函数则出现了 4 个拐点,结合前面所阐述过的原理,模型实际上通过分段函数完成对复杂函数的拟合,当含有两个神经元时,它们最多能确定两个分界点,对形成的 3 个区间分别进行拟合,而含有 3 个神经元时,它们最多能确定 3 个分界点,对形成的 4 个区间分别拟合。因此我们能确定一个不太严谨的结论:当所需要拟合的函数有 m 个拐点时,我们能通过使用 m 个神经元对这个函数进行拟合,这个结论可以为我们设计全连接神经网络提供一些启发性的思路。

我们重新来观察图 6-9,可以发现其一共含有 8 个拐点,分别使用箭头进行标出(也可以认为小箭头标出的位置不是拐点),那么从理论上来讲我们直接使用含有 8 个神经元的单隐含层神经网络就能完成对该函数的拟合,将 structure 改为 [8,1] 即可,容易得到如图 6-13 所示的结果。

可以看出,当训练 2000 个周期后,含有 8 个神经元的单隐含层全连接神经网络已经基

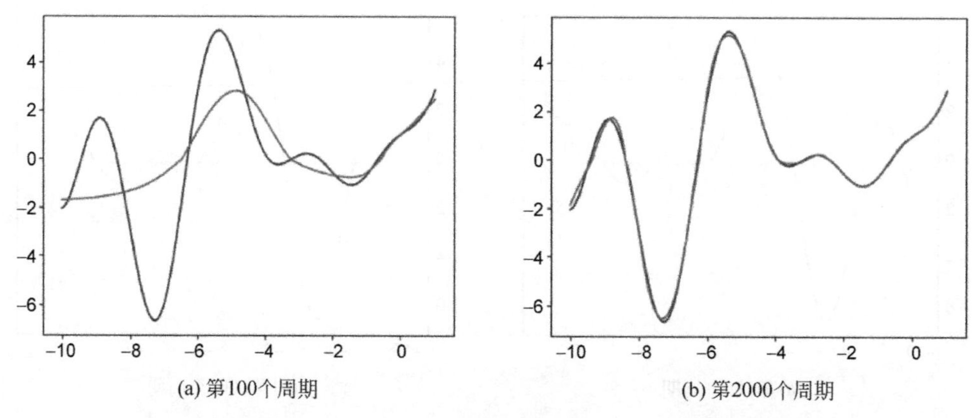

图 6-13 使用含有 8 个神经元的单隐含层全连接神经网络的拟合效果

本完成了对函数的拟合，这样印证了我们结论的正确性。全连接神经网络在拟合数据时会学习重要的特征而忽略数据中的噪声。例如我们在如图 6-9 所示的曲线上添加随机噪声，添加随机高斯噪声的代码如下：

```
y = np.float32(y + np.random.randn(1000, 1))
```

使用散点图可以画出添加了噪声后的数据图像，如图 6-14 所示。

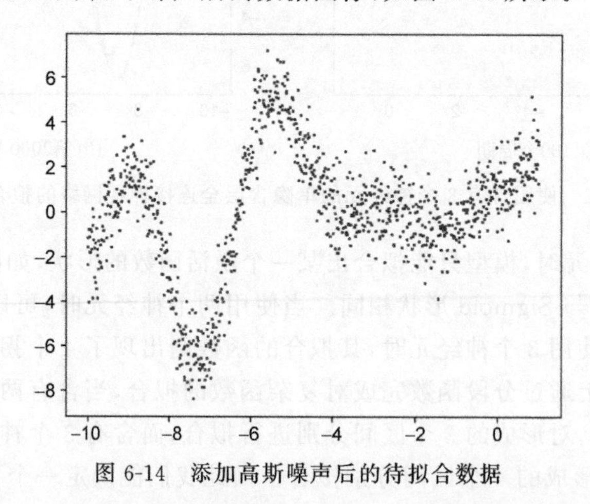

图 6-14 添加高斯噪声后的待拟合数据

我们同样使用含有 8 个神经元的单隐含层全连接神经网络对其进行拟合，可以得到如图 6-15 所示的结果。

从图 6-15 可以看出，随着迭代周期的进行，我们的模型逐渐能找到一条符合数据的曲线。通过对比图 6-12 与图 6-15 的结果可以发现，模型最终在 2000 个周期学到的曲线与原始曲线实际上还是十分相似的，这说明我们的模型对于噪声是稳健的，能自动从含有噪声的数据中学会其分布信息。

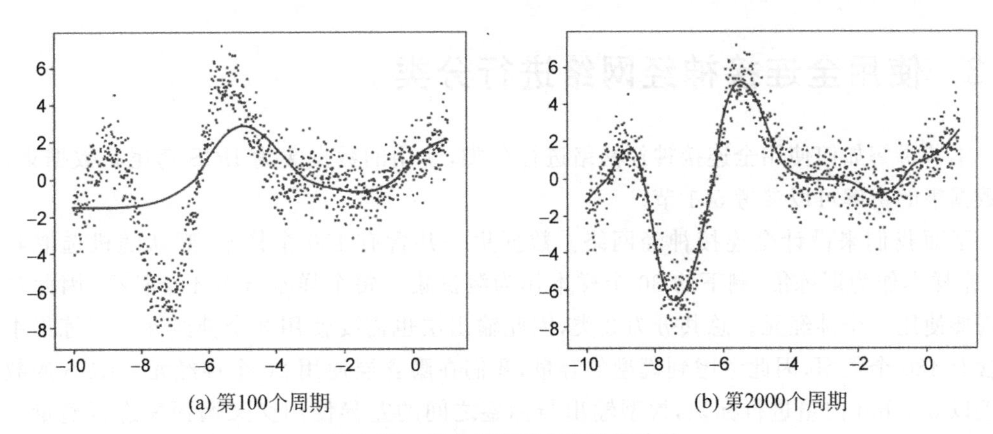

(a) 第100个周期　　(b) 第2000个周期

图 6-15　拟合带有噪声数据的效果

前面说过增加隐含层的神经元数量能够提升模型的学习能力，那么如果我们使用含有很多神经元的隐含层进行拟合会怎样呢？我们现在使用含有 2000 个单隐含层全连接神经网络对图 6-14 的数据进行拟合，容易得到类似图 6-16 所示的结果。

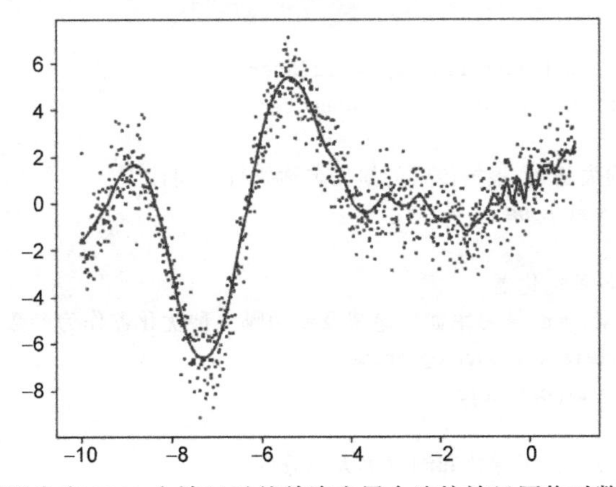

图 6-16　使用含有 2000 个神经元的单隐含层全连接神经网络对数据进行拟合

可以看出，此时模型拟合的能力进一步加强，画出的曲线十分弯曲，由于其比图 6-15(b) 得到的曲线拟合了更多的数据点，所以从损失值来看，显然含有 2000 个神经元的网络要好于仅有 8 个神经元的模型，但是从图像上来说，我们反而不希望模型拟合得像图 6-16 这么好，这样的模型由于学习能力过于强大，容易学到数据中的噪声信息，从而产生如图 6-16 所示这种很多弯曲的结构。我们将这种现象称为过拟合，将如图 6-11(b)和图 6-12(b)所示的模型拟合效果较差的情况称为欠拟合。过拟合与欠拟合都是机器学习中常见的问题，我们通常需要通过多方面的信息判断模型处于哪一个阶段。例如上一个例子中，我们就不能单纯通过损失值很小而认为模型表现很好，还需要结合图像进行进一步判断。

6.3 使用全连接神经网络进行分类

本节讲解如何使用全连接神经网络进行分类，使用的数据集为 IRIS 鸢尾花数据集，关于数据集的讲解可以参考 5.1 节。

下面我们来设计全连接神经网络。数据集一共含有 150 个样本，默认随机选取其中 120 个样本作为训练集，剩下的 30 个样本作为测试集。每个样本含有 4 个特征，因此输入层需要使用 4 个神经元。总共分为 3 类，因此输出层也需要使用 3 个神经元。训练集中一共含有 480 个数据，因此考虑到模型的容量，我们在隐含层使用 20 个神经元。IRIS 的数据标签以 one-hot 向量进行标识，模型输出与标签之间的差异使用交叉熵损失进行衡量。根据以上设定，代码如下：

```
//ch6/mlp/iris_classify
import tensorflow.compat.v1 as tf
import numpy as np
import os

from tools.printer import VarsPrinter, AccPrinter
from models.fullyConnected import FullyConnected

#Loss 类含有各种损失函数，根据传入的损失名称执行不同计算
from losses.loss import Loss

#Optimizer 类含有各种优化器
#接收学习率、是否 warmup、学习率如何递减及使用哪一种优化器作为参数
from optimizers.optimizer import Optimizer
from data_utils.iris import Iris

#设定 batch 大小为 30(为了保持和测试集大小兼容)
batch_size = 30

#数据存储路径
data_path = r'iris.data 的路径'

#初始化数据集对象，默认进行 shuffle 与标准化
iris = Iris(data_path = data_path,
                  batch_size = batch_size)

#数据样本由 4 个分量组成，标签由 3 个分量组成
x = tf.placeholder(dtype = tf.float32, shape = [batch_size, 4])
y = tf.placeholder(dtype = tf.float32, shape = [batch_size, 3])

#隐含层包含 20 个节点，输出层包含 3 个节点
```

```
structure = [20, 3]

#搭建全连接神经网络
model = FullyConnected(structure)
output = model.build(x)

#使用交叉熵计算损失值
loss = Loss('ce').get_loss(y, output)

#通过计算标签与模型输出最大分量位置是否相同计算模型是否预测正确
acc = tf.reduce_mean(
        tf.cast(
            tf.equal(
                tf.math.argmax(output, axis = 1),
                tf.math.argmax(y, axis = 1)
            ), tf.float32
        )
      )

#默认选用 NAG,学习率在第 40、60、80 周期时减小为 1/5
op = Optimizer(1e-1, [40, 60, 80], 0.2, False, 0, 'nestrov').minimize(loss)

#用于打印模型中所有参数的工具
VarsPrinter()()
acc_printer = AccPrinter()

with tf.Session() as sess:
    #初始化全连接网络中的随机变量
    tf.global_variables_initializer().run()

    #训练 100 个周期
    for i in range(100):
        #获取每个周期的 loss,方便观察其变化情况
        loss_e = 0
        #每个周期包括 iris.num_examples('train') //batch_size 次迭代
        for _ in range(iris.num_examples('train') //batch_size):
            _x, _y = iris.next_batch('train')

            loss_i, _ = sess.run([loss, op], feed_dict = {x: _x, y: _y})
            loss_e += loss_i

        test_x, test_y = iris.next_batch('test')

        #计算每个周期模型在测试集上的表现
        acc_e = sess.run(acc, feed_dict = {x: test_x, y: test_y})
        #打印每个周期的信息
        acc_printer(i, loss_e, acc_e)
```

运行以上程序，可以在控制台观察到类似图 6-17 所示的结果。

```
Epoch    0:    3.9      acc: 0.933
Epoch    1:    2.13     acc: 0.967
Epoch    2:    1.7      acc: 0.967
Epoch    3:    1.66     acc: 0.767
Epoch    4:    1.67     acc: 1.0
Epoch    5:    1.35     acc: 0.9
Epoch    6:    1.13     acc: 1.0
Epoch    7:    0.816    acc: 1.0
Epoch    8:    0.999    acc: 0.933
Epoch    9:    1.07     acc: 0.967
Epoch   10:    0.704    acc: 0.9
...
Epoch   90:    0.699    acc: 1.0
Epoch   91:    0.645    acc: 0.967
Epoch   92:    0.722    acc: 0.967
Epoch   93:    0.683    acc: 0.967
Epoch   94:    0.881    acc: 0.967
Epoch   95:    0.801    acc: 0.967
Epoch   96:    0.784    acc: 0.933
Epoch   97:    0.629    acc: 0.933
Epoch   98:    0.686    acc: 1.0
Epoch   99:    0.685    acc: 1.0
```

图 6-17　使用全连接神经网络对 IRIS 数据集分类的损失与准确率变化情况

从图 6-17 可以看出，分类损失值在持续降低，与此同时模型在测试集上的表现稳定在 0.933～1.0 之间，由于测试集的数据是有放回随机选取的，当命中较多不能正确分类的样本时，准确率会稍微低一些，反之准确率则高一些，但是这并不影响准确率的整体走势，可以看出准确率整体上来说还是呈上升趋势的。

有了使用全连接神经网络进行回归的经验后，读者会发现用全连接神经网络完成分类的过程实际上也很类似，只需根据输入及输出数据更改相应的神经元个数，并且更换损失函数。对于回归问题，我们能显著看到模型学习的过程，那我们有没有办法让分类模型的学习过程也可视化呢？由于人们生活在三维世界，所以最多能看见三维的分类过程，但是由于纸质书的缘故，能将分类的过程映射到二维坐标系中才是最佳的。分类的过程常常涉及将低维不可分的特征映射到高维空间后使其可分。如以上的分类 IRIS 全连接神经网络，我们将输入的四维特征先映射到二十维空间，再将其映射回三维空间计算损失，那我们认为在这个二十维空间的特征应该是显著可分的，但是由于维度太高，对于这个空间的特征我们无法可视化。换一种思路，如果我们将神经网络加深，使其每一层的维度分别为[4，20，2，3]，得到一个在 IRIS 数据集上表现好的分类器后，将中间维度为 2 的特征取出来，并将其作为二维坐标画出，我们就能看到分类的可视化过程了，下面我们就实现这一思路。由于此时我们需要取出网络中间的输出结果，所以此时不适用 FullyConnected 类，此时我们需要自己实现一个类似 FullyConnected 的类，并将其中维度为 2 的隐含层输出并进行返回，代码如下：

```
//ch6/mlp/iris_classify_vis.py
class FullyConnected_IRIS:
    def build(self, x):
        from layers.fc import fully_connected
        from activations.activations import sigmoid

        with tf.variable_scope('fc') as scope:
            output1 = fully_connected(x, 20, name = 'fc0')
            output1 = sigmoid(output1, name = 'sigmoid0')

            output2 = fully_connected(output1, 2, name = 'fc1')
            output2 = sigmoid(output2, name = 'sigmoid1')

            output3 = fully_connected(output2, 3, name = 'fc2')

            return output3, output2
```

对不同类别的鸢尾花使用不同的颜色与标识进行表示，代码如下：

```
#'Iris - setosa': 0, 'Iris - versicolor': 1, 'Iris - virginica': 2
marker = ['^', '*', 'o']
color = ['red', 'green', 'blue']
```

画出每个周期内所有 120 个训练样本的分类情况，代码如下：

```
//ch6/mlp/iris_classify_vis.py
for i in range(100):
    plt.cla()

    #每个周期包括 iris.num_examples('train') //batch_size 次迭代
    for _ in range(iris.num_examples('train') //batch_size):
        _x, _y = iris.next_batch('train')

        output2_i, _ = sess.run([output2, op], feed_dict = {x: _x, y: _y})

        m = [marker[np.argmax(i)] for i in _y]
        c = [color[np.argmax(i)] for i in _y]
        scatter(output2_i[:, 0], output2_i[:, 1], m = m, c = c)

    plt.pause(0.1)
```

可以得到类似图 6-18 所示的结果。

从图 6-18 所示的结果可以看出，在第 1 个周期由于训练得不充分，三类样本的分界情况并不明显，而到了第 100 个周期，可以显著看到红色三角形代表的 Iris-setosa 已经被显著分离，而由绿色五角星和蓝色圆点代表的 Iris-versicolor 和 Iris-virginica 虽然分离得没有那

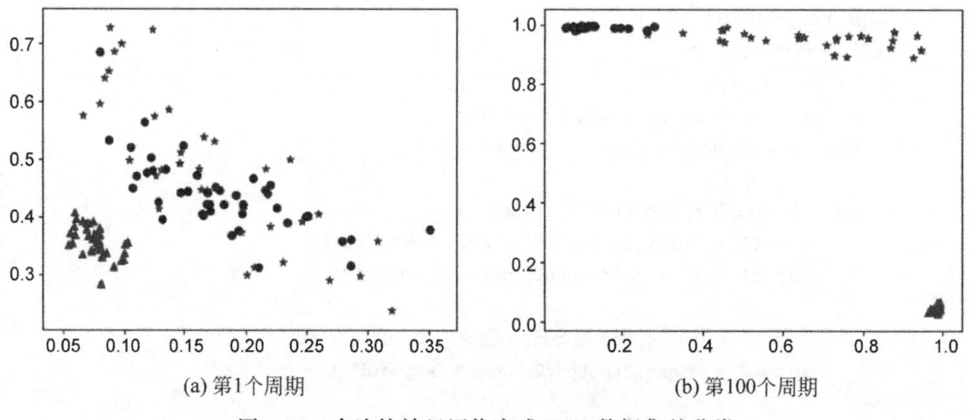

(a) 第1个周期　　　　(b) 第100个周期

图 6-18　全连接神经网络完成 IRIS 数据集的分类

么显著，但是相较于第 1 个周期的结果，其仍然是显著可分的。这说明我们通过模型提取的鸢尾花数据的二维特征也能完成分类，不过由于维度过少而导致 Iris-versicolor 和 Iris-virginica 并不那么显著可分。从这一应用中我们可以发现，模型将输入的四维特征先扩展到二十维，再将其压缩至二维，实际上可以认为模型帮我们完成了降维。在实际生活中，有时获取的数据含有很多冗余属性(例如有一列表示生日，另一列表示年龄)，或数据中包含过多噪声，我们可以通过这种方式去除或组合冗余属性，也能达到去噪的目的。试想一个模型需要在一个比输入还低的维度内完成分类任务，那它势必要自动学习并选取那些最重要的特征而忽略噪声等干扰信息。

不过通常来说，我们并不这样对数据进行降维。以分类任务为例，我们虽然能得到二维的特征，但是实际上我们已经完成了最终的任务即数据的分类，因此此时我们在这个过程中对数据降维实际上是没有意义的。在 6.4 节我们将会讨论一般使用的数据降维方法。

6.4　使用全连接神经网络对数据降维

降维，顾名思义就是将原始高维度的数据通过某种变换得到维度相对较低的数据。通过降维可以将高维数据识别的问题转化为特征表达向量的识别问题，由于特征向量的维度较低，因此可以大大降低计算的复杂程度，并且减少了冗余信息所造成的识别误差，同时提高识别的精度。

常用降维的一个场景是，由于原始数据维度过高导致网络前几层造成参数量的爆炸，使得整个任务无法进行或者训练过慢。通过降维算法我们可以大大减少这一部分的参数量，所以 6.3 节中谈到的方法不能算真正意义上的降维，因此其已经完成了分类任务，整个任务也是可行的。

通常使用的降维思想是，如果我们能够通过降维后的数据重新恢复出源数据，那么我们则认为此时降维得到的低维度特征是可用的。例如，现有一张输入图像 x，其维度为 n，我们通过降维算法将其压缩到 $m(m<n)$ 维特征，现在我们希望能够通过 m 维的特征重新恢复维度为 n 的图像数据，那么我们就认为此时的 m 维特征是一个好的降维特征。我们把 n 维压缩到 m 维的过程称为编码，将相应的网络部分称为编码器。对应地，把从 m 维恢复到 n 维的过程称为解码，相应的网络称为解码器。从设计的角度来说，解码器的结构通常与编码器结构刚好相反，我们将这种结构称为“自编码器”(Auto Encoder)。

从以上描述其实不难理解整个降维的过程，甚至可以想象出用于降维的全连接神经网络的基本结构，如图 6-19 所示(默认每层包含激活函数)。

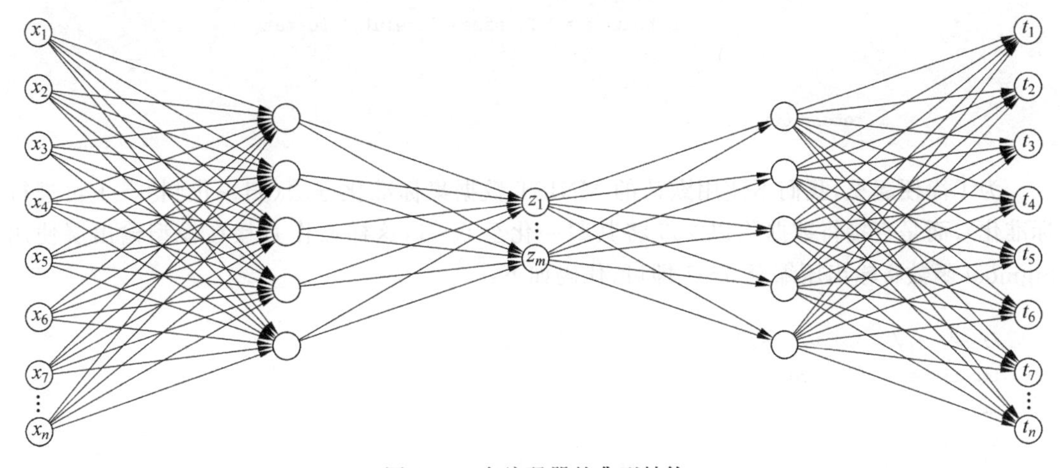

图 6-19 自编码器的典型结构

使用输入数据 x 对解码后的结果 t 进行监督，一般使用 MSE 或 MAE 即可。以 MNIST 数据集为例，我们希望将 784 维的输入数据压缩到 10 维(因为总共有 10 类)，再尝试通过 10 维的特征恢复成 784 维的图像。在实际操作中需要注意几点，首先，相比于我们前几节使用的模型，自编码器的模型更加深，而我们在不断使用 Sigmoid 作为激活函数时会不断改变数据的均值，导致其不断向正半轴方向偏移，从而造成梯度消失，所以我们使用对于均值偏移现象更友好的，并且不存在梯度饱和现象的 Leaky ReLU 作为激活函数，因此我们需要进行以下修改，代码如下：

```
//ch6/mlp/models/fullyConnected.py
…
from activations.activations import leaky_relu

class FullyConnected(Model):
    def __init__(self, structure):
        self.structure = structure

    def build(self, x):
        with tf.variable_scope('fc') as scope:
            #定义输入层到第一隐含层的全连接结构与激活函数
```

```
        output = fully_connected(x, self.structure[0], name = 'fc0')

        output = leaky_ReLu(output, a = 0.2, name = 'lReLu0')

        for i in range(1, len(self.structure)):
            …
            if i != len(self.structure) - 1:
                …
                output = leaky_relu(
                        output, a = 0.2, name = 'lrelu{}'.format(i)
                    )

        return output
```

为了简便起见，我们不使用默认的 MNIST 数据集标准化方法(归一化到 0～1 再进行标准化)，而是直接将数据除以 255 将其归一化至 0～1，这样操作直接在模型输出层使用 Sigmoid 函数将输出压缩至 0～1 即可，代码如下：

```
//ch6/mlp/mnist_ende.py
import tensorflow.compat.v1 as tf
import numpy as np
import os
import matplotlib.pyplot as plt

from tools.printer import VarsPrinter
from models.fullyConnected import FullyConnected

from losses.loss import Loss

from optimizers.optimizer import Optimizer
from data_utils.mnist import Mnist

#设定 batch 大小为 32
batch_size = 32

#数据与标签文件
files = ['train-images.idx3-uByte', 't10k-images.idx3-uByte',
         'train-labels.idx1-uByte', 't10k-labels.idx1-uByte']
#数据存储路径
data_path = r'mnist 数据文件夹'

#初始化数据集对象,不执行标准化
mnist = Mnist(data_path = [os.path.join(data_path, _p) for _p in files],
              batch_size = batch_size,
              normalize = False)
```

```
#数据样本由784个分量组成,使用输入作为标签
x = tf.placeholder(dtype = tf.float32, shape = [batch_size, 784])
y = tf.placeholder(dtype = tf.float32, shape = [batch_size, 784])

#隐含层包含256、10、256个节点,输出层包含784个节点
structure = [256, 10, 256, 784]

#搭建全连接神经网络
model = FullyConnected(structure)
output = model.build(x)

#最后一层使用Sigmoid激活函数将输出压缩至0~1(与归一化的图像取值范围保持一致)
output = tf.nn.sigmoid(output)

#使用均方差计算重构损失
loss = Loss('mse').get_loss(y, output)

#选用adam,学习率在第40、60、80周期时减小为1/5
op = Optimizer(1e-3, [40, 60, 80], 0.2, False, 0, 'adam').minimize(loss)

#用于打印模型中所有参数的工具
VarsPrinter()()

plt.ion()
fig, axes = plt.subplots(1, 2)

with tf.Session() as sess:
    #初始化全连接网络中的随机变量
    tf.global_variables_initializer().run()

    #训练100个周期
    for i in range(100):
        #获取每个周期的loss,方便观察其变化情况
        loss_e = 0
        plt.cla()

        #每个周期包括mnist.num_examples('train') //batch_size次迭代
        for _ in range(mnist.num_examples('train') //batch_size):
            #不需要使用数字标签,以_替代
            _x, _ = mnist.next_batch('train')
            #输入数据归一化
            _x = _x / 255.0

            #监督标签也是输入数据
            loss_i, _ = sess.run([loss, op], feed_dict = {x: _x, y: _x})
```

```
            loss_e += loss_i

        output_i = sess.run(output, feed_dict = {x: _x, y: _x})

        axes[0].imshow(np.reshape(_x[0], (28, 28)), cmap = 'gray')
        axes[1].imshow(np.reshape(output_i[0], (28, 28)), cmap = 'gray')
        plt.pause(0.001)

        print('Epoch {}: {}'.format(i, loss_e))

plt.ioff()
plt.show()
```

运行以上程序，可以实时看到每个周期自编码器完成图像重建的效果，左侧为输入图像，右侧为模型重建结果，如图 6-20 所示。

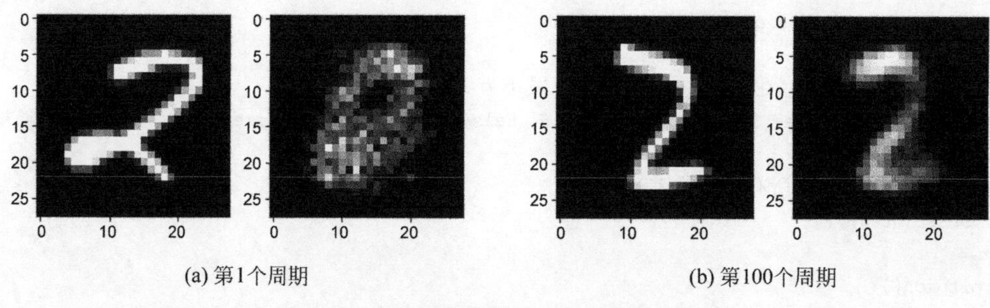

图 6-20　自编码器完成 MNIST 数据的重建

从结果可以看出，在第 1 个周期，模型重建的图像十分模糊，更接近随机的噪点，而到了第 100 个周期，由模型重建的图像已经能看出其原始图像代表的数字。同时从图 6-20(b)可以看出，模型重建的图像与原始图像并不完全一样，这是因为重建的图像是由长度为 10 的特征重建得到的，从原始 784 维的图像压缩到 10 维避免不了丢失原图中的一些信息，因此重建的图像不会和原始图像完全一致。

读者可能会有疑问，既然通过自编码器进行压缩会丢失部分原始数据，那这样岂不是一种有害的压缩方法？其实不然，一方面，这是计算量与数据压缩效率之间的权衡，当压缩后的维度与输入数据的维度相差较多时，意味着丢失较多原始数据信息同时也意味着能节省更多的参数量与计算量。另一方面，自编码器在学习压缩数据的过程中也能起到自动学习重要特征的作用，如图 6-21 所示。

图 6-21 所示的图像标签为 7，由于书写习惯，一部分人写 7 时会在中间加上一横，如图 6-21 中左图所示，但是可以发现由模型重建出的图像并不包含这一横。换言之，由于这一横并不是数字 7 最显著的判别特征，所以重建过程中对最重要的信息进行保留并完成重建。

显然，对重建出的图像质量评判是仁者见仁智者见智的一件事，当读者觉得重建效果不

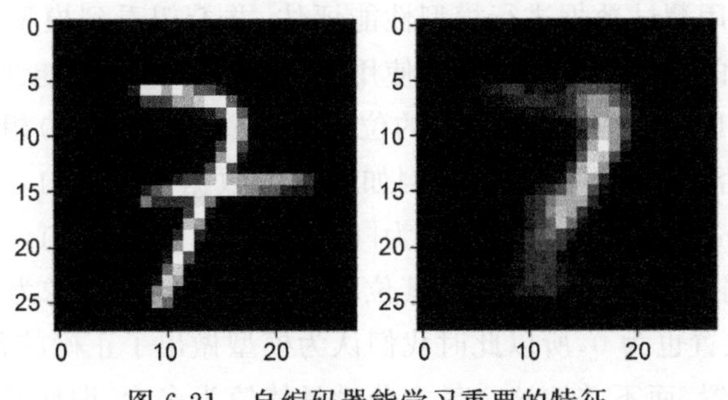

图 6-21 自编码器能学习重要的特征

佳时,可以尝试增加编码特征的维度来换取重建效果的增加。

6.5 使用全连接神经网络完成手写数字识别

本节仍然使用 MNIST 数据集,介绍如何使用训练的模型完成对自己手写数字的识别。从这个应用场景来说,我们需要完成以下几部分功能:训练 TensorFlow 模型、保存模型的权重、接收用户输入的交互界面及使用保存的模型权重对用户输入的图像进行预测并返回结果。下面我们分别从几个功能进行实现。

6.5.1 训练模型

经过前几节的介绍,训练模型的大体框架相信读者已经很熟悉,首先定义模型结构,再为模型输入数据和标签进行有监督的训练。此处我们使用结构为[784,256,10]的全连接神经网络,激活函数使用 Leaky ReLU,最后一层使用 Softmax 作为激活函数。由于 MNIST 数据集共含有 10 个类别,因此也采用 10 维的 one-hot 向量监督模型经过 Softmax 函数之后的输出。因此模型和损失计算的代码如下:

```
//ch6/mlp/handwritten.py
#数据样本由 784 个分量组成,输出是 10 维的向量
x = tf.placeholder(dtype = tf.float32, shape = [batch_size, 784])
y = tf.placeholder(dtype = tf.float32, shape = [batch_size, 10])

#隐含层包含 256 个节点,输出层包含 10 个节点
structure = [256, 10]

#搭建全连接神经网络
model = FullyConnected(structure)
output = model.build(x)

#使用均方差计算重构损失
loss = Loss('ce').get_loss(y, output)
```

每个周期我们使用测试数据进行模型性能评估，并希望看到模型在测试集上的预测准确率能随着训练周期的增加而增加。我们使用准确率指标进行性能评估，当模型预测值(10维向量)与数据标签(10维向量)最大分量的位置(tf.math.argmax)相同(tf.equal)时，则认为模型的预测正确，否则认为预测错误。例如现在的数据标签是[1，0，0，0，0，0，0，0，0，0]，模型经过Softmax函数得到的向量为[0.2，0.04，0.1，0.1，0.1，0.1，0.1，0.1，0.1，0.06]，由于数据标签最大分量为1，其位置为0，表示当前图像为数字0，而模型输出的最大分量为0.2，其位置也为0，所以此时我们认为模型做出了正确的预测。需要注意，我们只关注最大分量的位置，而不关注这个最大分量具体值为多少，即使其是一个小值(0.2)，但只要大于其他所有值即可。标签和模型输出的结果形状都为(batch_size,10)，我们需要在10个数的维度上(axis=1)取最大值的位置，因此需要使用tf.math.argmax(y，axis=1)获取最大分量的位置，结果的形状为(batch_size)。再使用tf.equal来判断标签和预测的最大分量位置是否相同，结果为(batch_size)，其中每个分量都是一个布尔变量，True表示两者最大分类位置相同。由于我们最终需要计算准确率，所以要将布尔值转换为数值，使用tf.cast(r，tf.float32)将其转换为浮点数即可，其中True被转换为1.0，而False被转换为0.0，形状为(batch_size)，此时直接对结果求和则刚好是这个batch中预测结果正确的个数，因此对结果求均值即是这个batch的准确率。整个求batch准确率的代码如下：

```
//ch6/mlp/handwritten.py
#通过计算标签与模型输出最大分量位置是否相同计算模型是否预测正确
acc = tf.reduce_mean(
        tf.cast(
            tf.equal(
                tf.math.argmax(output, axis = 1),
                tf.math.argmax(y, axis = 1)
            ), tf.float32
        )
    )
```

定义了模型与准确率计算方法后，我们便可以直接进行模型的训练迭代过程，并在每个周期内计算模型在测试集上的准确率，通过上面acc的定义我们可以得到测试集上每个batch的准确率，而整个测试集有mnist.num_examples('test') //batch_size个batch，记为test_iter，得到整个测试集的准确率的代码如下：

```
for _ in range(test_iter):
    acc_e += acc / test_iter
```

训练过程的代码如下：

```
//ch6/mlp/handwritten.py
with tf.Session() as sess:
```

```
#初始化全连接网络中的随机变量
tf.global_variables_initializer().run()

#训练 100 个周期
for i in range(100):
    #获取每个周期的 loss,方便观察其变化情况
    loss_e = 0

    #每个周期包括 mnist.num_examples('train') //batch_size 次迭代
    for _ in range(mnist.num_examples('train') //batch_size):
        #不需要使用数字标签,以_替代
        _x, _y = mnist.next_batch('train')

        loss_i, _ = sess.run([loss, op], feed_dict = {x: _x, y: _y})
        loss_e += loss_i

    test_iter = mnist.num_examples('test') //batch_size
    acc_e = 0

    for _ in range(test_iter):
        _x, _y = mnist.next_batch('test')
        acc_e += sess.run(acc, feed_dict = {x: _x, y:_y}) / test_iter

    acc_printer(i, loss_e, acc_e)
```

运行以上代码,可以在控制台看到每个周期内训练的相关信息,如图 6-22 所示。

```
Epoch    0:    2.74e+03        acc: 0.892
Epoch    1:    1.96e+03        acc: 0.901
Epoch    2:    1.65e+03        acc: 0.899
Epoch    3:    1.41e+03        acc: 0.91
Epoch    4:    1.2e+03   acc: 0.91
Epoch    5:    1.13e+03        acc: 0.916
Epoch    6:    1.01e+03        acc: 0.91
Epoch    7:    9.16e+02        acc: 0.92
Epoch    8:    8.35e+02        acc: 0.918
Epoch    9:    7.7e+02   acc: 0.92
Epoch   10:    7.28e+02        acc: 0.928
...
Epoch   90:    1.41e+02        acc: 0.962
Epoch   91:    1.54e+02        acc: 0.962
Epoch   92:    1.51e+02        acc: 0.967
Epoch   93:    1.45e+02        acc: 0.958
Epoch   94:    1.37e+02        acc: 0.964
Epoch   95:    1.46e+02        acc: 0.963
Epoch   96:    1.38e+02        acc: 0.963
Epoch   97:    1.36e+02        acc: 0.963
Epoch   98:    1.33e+02        acc: 0.963
Epoch   99:    1.36e+02        acc: 0.964
```

图 6-22 训练过程相关信息

由图 6-22 所示的结果可以看出，随着训练的深入，损失值在不断减小，而模型在测试集上的表现在逐渐变好，最终稳定在 96.3%左右。

6.5.2 保存权重

从图 6-22 所示的结果来看，随着训练周期的增加，其性能可能会来回振荡，有时甚至会发生过拟合现象。为了尽可能保证最终对我们手写图像预测的正确性，我们需要保存在测试集上表现最好的模型，而不能仅仅简单保存最后一个训练周期的模型。为了达到以上目的，我们需要维护一个全局变量 acc_max 来记录目前为止最好的模型表现，若当前周期模型表现好于 acc_max，则保存模型参数并更新 acc_max 值，代码如下：

```
//ch6/mlp/handwritten.py
#定义 saver
saver = tf.train.Saver()
ckpt_folder = 'ckpt'
ckpt_name = 'handwritten.ckpt'

#记录最大的准确率
acc_max = -1

with tf.Session() as sess:
    …
    for i in range(100):
        …
        if acc_e > acc_max:
            #保存当前表现最佳的模型
            saver.save(sess, os.path.join(ckpt_folder, ckpt_name))
            #更新最佳准确率
            acc_max = acc_e
            print('Saving...')
    …
```

运行以上程序，可以在控制台看到类似图 6-23 所示的结果，从结果可以看出，在训练初期由于准确率上升较快，所以其会经常触发保存逻辑，而到了训练后期由于准确率来回振荡，保存逻辑也较少被执行。

6.5.3 交互接收用户输入

当保存了训练好的模型后，本节我们需要完成接收用户输入的功能。我们希望首先为用户展示一张纯黑的背景，当用户使用鼠标在背景上按下鼠标左键并拖动时留下白色的笔迹。本节使用 OpenCV 中的鼠标响应事件并编写对应的回调函数完成绘制功能。

回调函数中需要包含鼠标事件的监听，如左键的按下、鼠标的移动等，这两个事件分别对应 cv2.EVENT_LBUTTONDOWN 和 cv2.EVENT_MOUSEMOVE，当用户按下鼠标

```
Saving...
Epoch     0:    2.75e+03         acc: 0.891
Saving...
Epoch     1:    1.87e+03         acc: 0.901
Saving...
Epoch     2:    1.48e+03         acc: 0.906
Epoch     3:    1.27e+03         acc: 0.905
Saving...
Epoch     4:    1.1e+03    acc: 0.917
Epoch     5:    9.61e+02         acc: 0.91
Saving...
Epoch     6:    8.55e+02         acc: 0.917
Saving...
Epoch     7:    7.78e+02         acc: 0.918
Epoch     8:    7.11e+02         acc: 0.915
Saving...
Epoch     9:    7.07e+02         acc: 0.923
Epoch    10:    6.53e+02         acc: 0.918
...
Epoch    95:    1.1e+02    acc: 0.96
Epoch    96:    1.12e+02         acc: 0.959
Epoch    97:    1.1e+02    acc: 0.958
Epoch    98:    1.08e+02         acc: 0.959
Saving...
Epoch    99:    1.06e+02         acc: 0.967
```

图 6-23　保存表现最好的模型

左键并持续移动鼠标时才会进行绘制，在此过程中若抬起鼠标左键则停止绘制，因此我们还需要监听鼠标左键释放的事件，使用 cv2.EVENT_LBUTTONUP，不难想象回调函数的逻辑如图 6-24 所示。

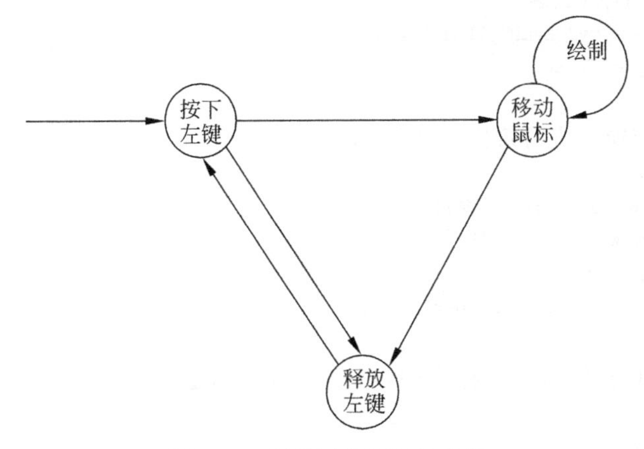

图 6-24　回调函数逻辑状态机

在 OpenCV 中使用 cv2.setMouseCallback 方法为某一个窗口绑定回调函数，其接收 3 个参数，第 1 个参数是待绑定函数的窗口名，第 2 个参数是需要绑定的回调函数，第 3 个参数接收用户自定义传给回调函数的参数，通常只使用前两个参数即可。鼠标响应事件的回调函数要求包含 5 个参数，函数原型代码如下：

```
def callback(event, x, y, flags, param):
```

第 1 个参数 event 表示鼠标事件，如上述的鼠标按下与释放及移动等事件。第 2 与第 3 个参数 x 和 y 表示当前鼠标的坐标。第 4 个参数 flags 是 CV_EVENT_FLAG 的组合。第 5 个参数 param 表示用户自定义的参数。在此我们使用前 3 个参数即可，代码如下：

```
//ch6/mlp/handwritten.py
#纯黑的背景画布
img = np.zeros((128, 128), np.uint8)

#定义一个全局布尔值表示当前是否需要执行绘制
drawing = False

#鼠标绘制回调函数
def draw(event, x, y, flags, param):
    global drawing
    #左键按下时表示开始绘制
    if event == cv2.EVENT_LBUTTONDOWN:
        drawing = True
    #移动鼠标并且左键按下时进行绘制
    elif event == cv2.EVENT_MOUSEMOVE:
        if drawing:
            img[y: y + 10, x: x + 10] = 255
    #左键释放时停止绘制
    elif event == cv2.EVENT_LBUTTONUP:
        drawing = False
```

将 draw 函数与窗口进行绑定的代码如下：

```
#创建一个名为 Write number 的窗口
cv2.namedWindow('Write number')
#为该窗口绑定回调函数
cv2.setMouseCallback('Write number', draw)
```

使用一个死循环持续监听鼠标事件，当按下 Q 键时退出，代码如下：

```
//ch6/mlp/handwritten.py
while True:
    cv2.imshow('Write number',img)
```

```
    #当按下Q键时退出绘制
    if cv2.waitKey(20) & 0xFF == ord('Q'):
        break
cv2.destroyAllWindows()
```

运行以上程序，用户首先会得到一张纯黑的画布背景，当按下鼠标并在背景上移动时会留下绘制轨迹，效果如图 6-25 所示。

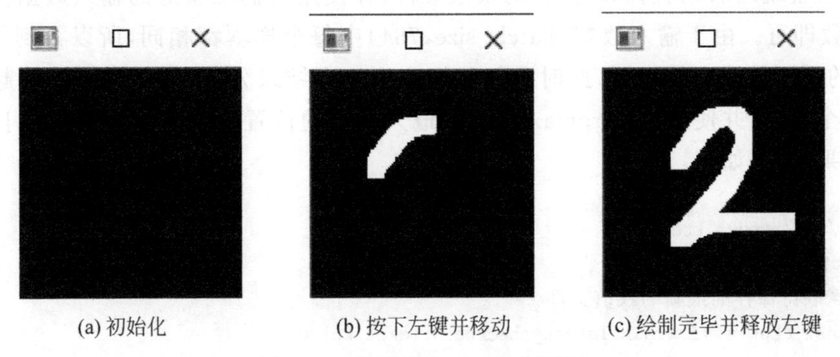

(a) 初始化　(b) 按下左键并移动　(c) 绘制完毕并释放左键

图 6-25　使用 OpenCV 绘制图像

当用户绘制完毕并按下 Q 键退出时，结果会存于 img 中，其为一张 128×128 像素的图像。

6.5.4　加载权重并预测

得到用户的输入图像后，我们还需要将其转换为模型可接收的输入。首先需要将其转换为 28×28 像素的小图像，其次需要将其转换为 784 维的向量，还需要使用 MNIST 数据集上的标准化方法对其转换，最后由于模型接收的输入形状为(batch_size,784)，我们需要将输入的图像数据使用 np.stack 方法堆叠 batch_size 次，将其形状转换为(batch_size, 784)。整个过程的代码如下：

```
//ch6/mlp/handwritten.py
#将图像缩放为28×28
img = cv2.resize(img, (28, 28))

#将二维图像重整为一维向量
img = np.reshape(img, [784])

#归一化后的MNIST数据集上的均值与方差
mean = 0.13092535192648502
std = 0.3084485240270358

#将输入数据归一化
img = img / 255.0
```

```
#将输入数据标准化
img = (img - mean) / std

#将输入数据堆叠起来以满足模型的输入要求
img = np.stack([img] * batch_size, axis = 0)
```

一切准备就绪后，我们加载保存的权值文件，并使用我们准备好的输入数据作为 feed_dict 的参数即可。由于输入数据(batch_size，784)中每个样本都相同，所以得到的(batch_size，10)的预测结构也都相同，此时我们随机取出一个结果分析即可，为了简便起见，直接选取第一个结果，并使用 np.argmax 得到其最大分量的位置，即为模型对于我们手写数字的预测结果，代码如下：

```
//ch6/mlp/handwritten.py
with tf.Session() as sess:
    #取得保存的最新的权值文件
    last_ckpt = tf.train.latest_checkpoint(ckpt_folder)
    print(last_ckpt)

    #从权值文件中读取对应权重
    saver.restore(sess, last_ckpt)

    #得到以用户数据为输入的模型输出
    r = sess.run(output, feed_dict = {x: img})

    #由于 batch 中的数据都一样，因此取 batch 结果中的第一个结果即可
    #使用 np.argmax 得到最大分量的位置即为预测结果
    print(np.argmax('Result: {}'.format(r[0])))
```

运行以上程序，输入数据与控制台的输出如图 6-26 所示。

(a) 输入图像

Result: 3

(b) 控制台输出

图 6-26 使用预训练模型对自己手写数字图像进行预测

至此，我们的小项目已经全部完成。项目中的很多模块可以通用，例如使用 OpenCV 的图像数据输入模块，以及模型保存与重载模块等，在后面几章介绍别的网络结构时，读者也可以复用本节使用的模块来完成自己图像的识别。

6.6 小结

作为神经网络的入门模型，目前全连接神经网络应用得并不多，但是全连接神经网络可以作为理解深度学习基本原理的工具。本节从最初的感知机模型开始讲解，分析其利弊并过渡到全连接神经网络/多层感知机。在后面的几节中，我们将全连接神经网络应用到不同的任务中，从函数的拟合/回归到分类任务，再到最后使用模型预测自己的手写数字图像，尤其是最后的小项目需要用到前面学到的不同知识，是一个多方面知识的应用。经过本章的学习，读者应掌握全连接神经网络模型设计、搭建与应用的基本方法。

在后面的几章中，我们将介绍更多更强大的模型与模型的不同应用。

第 7 章

卷积神经网络

通过第 6 章的学习，我们知道了如何使用全连接神经网络完成图像的分类。由全连接神经网络特定的结构可知，我们必须将二维的图像重整为一维向量进行输入，在这个过程中会造成许多问题，全连接神经网络的每个神经元输入都是同等重要的，而图像数据本身具有两个维度的信息，分别为空间信息与通道信息，在形状重整的过程中会丢失这一部分空间与通道信息，即使对于 MNIST 数据集中的单通道图像，在重整时也会丢失图像本身的空间信息，而空间信息是对图像做出判别的重要特征之一。其次，形状重整对轻微的图像扰动不稳健，如图 7-1 所示。

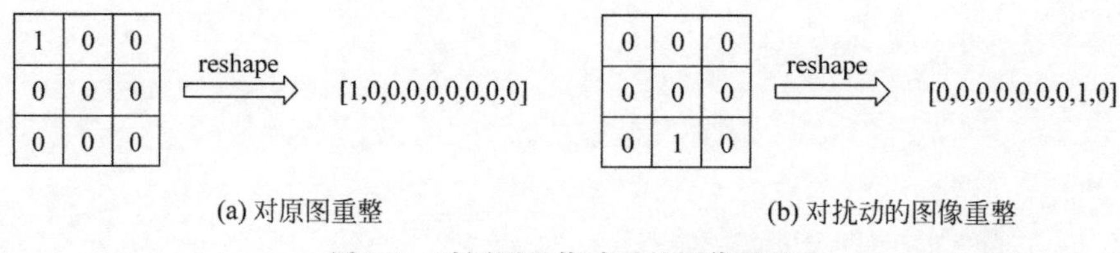

(a) 对原图重整　　(b) 对扰动的图像重整

图 7-1　对原图及扰动后的图像重整

如图 7-1(a)所示原图仅在左上角一个像素处有值，使其向右平移 1 个像素、向下平移 2 个像素得到如图 7-1(b)所示的扰动图像。从图像层面上来说，深度学习中常用的图像分辨率在 512×512 像素左右，平移 1～2 个像素实际上对图像的改动很小，但是从它们形状重整的结果来看却是大不相同的。如图 7-1 所示，原图重整后分量 1 在第 1 个位置，而扰动后的图像重整结果的分量 1 在第 8 个位置，差异较大。

对于一张 100×100×3 的图像而言，全连接网络输入层需要 $100\times100\times3=3\times10^4$ 个参数，就目前图像分辨率而言，100 像素只能算是很小的图像，随着图像尺寸越来越大，其参数量也会急剧增加，一方面参数量过多会造成训练过于缓慢，另一方面也可能会造成模型不可训练，因此我们需要一种参数更少、训练效率更高的模型，也就是本章要介绍的卷积神经网络。

7.1　什么是卷积

本节将从卷积的概念、卷积所需的参数及卷积的计算方法等几个方面对卷积进行介绍。

7.1.1　卷积的概念

卷积是一个对图像提取特征的过程，其使用卷积核在图像上进行滑窗操作完成特征的提取。通常使用一个小的正方形，形状为 k×k 的卷积核在图像上对应位置像素相乘并求和来提取特征。为了简便起见，假设现在只有一个大小为 3×3 的卷积核，图像的大小为 6×6，只有一个通道，每次滑动的步长为 1(在水平与竖直方向上滑动步长都为 1)，每一次卷积都会计算卷积核与当前卷积核所在位置下的像素值对应位置上的数值相乘，再将数值求和得到第一个位置上的输出值，其值为 $1\times1+0\times1+0\times0+0\times0+1\times1+0\times0+1\times0+0\times0+0\times1=2$，计算过程如图 7-2 所示。

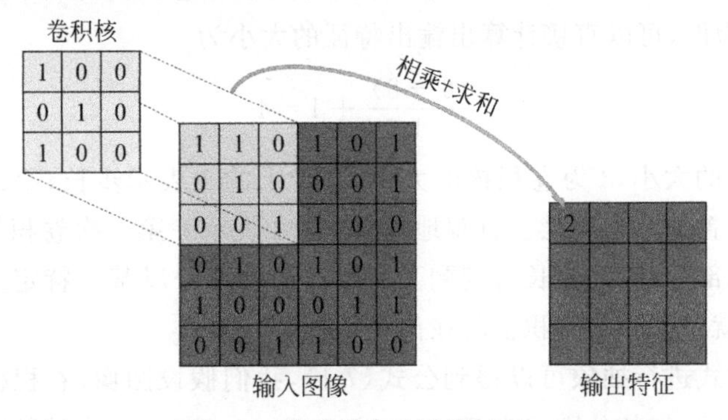

图 7-2　卷积操作的计算过程 1

由于滑动步长为 1，所以第二次计算卷积时，卷积操作的位置向右水平移动一个单位，同样完成卷积核与对应像素相乘及相加的操作，其值为 $1\times1+0\times0+0\times1+0\times1+1\times0+0\times0+1\times0+0\times1+0\times1=1$，计算过程如图 7-3 所示。

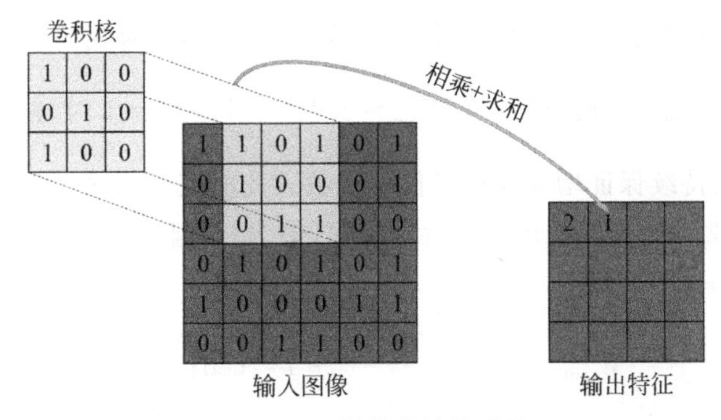

图 7-3　卷积操作的计算过程 2

同样地，不断以滑窗的形式计算输出特征直到输入图像的右下角，可以得到最终的输出特征如图 7-4 所示。

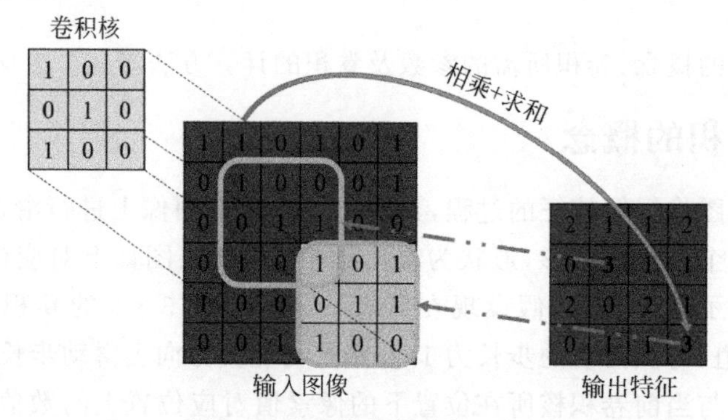

图 7-4　卷积操作的计算过程 3

从卷积的整个计算过程可以看出，输出特征的大小与卷积核的大小及滑动步长直接相关，以图 7-3 所示为例，可以直接计算出输出特征的大小为

$$\frac{(6-3)}{1}+1=4$$

其中 6 为输入的大小，3 为卷积核的大小，分母上的 1 表示步长，而最后加的 1 表示卷积核第一次所在位置的一次补偿。直观地理解，6－3 表示除第一次卷积核所在的位置还剩下需要卷积计算的部分，除以步长得到剩下需要卷积的部分以某一特定步长还能移动多少次，而最后的加 1 就是第一次卷积核所在位置的补偿。

对这个计算方式进行抽象可以得到公式(7-1)，我们假设图像、卷积核和步长在长和宽的维度上都是等长的，将其分别记为 W_{in}、$k(k\geqslant 1)$和 $s(s\geqslant 1)$，输出的特征尺度在长和宽的维度上也应该是等长的，将其记为 W_{out}：

$$W_{\text{out}}=\frac{W_{\text{in}}-k}{s}+1 \tag{7-1}$$

可以看出，当 $k>1$ 时，一定有 $W_{\text{out}}<W_{\text{in}}$，所以随着使用边长大于 1 的卷积核不断进行卷积操作时，输出的特征会不断变小，最终特征变成一个数，有时我们不想要这样的效果，我们希望当步长为 s 时，输出特征的尺寸 $W_{\text{out}}=\text{ceil}\left(\frac{W_{\text{in}}}{s}\right)$，当 $s=1$ 时，输出的特征与输入的尺寸相同，这就可以持续保证增加卷积操作的次数。此时我们需要为输入的特征或图像做填充(padding)，通常在图像四周填充的宽度相同，记为 d，因此填充完的输入边长为 $W_{\text{in}}+2d$，此时需要 $W_{\text{out}}=W_{\text{in}}$，因此有

$$W_{\text{out}}=\frac{W_{\text{in}}+2d-k}{s}+1=\text{ceil}\left(\frac{W_{\text{in}}}{s}\right) \tag{7-2}$$

当 $s=1$ 时，可化简得出填充宽度为

$$d=\frac{(s-1)\times W_{\text{in}}+k-s}{2} \tag{7-3}$$

以图 7-3 中的数据为例，可以计算出需要填充的宽度 $d=1$，因此我们需要在输入的四周都填充 1 个单位的数据，这样才能保证卷积前后的大小不变。这种需要填充使得卷积前后大小不变的卷积方式称为 same，也称为 same 方式的填充，反之不需要填充而直接进行卷积的方式称为 valid，也称为 valid 方式的填充(实际上相当于不填充)。

常用的填充方式包括零值填充、常数填充、镜像填充和重复填充。零值填充即使用 0 在输入的四周进行填充，如图 7-5 所示，常数填充则是使用别的值进行填充，可以认为零值填充是一种特殊的常数填充方法。

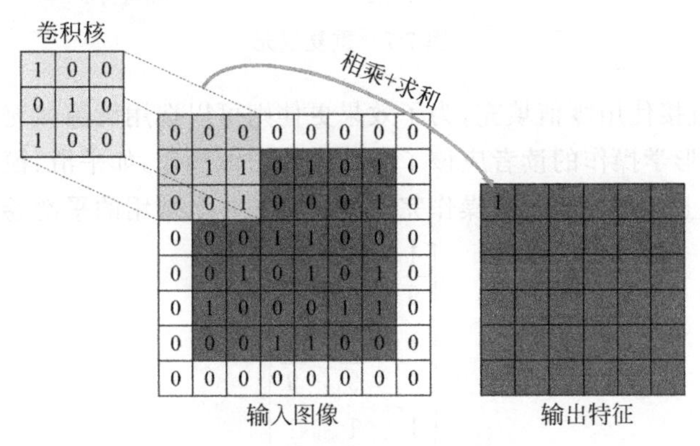

图 7-5　零值填充/常数填充

由于零值填充或常数填充会引入原输入分布中不存在的信息，在边缘处会造成边缘伪影，为解决伪影的问题，镜像填充也是一种常使用的方法，图 7-6 展示了镜像填充。其以边界为对称轴或对称中心复制像素值，如图 7-6 中的箭头指向所示。

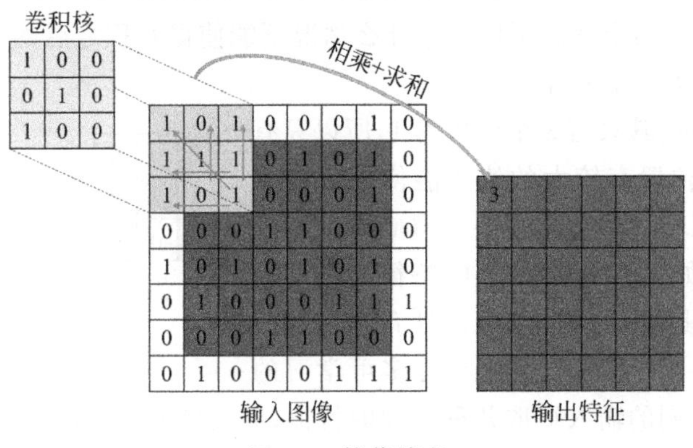

图 7-6　镜像填充

常用的填充方式还有重复填充，其使用距离最近的像素值进行填充，如图 7-7 所示。

可以看出，不同的填充方式会造成填充后边界处的卷积结果有较大差异。在实际应用

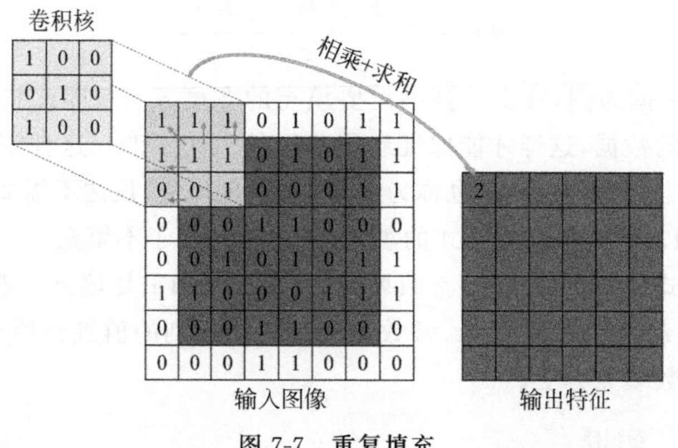

图 7-7 重复填充

中，为了简便可以直接使用零值填充，为了效果更佳则可以选用镜像填充。

熟悉计算机图形学操作的读者应该了解传统的图像操作，如平滑、模糊、去噪、锐化及边缘提取等操作实际上都是使用卷积操作完成的。例如一个常用的平滑卷积核如下所示：

$$\begin{bmatrix} \frac{1}{9} & \frac{1}{9} & \frac{1}{9} \\ \frac{1}{9} & \frac{1}{9} & \frac{1}{9} \\ \frac{1}{9} & \frac{1}{9} & \frac{1}{9} \end{bmatrix}$$

容易理解，该卷积核使用原像素与其周围 8 个像素的均值作为新的像素值，能起到平滑的效果。不同的是，传统计算机图形学中使用的卷积核都为定死的，而卷积层中的卷积核是能够学习的，那么学到的特定卷积核代表了什么意义？如图 7-4 所示，从最终输出的特征中我们能看到有两个最大值 3，并且能够根据这两个最大值的出现位置回溯到原始输入的位置，如图 7-4 标注出的两个框。可以想象什么情况下能使得卷积之后的结果大，我们单独分析图 7-4 的卷积核，如图 7-8 所示。

如图 7-8(a)所示，其只有 3 个位置为 1，所以只有当输入对应的 3 个位置有较大的值才能使最终的响应值较大，因此可以"粗略地"认为图 7-8(a)中的卷积核能从输入中提取如图 7-8(b)所示的特征。当卷积值大时，则说明原图对应的 3×3 位置具有卷积核所表示的特征。通常一个卷积层中含有许多可学习的卷积核，其一次对相同的输入提取各种不同的特征，极大增强了特征的表示能力。

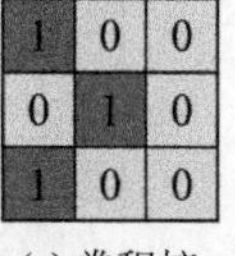

(a) 卷积核

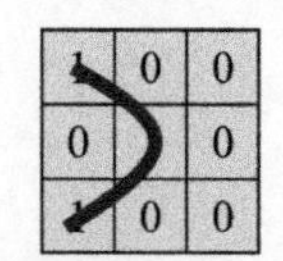

(b) 卷积核代表的特征

图 7-8 卷积核的意义

为了理解简便，以上使用的都是以单卷积核、单通道的图像作为例子，在实际应用中，常常会对含有多通道的图像/特征进行卷积操作，我们将此时的输入通道数记为 C_{in}，卷积核的数目记作 C_{out}，此时的卷积目的是将通道数为 C_{in} 的输入通过特征提取得到 C_{out} 种不同的特征，如图 7-9 所示。

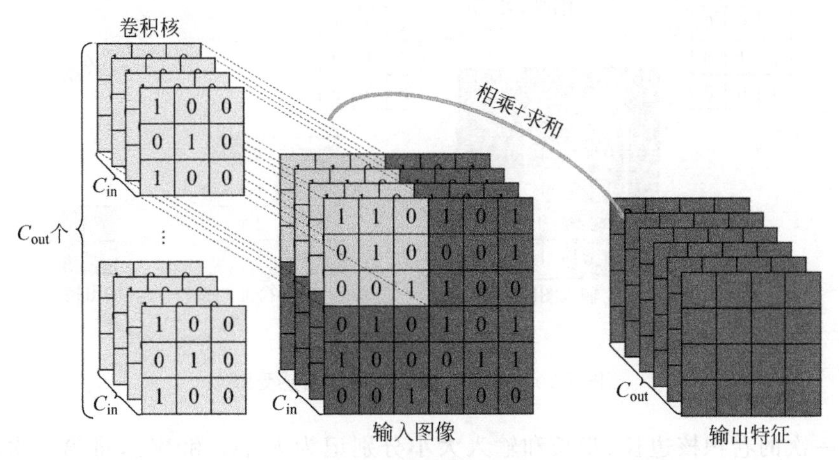

图 7-9　多个卷积核对多通道图像/特征进行卷积操作

此时卷积核含有 C_{out} 个形状为(k,k,C_{in})的卷积核，每个卷积核与输入图像/特征对应层与对应位置的像素相乘并求和得到一个数，这样计算可以得到 1 个输出特征（与之前介绍的单卷积核与单通道输入的卷积过程类似）。由于一共有 C_{out} 个卷积核，所以最终能得到 C_{out} 层输出特征，其形状为$(W_{out},W_{out},C_{out})$，卷积核的形状为$(k,k,C_{in},C_{out})$。具体来说，可以认为对于三通道图像做卷积时，需要对每个颜色通道都提供一个 $k\times k$ 的卷积核，因此输入的每个卷积核包含 3 层，输出特征的层数则由卷积核数 C_{out} 决定。

深度学习模型中的图像输入与中间特征都是 4 维的，将 batch 维度加上容易得出，卷积层输入的形状为$(\text{batch_size},W_{in},W_{in},C_{in})$，卷积核形状为$(k,k,C_{in},C_{out})$，输出的形状为$(\text{batch_size},W_{out},W_{out},C_{out})$。

由图 7-9 的卷积计算过程可知，输出特征中的每个数字都对应着原图中 3×3 大小的区域，所以本质上卷积操作也是一种特征的聚合（将某一区域的信息聚合到一个数）。我们称此时输出特征上的感受野大小为 3×3，那么如果对于输入连续使用两次卷积操作应该如何计算输出特征对应于输入感受野的大小？如图 7-10 所示，对于某一输入连续使用了两次 3×3 卷积并且步长都为 1。

由图 7-10 可以知道，最后输出特征中的每个数都应中间特征的 3×3 区域的特征，中间特征的每个数都对应于输入 3×3 区域的像素/特征，由图 7-10 可知，中间特征 3×3 的区域中左上角的 1 个数对应于输入中标出的左上的浅色方框，特征中右下角的 1 个数对应于输入中标出的右下的浅色方框，由此可知中间特征的 3×3 区域对应于输入 5×5 的区域，因此输出特征的感受野为 5×5。

我们现在来推导一般的计算公式，由输出尺寸与输入尺寸、步长和卷积核大小的关系可以反推出：

$$W_{in}=(W_{out}-1)\times s\cdot+k \tag{7-4}$$

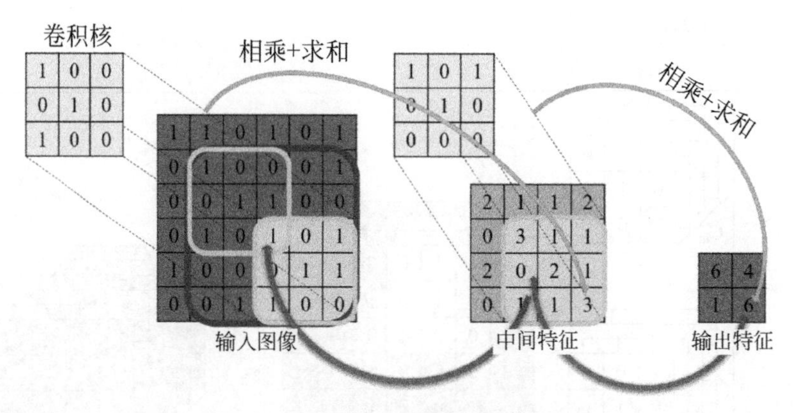

图 7-10 连续两次卷积操作的感受野

将第一次的卷积核边长、步长和输入大小分别记为 k_1、s_1 和 W_{in}，将第二次卷积核边长、步长和输出大小分别记为 k_1、s_1 和 W_{out}，通过迭代可以得到式(7-5)：

$$W_{in} = (((W_{out} - 1) \times s_2 + k_2) - 1) \times s_1 + k_1 \tag{7-5}$$

当 $W_{out} = 1$ 即最终输出特征边长为 1 时，可以得到其对应的 W_{in} 大小为

$$W_{in} = (k_2 - 1) \times s_1 + k_1 \tag{7-6}$$

代入图 7-10 中的数据($k_1 = k_2 = 3$、$s_1 = s_2 = 1$)容易得到 $W_{in} = 5$，这也验证了我们图示的结论。以上的推导都是基于 valid 填充模式，对于 same 填充模式的推导也是类似的过程。

从感受野的角度来说，两个连续的 3×3 卷积得到的感受野至少是 5×5，而两个 3×3 卷积包含的参数量为 2×3×3=18，而一个 5×5 的卷积包含的参数量为 5×5=25，可以发现通过两个连续的 3×3 卷积其参数会少于一个 5×5 的卷积，同时使用两个连续的 3×3 卷积相当于对输入提取了两次特征，而一个 5×5 卷积仅提取了一次。因此无论从参数量来说还是特征提取的复杂程度而言，我们都比较偏爱使用小的卷积核而不使用大的卷积核。通常而言在实际应用中，使用得最多的卷积核大小也是 3×3 的。

7.1.2 卷积操作的参数

对于卷积操作的参数，7.1.1 节已经进行过讨论，需要指定输出的通道数、卷积核的大小、步长及填充方式，本节主要讲解 TensorFlow 中使用卷积操作时的参数设置。在 TensorFlow 中有两种方式使用卷积层，下面就分别进行介绍。

1. tf.nn.conv2d

tf.nn.conv2d 通常接收 4 个参数，代码如下：

```
conv2d( input,
        filter = None,
        strides = None,
        padding = None,
```

```
            use_cuDNN_on_gpu = True,
            data_format = 'NHWC',
            dilations = [1, 1, 1, 1],
            name = None,
            filters = None)
```

使用时,需要传入输入图像/特征 input,其形状为(batch_size,W,H,C_{in})。使用的卷积核其形状应该为(k,k,C_{in},C_{out})(通常卷积核的形状为正方形)。卷积操作的步长其形状为(1,s,s,1)(通常在高与宽维度上的步长相同),由于输入的形状为 4 维,所以步长也包含 4 维,分别表示在每个维度上的步长,而由于在 batch 和通道维度上不作跳跃,所以使用的步长始终为 1。填充方式可以指定为 SAME、VALID 或一个列表(EXPLICIT 模式),当 padding 为 SAME 时,TensorFlow 使用零值填充的方式进行填充,当 padding 为 VALID 时,不对输入进行填充,当为 padding 参数传入一个列表时,表示手动指定 padding 的方式,由于输入张量为 4 维,因此需要为 padding 传入一个 4 维的列表,即[[0, 0], [pad_top, pad_bottom], [pad_left, pad_right], [0, 0]],每个分量分别表示在输入两侧填充的宽度,由于我们只在高与宽的维度上进行填充,而不在 batch 和通道层面进行填充,所以第一个和最后一个分量为[0, 0],即不进行填充。

我们可以使用 TensorFlow 代码定义如图 7-4 所示的输入张量与卷积核,代码如下:

```
//ch7/calc_conv.py
import tensorflow.compat.v1 as tf

# input 的形状为[1,6,6,1]
# 即 batch 中只有一个样本,高和宽都为 6,通道数为 1
input = tf.constant(
    [[
        [[1],[1],[0],[1],[0],[1]],
        [[0],[1],[0],[0],[0],[1]],
        [[0],[0],[1],[1],[0],[0]],
        [[0],[1],[0],[1],[0],[1]],
        [[1],[0],[0],[0],[1],[1]],
        [[0],[0],[1],[1],[0],[0]]
    ]], dtype = tf.float32)

# 卷积核的形状为[3,3,1,1]
# 即卷积核尺寸为 3×3,输入和输出通道数都为 1
kernel = tf.constant(
    [
        [[[1]],[[0]],[[0]]],
        [[[0]],[[1]],[[0]]],
        [[[1]],[[0]],[[0]]]
    ], dtype = tf.float32)
```

我们可以使用不同的配置测试卷积之后的结果，代码如下：

```
//ch7/calc_conv.py
#步长为 1
#使用 SAME 填充方式
output11 = tf.nn.conv2d(input, kernel, [1,1,1,1], 'SAME')
#使用 VALID 填充方式
output12 = tf.nn.conv2d(input, kernel, [1,1,1,1], 'VALID')
#使用 EXPLICIT 填充方式,在高和宽的维度上每侧都填充 3 个单位
output13 = tf.nn.conv2d(input, kernel, [1,1,1,1], [[0,0],[3,3],[3,3],[0,0]])

#步长为 2
#使用 SAME 填充方式
output21 = tf.nn.conv2d(input, kernel, [1,2,2,1], 'SAME')
#使用 VALID 填充方式
output22 = tf.nn.conv2d(input, kernel, [1,2,2,1], 'VALID')
#使用 EXPLICIT 填充方式,在高和宽的维度上每侧都填充 3 个单位
output23 = tf.nn.conv2d(input, kernel, [1,2,2,1], [[0,0],[3,3],[3,3],[0,0]])
```

使用 Session 运行并打印卷积后的结果与形状，代码如下：

```
//ch7/calc_conv.py
with tf.Session() as sess:
    o11 = sess.run(output11)
    o12 = sess.run(output12)
    o13 = sess.run(output13)

    o21 = sess.run(output21)
    o22 = sess.run(output22)
    o23 = sess.run(output23)

    print(o11, o11.shape)
    print(o12, o12.shape)
    print(o13, o13.shape)

    print(o21, o21.shape)
    print(o22, o22.shape)
    print(o23, o23.shape)
```

读者可以运行以上代码进行结果的分析与验证。可以看出，当使用 tf.nn.conv2d 进行卷积操作时，需要自己定义卷积核，在实际使用中常常使用随机数初始化卷积核，代码如下：

```
//ch7/conv_nets/layers/conv_layers/conv.py
w = tf.Variable(
        tf.truncated_normal(
```

```
            [kernel, kernel, C, out_channel],
            mean = 0.0, stddev = 0.02
        ), name = 'w')
```

在讲解全连接神经网络时，提到使用 Kaiming 初始化加速网络的收敛，将正态分布采样的方差定为$\frac{2}{num_{in}}$或$\frac{2}{num_{out}}$。在卷积网络中，num_{in} 和 num_{out} 分别使用下面的定义：

$$num_{in} = k \times k \times C_{in} \tag{7-7}$$

$$num_{out} = k \times k \times C_{out} \tag{7-8}$$

因此可以将上面定义卷积核的代码进行修改，可以通过一个布尔值 use_fan_in 来控制使用 num_{in} 或 num_{out}，代码如下：

```
//ch7/conv_nets/layers/conv_layers/conv.py
fan_in = kernel * kernel * C
fan_out = kernel * kernel * out_channel
fan_num = fan_in if use_fan_in else fan_out

w = tf.Variable(
        tf.truncated_normal(
            [kernel, kernel, C, out_channel],
            mean = 0.0, stddev = math.sqrt(2 / fan_num)
        ), name = 'w')
```

为方便起见，我们可以将 tf.nn.conv2d 进一步封装，使其接收的参数更加简单，只需传入整型值而输出通道处 out_channel、整型值卷积核大小 kernel、整型值步长 stride、填充方式 padding 及一些其他的参数，代码如下：

```
//ch7/conv_nets/layers/conv_layers/conv.py
def conv2d(inp,
           out_channel,
           kernel,
           stride,
           padding = 'SAME',
           use_bias = False,
           use_fan_in = True,
           name = 'conv'):
    with tf.variable_scope(name):
        #默认卷积的输入都是 4 维的张量，格式为 NHWC
        #从最后一个维度获取 C_{in}
        _, _, _, C = inp.get_shape().as_list()

        #根据 use_fan_in 的值选择使用输入或输出的数量作为参数初始化方差
        fan_in = kernel * kernel * C
        fan_out = kernel * kernel * out_channel
```

```
        fan_num = fan_in if use_fan_in else fan_out

        w = tf.Variable(
                tf.truncated_normal(
                    [kernel, kernel, C, out_channel],
                    mean = 0.0, stddev = math.sqrt(2 / fan_num)
                ), name = 'w')

        output = tf.nn.conv2d(inp,
                              filter = w,
                              strides = [1, stride, stride, 1],
                              padding = padding,
                              name = 'conv')

        #是否使用偏置
        if use_bias:
            b = tf.Variable(tf.zeros([out_channel]), name = 'b')
            output = tf.add(output, b)

        return output
```

由于深度卷积神经网络中的卷积层后常常会接 Batch Normalization 层，其本身就能起到为数据加偏置的作用，所以一般而言卷积层内部不使用偏置，在代码中具体体现就是参数 use_bias＝False。

2. tf.layers.conv2d

从 tf.nn.conv2d 方法的描述可以看出，其实际上是一个较为低级的 API，需要自己定义并初始化卷积核，并且在定义卷积核时不需要显式写出 C_{in}（直接能从输入得出），定义步长时每次需要写默认的第一个与最后一个维度的长度为 1 的步长，而为了缩减每次烦琐的定义过程，TensorFlow 提供了一个更简便的 API，即 tf.layers.conv2d。

tf.layers.conv2d 函数原型的代码如下：

```
conv2d(inputs,
        filters,
        kernel_size,
        strides = (1, 1),
        padding = 'valid',
        data_format = 'channels_last',
        dilation_rate = (1, 1),
        activation = None,
        use_bias = True,
        Kernel_initializer = None,
        bias_initializer = < tensorflow.python.ops.init_ops.Zeros object at …>,
        Kernel_regularizer = None,
```

```
            bias_regularizer = None,
            activity_regularizer = None,
            kernel_constraint = None,
            bias_constraint = None,
            trainable = True,
            name = None,
            reuse = None)
```

tf. layers. conv2d 方法将 tf. nn. conv2d 函数可以定制化的配置放到了函数参数中。inputs 仍然是待卷积的 4 维输入张量，filters 为一个整数，表示输出的通道数 C_{out}，kernel_size 可以传入一个整数或一个含有两个整数的 tuple/list，表示在高与宽维度上的卷积核尺寸，strides 同样可以传入一个整数或一个含有两个整数的 tuple/list，表示在高与宽维度上的步长，padding 只能在 valid 和 same 中选其一，其他的参数基本可以使用其默认值。例如参数 activation 接收一个函数作为参数，可以为其传入 tf. nn. sigmoid 表示卷积后使用 Sigmoid 作为其激活函数（通常不需要传入 activation，我们会在卷积后手动为其加上激活函数）。

为了保持我们自己的方法在参数上的一致性，我们可以使用 tf. layers. conv2d 定义我们自己的 conv2d 函数，代码如下：

```
//ch7/conv_nets/layers/conv_layers/conv.py
def conv2d_(inp,
            out_channel,
            kernel,
            stride,
            padding = 'SAME',
            use_bias = True,
            use_fan_in = True,
            name = 'conv'):
    with tf.variable_scope(name):
        return tf.layers.conv2d(
                inp,
                out_channel,
                kernel,
                stride,
                padding = str.lower(padding),
                use_bias = use_bias,
                name = 'conv'
        )
```

7.1.3 卷积的计算方式

卷积有很多种计算方式，下面介绍两种最常用的方法。

1. 按定义计算

从前面介绍卷积过程可以清晰理解按照定义计算卷积的过程，使用三重循环不难写出其代码，每个循环依次取出当前使用的卷积核和当前滑窗计算的位置，代码如下：

```
//ch7/cal_conv_op.py
def conv_by_define(x, kernel, stride):
    #获取输入的各维度大小
    b, h, w, c = x.shape

    #获取卷积核的各维度大小
    k1, k2, cin, cout = kernel.shape
    #获取各维度的步长
    sb, sh, sw, sc = stride

    #计算输出的尺寸大小
    out_h = int((h - k1) / sh + 1)
    out_w = int((w - k2) / sw + 1)

    #定义输出的占位符
    output = np.empty(shape = [b, out_h, out_w, cout])

    for _cout in range(cout):
        #对每个输出通道取出一个卷积核
        _kernel = kernel[..., _cout]

        #计算每个滑窗的位置
        for _out_h in range(out_h):
            for _out_w in range(out_w):
                h_start = sh * _out_h
                w_start = sw * _out_w
                #使用相乘+求和的方式计算
                output[:, _out_h, _out_w, _cout] = \
                        np.sum(
                            _kernel * x[:,
                                        h_start: h_start + k1,
                                         w_start: w_start + k2,
                                        :]
                        )

    return output
```

由于7.1.1节已经详细讨论过按照卷积定义进行计算的过程，因此在此不过多讲解定义计算法。

2. img2col

从7.1.3节的第1部分可以看出，按照定义进行计算卷积操作时，需要使用三层循环。

从图 7-11 可以看出，卷积相乘并求和的方式实际上可以转换为矩阵的乘法。

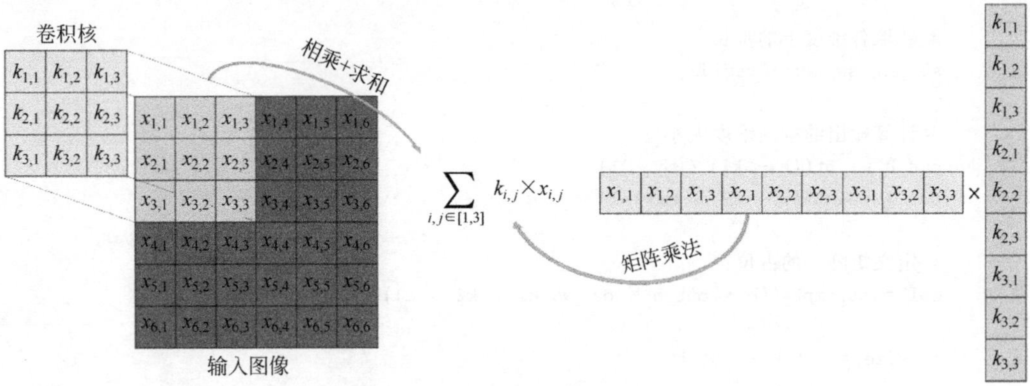

图 7-11 将卷积转换为矩阵乘法

容易想象，当步长为 1 时，实际上对于整个输入数据的卷积操作可以转换为如图 7-12 所示的两个矩阵的相乘。

如图 7-12 所示，矩阵 $\boldsymbol{A}$ 的第 i 行实际上就是将第 i 次卷积对应的输入部分重整为 1 维向量，矩阵 $\boldsymbol{A}$ 与重整为列向量的卷积核相乘就能得到卷积后的结果，再将结果重整为二维形状即可。为了简便起见，我们先只考虑如图 7-11 所示输入只有一个通道并且只有一个卷积核的情况。容易知道，矩阵 $\boldsymbol{A}$ 的形状为(W_{out}^2,k^2)，矩阵 $\boldsymbol{K}$ 的形状为(k^2,1)，相乘后的结果形状为(W_{out}^2,1)，再将其重整为(W_{out},W_{out},1)即可。

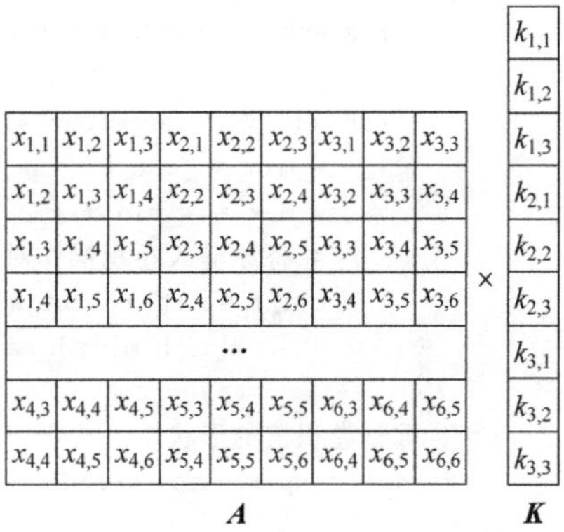

图 7-12 使用矩阵乘法完成对输入的卷积操作

当输入形状为(batch_size,W_{in},W_{in},C_{in})，卷积核形状为(k,k,C_{in},C_{out})时，我们该如何设计矩阵 $\boldsymbol{A}$ 与矩阵 $\boldsymbol{K}$ 的格式呢？我们希望最终的输出含有 batch_size$\times W_{\text{out}}\times W_{\text{out}}\times C_{\text{out}}$ 个数，因此一种好的分割想法是使矩阵乘法后的结果形状为(batch_size$\times W_{\text{out}}\times W_{\text{out}}$,$C_{\text{out}}$)，在这个情况下，我们需要将矩阵 $\boldsymbol{A}$ 的形状设计为(batch_size$\times W_{\text{out}}\times W_{\text{out}}$,$k\times k\times C_{\text{in}}$)，将矩阵 $\boldsymbol{K}$ 的形状设计为($k\times k\times C_{\text{in}}$,$C_{\text{out}}$)，整个 img2col 计算卷积的函数代码如下：

```
//ch7/cal_conv_op.py
def conv_by_img2col(x, kernel, stride):
    #获取输入各维度大小
    b, h, w, c = x.shape

    #获取卷积核各维度大小
```

```
    k1, k2, cin, cout = kernel.shape

    #获取各维度上的步长
    sb, sh, sw, sc = stride

    #计算输出的空间维度大小
    out_h = int((h - k1) / sh + 1)
    out_w = int((w - k2) / sw + 1)

    #定义矩阵 A 的占位符
    col = np.empty((b * out_h * out_w, k1 * k2 * c))

    outsize = out_w * out_h

    for _out_h in range(out_h):
        #原输入的卷积对应部分
        h_min = _out_h * sh
        h_max = h_min + k1

        h_start = _out_h * out_w

        for _out_w in range(out_w):
            w_min = _out_w * sw
            w_max = w_min + k2
            #将原输入卷积操作对应部分重整放入矩阵 A 对应位置
            col[h_start + _out_w:: outsize, :] = \
                x[:, h_min: h_max, w_min: w_max, :].reshape(b, -1)

    #重整卷积核的形状
    kernel = np.reshape(kernel, [-1, cout])

    #使用矩阵的乘法计算卷积
    z = np.dot(col, kernel)
    #将乘法后的结果重整为输出的形状
    z = z.reshape(b, z.shape[0] //b, -1)

    return z.reshape(b, out_h, -1 , cout)
```

可以看出，使用 img2col 计算只需两层循环，并且循环内不涉及计算过程，仅包含赋值。为了直观比较两种计算方式的效率，测试的代码如下：

```
//ch7/cal_conv_op.py
import time
#运行 100000 次
times = 100000
```

```
# input 的形状为[1,6,6,1]
# 即 batch 中只有一个样本,高和宽都为 6,通道数为 1
input = np.array(
    [[
        [[1],[1],[0],[1],[0],[1]],
        [[0],[1],[0],[0],[0],[1]],
        [[0],[0],[1],[1],[0],[0]],
        [[0],[1],[0],[1],[0],[1]],
        [[1],[0],[0],[0],[1],[1]],
        [[0],[0],[1],[1],[0],[0]]
    ]])

# 卷积核的形状为[3,3,1,1]
# 即卷积核尺寸为 3×3,输入和输出通道数都为 1
kernel = np.array(
    [
        [[[1]],[[0]],[[0]]],
        [[[0]],[[1]],[[0]]],
        [[[1]],[[0]],[[0]]]
    ])

# 按定义计算的时间
start = time.time()
for _ in range(times):
    o1 = conv_by_define(input, kernel, stride = [1, 1, 1, 1])
print(time.time() - start)

# img2col 的计算时间
start = (time.time())
for _ in range(times):
    o2 = conv_by_img2col(input, kernel, stride = [1, 1, 1, 1])
print(time.time() - start)
```

运行以上程序,可以得到如图 7-13 所示的结果,可以发现使用 img2col 的运行效率显著高于使用定义计算的效率。

```
14.092832803726196
4.5710883140563965
```

图 7-13 比较不同卷积计算方式的时间

由于矩阵乘法算法相对成熟,并且底层优化较完善,因此许多深度学习框架都以 img2col 的方式计算卷积以提高运行效率。

7.2 卷积神经网络中常用的层

在一个卷积神经网络中,最常用的网络层有 7.1 节中的卷积层,这也是卷积神经网络的核心。除此之外,网络中通常还有输入层、激活层、标准化层、池化层及全连接层,不同的层起着不同的功能。一般来说,一个卷积神经网络至少需要包含输入层、卷积层、激活层和全连接层。本节就分别介绍这些不同层的构成与功能。

7.2.1 输入层

不同于全连接神经网络,卷积神经网络天然为图像数据而设计,其决定了接收的输入形状为图像数据(带有空间尺度与通道尺度),即每个样本的形状为(H,W,C_{out}),通常为了简便起见,我们输入卷积神经网络的图像通常会缩放或裁剪为正方形,此时输入的形状为(W_{in},W_{in},C_{out}),加上 batch_size 可以得到完整的输入形状为(batch_size,W_{in},W_{in},C_{in}),定义输入层的代码如下:

```
x = tf.placeholder(dtype = tf.float32, shape = [None, W, W, C], name = name)
```

我们可以封装一个函数并根据数据集的不同传入不同的形状,如 MNIST 数据集的 $\boldsymbol{W}$ 值为 28,$\boldsymbol{C}$ 为 1。CIFAR 数据集的 $\boldsymbol{W}$ 为 32,$\boldsymbol{C}$ 为 3。此时我们传入的 batch_size 值为 None,这表示网络可以接收任意的 batch_size,这种设定在测试集的样本数量与训练集大小不匹配时很有效。

定义了输入图像的占位符,我们可以将标签的占位符一并定义并封装为一个函数,根据传入的参数不同而返回不同形状的占位符,代码如下:

```
//ch7/conv_nets/data_utils/__init__.py
def get_placeholders(args):
    dataset_name = args.dataset

    def init_placeholder(shape, name):
        return tf.placeholder(dtype = tf.float32, shape = shape, name = name)

    #MNIST 数据集图像为 28×28 的单通道图像,总共 10 类
    if 'mnist' in dataset_name:
        return init_placeholder(shape = [None, 28, 28, 1], name = 'X'), \
               init_placeholder(shape = [None, 10], name = 'Y')

    #CIFAR 数据集图像为 32×32 的多通道图像
    #可以分为 CIFAR-10 或 CIFAR-100,当为 CIFAR-100 时有可能指定为 20 大类
    if 'cifar' in dataset_name:
        if args.coarse_label:
            return init_placeholder(shape = [None, 32, 32, 3], name = 'X'), \
                   init_placeholder(shape = [None, 20], name = 'Y')
        return init_placeholder(shape = [None, 32, 32, 3], name = 'X'), \
             init_placeholder(shape = [None, 10 if args.c10 else 100], name = 'Y')
```

```
    # Oxford Flower 数据集的图像大小不确定,可以由用户指定,一共 102 类
    if 'oxford_flower' in dataset_name:
        return init_placeholder(shape = [None, * args.resize, 3], name = 'X'), \
               init_placeholder(shape = [None, 102], name = 'Y')
```

输入层基本和数据打交道,我们希望将 data_utils 封装为一个数据读取模块,能灵活地根据我们指定的数据集名称为我们返回数据,当指定某一特定数据集时,我们可能还需要为该数据集类的构造函数传入某些特定的参数,如 Oxford Flower 数据集一般需要指定一个缩放大小来控制所有图像缩放到某一个特定的尺寸。由于以上操作是对于整个 data_utils 模块而言的,所以我们需要在模块对应的__init__.py 文件中进行定义,下面的程序定义了一个可以根据用户传入的数据集名称自动返回该数据集类的方法,代码如下:

```
//ch7/conv_nets/data_utils/__init__.py
# 根据用户传入的数据集名称返回数据集对象
def get_dataset_with_name(d_name):
    import importlib
    from data_utils.base_class import Dataset

    # 使用 importlib 根据用户传入的名称导入相应模块(py 文件)
    module_name = 'data_utils.{}'.format(d_name)
    dataset_module = importlib.import_module(module_name)

    # 确保导入正确的类
    for name, cls in dataset_module.__dict__.items():
        if name.lower() == d_name.lower() and issubclass(cls, Dataset):
            dataset_cls = cls
            break

    if dataset_cls is None:
        raise ValueError('Unsupported dataset: {}'.format(d_name))

    return dataset_cls
```

使用上面的 get_dataset_with_name 得到对应的数据集类后,回忆第 5 章设计的数据集类使用方法,我们需要先实例化一个数据集对象,并使用其 next_batch 方法依次得到每个 batch 的数据及其对应的标签,因此我们还需要一种方法定制化实例 get_dataset_with_name 返回的数据集类并将该示例返回,代码如下:

```
//ch7/conv_nets/data_utils/__init__.py
def get_dataloader(args):
    dataset_name = args.dataset

    # 得到指定名称的数据集类
```

```
    dataset_cls = get_dataset_with_name(dataset_name)

    #首先从传入的参数取得所有数据集都有的参数
    inp_params = {
        'data_path': args.data_path,
        'batch_size': args.batch_size,
        'normalize': not args.not_normalize,
        'shuffle': not args.not_shuffle,
        'augmentation': args.augmentation
    }

    #再根据数据集的不同取得它们对应的特有参数
    #使用 CIFAR 数据集时,需要指定使用 CIFAR-10 或 CIFAR-100
    #使用 CIFAR-100 时,需要指定是否使用大类进行分类
    if 'cifar' in dataset_name:
        inp_params['c10'] = args.c10
        inp_params['coarse_label'] = args.coarse_label

    #使用 Oxford Flower 数据集时,需要指定统一的缩放大小
    elif 'oxford_flower' in dataset_name:
        inp_params['resize'] = args.resize

    #使用所有的参数实例化该数据集对象并返回
    dataset_instance = dataset_cls(**inp_params)

    return dataset_instance
```

至此,我们的 data_utils 模块封装完毕,在 main 函数中使用下面的程序获取与数据相关的变量,代码如下:

```
//ch7/conv_nets/main.py
def main(args):
    #打印命令行传入的参数
    print_args(args)

    #得到特定数据集的实例
    data = data_utils.get_dataloader(args)

    #得到特定数据集的样本与标签的占位符
    X, Y = data_utils.get_placeholders(args)

    …(网络构建与训练/测试阶段)
```

7.2.2 卷积层

7.2.1节我们解决了输入层的问题，获得输入数据之后，我们就可以开始特征提取过程(使用卷积层提取特征)。通过7.1节的介绍，相信读者已经基本理解卷积的原理与作用，并且在7.1.2节中向读者展示了如何在TensorFlow中使用卷积层，分为较为底层的tf.nn.conv2d方法与使用更简单的tf.layers.conv2d方法，卷积层通过空间和通道层面的卷积核与输入对应位置的值相乘及累加保留空间与通道的特征，本质上仍然是一个线性操作。类似data_utils模块，我们需要将卷积层的方法也放在layers模块中，代码如下：

```
//ch7/conv_nets/layers/conv_layers/conv.py
import tensorflow.compat.v1 as tf
import math

#tf.nn.conv2d实现
def conv2d(inp,
           out_channel,
           kernel,
           stride,
           padding = 'SAME',
           use_bias = False,
           use_fan_in = True,
           name = 'conv'):
    …

#tf.layers.conv2d实现
def conv2d_(inp,
            out_channel,
            kernel,
            stride,
            padding = 'SAME',
            use_bias = True,
            use_fan_in = True,
            name = 'conv'):
    …
#其他卷积方法
…
```

为了模块使用的方便，需要在conv_layers模块的__init__.py文件写入的代码如下：

```
from .conv import *
```

7.2.3 激活层

与全连接神经网络类似，在卷积神经网络的线性变化后需要使用激活函数完成非线性变换,激活层通常在卷积层后使用。激活函数我们在第 4 章有详细介绍,并分析了不同激活函数的应用场景与优缺点。同样在此我们需要将之前所有定义的激活函数封装成一个模块 activations。一般来说,激活函数本身不包含可学习参数(PReLu 除外),其仅仅只完成一个非线性映射,所以我们不将激活函数放入 layers 模块,而是将其单独作为一个 activations 模块进行封装,代码如下:

```
//ch7/conv_nets/activations/activations.py
import tensorflow.compat.v1 as tf


def relu(inp, name):
    …
def sigmoid(inp, name):
    …
def softmax(inp, axis, name):
    …
def tanh(inp, name):
    …
def leaky_relu(inp, a, name):
    …
def prelu(inp, name):
    …
def rrelu(inp, is_training, name):
    …
def relu6(inp, name):
    …
def elu(inp, name):
    …
def swish(inp, name):
    …
def mish(inp, name):
    …
```

同样,在 activations 模块下的__init__.py 文件中写入的代码如下:

```
from .activations import *
```

7.2.4 标准化层

此处提到的标准化层是指代网络中的标准化层,即 BN 等方法。随着网络的加深,由于激活函数零点不对称的特点会使特征发生偏移,当特征距离零点过远时,梯度会出现消失或爆炸的问题,从而影响训练。此时我们需要使用标准化方法将其缩放与平移到合适位置以加速模型的收敛。

关于标准化层与激活层的使用顺序实际上仍然存在争议。以 BN 和 ReLU 为例，在 BN 的原论文中采用的方式是 conv-BN-ReLU，将卷积输出先进行标准化再使其经过一个有效的非线性变化。但是现在也有许多人主张将 BN 放在激活函数后，即 conv-ReLU-BN，其论点是标准化都是对于输入而言，因此需要在进入下一层卷积层或全连接层之前使用 BN，即把 BN 放在激活函数之后。从实验结果来看，将 BN 放在激活函数后的性能会稍优于前置 BN。本书的做法沿袭 BN 原论文中的做法，即前置 BN。

在 4.4.2 节中已经详细介绍过各种标准化方法与它们对应的应用场景，其中 BN 在训练与测试阶段的计算方式不同，因此我们需要在 main 函数中使用一个布尔变量来指定当前究竟处于训练还是测试阶段，代码如下：

```
def main(args):
    …
    #由于网络中使用训练与测试阶段表现不同的 BN,需要指定当前阶段
    is_training = tf.placeholder(dtype = tf.bool, name = 'is_training')
    …
```

为了逻辑上的清晰，将每个标准化方法都单独保存为一个文件，如 batch_normalization.py、group_normalization.py 文件等，文件结构如图 7-14 所示。

在 normalization_layer 模块的__init__.py 文件中加入各个标准化的方法，代码如下：

```
from .batch_normalization import *
from .group_normalization import *
from .instance_normalization import *
from .layer_normalization import *
```

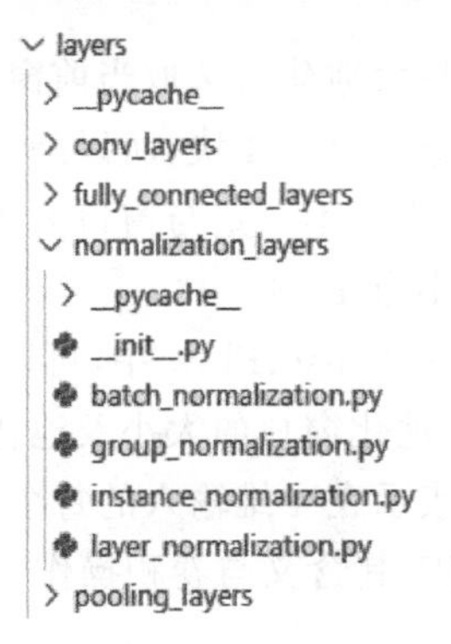

图 7-14 标准化层模块目录结构

7.2.5 池化层

对于人眼来说，缩放的大小对图像判定结果影响不大，如图 7-15 所示的两张图像，虽然大图像保留了更多的细节信息，但是通过小图像也能容易判别出这是一张猫的图像。相对于大图像来说，输入为小图像的网络往往只需更少的参数，因此对于图像识别问题来说，我们可以将输入进行缩小也能达到目的。实际上对于卷积神经网络中的特征也是一样的，我们可以通过某种变换选取区域内的一个值以代表整个区域的特征，从而达到减少特征的目的。这样的变换称作池化，对应的网络层称为池化层。

对于某一区域而言，我们有两种常用的选取代表值的方式，分别是选取最大值或计算区域中的平均值，这分别对应着最大池化层与平均池化层，下面就分别对这些池化方法进行介绍。

1. 最大池化层

与卷积层类似，池化层也需要指定池化操作的窗口大小与步长，如图 7-16 所示，输入特征大小为 6×6，池化窗口大小为 3×3，步长为 3。

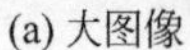

(a) 大图像

(b) 小图像

图 7-15 不同尺寸的图像对人眼的效果

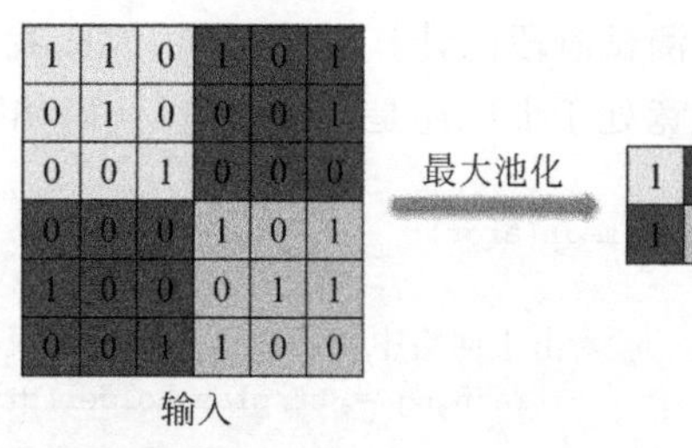

图 7-16 最大池化

最大池化会选取当前窗口中的最大值作为对应位置的输出。图 7-16 中的参数设置恰好将输入分为 4 块，所以最大池化的过程就是选取每一块中的最大值并放入对应位置。实际上，步长不一定与窗口大小相同，例如当指定图 7-16 中的滑动步长为 1 时，容易知道输出的大小为 4×4。

在 TensorFlow 中，可以使用 tf.nn.max_pool 完成最大池化，其接收的参数有待池化输入，池化窗口的大小及池化的步长与卷积操作类似，此处窗口大小和步长都是 4 维向量，分别表示在 4 维输入的每个维度上的窗口大小与步长，还可以指定填充方式为 VALID 或 SAME，其含义与卷积操作中的填充一致。最大池化操作的代码如下：

```
//ch7/conv_nets/layers/pooling_layers/max_pooling.py
def max_pooling(inp, kernel, stride, padding = 'SAME', name = 'avg_pool'):
    with tf.variable_scope(name):
        output = tf.nn.max_pool(inp,
                                ksize = [1, Kernel, Kernel, 1],
                                strides = [1, stride, stride, 1],
                                padding = padding, name = 'max_pool')

        return output
```

从图 7-16 可以看出，虽然每个区域中最大值 1 的个数不同，其具体分布的位置也不同，但是通过最大池化会得到相同的结果，在后续的网络层处理时会将这些本不同的区域相同对待。此时使用平均池化层更能代表每个区域的特征。

2. 平均池化层

平均池化与最大池化需要的参数相同，只是在计算方式上不是选取每个区域的最大值作为代表值，而是选择这个区域内的平均值作为这个区域的代表值。当特征大小为 6×6，窗口大小为 3×3，步长为 3 时，平均池化的结果如图 7-17 所示。

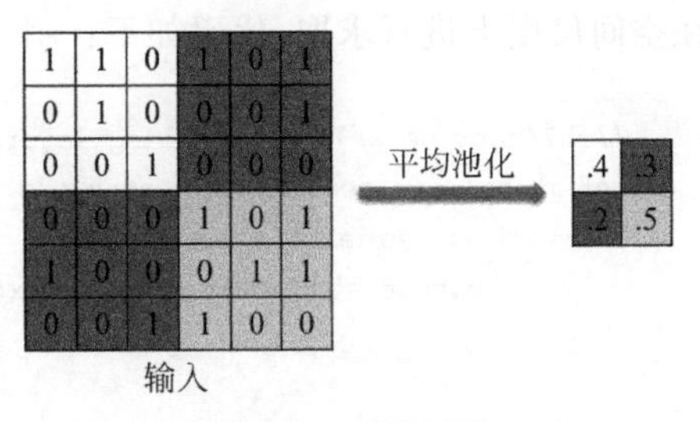

图 7-17　平均池化

由于平均池化考虑了所有位置的信息，因此容易理解平均池化能保留整体的数据特征，而由于最大池化仅选取输入中最突出的部分，因此其更多保留的是纹理特征。

在 TensorFlow 中，使用 tf.nn.avg_pool 完成平均池化。同样我们对其进行一个简单的封装使其更易用，代码如下：

```
//ch7/conv_nets/layers/pooling_layers/avg_pooling.py
def avg_pooling(inp, kernel, stride, padding = 'SAME', name = 'avg_pool'):
    with tf.variable_scope(name):
        output = tf.nn.avg_pool(inp,
                                ksize = [1, kernel, kernel, 1],
                                strides = [1, stride, stride, 1],
                                padding = padding, name = 'avg_pool')

        return output
```

3. 全局最大池化

从原理上来讲，全局最大池化与最大池化相同，都是取窗口中的最大值作为代表值。不同的是，全局最大池化的窗口大小与特征的空间尺度大小相同。可以认为全局最大池化是一种“极致”的最大池化操作，其将特征空间尺度完全压缩为一个数，如图 7-18 所示。

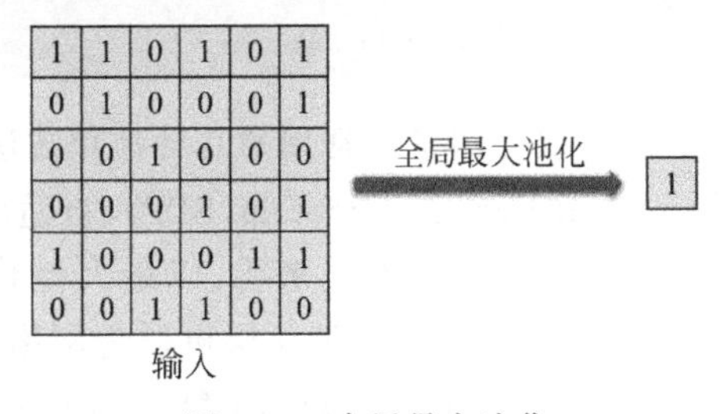

图 7-18　全局最大池化

由全局最大池化的原理可知，对于形状为(batch_size，W_{in}，W_{in}，C_{in})的输入，其经过全局最大池化的形状为(batch_size，1，1，C_{in})，即选取每个空间尺度中的最大值。

在 TensorFlow 中可以使用不同的方式实现全局最大池化，一种是利用 tf.nn.max_pool 方法并指定窗口大小为空间尺度大小，代码如下：

```
output = tf.nn.max_pool(inp,
                        ksize = [1, inp.shape[1], inp.shape[2], 1],
                        strides = [1, 1, 1, 1],
                        padding = 'VALID', name = 'max_pool')
```

另一种方法是直接使用 TensorFlow 中求最大值的方法 tf.math.reduce_max，并指定在空间尺度上进行求取，代码如下：

```
//ch7/conv_nets/layers/pooling_layers/global_max_pooling.py
def global_max_pooling(inp, name = 'global_max_pool'):
    with tf.variable_scope(name):
        output = tf.math.reduce_max(inp,
                                    axis = [1, 2],
                                    keepdims = True, name = 'global_max_pool')

        return output
```

4. 全局平均池化

了解了全局池化方法与平均池化后，全局平均池化也很容易理解。其选取每个特征空间层面的均值作为代表值，如图 7-19 所示。

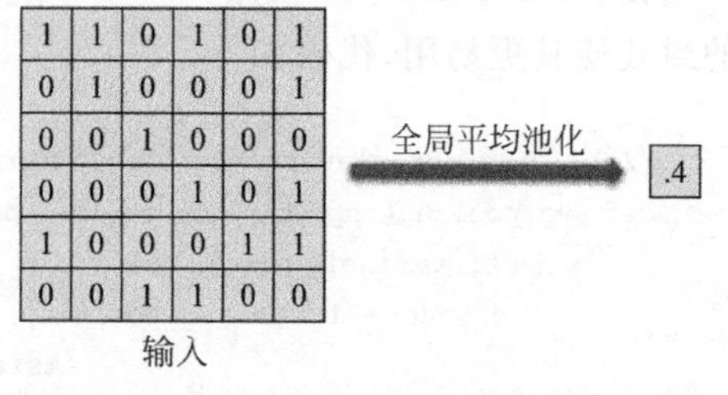

图 7-19　全局平均池化

同样全局平均池化也有不同的实现方式，为了使原理更加清晰地表述，这里仅使用 tf.math.reduce_mean 方法手动求取平均值，代码如下：

```
//ch7/conv_nets/layers/pooling_layers/global_avg_pooling.py
def global_avg_pooling(inp, name = 'global_avg_pool'):
    with tf.variable_scope(name):
        output = tf.math.reduce_mean(inp,
                                     axis = [1, 2],
                                     keepdims = True, name = 'global_avg_pool')

        return output
```

在此仅介绍了最常用的几种池化方法，实际上池化操作还有许多变种，如空间金字塔池化(Spatial Pyramid Pooling,SPP)、自适应池化(Adaptive Pooling)等。

从池化的计算方式来看，以最大池化为例，其本质上就是取一个最大值，这个操作与ReLU 十分类似，因此池化层可以为网络带来非线性变换。其次从池化最初的设计思路来讲，由于其通过下采样减小了特征的大小，因此其能起到减少参数量、降维、去除冗余信息等作用。对于含有池化与不含池化的网络来说，得到相同大小的特征图后，含有池化层网络的特征显然具有更大的感受野，因此池化层能起到增大感受野的作用。最后，由于池化仅根据规则选取某一区域的代表值，其对于一些简单变化是具有不变性的。例如将一张图像平移1 个像素，当选取适合的窗口大小与步长时，平移操作并不会改变池化后的输出结果。池化实现的不变性包括平移不变性、旋转不变性与尺度不变性等。

7.2.6　全连接层

在使用了输入层和一系列卷积层、标准化层、激活层与池化层后，我们认为已经得到了输入数据较好的特征,此时我们在最后使用全连接层对习得的特征进行学习与组合从而得到最终的输出。由于全连接层在第6章已经详细讨论过,此处不再赘述。

全连接层的输入要求是二维的张量,形状为(batch_size,n),为了代码的灵活性,尤其是当 batch_size 不固定时(batch_size 为 None),我们需要动态对输入张量重整形状,在指定新形状时使用−1 让计算机为我们自动计算当前 batch_size 的大小,代码如下:

```
//ch7/conv_nets/layers/fully_connected_layers/fully_connected.py
shape = inp.get_shape().as_list()

#当输入不是二维张量时进行重整
if len(shape) != 2:
    #新形状指定为[-1, n],其中 n 为除第一个维度外的所有维度乘积
    inp = tf.reshape(inp, shape=[-1, reduce(lambda x, y: x * y, shape[1: ])])
```

全连接层的实现方式与第6章所介绍的方式相同,代码如下:

```
//ch7/conv_nets/layers/fully_connected_layers/fully_connected.py
#实现方式 1,使用定义计算
def fully_connected(inp, out_num, name='fully_connected'):
    …

#实现方式 2,使用 tf.layers.dense 函数
def fully_connected_(inp, out_num, name='fully_connected'):
    …
```

在实现卷积神经网络时,常用的结构可以使用如图7-20所示的定义。

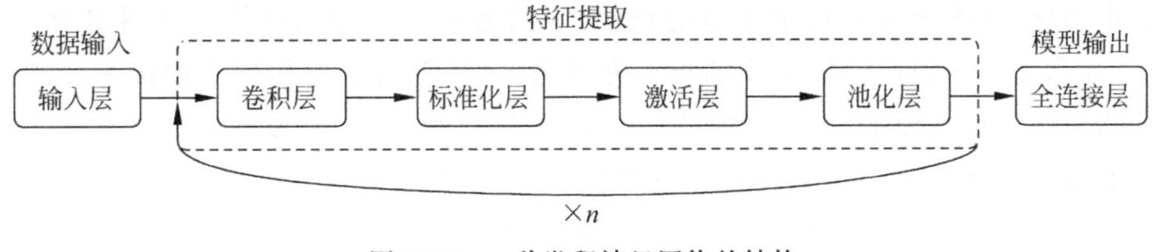

图 7-20 一种卷积神经网络的结构

如图7-20所示,使用卷积层不断提取与组合图像中的特征,我们认为好的特征是高维线性可分的,可以使用全连接层完成分类(实际上也可以用别的模型分类,如 SVM 等)。

7.3 常用的卷积神经网络结构

7.2节已经介绍了卷积神经网络的基本组成构件,本节将介绍一些常用的卷积神经网络结构,每种结构都具有不同的特性。强烈建议读者阅读这些卷积神经网络的原论文。下面我们大致以时间顺序介绍这些具有里程碑意义的卷积神经网络结构。

7.3.1 VGGNet

VGGNet由牛津大学的Visual Geometry Group视觉研究组提出，该网络在ILSVRC 2014数据集上进行相关工作（原论文链接：https://arxiv.org/abs/1409.1556，发表于ICLR2015），VGGNet在ILSVRC 2014上荣获亚军，其模型在测试集上的top-5错误率仅为6.8%。VGGNet主要的贡献是证明了增加网络深度能给模型带来一定的性能提升，并且证明了在卷积神经网络中通过连续使用小的卷积核的效果优于直接使用大的卷积核。

13min

相对于前人的AlexNet(ILSVRC 2012冠军模型，由于过于久远在此不进行介绍)在网络中使用的11×11和5×5的卷积核，VGG使用的是3×3与1×1的卷积核。VGGNet认为，堆叠两个卷积核为3×3的卷积层相当于得到了一个5×5的卷积核，堆叠3个卷积核为3×3的卷积层能得到一个7×7的卷积核。在感受野相同的情况下，多个小卷积核只需更少的参数并且能得到更好的图像高层语义特征。

在VGGNet之前的工作也有许多网络从不同角度探究了如何使模型性能得到提升，例如ZFNet(ILSVRC 2013年冠军)在第一个卷积层使用了更小的卷积核大小和步长，还有将图像进行缩放多次通过模型预测以得到最准确的结果。VGGNet探究了模型的深度对于其性能的影响，在不改变参数量的情况下，增加网络层数只能减小卷积核的大小以平衡模型参数总量，这也是VGGNet的核心贡献。VGGNet一共有3个版本，分别对应不同的深度，为VGG-11、VGG-16及VGG-19，数字代表含有可训练参数的层数（如池化层不可训练，所以不算在可训练层数中）。

从原论文中容易得知VGGNet的输入图像为224×224的彩色图像，数据的预处理只包含中心化（将像素减去每个通道的均值）。网络中所有卷积层的步长固定为1，卷积核有3×3和1×1两种选择，卷积的填充方式为SAME，每个卷积层后都接一个激活层，全部使用ReLU作为激活函数，网络中一共含有5个池化层，都为最大池化操作，其池化窗口大小为2，池化的步长为2。网络最终含有3个全连接层，神经元数分别为4096、4096和1000(ILSVRC共有1000类)，在全连接层输出后接一个Softmax层得到每一类的预测概率。

从以上的描述我们可以得知一些信息：VGGNet中的卷积层会维持输出张量的空间尺度与输入保持一致（步长为1且填充方式为SAME）。整个网络中的下采样仅通过池化层完成，每一次池化操作后的输出张量空间大小为输入张量的1/4（池化步长为2），一共含有5个池化层，因此最终特征的空间尺度大小为$(H/32, W/32)$（输入图像大小为(H,W)）。整个网络中大部分参数集中在全连接层中，其参数量为$m\times4096+4096\times4096+4096\times1000>2\times10^7$个参数（$m$为得到图像特征的维度）。

从论文中可以知道这3个不同深度的VGGNet的具体结构，如表7-1所示，表中的卷积操作以ConvK-M表示，K表示卷积核的大小，M表示卷积的输出通道数。

表 7-1 不同深度 VGGNet 的结构

<table>
<tr><th>VGG-11</th><th>VGG-13</th><th>VGG-16</th><th>VGG-16</th><th>VGG-19</th></tr>
<tr><td>A</td><td>B</td><td>C</td><td>D</td><td>E</td></tr>
<tr><td colspan="5">224×224 input</td></tr>
<tr><td>Conv3-64
ReLU</td><td>Conv3-64
ReLU
Conv3-64
ReLU</td><td>Conv3-64
ReLU
Conv3-64
ReLU</td><td>Conv3-64
ReLU
Conv3-64
ReLU</td><td>Conv3-64
ReLU
Conv3-64
ReLU</td></tr>
<tr><td colspan="5">Max Pooling</td></tr>
<tr><td>Conv3-128
ReLU</td><td>Conv3-128
ReLU
Conv3-128
ReLU</td><td>Conv3-128
ReLU
Conv3-128
ReLU</td><td>Conv3-128
ReLU
Conv3-128
ReLU</td><td>Conv3-128
ReLU
Conv3-128
ReLU</td></tr>
<tr><td colspan="5">Max Pooling</td></tr>
<tr><td>Conv3-256
ReLU
Conv3-256
ReLU</td><td>Conv3-256
ReLU
Conv3-256
ReLU</td><td>Conv3-256
ReLU
Conv3-256
ReLU
Conv1-256
ReLU</td><td>Conv3-256
ReLU
Conv3-256
ReLU
Conv3-256
ReLU</td><td>Conv3-256
ReLU
Conv3-256
ReLU
Conv3-256
ReLU
Conv3-256
ReLU</td></tr>
<tr><td colspan="5">Max Pooling</td></tr>
<tr><td>Conv3-512
ReLU
Conv3-512
ReLU</td><td>Conv3-512
ReLU
Conv3-512
ReLU</td><td>Conv3-512
ReLU
Conv3-512
ReLU
Conv1-512
ReLU</td><td>Conv3-512
ReLU
Conv3-512
ReLU
Conv3-512
ReLU</td><td>Conv3-512
ReLU
Conv3-512
ReLU
Conv3-512
ReLU
Conv3-512
ReLU</td></tr>
<tr><td colspan="5">Max Pooling</td></tr>
<tr><td>Conv3-512
ReLU
Conv3-512
ReLU</td><td>Conv3-512
ReLU
Conv3-512
ReLU</td><td>Conv3-512
ReLU
Conv3-512
ReLU
Conv1-512
ReLU</td><td>Conv3-512
ReLU
Conv3-512
ReLU
Conv3-512
ReLU</td><td>Conv3-512
ReLU
Conv3-512
ReLU
Conv3-512
ReLU
Conv3-512
ReLU</td></tr>
<tr><td colspan="5">Max Pooling</td></tr>
<tr><td colspan="5">Fully Connected-4096</td></tr>
<tr><td colspan="5">Fully Connected-4096</td></tr>
<tr><td colspan="5">Fully Connected-1000</td></tr>
<tr><td colspan="5">Softmax</td></tr>
</table>

由于表7-1中的网络结构是为ImageNet数据集设计的，我们所使用的数据集相较ImageNet小得多，于是我们将最后的全连接层改为1层，神经元个数为类别数。如使用的数据集为CIFAR-10，则全连接层为Fully Connected-10。同时为了改善VGGNet的效果，我们在每个卷积层和激活层之间引入BN层，以加速模型的收敛。

我们仅对含有3×3卷积核的VGGNet进行代码的实现(表7-1中的A、B、D和E结构)从以上分析VGGNet结构可以得出，其基本的构件包含含有3×3卷积核的卷积层(Conv3-m)、BN层、ReLU层、最大池化层及全连接层。我们可以使用一个列表代表网络结构，由于每个卷积后都有BN和ReLU层，因此我们可以只在列表中以卷积输出的通道数 m 标出卷积层的所在位置，而全连接层仅在网络最后一层出现，因此无须标出。例如对于VGG-11，我们可以使用如下列表表示：[64, MAX_POOL, 128, MAX_POOL, 256, 256, MAX_POOL, 512, 512, MAX_POOL, 512, 512, MAX_POOL]，定义不同的网络结构的代码如下：

```
//ch7/conv_nets/models/vgg.py
MAX_POOL = 'mp'
STRUCTURES = {
    11: [64, MAX_POOL, 128, MAX_POOL, 256, 256,
         MAX_POOL, 512, 512, MAX_POOL, 512, 512, MAX_POOL],

    13: [64, 64, MAX_POOL, 128, 128, MAX_POOL,
         256, 256, MAX_POOL, 512, 512, MAX_POOL, 512, 512, MAX_POOL],

    16: [64, 64, MAX_POOL, 128, 128, MAX_POOL,
         256, 256, 256, MAX_POOL, 512, 512, 512,
         MAX_POOL, 512, 512, 512, MAX_POOL],

    19: [64, 64, MAX_POOL, 128, 128, MAX_POOL,
         256, 256, 256, 256, MAX_POOL, 512, 512, 512, 512, MAX_POOL,
         512, 512, 512, 512, MAX_POOL],
}

#为编码灵活,将卷积核大小作为变量给出
CONV_KERNEL = 3
```

我们创建VGGNet对象时，传入所需要的网络深度depth及数据集的类别数class_num即可，代码如下：

```
//ch7/conv_nets/models/vgg.py
#传入所需网络深度、数据类别数
#及是否是小图数据集(保持模型类构造函数的参数一致性)
def __init__(self, depth, class_num, is_small):
    self.depth = depth
    self.class_num = class_num
```

```
#我们可以对小图数据集做一些定制化操作
self.is_small = is_small
self.structure = self.STRUCTURES[self.depth]
```

得到网络结构的列表后，我们只需根据列表中的分量使用对应的网络层构建模型，代码如下：

```
//ch7/conv_nets/models/vgg.py
#传入网络的输入 x 与当前网络的阶段(BN 使用)
def build(self, x, is_training):
    with tf.variable_scope('vgg_{}'.format(self.depth)):
        #从网络结构中每一层参数进行构建
        for idx, st in enumerate(self.structure):
            #当前为最大池化层
            if self.MAX_POOL == st:
                x = max_pooling(x,
                                kernel = 2,
                                stride = 2,
                                name = 'max_pooling_{}'.format(idx))
            else:
                #当前为卷积 - BN - 激活层
                x = conv2d(x,
                           out_channel = st,
                           kernel = self.CONV_KERNEL,
                           stride = 1,
                           name = 'conv2d_{}'.format(idx))

                x = batch_normalization(x,
                                        name = 'bn_{}'.format(idx),
                                        is_training = is_training)

                x = relu(x, name = 'relu_{}'.format(idx))

        #最后的全连接层输出与类别数相同维度的张量
        x = fully_connected(x, self.class_num,
                            name = 'fully_connected_{}'.format(idx + 1))

        return x
```

至此，我们的网络搭建已经完成，并且能通过传入不同参数得到不同模型，测试模型是否能正常使用的代码如下：

```
from tools import Counter, VarsPrinter
counter = Counter()
```

```
printer = VarsPrinter()

#假设类别数为10,batch_size 未知,输入图像为 32×32×3
class_num = 10
batch_size = None
image = tf.placeholder(dtype = tf.float32, shape = [batch_size, 32, 32, 3])

#测试不同的深度
for d in (11, 13, 16, 19):
    model = VGG(d, class_num = class_num, is_small = False)
    output = model.build(image, is_training = False)
    #打印模型的输出形状
    print(output.shape)
    #打印模型中的参数信息并计算参数总量
    printer()
    counter()
```

运行以上程序,可以得到如图7-21所示的结果,从结果可以看出,网络中的输出形状为(?, 10),其中? 表示batch_size不确定,还可以看出,网络中的可训练参数来自卷积层、BN层及全连接层,参数的总数为9.2M。

```
(?, 10)
==========================================================================================
|  |  Name                                          Shape
------------------------------------------------------------------------------------------
|  |  vgg_11/conv2d_0/w:0                           (3, 3, 3, 64)
|  |  vgg_11/bn_0/gamma:0                           (64,)
|  |  vgg_11/bn_0/beta:0                            (64,)
|  |  vgg_11/conv2d_2/w:0                           (3, 3, 64, 128)
|  |  vgg_11/bn_2/gamma:0                           (128,)
|  |  vgg_11/bn_2/beta:0                            (128,)
|  |  vgg_11/conv2d_4/w:0                           (3, 3, 128, 256)
|  |  vgg_11/bn_4/gamma:0                           (256,)
|  |  vgg_11/bn_4/beta:0                            (256,)
|  |  vgg_11/conv2d_5/w:0                           (3, 3, 256, 256)
|  |  vgg_11/bn_5/gamma:0                           (256,)
|  |  vgg_11/bn_5/beta:0                            (256,)
|  |  vgg_11/conv2d_7/w:0                           (3, 3, 256, 512)
|  |  vgg_11/bn_7/gamma:0                           (512,)
|  |  vgg_11/bn_7/beta:0                            (512,)
|  |  vgg_11/conv2d_8/w:0                           (3, 3, 512, 512)
|  |  vgg_11/bn_8/gamma:0                           (512,)
|  |  vgg_11/bn_8/beta:0                            (512,)
|  |  vgg_11/conv2d_10/w:0                          (3, 3, 512, 512)
|  |  vgg_11/bn_10/gamma:0                          (512,)
|  |  vgg_11/bn_10/beta:0                           (512,)
|  |  vgg_11/conv2d_11/w:0                          (3, 3, 512, 512)
|  |  vgg_11/bn_11/gamma:0                          (512,)
|  |  vgg_11/bn_11/beta:0                           (512,)
|  |  vgg_11/fully_connected_13/w:0                 (512, 10)
|  |  vgg_11/fully_connected_13/b:0                 (10,)
==========================================================================================
Total parameters: 9228362
```

图7-21 VGG-11网络的可训练参数

7.3.2 Inception

ILSVRC 2014 的冠军模型由谷歌提出，其命名为 GoogLeNet，又名 InceptionV1，在赛后谷歌相继发布了 InceptionV2～InceptionV4，本节仅介绍最基础的模型，即 InceptionV1（原论文链接：https://arxiv.org/abs/1409.4842）。

作为 ILSVRC 2014 的双雄，VGGNet 和 GoogLeNet 都通过增加网络模型的深度来提升性能，不同的是，GoogLeNet 在增加网络深度的同时也通过提出的 Inception 结构增加了其宽度。

Inception 结构的核心是使用不同大小卷积核的卷积层对同一输入进行处理，最终将这些卷积得到的结果在通道维度上拼接起来作为输出，使用不同卷积核对同一输入进行操作的过程可以认为是对输入进行了一个多尺度操作，每个分支得到的感受野都不相同，最后将不同尺度/不同感受野的特征再拼接在一起，从而得到更稳健的图像特征，如图 7-22 所示。

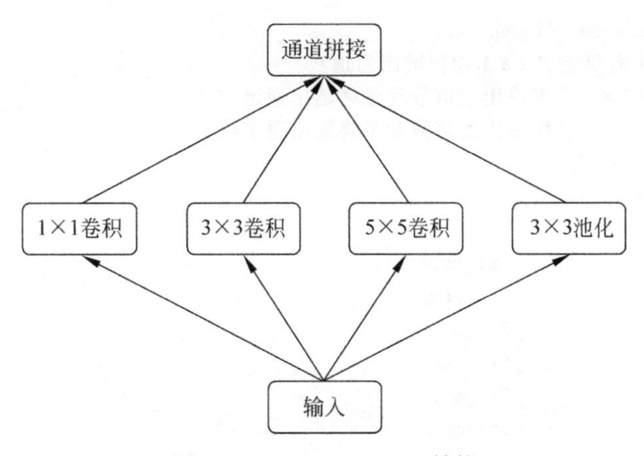

图 7-22 Naive Inception 结构

当输入的通道数很大时，使用 3×3 与 5×5 卷积会造成参数量过多，所以在保证参数量不会增加过多的情况下，Inception 模块引入了 1×1 卷积，首先将输入的通道数减小以减少参数量。假设输入的通道数为 m，需要输出的通道数为 $2m$，如果直接通过 5×5 的卷积进行操作，可以知道所需的参数量为 $5\times5\times m\times2m=50m^2$ 个参数，如果先使用 1×1 卷积将输入通道降低至 $n(n<m)$，则需要的参数量为 $1\times1\times m\times n+5\times5\times n\times2m=51mn$，因此通过引入 1×1 卷积能够显著减少所需的参数量。GoogLeNet 中使用的 Inception 结构如图 7-23 所示。

通过堆叠若干 Inception 结构，我们便可以得到 GoogLeNet。随着网络的不断加深，梯度消失成为限制网络深度的因素，因此 GoogLeNet 通过使用两个辅助损失来帮助浅层网络的梯度回传。在此我们不使用辅助损失，而直接使用 BN 层来避免梯度消失的问题（提出 GoogLeNet 时还没有 BN），我们仍然在每个卷积层后使用 BN 与激活层（ReLU）。实现 Inception 模块的代码如下：

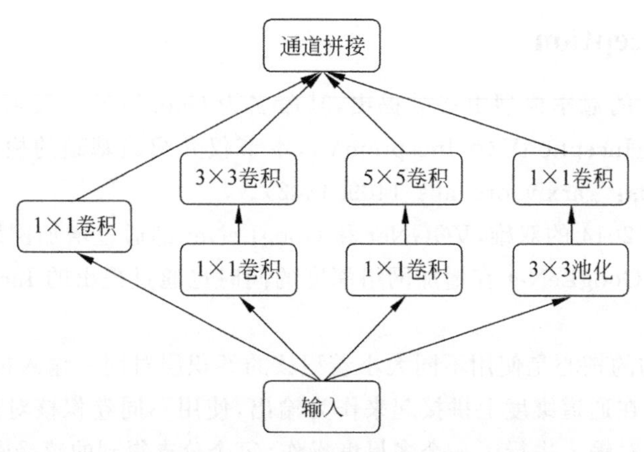

图 7-23　GoogLeNet 中的 Inception 结构

```
//ch7/conv_nets/models/inception.py
#Inception模块需要指定1×1卷积输出通道数
#3×3卷积中的1×1卷积输出通道数和最终输出通道数
#5×5卷积中的1×1卷积输出通道数和最终输出通道数
#最大池化输出通道数
def inception_module(self,
                     x,
                     _1x1_oc,
                     _3x3_roc,
                     _3x3_oc,
                     _5x5_roc,
                     _5x5_oc,
                     pool_oc,
                     name):
    with tf.variable_scope(name):
        #1×1卷积的分支
        with tf.variable_scope('1x1_conv'):
            _1x1_conv = conv2d(x,
                               _1x1_oc,
                               kernel = 1,
                               stride = 1, name = 'conv')
            _1x1_conv = batch_normalization(_1x1_conv,
                                            name = 'bn',
                                            is_training = self.is_training)
            _1x1_conv = relu(_1x1_conv, name = 'relu')

        #3×3卷积的分支,包含1个1×1卷积和1个3×3卷积
        with tf.variable_scope('3x3_conv'):
            #1×1卷积进行降维
            _3x3_conv = conv2d(x,
```

```
                          _3x3_roc,
                          kernel = 1,
                          stride = 1, name = '1x1')
    _3x3_conv = batch_normalization(_3x3_conv,
                                    name = 'bn1',
                                    is_training = self.is_training)
    _3x3_conv = relu(_3x3_conv, name = 'relu1')

    #为降维后的结果使用 3×3 卷积
    _3x3_conv = conv2d(_3x3_conv,
                       _3x3_oc,
                       kernel = 3,
                       stride = 1, name = '3x3')
    _3x3_conv = batch_normalization(_3x3_conv,
                                    name = 'bn2',
                                    is_training = self.is_training)
    _3x3_conv = relu(_3x3_conv, name = 'relu2')

#5×5 卷积的分支,包含 1 个 1×1 卷积和 1 个 5×5 卷积
with tf.variable_scope('5x5_conv'):
    #1×1 卷积进行降维
    _5x5_conv = conv2d(x,
                       _5x5_roc,
                       kernel = 1,
                       stride = 1, name = '1x1')
    _5x5_conv = batch_normalization(_5x5_conv,
                                    name = 'bn1',
                                    is_training = self.is_training)
    _5x5_conv = relu(_5x5_conv, name = 'relu1')

    #为降维后的结果使用 5×5 卷积
    _5x5_conv = conv2d(x,
                       _5x5_oc,
                       kernel = 5,
                       stride = 1, name = '5x5')
    _5x5_conv = batch_normalization(_5x5_conv,
                                    name = 'bn2',
                                    is_training = self.is_training)
    _5x5_conv = relu(_5x5_conv, name = 'relu2')

#最大池化分支,使用 3×3 的窗口,包含 1 个最大池化层和 1 个 1×1 卷积
with tf.variable_scope('max_pool'):
    _mp = max_pooling(x, 3, stride = 1, name = 'pool')
    _mp = conv2d(_mp,
                 pool_oc,
                 kernel = 1,
```

```
                             stride = 1, name = '1x1')
        _mp = batch_normalization(_mp,
                                  name = 'bn',
                                  is_training = self.is_training)
        _mp = relu(_mp, name = 'relu')

    #将 4 个分支的结果在通道维度上进行拼接
    output = tf.concat([_1x1_conv, _3x3_conv, _5x5_conv, _mp], axis = -1)

    return output
```

由于 GoogLeNet 的网络配置较多，在原论文中指定了每个 Inception 模块的各个分支输出维度，本节不以表格的形式给出其详细配置，有兴趣的读者可以查看原论文或相关资料。GoogLeNet 的输入图像大小为 224×224 像素，并且第一个 Inception 模块之前使用了两个卷积层与两个最大池化层来减小输入的空间维度，我们需要将其修改，使其适应于小数据集。将 Inception 前的预处理层改为 1 个 3×3 卷积层，并根据传入的参数决定是否使用最大池化层（当输入图像较大时，如 Oxford Flower 数据集可以使用最大池化层，而 32×32 像素的 CIFAR 图像则可以不使用），在最后一个 Inception 模块后 GoogLeNet 使用的是平均池化层，当输入图像尺度较小时，我们使用全局平均池化层进行替代，除此之外在全连接层之前 GoogLeNet 还使用了 Dropout 防止过拟合（实际上 VGGNet 中也使用了 Dropout 技术，由于我们减少了原 VGGNet 中全连接层数量与神经元数量，因此不使用 Dropout），Dropout 一般应用在全连接层中，在每次训练时随机使一部分神经元失活（即没有梯度回传），在最终测试阶段激活所有神经元，这样在训练时能减少一部分参数，从而缓解过拟合，使用 Dropout 技术可以认为每一次都训练了一个不同的子模型，最终测试时使用所有子模型的一个集合对输入做出判别，因此可以认为 Dropout 是一种类似于 Bagging 的集成学习策略。构建修改过的 GoogLeNet/InceptionV1 的代码如下：

```
//ch7/conv_nets/models/inception.py
def build(self, x, is_training):
    self.is_training = is_training

    with tf.variable_scope('inception_{}'.format(self.version)):
        #数据预处理层包含一个 3×3 卷积与可选的池化层
        with tf.variable_scope('preprocess_layers'):
            x = conv2d(x,
                       192,
                       kernel = 3,
                       stride = 1, name = 'conv')
            x = batch_normalization(x,
                                    name = 'bn',
                                    is_training = self.is_training)
            x = relu(x, name = 'relu')
```

```
        if not self.is_small:
            x = max_pooling(x,
                            3,
                            stride = 2, name = 'max_pool')

    #第 1 个大的 Inception 模块
    with tf.variable_scope('inception3'):
        x = self.inception_module(x,
                                  64, 96, 128,
                                  16, 32, 32, name = 'inception_3a')
        x = self.inception_module(x,
                                  128, 128, 192,
                                  32, 96, 64, name = 'inception_3b')
        x = max_pooling(x, 3, stride = 2, name = 'max_pool')

    #第 2 个大的 Inception 模块
    with tf.variable_scope('inception4'):
        x = self.inception_module(x,
                                  192, 96, 208,
                                  16, 48, 64, name = 'inception_4a')
        x = self.inception_module(x,
                                  160, 112, 224,
                                  24, 64, 64, name = 'inception_4b')
        x = self.inception_module(x,
                                  128, 128, 256,
                                  24, 64, 64, name = 'inception_4c')
        x = self.inception_module(x,
                                  112, 144, 288,
                                  32, 64, 64, name = 'inception_4d')
        x = self.inception_module(x,
                                  256, 160, 320,
                                  32, 128, 128, name = 'inception_4e')
        x = max_pooling(x, 3, stride = 2, name = 'max_pool')

    #第 3 个大的 Inception 模块
    with tf.variable_scope('inception5'):
        x = self.inception_module(x,
                                  256, 160, 320,
                                  32, 128, 128, name = 'inception_5a')
        x = self.inception_module(x,
                                  384, 192, 384,
                                  48, 128, 128, name = 'inception_5b')

        #根据输入尺度使用不同的池化层
        if self.is_small:
```

```
            x = global_avg_pooling(x, name = 'global_avg_pool')
        else:
            x = avg_pooling(x, 3, stride = 2, name = 'max_pool')

    #使用 Dropout 随机丢弃神经元
    #训练阶段随机保留 40%的神经元,测试阶段使用 100%的神经元
    with tf.variable_scope('dropout'):
        keep_prob = tf.cond(
                        tf.cast(is_training, tf.bool),
                        lambda: 0.4, lambda: 1.0
                    )
        x = tf.nn.dropout(x, keep_prob)

    #最后的全连接输出层
    with tf.variable_scope('classifier'):
        x = fully_connected(x, self.class_num)

    return x
```

使用类似 7.3.1 节中的测试代码同样能得到 GoogLeNet/InceptionV1 网络的相关信息,在此不展示相关信息。

11min

7.3.3 ResNet

ResNet 由微软的何凯明团队提出,其 152 层的模型(ResNet-152)取得了 ILSVRC 2015 的冠军(原论文链接: https://arxiv.org/abs/1512.03385)。由于其独特的残差结构设计,使其能在模型的深度上大做文章(相比于 VGGNet 与 GoogLeNet 而言)。

从加深模型层数的过程中,理应参数越多,至少模型在训练数据集上的表现越好(即使出现过拟合),但是在 ResNet 论文中观察到的现象却并不是如此。相比于 20 层的模型,56 层的模型在训练集和测试集上的表现都要更差。从原理上来讲,56 层模型的性能至少不应该差于 20 层模型的性能,在最差情况下只需最后 36 层网络学习到恒等映射(输出与输入一样的映射),然而从实验结果来看,目前网络模型并不能学到这样的恒等映射(或不可在可行的时间内学会恒等映射)。

ResNet 的核心思想是降低网络的拟合难度,假设我们最终的拟合目标为 $H(x)$,那么我们可以为其单独取出恒等映射部分,剩下的残差部分 $F(x)=H(x)-x$ 交由模型进行拟合。当拟合目标为恒等映射时,模型的拟合目标 $F(x)=0$,从而降低了模型的拟合难度。在 ResNet 论文中提出了两种不同的残差结构,其分别适用于不同深度的 ResNet,如图 7-24 所示,需要注意的是图 7-24(b)所示的结构与原论文中的结构不完全一致,原论文中的 Bottleneck 并不直接使用恒等映射,由于其通道数的特殊配置,原论文的 Bottleneck 使用了

1×1 卷积对输入数据 x 进行了形状上的处理，为了便于理解，先直接以恒等映射 x 代替这一分支。

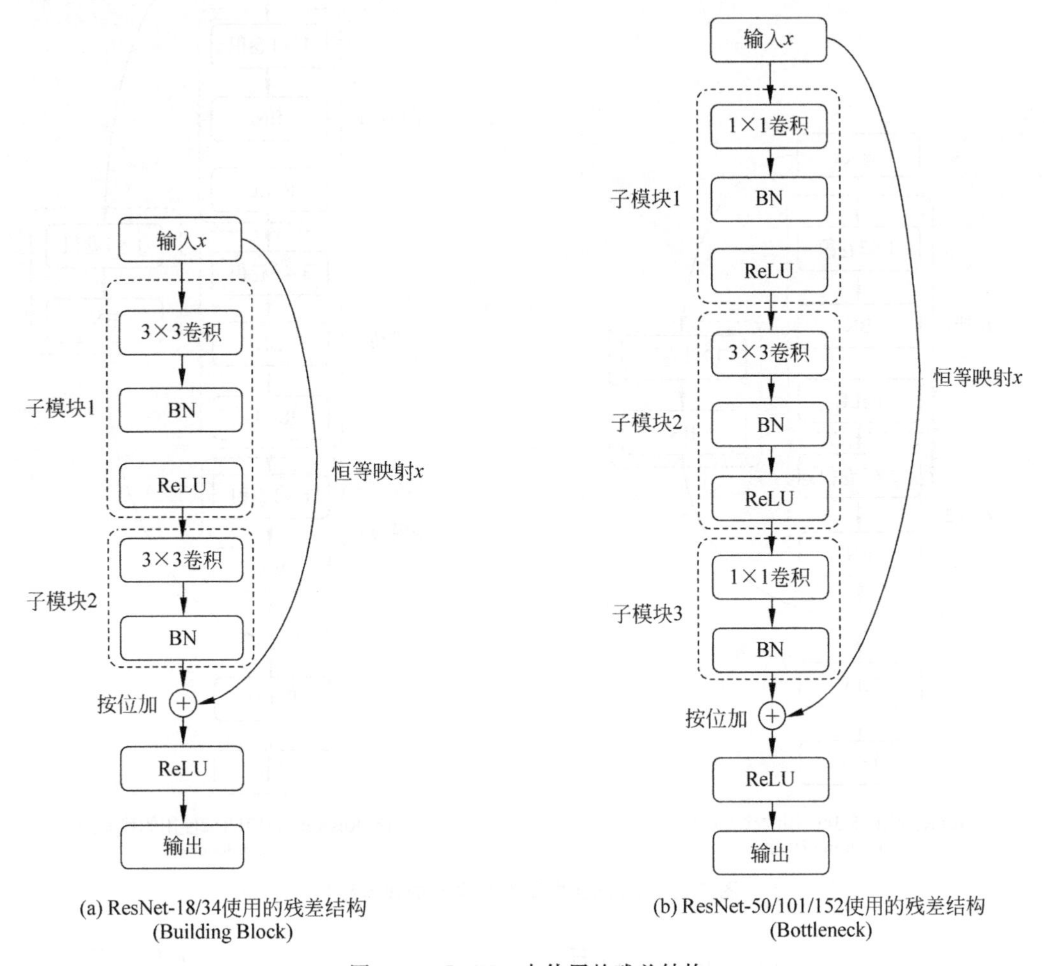

(a) ResNet-18/34使用的残差结构 (Building Block)

(b) ResNet-50/101/152使用的残差结构 (Bottleneck)

图 7-24 ResNet 中使用的残差结构

无论 ResNet 采用图 7-24 中哪种残差结构，其都不可避免使用按位加进行求和(这也是 ResNet 核心所在)，这就需要最后一个子模块输出的结果形状与输入 x 的形状完全一致，这应该如何使用残差结构改变通道数与空间尺度呢？实际上当最后一个子模块的输出结果与输入 x 形状不一致(空间尺度不一致或通道数不一致)时，我们还需要在恒等映射的分支上使用 1×1 卷积进行形状重整，得到与最后一个子模块形状相同的张量，此时残差结构变为如图 7-25 所示的结构。

为什么使用了残差结构后网络深度就能得到极大增加呢？一个原因是我们之前提到的使用 $F(x)=H(x)-x$ 作为模型拟合目标时能极大降低其拟合难度，另一个重要的原因是这种结构能稳定梯度的反向传播。在此做一个不十分严谨的推导，假设网络只有一个残差

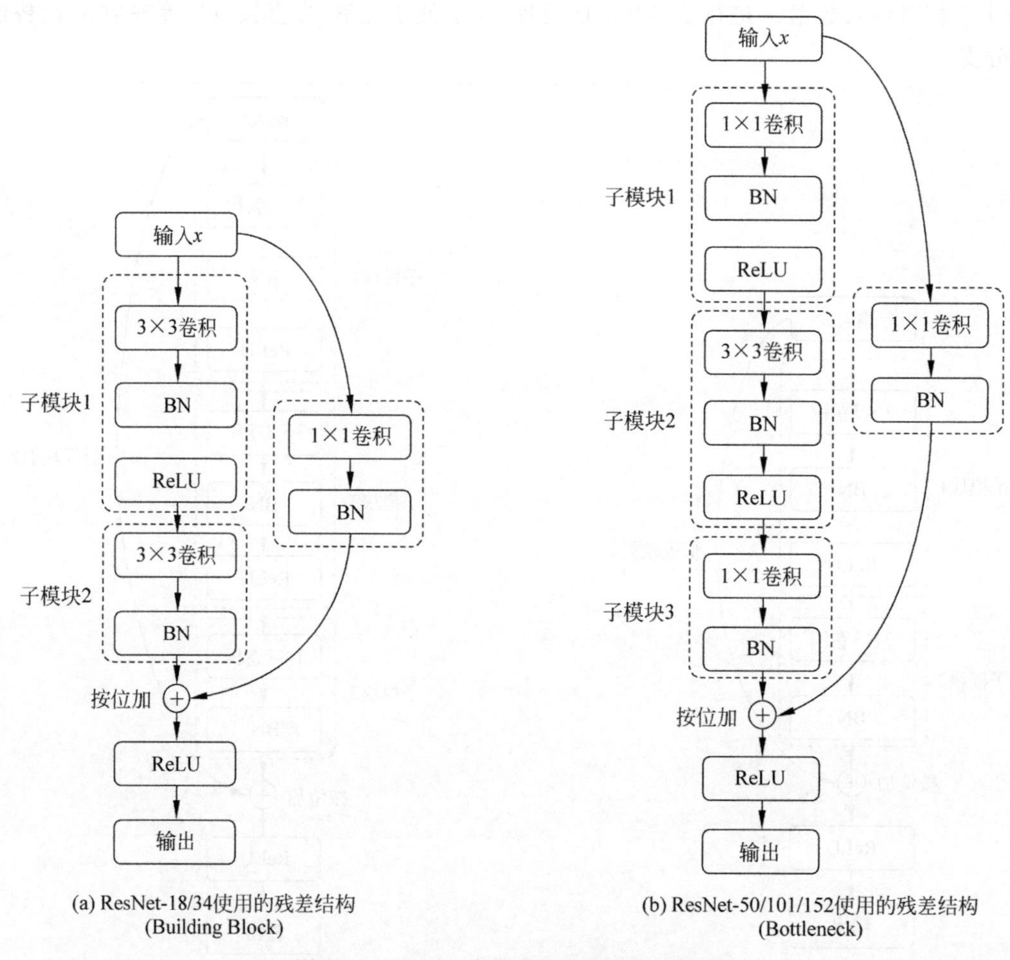

(a) ResNet-18/34使用的残差结构 (Building Block)

(b) ResNet-50/101/152使用的残差结构 (Bottleneck)

图 7-25 ResNet 中带形状重整的残差结构

结构，不使用残差结构时的网络梯度为$\frac{\partial H}{\partial x}$，而使用了残差结构后的梯度为$\frac{\partial H}{\partial x}=\frac{\partial F}{\partial x}+\frac{\partial x}{\partial x}=\frac{\partial F}{\partial x}+1$，从求导结果可以看出，此时梯度会有一个常数 1，它能起到稳定梯度的作用。随着网络的加深，反向求导的过程是一个连乘的结构，当梯度为一个小于 1 的数时，连乘后其值会趋向于 0，此时发生梯度消失，而当梯度为一个大于 1 的数时，连乘后的值会趋向于一个极大值，此时会发生梯度爆炸，而只有当梯度稳定在 1 附近时，才能保证连乘后的梯度稳定回传，这也正是残差结构所做的事情。

表 7-2 列出了 ResNet 的几种结构的细节，为了简便将 Building Block 记作 Bk1-m-n，表示第一层与第二层卷积输出通道数分别为 m 和 n 的不带形状重整的 Building Block，带形状重整的 Building Block 记为 Bk2-m-n，相应的 Bottleneck 记作 Btk1-m-n-k 和 Btk2-m-n-k。

表 7-2　不同深度 ResNet 的结构

ResNet-18	ResNet-34	ResNet-50	ResNet-101	ResNet-152
224×224 input				
Conv7-64				
3×3 Max Pooling				
Bk1-64-64 Bk1-64-64	Bk1-64-64 Bk1-64-64 Bk1-64-64	Btk1-64-64-256 Btk1-64-64-256 Btk1-64-64-256	Btk1-64-64-256 Btk1-64-64-256 Btk1-64-64-256	Btk1-64-64-256 Btk1-64-64-256 Btk1-64-64-256
Bk2-128-128 Bk1-128-128	Bk2-128-128 Bk1-128-128 Bk1-128-128 Bk1-128-128	Btk2-128-128-512 Btk1-128-128-512 Btk1-128-128-512 Btk1-128-128-512	Btk2-128-128-512 Btk1-128-128-512 Btk1-128-128-512 Btk1-128-128-512	Btk2-128-128-512 [Btk1-128-128-512]×7
Bk2-256-256 Bk1-256-256	Bk2-256-256 Bk1-256-256 Bk1-256-256 Bk1-256-256 Bk1-256-256 Bk1-256-256	Btk2-256-256-1024 Btk1-256-256-1024 Btk1-256-256-1024 Btk1-256-256-1024 Btk1-256-256-1024 Btk1-256-256-1024	Btk2-256-256-1024 [Btk1-256-256-1024]×22	Btk2-256-256-1024 [Btk1-256-256-1024]×35
Bk2-512-512 Bk1-512-512	Bk2-512-512 Bk1-512-512 Bk1-512-512	Btk2-512-512-2048 Btk1-512-512-2048 Btk1-512-512-2048	Btk2-512-512-2048 Btk1-512-512-2048 Btk1-512-512-2048	Btk2-512-512-2048 Btk1-512-512-2048 Btk1-512-512-2048
GlobalAvg Pooling				
Fully Connected-1000				
Softmax				

从表 7-2 可以看出，对 ResNet-18 和 ResNet-34 而言，Building Block 中的两层卷积的输出通道数相同，每当通道数需要改变时，第一个 Building Block 使用形状重整，具体方式是对空间尺度进行下采样使其变为之前的 1/4(stride=2)，同时使通道数翻倍。Building Block 的代码如下：

```
//ch7/conv_nets/models/resnet.py
#使用的卷积核 CONV_KERNEL 大小默认为 3,为编码灵活将其作为一个变量
def building_block(self, x, out_channel, stride, name):
    with tf.variable_scope(name):
        with tf.variable_scope('sub_block1'):
            #使用 3×3 的卷积
            output = conv2d(x,
                            out_channel,
```

```
                        kernel = self.CONV_KERNEL,
                        stride = stride,
                        padding = 'SAME', name = 'conv')
        output = batch_normalization(output,
                                     name = 'bn',
                                     is_training = self.is_training)
        output = relu(output, name = 'relu')

    with tf.variable_scope('sub_block2'):
        #使用 3×3 的卷积
        output = conv2d(output,
                        out_channel,
                        kernel = self.CONV_KERNEL,
                        stride = 1,
                        padding = 'SAME', name = 'conv')
        output = batch_normalization(output,
                                     name = 'bn',
                                     is_training = self.is_training)

    with tf.variable_scope('shortcut'):
        #判断是否需要重整形状(尺度减小,通道加倍)
        if stride != 1:
            #如果需要重整形状,使用 1×1 卷积得到期望形状
            shortcut = conv2d(x,
                              out_channel,
                              kernel = 1,
                              stride = stride,
                              padding = 'SAME', name = 'conv')
            shortcut = batch_normalization(shortcut,
                                           name = 'bn',
                                           is_training = self.is_training)
        else:
            #若不需要重整形状,则直接使用输入张量 x
            shortcut = x

    #将两路的输出按位加
    output = output + shortcut

    #使用 ReLu 进行非线性激活
    output = relu(output, name = 'relu')

    return output
```

类似地,对 ResNet-50、ResNet-101 和 ResNet-152 来说,通过观察可以发现其使用的 Bottleneck 中的前两个卷积层输出通道数相同,最后一个 1×1 的卷积层输出通道数则为前

两个卷积层的 4 倍，在需要改变通道数时第一个 Bottleneck 对输入进行形状重整，具体方式是对空间尺度进行下采样使其变为之前的 1/4(stride=2)，同时使通道数翻倍。Bottleneck 的代码如下：

```
//ch7/conv_nets/models/resnet.py
#BOTTLENECK_CHANNEL_EXPANSION 值为 4
def bottleneck(self, x, out_channel, stride, name):
    with tf.variable_scope(name):
        with tf.variable_scope('sub_block1'):
            #第 1 个 1×1 的卷积层
            output = conv2d(x,
                            out_channel,
                            kernel = 1,
                            stride = 1,
                            padding = 'SAME', name = 'conv')
            output = batch_normalization(output,
                                         name = 'bn',
                                         is_training = self.is_training)
            output = kernel(output, name = 'kernel')

        with tf.variable_scope('sub_block2'):
            #第 2 个 3×3 的卷积层
            output = conv2d(output,
                            out_channel,
                            kernel = self.CONV_KERNEL,
                            stride = stride,
                            padding = 'SAME', name = 'conv')
            output = batch_normalization(output,
                                         name = 'bn',
                                         is_training = self.is_training)
            output = kernel(output, name = 'kernel')

        with tf.variable_scope('sub_block3'):
            #第 3 个 1×1 的卷积层
            output = conv2d(output,
                            out_channel * self.BOTTLENECK_CHANNEL_EXPANSION,
                            kernel = 1,
                            stride = 1,
                            padding = 'SAME', name = 'conv')
            output = batch_normalization(output,
                                         name = 'bn',
                                         is_training = self.is_training)

        c_in = x.get_shape().as_list()[-1]
        c_out = out_channel * self.BOTTLENECK_CHANNEL_EXPANSION
```

```
        with tf.variable_scope('shortcut'):
            #判断是否需要重整形状(尺度减小,通道加倍)
            if stride != 1 or c_in != c_out:
                #需要重整形状时,则使用 1×1 卷积改变其形状
                shortcut = conv2d(x,
                                  out_channel * \
                                      self.BOTTLENECK_CHANNEL_EXPANSION,
                                  kernel = 1,
                                  stride = stride,
                                  padding = 'SAME', name = 'conv')
                shortcut = batch_normalization(shortcut,
                                               name = 'bn',
                                               is_training = self.is_training)
            else:
                #若不需要重整形状,则直接使用输入张量 x
                shortcut = x

        #将两路的输入按位相加
        output = output + shortcut

        #使用 ReLu 进行非线性激活
        output = kernel(output, name = 'kernel')

        return output
```

由于原论文的实现是针对 ImageNet 的图像数据,我们需要更改一下前几层对输入图像处理的卷积层以适应我们的小数据集,将 7×7 的卷积层与最大池化层改为一个 3×3 的卷积层,同时在模型的构造函数中传入一个 is_small 参数来决定使用原论文中的 7×7 卷积或使用修改过的适用于小图像的 3×3 的卷积,同时可以传入一个 depth 参数决定模型的深度,对于不同深度的模型只需按照类似表 7-2 所示的结果记录不同的构块数量,代码如下:

```
//ch7/conv_nets/models/resnet.py
STRUCTURES = {
    18: [2, 2, 2, 2],
    34: [3, 4, 6, 3],
    50: [3, 4, 6, 3],
    101: [3, 4, 23, 3],
    152: [3, 8, 36, 3]
}
```

在构造函数中对于小于 34 层的模型使用 Building Block,否则使用 Bottleneck。构造函数的代码如下:

```
//ch7/conv_nets/models/resnet.py
def __init__(self, depth, class_num, is_small):
    self.depth = depth

    #图像类别数
    self.class_num = class_num

    #输入是否为小图像
    self.is_small = is_small

    if self.depth <= 34:
        #当模型深度小于 34 时使用 Building Block
        self.block = self.building_block
    else:
        #否则使用 Bottleneck
        self.block = self.bottleneck

    #根据传入的模型深度得到相应的结构
    self.structure = self.STRUCTURES[self.depth]
```

通过表 7-2 可以观察到如下规律，所有 ResNet 结构的输出通道数规律是 64×2^i，其中参数 i 表示第 i 次改变通道数。可以根据此规律写出如下构建网络的程序，代码如下：

```
//ch7/conv_nets/models/resnet.py
#BASIC_OUT_CHANNEL 值为 64
def build(self, x, is_training):
    self.is_training = is_training
    with tf.variable_scope('ResNet_{}'.format(self.depth)):
        with tf.variable_scope('preprocess_layers'):
            if self.is_small:
                #若输入为小图像，则使用 3×3 卷积进行预处理
                x = conv2d(x,
                           self.BASIC_OUT_CHANNEL,
                           kernel = 3,
                           stride = 1, name = 'conv')
                x = batch_normalization(x,
                                        name = 'bn',
                                        is_training = self.is_training)
                x = relu(x, name = 'relu')
            else:
                #若输入为大图像，则使用 7×7 卷积 + 最大池化进行预处理
                x = conv2d(x,
                           self.BASIC_OUT_CHANNEL,
                           kernel = 7,
                           stride = 2, name = 'conv')
```

```
            x = batch_normalization(x,
                                    name = 'bn',
                                    is_training = self.is_training)
            x = relu(x, name = 'relu')
            x = max_pooling(x,
                            kernel = 3,
                            stride = 2,
                            name = 'max_pool')

    #每个 ResNet 分为 4 个阶段(stage),每个 stage 中包含不同数量的构块(block)
    for idx, st in enumerate(self.structure):
        #当前阶段的构块输出通道数为 64 * 2 ** i
        out_channel = self.BASIC_OUT_CHANNEL * 2 ** idx

        if idx == 0:
            #如果是第一个阶段,则不进行形状重整
            first_stride = 1
        else:
            #否则阶段的第一个构块的卷积步长为 2,进行形状重整
            first_stride = 2

        #除第一个构块步长需要单独考虑,剩下的步长都为 1
        strides = [first_stride, *([1] * (st - 1))]

        for i, stride in zip(range(st), strides):
            #使用构块与其对应的步长和输出通道数处理输入数据 x
            x = self.block(x,
                           out_channel = out_channel,
                           stride = stride,
                           name = 'block_{}_{}'.format(idx, i))

    with tf.variable_scope('postprocess_layers'):
        #使用全局池化层处理通过 4 个阶段提取的特征
        x = global_avg_pooling(x, name = 'global_avg_pool')

    with tf.variable_scope('classifier'):
        #最后分类器根据图像总类数使用全连接层
        x = fully_connected(x, self.class_num, name = 'fully_connected')

    return x
```

8min

7.3.4 DenseNet

ResNet 的成功在于它将输入直接与卷积层输出的结果相加,从而在求导的结果上能保证梯度稳定回传,从而达到加深网络的目的。读者可以思考,像 ResNet 这种直接将输入与

提取的特征按位加会不会影响提取特征的准确性呢？我们可以认为输入是第 i 次提取特征的结果，我们将其记为第 i 阶特征，那么将第 i 阶特征与第 $i+1$ 阶特征直接相加的意义实际上是不明确的，甚至这样做可能会让低阶的特征影响到提取的高阶特征。DenseNet 也观察到了这一点，由于普遍认为在模型中使用"短路"连接能显著提升性能，DenseNet 设计了一种不同于 ResNet 的"短路"连接结构(原论文链接：https://arxiv.org/abs/1608.06993)。

DenseNet 以模块化的形式设计，模块内的每个卷积层都以前面所有卷积层输入拼接的结果作为输入，如图 7-26 所示。

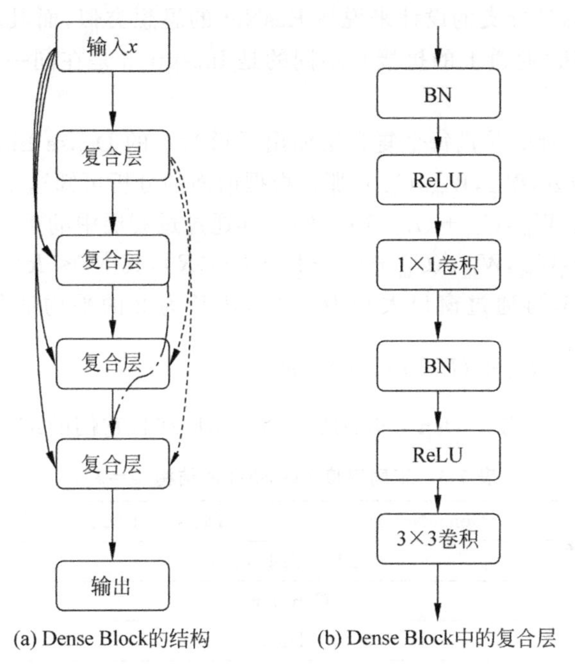

(a) Dense Block的结构　　(b) Dense Block中的复合层

图 7-26　DenseNet 中构块的结构

由图 7-26(a)所示的结构可以看出，对于 Dense Block 中越后的层，其输入的通道数也越多(因为此处的输入是前面所有输入拼接的结果)，同时拼接操作(concatenate)需要保证输入的张量空间尺度都相同，因此 Dense Block 的输出空间尺度与输入 x 保持一致，而通道数远远大于输入通道数。因此 DenseNet 中除了使用 Dense Block 提取特征外，其还有过渡层对特征进行通道压缩与下采样，过渡层主要由 1×1 卷积层来减少输入张量的通道数，同时还有一层卷积层用来减少输入张量的空间尺度。

由图 7-26(b)可以看出，Dense Block 中的复合层与前面介绍的网络不太相同，其将 BN 和 ReLU 放在卷积层之前，这样做的原因是由于 Dense Block 的输入是前面所有输入的拼接结果，我们需要对拼接后的结果先进行统一的归一化再进行特征的提取，复合层中含有两个卷积层，分别为 1×1 卷积和一个 3×3 卷积，其中 1×1 卷积输出的特征通道数是 3×3 输出特征通道数的 4 倍。

DenseNet 整体的结构如图 7-27 所示，其中带有“短路”分支的 Dense Block 负责特征提取，过渡层负责从空间尺度和通道尺度对特征进行降维。

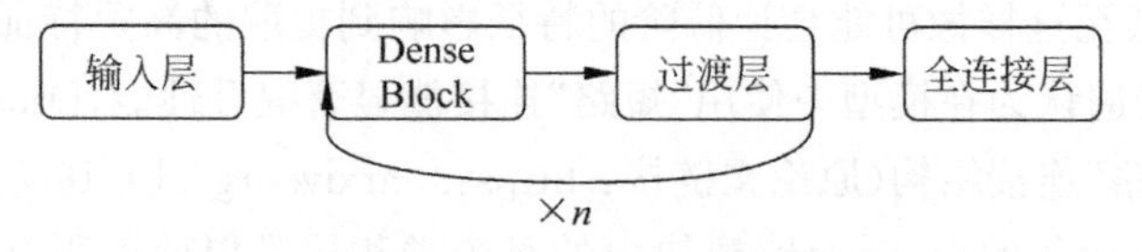

图 7-27　DenseNet 的结构

DenseNet 从“短路”分支的设计来说与 ResNet 的思想类似，而其对于特征的连接方式则采用 Inception 方法（通道上的拼接），不同的是 Inception 是在同一层中对不同卷积核的结果进行连接。

对于含有 L 个复合层并且每个复合层输出通道为 k 的 Dense Block 而言，若其输入张量 x 形状为(batch_size, W_{in}, W_{in}, C_{in})，那么根据前面的分析可知这个 Block 的输出张量形状为(batch_size, W_{in}, W_{in}, $C_{in}+(L-1)\times k$)。其通过过渡层中的第一个 1×1 的卷积层后的形状为(batch_size, W_{in}, W_{in}, $(C_{in}+(L-1)\times k)\times R$)，其中 $0<R\leqslant1$ 表示通道上的衰减因子，其典型值为 0.5，再通过窗口大小为 2×2，步长为 2 的平均池化层后的输出形状为(batch_size, $\frac{W_{in}}{2}$, $\frac{W_{in}}{2}$, $(C_{in}+(L-1)\times k)\times R$)。

常用的 DenseNet 结构有 DenseNet-121/169/201/264，它们的结构可以参见表 7-3。

表 7-3　不同深度 DenseNet 的结构(k=32)

<table>
<tr><th>DenseNet-121</th><th>DenseNet-169</th><th>DenseNet-201</th><th>DenseNet-264</th></tr>
<tr><td colspan="4">224×224 input</td></tr>
<tr><td colspan="4">Conv7-64</td></tr>
<tr><td colspan="4">3×3 Max Pooling</td></tr>
<tr><td colspan="4">Dense Block(复合层×6)</td></tr>
<tr><td colspan="4">Transition Layers</td></tr>
<tr><td colspan="4">Dense Block(复合层×12)</td></tr>
<tr><td colspan="4">Transition Layers</td></tr>
<tr><td>Dense Block
(复合层×24)</td><td>Dense Block
(复合层×32)</td><td>Dense Block
(复合层×48)</td><td>Dense Block
(复合层×64)</td></tr>
<tr><td colspan="4">Transition Layers</td></tr>
<tr><td>Dense Block
(复合层×16)</td><td>Dense Block
(复合层×32)</td><td>Dense Block
(复合层×32)</td><td>Dense Block
(复合层×48)</td></tr>
<tr><td colspan="4">Batch Normalization</td></tr>
<tr><td colspan="4">ReLU</td></tr>
<tr><td colspan="4">Global Avg Pooling</td></tr>
<tr><td colspan="4">Fully Connected-1000</td></tr>
<tr><td colspan="4">Softmax</td></tr>
</table>

根据表 7-3,我们可以使用以下字典来定义不同的 DenseNet 结构,代码如下:

```
//ch7/conv_nets/models/densenet.py
#Growth_rate 即为 k 值,reduction 即为 R 值
STRUCTURES = {
    121: {
        'block_nums': [6, 12, 24, 16],
        'growth_rate': 32,
        'reduction': 0.5
    },
    169: {
        'block_nums': [6, 12, 32, 32],
        'growth_rate': 32,
        'reduction': 0.5
    },
    201: {
        'block_nums': [6, 12, 48, 32],
        'growth_rate': 32,
        'reduction': 0.5
    },
    264: {
        'block_nums': [6, 12, 64, 48],
        'growth_rate': 32,
        'reduction': 0.5
    }
}
```

在构造函数中使用传入的 depth 来控制具体的网络结构,代码如下:

```
//ch7/conv_nets/models/densenet.py
def __init__(self, depth, class_num, is_small):
    self.depth = depth
    self.class_num = class_num
    self.is_small = is_small

    #若网络深度不为 121/169/201/264,则采取默认值进行配置
    if self.depth not in self.STRUCTURES.keys():
        N = int((self.depth - 4) / 3)

        self.structure = [N] * 3

        #默认值为 12
        self.growth_rate = self.DEFAULT_GROWTH_RATE
        self.nChannels = 2 * self.growth_rate

        #默认值为 0.5
```

```
            self.reduction = self.DEFAULT_REDUCTION
        else:
            self.structure = self.STRUCTURES[self.depth]['block_nums']
            self.growth_rate = self.STRUCTURES[self.depth]['growth_rate']
            self.nChannels = 2 * self.growth_rate
            self.reduction = self.STRUCTURES[self.depth]['reduction']
```

复合层的定义如下代码所示,其含有一个 1×1 的卷积层与一个 3×3 的卷积层,代码如下:

```
//ch7/conv_nets/models/densenet.py
def bottleneck(self, x, name):
    with tf.variable_scope(name):
        #按照 BN - ReLU - Conv 的顺序进行处理
        x = batch_normalization(x,
                                name = 'bn1',
                                is_training = self.is_training)
        x = relu(x, name = 'relu2')
        #使用 1×1 卷积,并且输出的通道数为 4k
        x = conv2d(x,
                   4 * self.growth_rate,
                   kernel = 1,
                   stride = 1,
                   padding = 'SAME', name = 'conv1')

        x = batch_normalization(x,
                                name = 'bn2',
                                is_training = self.is_training)
        x = relu(x, name = 'relu2')
        #使用 3×3 卷积,输出的通道数为 k
        x = conv2d(x,
                   self.growth_rate,
                   kernel = 3,
                   stride = 1,
                   padding = 'SAME', name = 'conv2')

        return x
```

定义完复合层的函数 bottleneck 后,我们在 dense_block 函数中使用循环与拼接函数不断调用 bottleneck 即可得到含有若干个复合层的 Dense Block,代码如下:

```
//ch7/conv_nets/models/densenet.py
def dense_block(self, x, N, name):
    with tf.variable_scope(name):
```

```
        for idx in range(N):
            output = self.bottleneck(x, name = 'bottleneck_{}'.format(idx))

            #将每次的输出作为下一次的输入
            x = tf.concat([x, output], axis = -1, name = 'dense_connect')

        return x
```

在过渡层中定义 1×1 卷积与平均池化层来减少特征的通道与空间尺度,代码如下:

```
//ch7/conv_nets/models/densenet.py
def transition(self, x, out_channel, name):
    with tf.variable_scope(name):
        x = batch_normalization(x, name = 'bn', is_training = self.is_training)
        x = relu(x, name = 'relu')

        #使用 1×1 卷积对通道进行减少
        x = conv2d(x, out_channel, kernel = 1, stride = 1, padding = 'SAME')
        #使用池化层对空间尺度进行减少
        x = avg_pooling(x, kernel = 2, stride = 2, name = 'avg_pool')

        return x
```

与前面讨论的修改方法类似,我们需要对表 7-3 中的 DenseNet 结构做一定的更改以适应小数据集,需要将预处理层改为一层 3×3 的卷积,并根据 is_small 字段来决定使用哪一种预处理层。完成模型搭建的代码如下:

```
//ch7/conv_nets/models/densenet.py
def build(self, x, is_training):
    self.is_training = is_training
    with tf.variable_scope('densenet_{}'.format(self.depth)):
        with tf.variable_scope('preprocess_layers'):
            if self.depth not in self.STRUCTURES.keys() or self.is_small:
                #对于小图像/默认的预处理层
                x = conv2d(x,
                           self.nChannels,
                           kernel = 3,
                           stride = 1,
                           padding = 'SAME', name = 'conv')
            else:
                #DenseNet 原论文中使用的预处理层
                x = conv2d(x,
                           self.nChannels,
                           kernel = 7,
                           stride = 2,
```

```
                        padding = 'SAME', name = 'conv')
            x = batch_normalization(x,
                                    name = 'bn',
                                    is_training = self.is_training)
            x = relu(x, name = 'relu')
            x = max_pooling(x, kernel = 3, stride = 2, name = 'max_pool')


    for idx, st in enumerate(self.structure):
        x = self.dense_block(x, st, name = 'block_{}'.format(idx))

        #计算过渡层的输出通道数
        out_channel = int(x.get_shape().as_list()[-1] * self.reduction)

        #最后一个 Dense Block 后不使用过渡层
        if idx != len(self.structure):
            x = self.transition(x,
                                out_channel,
                                name = 'transition_{}'.format(idx))

    with tf.variable_scope('postprocess_layers'):
        x = batch_normalization(x,
                                name = 'bn',
                                is_training = self.is_training)
        x = relu(x, name = 'relu')
        x = global_avg_pooling(x, name = 'global_avg_pool')

    with tf.variable_scope('classifier'):
        x = fully_connected(x, self.class_num, name = 'fully_connected')

    return x
```

7.3.5 ResNeXt

ResNeXt 是 ILSVRC 2016 分类比赛的亚军模型(原论文链接：https://arxiv.org/abs/1611.05431)。从名称中可以看出，ResNeXt 由 ResNet 演化而来。其通过分组卷积的方式在减少 ResNet 参数的同时保证了精度没有过多下降。ResNeXt 从设计思想来说实际上仿照了 Inception 的做法，对同一输入使用多个分支进行特征提取，最后进行合并，可以认为是一种 Split-Transform-Merge 的思想。但是由于 Inception 的结构设计过于精巧，不具有可复制性，所以 ResNeXt 寻求的是一种类似 ResNet 的 Bottleneck 的结构，在搭建网络时直接堆叠 Bottleneck 即可。在 AlexNet 时代，由于计算机硬件水平的限制只能将网络放在两个 GPU 上分别运行并组合学习到的特征，这样的效果要优于把模型放在一个 GPU 上，此外还发现这样分开学习特征的做法能使每个分支学习到不同的特征，例如一个分支倾向于学到的是灰度信息，而另一个分支则倾向于学到彩色信息。因此 ResNeXt 也效仿了这种做法，使用了分组卷积对网络的输入分别进行特征提取。ResNet 中的 Bottleneck 与 ResNeXt 中的 Block 之间的对比如图 7-28 所示。

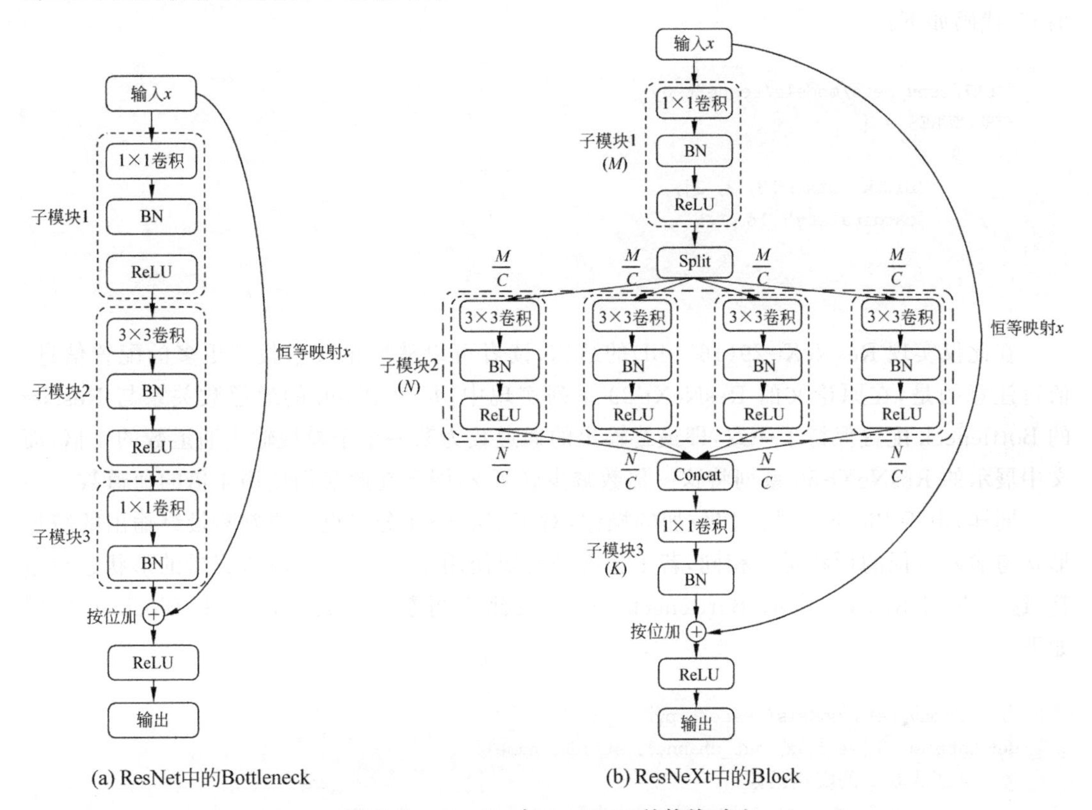

图 7-28 ResNet 与 ResNeXt 的构块对比

在原论文中，ResNeXt 的 Block 有 3 种等价的实现方式，在此不再赘述，仅对代码中实现的方式进行简要介绍。如图 7-28 所示，ResNeXt 的 Block 主要将 ResNet 的 Bottleneck 中的子模块 2 改成了分组卷积，将通道数为 M 的特征分为 C 组，对每个组的通道数为$\frac{M}{C}$的特征分别使用卷积得到通道数为$\frac{N}{C}$的特征，最终再将这些特征进行拼接得到通道数为 N 的特征。对于 ResNet 的 Bottleneck 来说，子模块 2 使用的卷积核大小为 $(3,3M,N)$，而 ResNeXt 的 Block 中的子模块 2 使用的卷积核大小为$\left(3,3,\frac{M}{C},N\right)$，从而减少了参数量。换言之，在相同的网络参数量之下，可以允许在 ResNeXt 中使用更多的通道数 N 进行特征提取。

在记法上，ResNeXt 采用 ResNeXt-m($C\times kd$)的形式，其中 m 表示网络的深度，C 表示第一个 Block 的分组数(一般 ResNeXt 所有 Block 的分组数都相同)，k 表示第一个 Block

的每个分支输出的通道数$\left(即\ k=\frac{N}{C}\right)$。类似 ResNet 的写法，我们也可以使用一个字典来表示某一个 ResNeXt 的结构，其中的超参数包括网络中每个 Stage 含有的 Block 数及分组值 C，代码如下：

```
//ch7/conv_nets/models/resneXt.py
STRUCTURES = {
    29: {
        'block_nums': [3, 3, 3],
        'cardinality': 16
    }
}
```

在此仅实现 ResNeXt-29(16×4d)的结构，读者可以从原论文中找到更多的配置信息。值得注意的是，在原论文的 ResNeXt-29 系列实现中，每个 Block 的通道数关系与 ResNet 的 Bottleneck 配置保持了一致，即最终输出的通道数为第一个子模块输出通道数的 4 倍，而文中展示的 ResNeXt-50 系列将这一倍数减少到了 2，因此在此我们使用 4 倍的通道数。

同样，由于 Block 也涉及按位加的操作，对于 shortcut 分支也需要判断最终输出的特征形状与输入特征的形状是否相同，若不相同则需要使用 1×1 卷积对输入张量的形状进行重整，这一点与 ResNet 中的 Bottleneck 一致，在此不再赘述。ResNeXt 中 Block 的代码如下：

```
//ch7/conv_nets/models/resneXt.py
def bottleneck(self, x, out_channel, stride, name):
    #子模块 2 的实现函数
    def transform(x, out_channel, stride):
        #第一步将输入的特征通过 split 分解成 C 组
        x_list = tf.split(x,
                          num_or_size_splits = self.cardinality,
                          axis = -1, name = 'split')
        #计算每个分支卷积输出的通道数 N/C
        out_channel = out_channel //self.cardinality

        #对分解出的每个子特征使用 conv - BN - ReLu 得到新特征
        #并不断拼接得到通道数为 N 的特征
        for idx, x in enumerate(x_list):
            with tf.variable_scope('group_conv_{}'.format(idx)):
                x = conv2d(x,
                           out_channel,
                           kernel = self.CONV_KERNEL,
                           stride = stride,
                           padding = 'SAME', name = 'conv')
                x = batch_normalization(x,
```

```
                                        name = 'bn',
                                        is_training = self.is_training)
            x = relu(x, name = 'relu')

            #拼接子模块 2 的输出特征
            out_x = x if idx == 0 else tf.concat([out_x, x], axis = -1)

        return out_x

    with tf.variable_scope(name):
        #第 1 个子模块使用 1×1 卷积进行变换
        output = conv2d(x,
                        out_channel,
                        kernel = 1,
                        stride = 1,
                        padding = 'SAME', name = 'conv1')
        output = batch_normalization(output,
                                     name = 'bn1',
                                     is_training = self.is_training)
        output = relu(output, name = 'relu')

        #第 2 个子模块使用 split - transform - merge 的方法进行变换
        with tf.variable_scope('transform'):
            output = transform(output, out_channel = out_channel, stride = stride)

        #第 3 个子模块同样使用 1×1 的卷积进行变换
        output = conv2d(output,
                        out_channel * self.BOTTLENECK_CHANNEL_EXPANSION,
                        kernel = 1,
                        stride = 1,
                        padding = 'SAME', name = 'conv2')
        output = batch_normalization(output,
                                     name = 'bn2',
                                     is_training = self.is_training)

        #计算 shortcut 分支,与 ResNet 相同
        c_in = x.get_shape().as_list()[-1]
        c_out = out_channel * self.BOTTLENECK_CHANNEL_EXPANSION

        with tf.variable_scope('shortcut'):
            if stride != 1 or c_in != c_out:
                shortcut = conv2d(x,
                                  out_channel * self.BOTTLENECK_CHANNEL_EXPANSION,
                                  kernel = 1,
                                  stride = stride,
                                  padding = 'SAME', name = 'conv')
```

```
                shortcut = batch_normalization(shortcut,
                                                name = 'bn',
                                                is_training = self.is_training)
            else:
                shortcut = x

        output = output + shortcut
        output = relu(output, name = 'relu')

        return output
```

整个网络模型搭建部分与 ResNet 基本一致,代码如下:

```
//ch7/conv_nets/models/resneXt.py
def build(self, x, is_training):
    self.is_training = is_training

    with tf.variable_scope(
            'ResNeXt_{}_{}x{}d'.format(self.depth,
                                       self.cardinality,
                                       self.BOTTLENECK_OUT_CHANNEL)
        ):
        with tf.variable_scope('preprocess_layers'):
            x = conv2d(x,
                       self.FIRST_CONV_OUT_CHANNEL,
                       kernel = 3,
                       stride = 1,
                       padding = 'SAME', name = 'conv')
            x = batch_normalization(x,
                                    name = 'bn',
                                    is_training = self.is_training)
            x = relu(x, name = 'relu')

        for idx, st in enumerate(self.structure):
            out_channel = self.cardinality * self.BOTTLENECK_OUT_CHANNEL * 2 ** idx

            if idx == 0:
                first_stride = 1
            else:
                first_stride = 2

            strides = [first_stride, *([1] * (st - 1))]

            for i, stride in zip(range(st), strides):
                x = self.bottleneck(x,
```

```
                                out_channel = out_channel,
                                stride = stride,
                                name = 'block_{}_{}'.format(idx, i))

        with tf.variable_scope('postprocess_layers'):
            if self.is_small:
                x = global_avg_pooling(x, name = 'global_avg_pool')
            else:
                x = avg_pooling(x, kernel = 4, stride = 4, name = 'avg_pool')

        with tf.variable_scope('classifier'):
            x = fully_connected(x, self.class_num, name = 'fully_connected')

        return x
```

从以上代码可以看出，分组卷积是通过循环进行实现的，对每个分支使用形状为$\left(3,3,\frac{M}{C},\frac{N}{C}\right)$的卷积核进行运算，总共含有 C 个分支。这样的做法会使运行效率十分低下，因为只有当最后一个分支运行完毕后整个程序才能继续下去。在 TensorFlow 中（仅以 TensorFlow 1.14.0 为例），实际上 tf.nn.conv2d 方法已经对分组卷积进行了支持，此时只需将传入的卷积核形状指定为$\left(k,k,\frac{M}{C},N\right)$，当该方法检测到卷积核第 3 个分量的值能够被传入的特征通道数整除并且第 4 个分量的值能够整除计算出的 C 值即可。不过这样的策略只能在 CPU 上进行计算（仅对 TensorFlow 1.14.0 而言），而在 GPU 上不受支持。因此对于 TensorFlow 1.14.0 而言，最好的分组卷积实现方式仍然是上面代码所展示的方式。

7.3.6 MobileNet

2017 年，谷歌提出了著名的轻量级网络 MobileNet（原论文链接：https://arxiv.org/abs/1704.04861）。当时神经网络已经能在各个任务上达到很高的精度，但是需要消耗大量计算资源，这在低延迟任务上和手机上是不可部署的。MobileNet 减少参数量的核心思想是通过深度可分离卷积替代传统卷积操作，具体来说，深度可分离卷积又由深度卷积和逐点卷积组成，深度卷积不改变通道数的数量，仅改变特征的空间尺度，而逐点卷积不改变特征的空间尺度，仅改变特征的通道数。具体而言，对于一个形状为(k,k,M,N)的卷积核，其对应的深度卷积核为$(k,k,1,1)$，每个卷积核对应于输入特征的一个通道特征，输出也为一个通道特征，最终将 M 个卷积核得到的特征拼接起来得到 M 个通道的特征，逐点卷积的卷积核为$[1,1,M,N]$。普通卷积的参数量为 $k\times k\times M\times N=k^2\times M\times N$，深度可分离卷积的参数量为 $k\times k\times 1\times 1\times M+1\times 1\times M\times N=k^2\times M+M\times N$，参数量之比为

$$\frac{k^2\times M+M\times N}{k^2\times M\times N}=\frac{1}{N}+\frac{1}{k^2} \tag{7-9}$$

一般说来，k 的典型值为 3，所以使用深度可分离卷积只有使用普通卷积参数量的 $\frac{1}{9}$～$\frac{1}{8}$，从而大大减少了参数量。如图 7-29 所示，整个可分离卷积分为两个阶段，第一个阶段中的深度卷积不改变通道数，仅改变空间尺度的大小，而第二个阶段使用逐点卷积改变特征的通道数而不改变输出的尺度大小。

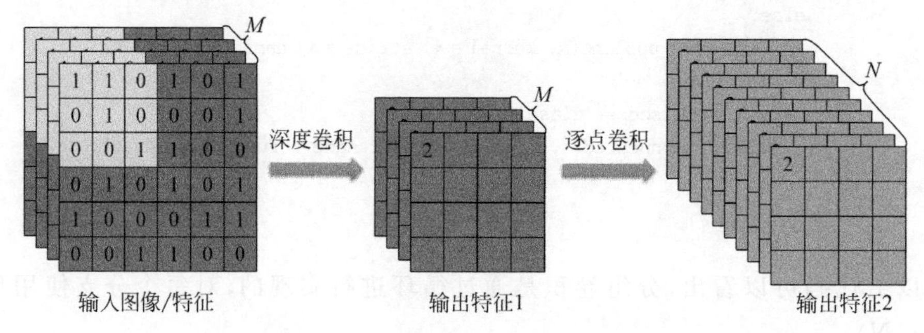

图 7-29　深度可分离卷积的运算过程

通过以上的说明，读者其实会发现深度卷积实际上就是一种特殊的分组卷积，只不过对于形状为(batch_size，H，W，M)的输入而言，其分组的组数 C 恰好就是 M，即把输入分为 M 个通道数为 1 的特征，同时输出的通道数也为 1，我们可以使用类似 ResNeXt 中的分组卷积的代码写法实现深度卷积，不过 TensorFlow 已经为我们提供了相应的 API，为 tf. nn. depthwise_conv2d 方法，其要求的参数与 tf. nn. conv2d 类似，第一个参数为输入的特征，第二个参数是卷积核，其需要的卷积核形状为(k，k，C_{in}，r)，其中 r 表示输入中的每个通道对应的输出通道数，在 MobileNet 中我们将其设为 1，其余的参数与卷积函数使用的参数类似，如步长与填充方式等，其还有一个 dilation 参数表示是否执行空洞卷积，我们在 MobileNet 中不使用空洞卷积，将 dilation 设置为 1 即可。为了使 tf. nn. depthwise_conv2d 方法更加易用，我们将其进行一层封装，代码如下：

```
//ch7/conv_nets/layers/conv_layers/conv.py
def depthwise_conv2d(inp,
                     kernel,
                     channel_multiplier,
                     stride,
                     padding = 'SAME',
                     dilation = 1,
                     use_bias = False,
                     use_fan_in = True,
                     name = 'depthwise_conv'):
    with tf.variable_scope(name):
        _, _, _, C = inp.get_shape().as_list()
```

```
    fan_in = kernel * kernel * C
    fan_out = kernel * kernel * C * channel_multiplier
    fan_num = fan_in if use_fan_in else fan_out

    #使用 Kaiming 初始化卷积核参数
    w = tf.Variable(
            tf.truncated_normal(
                [kernel, kernel, C, channel_multiplier],
                 mean = 0.0, stddev = math.sqrt(2 / fan_num)),
            name = 'w')

    #为 tf.nn.depthwise_conv2d 传入参数执行深度卷积
    output = tf.nn.depthwise_conv2d(inp,
                                    filter = w,
                                    strides = [1, stride, stride, 1],
                                    padding = padding,
                                    rate = [dilation, dilation],
                                    name = 'depthwise_conv')

    #是否使用 Bias,一般不使用
    if use_bias:
        b = tf.Variable(tf.zeros([C * channel_multiplier]), name = 'b')
        output = tf.add(output, b)

    return output
```

至于逐点卷积，从其定义上就能使用普通的 1×1 卷积进行实现，在此不进行代码展示。事实上，TensorFlow 还提供了一个直接计算深度可分离卷积的方法，即 tf.nn.separable_conv2d，使用时需要为其传入两个卷积核，第一个是用于计算深度卷积的卷积核，第二个是用于计算逐点卷积的卷积核，此外还需要为其传入深度卷积操作的步长，对于逐点卷积的步长，其方法默认为[1,1,1,1]，还有一个 rate 参数与我们之前介绍的 dilation 参数意义相同。同样为了方便使用，我们将 tf.nn.separable_conv2d 进行一层封装，代码如下：

```
//ch7/conv_nets/layers/conv_layers/conv.py
def depth_separable_conv2d(inp,
                           depth_kernel,
                           channel_multiplier,
                           out_channel,
                           stride,
                           padding = 'SAME',
                           use_bias = False,
                           use_fan_in = True,
                           name = 'sep_conv'):
    with tf.variable_scope(name):
```

```
    _, _, _, C = inp.get_shape().as_list()

    #深度卷积后的输出特征的通道数
    depth_out_channel = int(C * channel_multiplier)

    #对深度卷积的卷积核使用Kaiming初始化
    depth_fan_in = depth_kernel * depth_kernel * C
    depth_fan_out = depth_kernel * depth_kernel * depth_out_channel
    depth_fan_num = depth_fan_in if use_fan_in else depth_fan_out

    #对逐点卷积的卷积核使用Kaiming初始化
    point_fan_in = depth_out_channel
    point_fan_out = out_channel
    point_fan_num = point_fan_in if use_fan_in else point_fan_out

    #深度卷积的卷积核
    depth_filter = tf.Variable(
                    tf.truncated_normal(
                        [depth_kernel, depth_kernel, C, channel_multiplier],
                        mean = 0.0, stddev = math.sqrt(2 / depth_fan_num)),
                    name = 'depth_w')

    #逐点卷积的卷积核(1×1卷积)
    point_filter = tf.Variable(
                        tf.truncated_normal(
                            [1, 1, channel_multiplier, out_channel],
                            mean = 0.0, stddev = math.sqrt(2 / point_fan_num)),
                        name = 'point_w')

    #执行深度可分离卷积
    output = tf.nn.separable_conv2d(inp,
                                    depth_filter,
                                    point_filter,
                                    strides = [1, stride, stride, 1],
                                    rate = [1, 1],
                                    padding = padding,
                                    name = 'depth_point_conv')

    if use_bias:
        b = tf.Varable(tf.zeros([out_channel]), name = 'b')
        output = tf.add(output, b)

    return output
```

MobileNet具体网络结构能够从原论文中得到，如表7-4所示，其中，Depthwise代表深度卷积，Pointwise代表逐点卷积。

表 7-4 MobiLeNet 的结构(仅 MobiLeNet V1)

224×224 input
Depthwise Conv3-32 + Pointwise Conv1-64
Depthwise Conv3-64 + Pointwise Conv1-128
Depthwise Conv3-128 + Pointwise Conv1-256
Depthwise Conv3-256 + Pointwise Conv1-512
5×[Depthwise Conv3-512 + Pointwise Conv1-512]
Depthwise Conv3-512 + Pointwise Conv1-1024
Depthwise Conv3-1024 + Pointwise Conv1-1024
7×7 Avg Pooling
Fully Connected-1000
Softmax

容易得出,下一层的深度卷积输出通道数取决于上一层的逐点卷积后的通道数,因此我们在配置网络时,仅需要配置所有的深度卷积的步长和逐点卷积的输出通道数即可,代码如下:

```
//ch7/conv_nets/models/mobileNet.py
#每个元组中表示(步长,输出通道数)
STRUCTURES = {
    1: [
        (1, 64), (2, 128), (1, 128), (2, 256),
        (1, 256), (2, 512), (1, 512), (1, 512),
        (1, 512), (1, 512), (1, 512), (2, 1024), (2, 1024)
    ]
}
```

为了使模型适用于我们的小数据集,我们将最后一层卷积后的 7×7 平均池化层改为全局平均池化层,代码如下:

```
//ch7/conv_nets/models/mobileNet.py
def build(self, x, is_training):
    self.is_training = is_training
    with tf.variable_scope('mobiLeNet_v{}'.format(self.version)):
        #预处理层
        with tf.variable_scope('preprocess_layers'):
            x = conv2d(x,
                       32,
                       kernel = self.CONV_KERNEL,
                       stride = 2, name = 'conv')
            x = batch_normalization(x,
                                    name = 'bn',
```

```
                                        is_training = self.is_training)
        x = relu(x, name = 'relu')

    with tf.variable_scope('mobileNet_blocks'):
        for idx, (stride, out_channel) in enumerate(self.structure):
            #对每一对输入的步长与输出通道数组合分别输入到卷积中使用
            with tf.variable_scope('block{}'.format(idx)):
                #深度卷积使用输入的步长参数
                x = depthwise_conv2d(x,
                                     self.CONV_KERNEL,
                                     channel_multiplier = self.CHANNEL_MULTIPLIER,
                                     stride = stride, name = 'depthwise_conv')

                x = batch_normalization(x,
                                        name = 'bn1',
                                        is_training = self.is_training)
                x = relu(x, name = 'relu1')

                #使用普通 1×1 卷积实现逐点卷积
                #为逐点卷积输入输出通道数参数
                x = conv2d(x,
                           out_channel,
                           kernel = 1,
                           stride = 1, name = 'pointwise_conv')
                x = batch_normalization(x,
                                        name = 'bn2',
                                        is_training = self.is_training)
                x = relu(x, name = 'relu2')

    #根据是否使小图像数据集选用不同的池化方法
    with tf.variable_scope('postprocess_layers'):
        if self.is_small:
            x = global_avg_pooling(x, name = 'global_avg_pool')
        else:
            x = avg_pooling(x, kernel = 7, stride = 1, name = 'avg_pool')

    #最终的全连接分类函数
    with tf.variable_scope('classifier'):
        x = fully_connected(x, self.class_num, name = 'fully_connected')

    return x
```

7.3.7 Dual Path Network

Dual Path Network(DPN)采取了前人的 ResNeXt 和 DenseNet 的短路结构，将两种结构结合得到新的结构，即 DPN(原论文链接：https://arxiv.org/abs/1707.01629)。DPN 中的输入特征经过两个分支分别进行 ResNeXt 和 DenseNet 的短路连接，如图 7-30 所示。

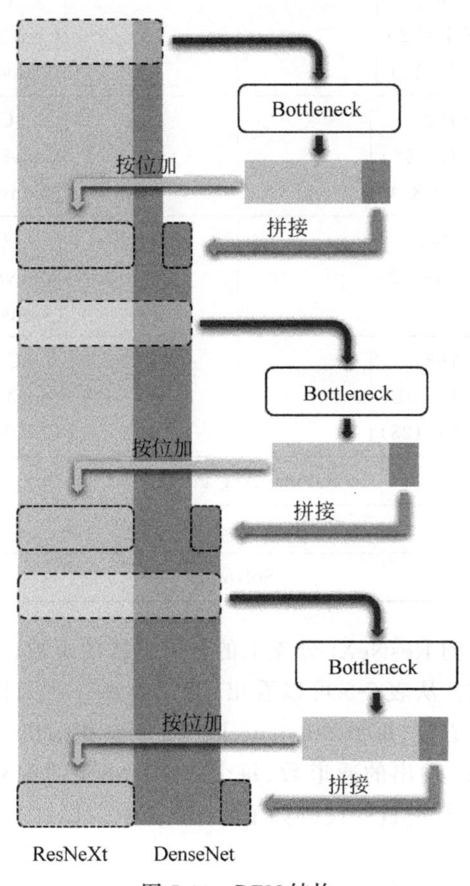

图 7-30 DPN 结构

由图 7-30 可以看出，DPN 实际上可以分为两个分支，分别为 ResNeXt 分支与 DenseNet 分支，这两个分支使用共享的特征，每次使用 Bottleneck 提取特征后，将最终得到的特征人为分为两个部分，其中一个部分使用 ResNeXt/ResNet 按位加的方式与之前得到的特征融合，而另一个部分的特征则使用 DenseNet 中通道拼接的形式与之前得到的特征融合。DPN 中采用的 Bottleneck 结构与 ResNeXt 中使用的 Bottleneck 类似，都分别由 1×1、3×3 与 1×1 卷积组成，不同的是由于 DPN 需要对最终的输出特征分割得到两部分特征，所以在最后 1×1 卷积输出时需要调整通道数以适应要求。DPN 的原论文提供了两种结构，分别为 DPN-92 与 DPN-98，其结构如表 7-5 所示。

表 7-5　DPN 的结构

DPN－92(32×3d)	DPN－98(40×4d)
224×224 input	
Conv7－64	Conv7－96
3× [Conv1－96 Conv3－96(G=32) Conv1－256(+16)]	3× [Conv1－160 Conv3－160(G=40) Conv1－256(+16)]
4× [Conv1－192 Conv3－192(G=32) Conv1－512(+32)]	6× [Conv1－320 Conv3－320(G=40) Conv1－512(+32)]
20× [Conv1－384 Conv3－384(G=32) Conv1－1024(+24)]	20× [Conv1－640 Conv3－640(G=40) Conv1－1024(+32)]
3× [Conv1－768 Conv3－768(G=32) Conv1－2048(+128)]	3× [Conv1－1280 Conv3－1280(G=40) Conv1－2048(+128)]
Global Avg Pooling	
Fully Connected-1000	
Softmax	

记法上，G 表示 DPN 的 ResNeXt 分支上的分组卷积的组数，(+k)则表示 DenseNet 分支上每一次增加的通道数。从表 7-5 可以看出，若想得到一个完整的 DPN 结构，我们需要指定第一层卷积输出的通道数、每个 Bottleneck 内 3 个卷积输出的通道数、Bottleneck 中最后一个卷积层的 DenseNet 输出的通道数、每个 Bottleneck 的重复次数和分组卷积的组数 G。对不同结构的 DPN 进行配置的代码如下：

```
//ch7/conv_nets/models/dpn.py
STRUCTURES = {
    92: {
        #第 1 层卷积输出通道数
        'first_conv_channel': 64,
        #Bottleneck 重复数
        'block_nums': [3, 4, 20, 3],
        #bottleneck 中第 1/2 层输出通道数,第 3 层输出通道数
        'block_channels': [(96, 256), (192, 512), (384, 1024), (768, 2048)],
        #densenet 分支输出通道数
        'dense_depth': [16, 32, 24, 128],
        #分组卷积的组数 G
        'cardinality': 32
```

```
    },
    98: {
        'first_conv_channel': 96,
        'block_nums': [3, 6, 20, 3],
        'block_channels': [(160, 256), (320, 512), (640, 1024), (1280, 2048)],
        'dense_depth': [16, 32, 32, 128],
        'cardinality': 40
    }
}
```

与前面的设定相同，为了使DPN适应于我们的小数据集，加入一个is_small字段来区分模型的输入是否为小图像，若是小图像，则将第一层7×7卷积改为3×3卷积并且不使用池化层进行下采样。

DPN的Bottleneck中需要将最后一个1×1卷积输出的特征分为ResNeXt与DenseNet两个分支，代码如下：

```
//ch7/conv_nets/models/dpn.py
def bottleneck(self,
               x,
               channel_num12,
               channel_num3,
               stride,
               dense_depth,
               is_first,
               name):
    #与ResNeXt的分组卷积写法一致
    def transform(x, out_channel, stride):
        …
        return out_x

    with tf.variable_scope(name):
        #第1个1×1卷积层
        output = conv2d(x,
                        channel_num12,
                        kernel = 1,
                        stride = 1,
                        padding = 'SAME', name = 'conv1')
        output = batch_normalization(output,
                                     name = 'bn1',
                                     is_training = self.is_training)
        output = relu(output, name = 'relu')

        #第2个3×3卷积层
        with tf.variable_scope('transform'):
```

```
            output = transform(output, channel_num12, stride)

        #第 3 个 1×1 卷积层
        output = conv2d(output,
                        channel_num3 + dense_depth,
                        kernel = 1,
                        stride = 1,
                        padding = 'SAME', name = 'conv2')
        output = batch_normalization(output,
                                     name = 'bn2',
                                     is_training = self.is_training)

        #输出前部分为 ResNeXt 分支的特征
        #后部分为 DenseNet 分支的特征
        res_out = output[..., :channel_num3]
        dense_out = output[..., channel_num3:]

        #判断是不是每个 block 中的第 1 个 Bottleneck
        with tf.variable_scope('shortcut'):
            #若是第 1 个 Bottleneck 则需要使用 1×1 卷积将形状重整
            if is_first:
                shortcut = conv2d(x,
                                  channel_num3 + dense_depth,
                                  kernel = 1,
                                  stride = stride,
                                  padding = 'SAME', name = 'conv')
                shortcut = batch_normalization(shortcut,
                                               name = 'bn',
                                               is_training = self.is_training)
            else:
                shortcut = x

        res_x = shortcut[..., :channel_num3]
        dense_x = shortcut[..., channel_num3:]

        #ResNeXt 分支使用按位加
        res_part = res_x + res_out
        #DenseNet 分支使用通道拼接
        dense_part = tf.concat([dense_x, dense_out], axis = -1)

        #最终的输出使用通道拼接进行连接
        output = tf.concat([res_part, dense_part], axis = -1)

        #为输出特征进行非线性变换
        output = relu(output, name = 'relu')

    return output
```

定义完 DPN 的 Bottleneck 后，通过相应配置并不断堆叠 Bottleneck 即可得到完整的 DPN，代码如下：

```
//ch7/conv_nets/models/dpn.py
def build(self, x, is_training):
    self.is_training = is_training

    with tf.variable_scope('dpn_{}'.format(self.depth)):
        #预处理层
        with tf.variable_scope('preprocess_layers'):
            #对小图像的预处理
            if self.is_small:
                x = conv2d(x,
                           self.st_dict['first_conv_channel'],
                           kernel = 3,
                           stride = 1, name = 'conv')
                x = batch_normalization(x,
                                        name = 'bn',
                                        is_training = self.is_training)
                x = relu(x, name = 'relu')
            else:
                x = conv2d(x,
                           self.st_dict['first_conv_channel'],
                           kernel = 7,
                           stride = 2, name = 'conv')
                x = batch_normalization(x,
                                        name = 'bn',
                                        is_training = self.is_training)
                x = relu(x, name = 'relu')
                x = max_pooling(x,
                                kernel = 3, stride = 2, name = 'max_pool')

        for idx, (block_nums, out_channels, dense_depth) in \
                           enumerate(zip(self.st_dict['block_nums'],
                                         self.st_dict['block_channels'],
                                         self.st_dict['dense_depth'])):
            out_channel12 = out_channels[0]
            out_channel3 = out_channels[1]

            if idx == 0:
                first_stride = 1
            else:
                first_stride = 2

            strides = [first_stride, * ([1] * (block_nums - 1))]
```

```
        #反复堆叠 Bottleneck
        for i, stride in zip(range(block_nums), strides):
            x = self.bottleneck(x,
                                out_channel12,
                                out_channel3,
                                stride,
                                dense_depth,
                                is_first = i == 0,
                                name = 'block_{}_{}'.format(idx, i))

    with tf.variable_scope('postprocess_layers'):
        x = global_avg_pooling(x, name = 'global_avg_pool')

    with tf.variable_scope('classifier'):
        x = fully_connected(x, self.class_num, name = 'fully_connected')

    return x
```

通过将 ResNeXt 与 DenseNet 结合起来可以使得到的特征利用得更加充分，同时将两种不同的特征学习方法进行互补。在计算效率上 DPN-98 明显优于 ResNeXt-101(64×4d)，并且在分类准确率上也有所改进。

8min

7.3.8 SENet

SENet 全称为 Squeeze-and-Excitation Networks，中文可以译为“压缩-激励网络”，SENet 是 ILSVRC 2017 分类任务的冠军模型(原论文链接：https://arxiv.org/abs/1709.01507)。实际上将 SENet 称为一个模型有些不恰当，因为它本质上是一个轻量级模块，理论上而言可以将其嵌入任何卷积网络中，赢得 ILSVRC 2017 冠军的网络是 ResNeXt 与 SE 模块相结合的模型，其名称为 SENet-154。

不同于以往的网络，SE 模块认为每个通道信息的重要性是不同的，其通过自适应学习的方式为每个通道学到一个 0～1 的值，并使用该值作为这个通道的重要性，可以将 SE 模块理解为一个通道层面的 Attention 机制。

从名称可以看出，SE 模块一共分为两大组成部分，分别为“压缩”与“激励”，其中“压缩”是指将原本形状为 $H\times W\times C$ 的特征图通过某些算法，将特征图的空间尺度进行压缩，而仅保留通道上的维度，即将 $H\times W\times C$ 形状的特征转换为 C 个数，压缩通常可以选用全局池化算法。之后通过全连接层对 C 个数的通道特征进行变换得到 C 个 0～1 的值作为每个通道的“激励”值，将这个权重与最初本身的 C 个通道特征相乘得到新特征作为最终输出。整个过程如图 7-31 所示。

在“压缩”操作时，我们一般选用全局平均池化，将特征的空间尺度压缩从而得到 C 个数代表每个通道特征，而在“激励”操作时，我们通常使用两个全连接层进行实现，第一个全

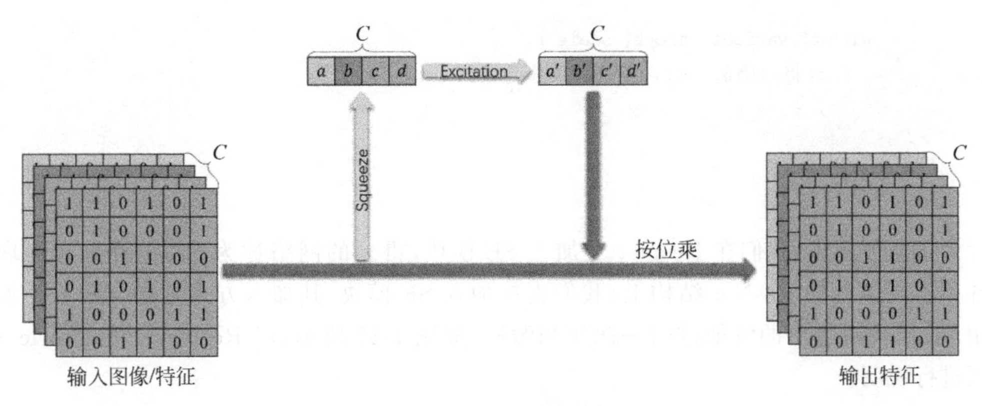

图 7-31 SE 模块的结构

连接层将输入的 C 个数转换为 C/r 个数，一方面可以让模型学会找到重要的特征并且去除噪声，另一方面这样能减少模块中全连接层参数的个数，在第二个全连接层时再将 C/r 个数恢复为 C 个数并经过 Sigmoid 函数得到 C 个 0～1 的实数，将这些数作为每个通道的"激励"值进行相乘从而达到将不同通道特征区别对待的目的。SE 模块写法的代码如下：

```
//ch7/conv_nets/models/seresnet.py
def se_module(self, x, name):
    with tf.variable_scope(name):
        with tf.variable_scope('squeeze'):
            #使用全局平均池化进行压缩操作
            se_output = global_avg_pooling(x, name = 'global_avg_pool')

        with tf.variable_scope('excitation'):
            #原始通道数 C
            ori_channel_num = se_output.get_shape().as_list()[-1]

            #通过全连接层将其压缩到 C/r 个数
            se_output = fully_connected(se_output,
                                        ori_channel_num //self.REDUCTION,
                                        name = 'fc1')
            se_output = relu(se_output, name = 'relu')

            #再次通过全连接层将其恢复至 C 个数
            se_output = fully_connected(se_output,
                                        ori_channel_num,
                                        name = 'fc2')
            #使用 Sigmoid 函数将其值转换为 0～1 的实数
            se_output = sigmoid(se_output, 'sigmoid')
            #为了方便直接相乘，将激励值转换为 4 维张量
            se_output = tf.reshape(se_output, [-1, 1, 1, ori_channel_num])
```

```
        with tf.variable_scope('scale'):
            #将激励值与输入张量相乘作为输出
            x = se_output * x

        return x
```

为了简便起见，我们在 ResNet 上加入 SE 模块，得到的网络称为 SE-ResNet。在现有的各种不同深度的 ResNet 结构上，我们直接加入 SE 模块，其加入方式是在与残差相加前使用 SE 模块对输出的特征进行一次压缩激励，如图 7-32 所示，以 ResNet 中的 Bottleneck 为例进行说明。

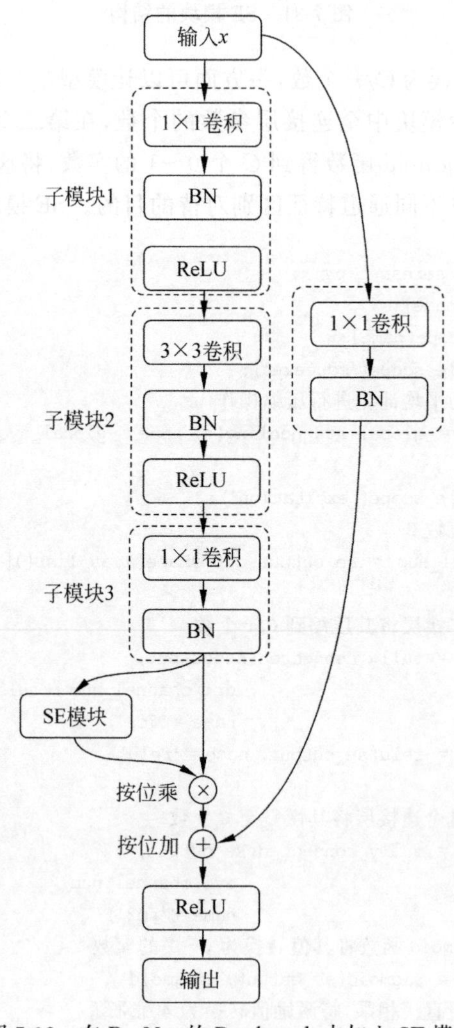

图 7-32　在 ResNet 的 Bottleneck 中加入 SE 模块

在 ResNet 系列模型的其他模块(building block 及 ResNeXt 中的模块)使用 SE 模块也可以采用类似的做法,在最后与残差部分相加之前使用 SE 模块。同样在别的网络中也可以使用 SE 模块,如在 Inception 中,直接在其合并操作后加入 SE 模块即可。在 ResNet 的 Bottleneck 中使用 SE 模块的代码如下:

```
//ch7/conv_nets/models/seresnet.py
def bottleneck(self, x, out_channel, stride, name):
    with tf.variable_scope(name):
        #第 1 个 1×1 卷积
        with tf.variable_scope('sub_block1'):
            …

        #第 2 个 3×3 卷积
        with tf.variable_scope('sub_block2'):
            …

        #第 3 个 1×1 卷积
        with tf.variable_scope('sub_block3'):
            …

        #短路通路
        with tf.variable_scope('shortcut'):
            …

        #对最终相加前的特征使用 SE 激励
        output = self.se_module(output, 'se_module')

        output = output + shortcut
        output = relu(output, name = 'relu')

        return output
```

剩余的网络搭建代码与前面所述的 ResNet 代码一致,这也正体现了 SE 只是一个轻量级模块的说法,可以轻易地加入各种网络中。读者可能会有困惑,卷积操作难道不应该已经自适应学习到了每个通道上信息的重要性了吗?为什么仍需要添加一个 SE 模块为每个通道学习一个权重呢?需要注意的是卷积操作学习出来的特征都具有空间属性,即使学习到的某一个通道的信息对于最终的判别十分重要,这个通道的信息在空间尺度上仍然存在分布不均匀的情况(如某一部分特征得到强调而其他部分特征被弱化等),相反地,SE 模块使用“压缩”操作消除空间尺度,使用习得的激励值对整个通道的特征完成统一缩放。

7.3.9 SKNet

与SENet类似,SKNet(Selective Kernel Networks)作为SENet的一个升级版本,在学习通道特征权重的基础上还引入了多尺度卷积操作(原论文链接:https://arxiv.org/abs/1903.06586)。在前面讨论Inception时提到过,对同一输入的特征使用不同大小的卷积核能够获得不同大小感受野的特征,从而完成多尺度特征提取的目的。与Inception保留所有不同感受野大小的特征类似,SKNet会对不同大小卷积核得到的特征进行自适应融合。具体过程如图7-33所示。

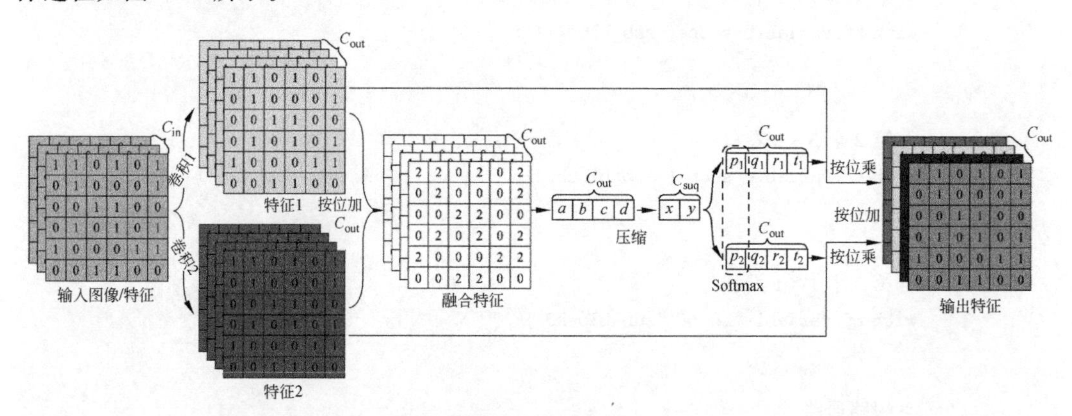

图7-33 SK模块

从图7-33可以看出,SKNet实际上也是一个与SENet类似的轻量级模块,使用SK模块相当于将自适应的多尺度融合嵌入任意的卷积神经网络。图7-33中的卷积1与卷积2实际上使用两种不同大小的卷积核完成的填充方式为SAME并且输出通道数相同的卷积操作,常用的两个分支卷积核大小分别为3×3与5×5,将得到的两个不同尺度的特征以按位加的形式融合之后使用类似SE模块的操作对其进行"压缩"与"激励",此处使用的压缩方法常使用全局平均池化得到C_{out}个数,再使用全连接将其压缩至C_{out}/r个数,最后在计算激励值时与SE模块有较大区别,因为SK模块中涉及两个不同的特征,因此我们需要为每个特征都学习一个激励值,所以需要从C_{out}/r个数使用两个全连接层得到$2C_{out}$个数,分别对应着两个不同特征的每个通道的权重,同时由于对于特征的选择是"非此即彼"的过程,因此需要使用Softmax函数对输出的$2C_{out}$个数进行限制,使用权重与对应的特征按位乘之后再相加即完成了多尺度特征融合的过程。SK模块的代码如下:

```
//ch7/conv_nets/models/skresnext.py
#self.M中存放着所使用的不同的卷积核大小,self.L是为了防止全连接输出特征过少而造成损失
def sk_module(self, x, out_channel, stride, name):
    with tf.variable_scope(name):
        u_list = list()
        with tf.variable_scope('split'):
```

```
        #对同一输入使用不同大小的卷积核完成卷积
        for idx, k in enumerate(self.M):
            u_list.append(
                conv2d(x,
                        out_channel,
                        kernel = k,
                        stride = stride,
                        padding = 'SAME',
                        name = 'conv_{}'.format(idx))
            )
        #将所有不同尺度的特征连接成一个张量
        #u_list 形状为[num_fea, batch_size, H', W', C_out]
        u_list = tf.stack(u_list, axis = 0)

    with tf.variable_scope('fuse'):
        #把所有不同尺度的特征按位加得到融合特征
        #u 的形状为[batch_size, H', W', C_out]
        u = tf.reduce_sum(u_list, axis = 0, name = 'sum')

        #将融合的特征进行压缩
        s = global_avg_pooling(u, name = 'global_avg_pool')

        #计算全连接层输出的特征数
        fc_out = max(out_channel //self.REDUCTION, self.L)
        z = fully_connected(s,
                            fc_out,
                            name = 'fully_connected')
        z = relu(z, name = 'relu')

    attention_list = list()
    with tf.variable_scope('select'):
        #对每个不同尺度的特征计算相应的权重
        for idx in range(len(self.M)):
            attention_list.append(
                fully_connected(z,
                                out_channel,
                                name = 'fully_connected_{}'.format(idx))
            )
        #将所有不同尺度特征的权重连接成一个张量
        #attention_list 形状为[num_fea, batch_size, C_out]
        attention_list = tf.stack(attention_list, axis = 0)
```

```
            #不同尺度特征的权重之间使用 Softmax 互相抑制
            attention_list = tf.math.softmax(attention_list,
                                             axis = 0,
                                             name = 'Softmax')

            #为了方便按位乘,将其形状变为[num_fea, batch_size, 1, 1, C_out]
            attention_list = tf.expand_dims(attention_list, axis = 2)
            attention_list = tf.expand_dims(attention_list, axis = 2)

            #使用特征与其对应的权重按位乘
            #output 形状为[num_fea, batch_size, H', W', C_out]
            output = u_list * attention_list

            #将按位乘的结果按位加进行融合
            #output 形状为[batch_size, H', W', C_out]
            output = tf.reduce_sum(output, axis = 0, name = 'merge')

        return output
```

SK 模块可以嵌入任何卷积神经网络中,在此以 ResNeXt 为例进行说明。在 ResNeXt 网络的 Bottleneck 中,我们直接将原来的第 2 个 3×3 卷积层替换为 SK 模块即可,代码如下:

```
//ch7/conv_nets/models/skresnext.py
def bottleneck(self, x, out_channel, stride, name):
    def transform(x, out_channel, stride):
        x_list = tf.split(x,
                          num_or_size_splits = self.cardinality,
                          axis = - 1, name = 'split')
        out_channel = out_channel //self.cardinality

        #将 ResNeXt 中的 Bottleneck 的分组卷积操作全部替换为 SK 模块
        for idx, x in enumerate(x_list):
            with tf.variable_scope('group_conv_{}'.format(idx)):
                x = self.sk_module(x,
                                   out_channel,
                                   stride = stride,
                                   name = 'sk_module_{}'.format(idx))
                x = batch_normalization(x,
                                        name = 'bn',
```

```
                                      is_training = self.is_training)
                x = relu(x, name = 'relu')
                out_x = x if idx == 0 else tf.concat([out_x, x], axis = -1)

        return out_x

    with tf.variable_scope(name):
        #第 1 个 1×1 卷积
        ...

        #SK 模块
        with tf.variable_scope('transform'):
            output = transform(output,
                               out_channel = out_channel,
                               stride = stride)

        #第 3 个 1×1 卷积
        ...
        return output
```

其余网络构建的代码与 ResNeXt 保持一致，同时为了使模型适应我们的小数据集，我们使用的多尺度卷积核大小分别为 3 和 1(self. M=[3, 1])，使用的全连接层输出特征控制因子为 32(self. L=32)。

7.3.10 ResNeSt

ResNeSt 又被称为 Split-Attention Networks，可以将其简单理解为 ResNeXt、SENet 和 SKNet 的结合(原论文链接：https://arxiv.org/abs/2004.08955v1)。得益于其设计的模块化分组注意力机制，ResNeSt 在各种计算机视觉任务如分类、检测上都轻松超过前人的模型而获得最高性能。

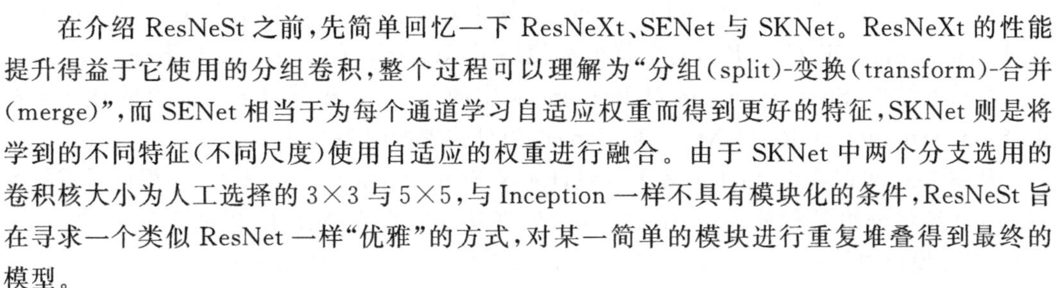

在介绍 ResNeSt 之前，先简单回忆一下 ResNeXt、SENet 与 SKNet。ResNeXt 的性能提升得益于它使用的分组卷积，整个过程可以理解为“分组(split)-变换(transform)-合并(merge)”，而 SENet 相当于为每个通道学习自适应权重而得到更好的特征，SKNet 则是将学到的不同特征(不同尺度)使用自适应的权重进行融合。由于 SKNet 中两个分支选用的卷积核大小为人工选择的 3×3 与 5×5，与 Inception 一样不具有模块化的条件，ResNeSt 旨在寻求一个类似 ResNet 一样“优雅”的方式，对某一简单的模块进行重复堆叠得到最终的模型。

ResNeXt 的分组卷积模式可以参见图 7-28(b)，可以发现输入的形状为(batch_size, H, W, C)的张量会被分为 K 个形状为(batch_size, H, W, C/K)的张量分别进行卷积。

而在 ResNeSt 中，每个形状为(batch_size，H，W，C/K)的张量还会被分为 R 个形状为(batch_size，H，W，C/KR)的张量，对于这 R 个张量，ResNeSt 使用 Split-Attention 模块对其计算通道上的自适应权重，该模块可简单理解为 SK 模块的变形，只不过其含有 R 个分支而非 2 个。从以上描述可以看出，ResNeSt 的卷积总分组数 $G=KR$。

ResNeSt 中使用的 Split-Attention 模块如图 7-34 所示。

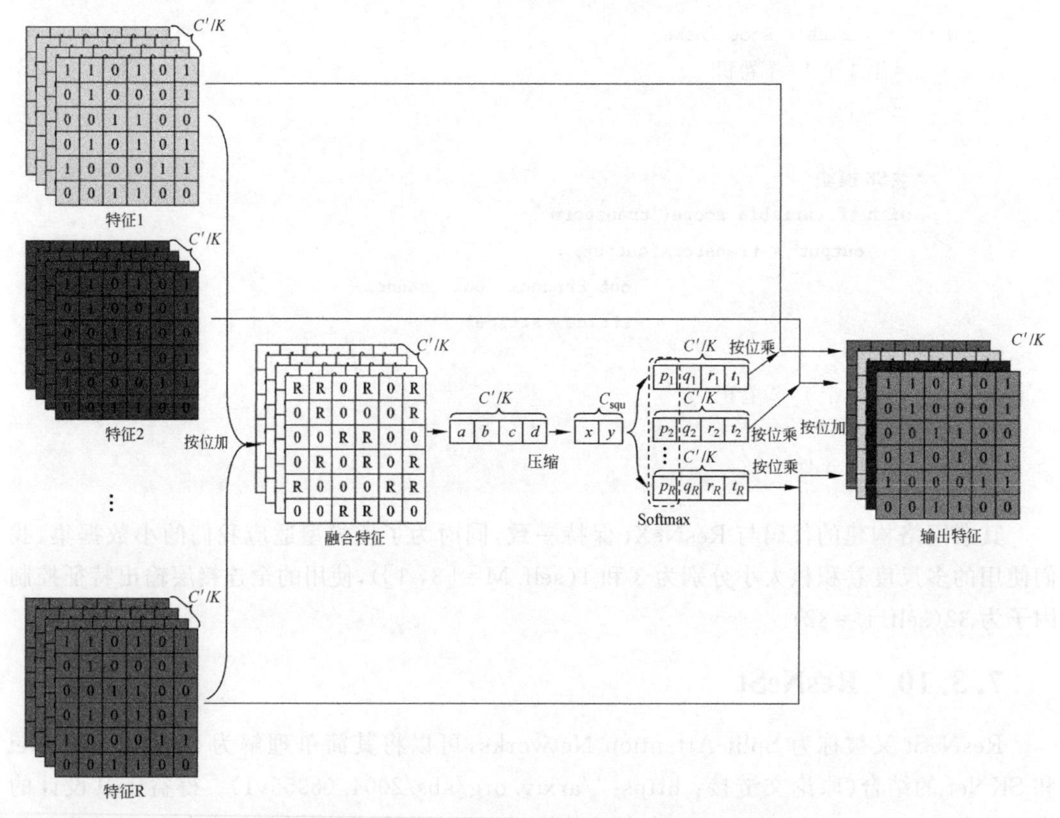

图 7-34　ResNeSt 中使用的 Split-Attention 模块

从图 7-34 可以看出，一个 Split-Attention 模块能接收 R 个输入特征，每个特征的形状为(batch_size，H，W，C_{out}/K)，每个特征都使用了 ResNeXt 的 Bottleneck 第一个 1×1 卷积计算后的结果，Split-Attention 对 Bottleneck 中的 3×3 卷积部分学习通道的自适应权重，Split-Attention 在 ResNeXt 的 Bottleneck 所处位置如图 7-35 所示。

从图 7-35 可以看出，由于需要再分组，ResNeSt 中 Bottleneck 的 3×3 卷积将通道数为 M/K(已经将分组卷积分为 K 组的张量)先将其维度变为 NR/K 以便于后续的 Split-Attention 模块中的分组(在 ResNeXt 中输出通道数为 N/K)，使用 Split-Attention 模块计算后的输出通道数为 N/K，最后对经过通道拼接后的输出张量进行 1×1 卷积使其变换为输出通道数，代码如下：

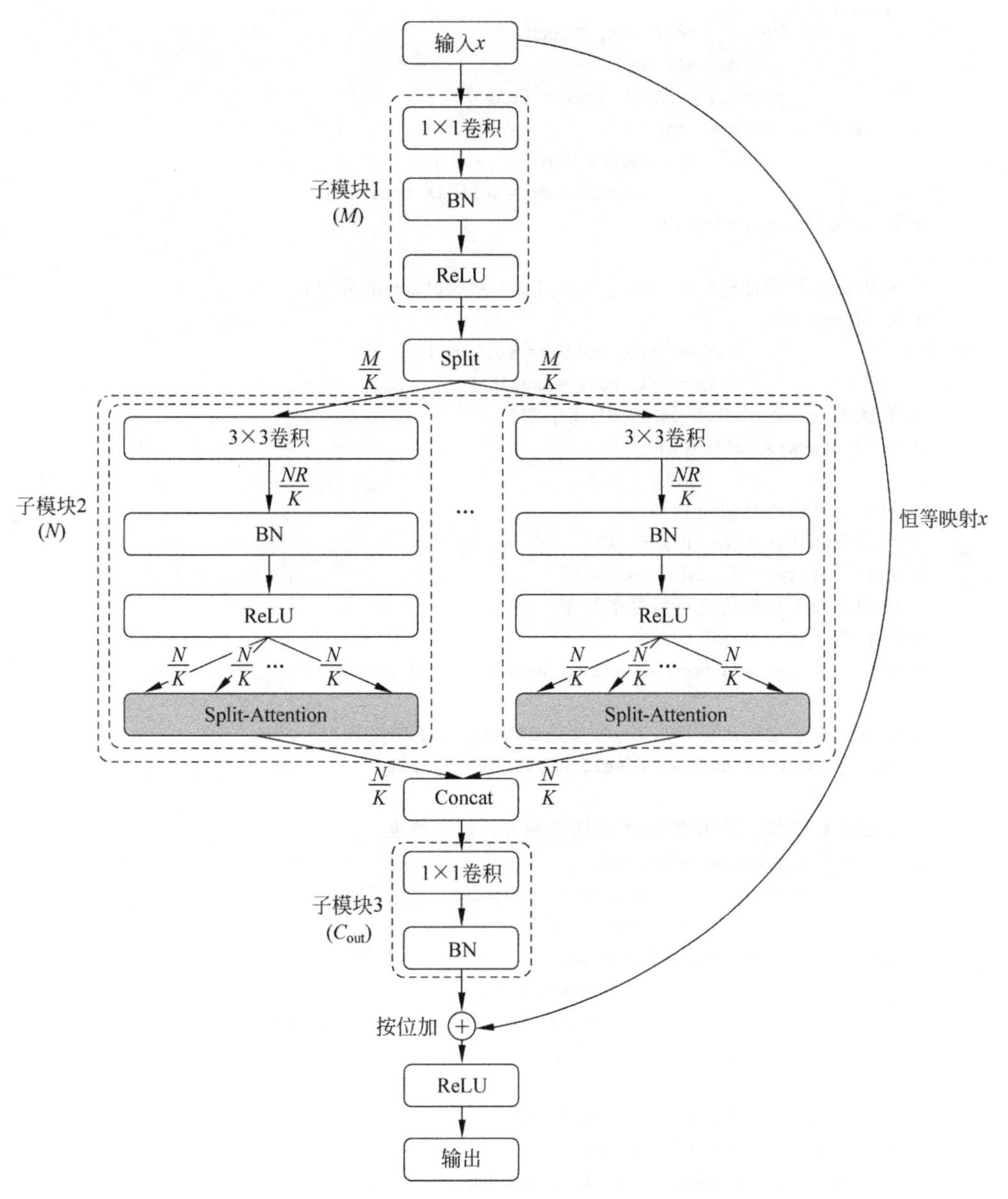

图 7-35 Split-Attention 模块在 Bottleneck 中的位置

```
//ch7/conv_nets/models/resnest.py
def split_attention(x, out_channel, stride):
    # 对分组后的特征进行 3×3 卷积(先对输出通道扩充)
    # 形状为[batch_size, H', W', C' * radix]
    x = conv2d(x,
               out_channel * self.radix,
```

```
                kernel = self.CONV_KERNEL,
                stride = stride,
                padding = 'SAME', name = 'conv')
    x = batch_normalization(x,
                            name = 'bn1',
                            is_training = self.is_training)
    x = relu(x, name = 'relu1')

    #将处理后的特征进行再一次分组(Split - Attention 的分组)
    x = tf.split(x,
                 num_or_size_splits = self.radix,
                 axis = -1, name = 'split')
    #形状为[radix, batch_size, H', W', C']
    x = tf.stack(x, axis = 0)

    #对分完组的特征按位相加
    #形状为[batch_size, H', W', C']
    x_sum  =  tf.reduce_sum(x, axis = 0)
    #使用全局平均池化进行特征的压缩
    #形状为[batch_size, C'/radix]
    x_gap  =  global_avg_pooling(x_sum, name = 'global_avg_pool')

    #计算全连接层输出的特征数(可参见 SKResNeXt 中的实现)
    fc_out  =  max(out_channel //self.REDUCTION, self.L)

    #将压缩后的特征使用类似 SK 模块中的方式减小维度
    x_gap  =  fully_connected(x_gap,
                              out_num = fc_out,
                              name = 'fc1')
    x_gap  =  batch_normalization(x_gap,
                                  name = 'bn2',
                                  is_training = self.is_training)
    x_gap  =  relu(x_gap, name = 'relu2')

    #将压缩后的特征变换回原输出通道维度
    #形状为[batch_size, C' * radix]
    attention  =  fully_connected(x_gap, out_num = out_channel  *  self.radix)

    #将输出张量分为 radix 个张量
    attention  =  tf.split(attention,
                           num_or_size_splits = self.radix,
                           axis = -1, name = 'split_atten')
    #形状为[radix, batch_size, C']
    attention  =  tf.stack(attention, axis = 0)

    #对 attention 张量按 radix 做 Softmax
```

```
    attention = tf.math.softmax(attention, axis = 0)

    #将 attention 形状变为[radix, batch_size, 1, 1, C']
    attention = tf.expand_dims(attention, axis = 2)
    attention = tf.expand_dims(attention, axis = 2)

    #使用 attention 与对应的输入张量对应相乘
    x = attention * x
    x = tf.reduce_sum(x, axis = 0)

    return x
```

在 Split-Attention 模块外部还有一层分组卷积的分组过程与计算过程，代码如下：

```
//ch7/conv_nets/models/resnest.py
def transform(x, out_channel, stride):
    #将输入张量先分为 K 组
    x_list = tf.split(x,
                      num_or_size_splits = self.cardinality,
                      axis = -1, name = 'split')
    #每一组卷积输出的通道数
    out_channel = out_channel //self.cardinality

    for idx, x in enumerate(x_list):
        with tf.variable_scope('group_conv_{}'.format(idx)):
            x = split_attention(x, out_channel, stride = stride)
            #拼接输出张量
            out_x = x if idx == 0 else tf.concat([out_x, x], axis = -1)

    return out_x
```

ResNeSt 的 Bottleneck 与网络结构构建代码与 ResNeXt 相同，在此不再赘述。

7.4 使用卷积神经网络完成图像分类

介绍了如此多模型后，我们在本节可以使用它们来完成手写数字的分类。我们希望能够提供一个更加灵活的接口，而不像第 6 节使用全连接神经网络对图像进行分类时所使用的不灵活的代码。我们希望通过命令行传入不同的参数达到使用不同数据集与不同模型并且设定不同参数(如学习率等)的目的。

7.4.1 定义命令行参数

为了给予用户最大的自由度，我们允许用户从命令行传入尽可能多的参数：分为数据集相关参数、模型相关参数、训练相关参数和权值与日志相关参数等。定义的所有命令行参数的代码如下：

```
//ch7/conv_nets/main.py
def parse_args():
    parser = argparse.ArgumentParser()
    # ================== 数据集相关参数 =====================
    #使用的数据集
    parser.add_argument('--dataset', type = str, default = 'mnist')
    #数据路径
    parser.add_argument('--data_path', type = str, required = True, nargs = '+')
    #训练所使用的 batch_size
    parser.add_argument('--batch_size', type = int, default = 128)
    #是否需要对图像进行归一化
    parser.add_argument('--not_normalize',
                        action = 'store_true', default = False)
    #取数据时是否需要以随机方式读取
    parser.add_argument('--not_shuffle',
                        action = 'store_true', default = False)
    #是否是 CIFAR-10 数据集
    parser.add_argument('--c10', action = 'store_true', default = False)
    #是否使用 CIFAR-100 的粗略标签(仅对 CIFAR-100 有效)
    parser.add_argument('--coarse_label',
                        action = 'store_true', default = False)
    #训练集与测试集的比例
    parser.add_argument('--split_train_and_test', type = float, default = 0.2)
    #是否需要对输入图像缩放(对非统一尺寸的 Oxford Flower 数据集有效)
    parser.add_argument('--resize', type = int, nargs = '+')
    #输入图像是否属于小图像
    parser.add_argument('--not_small', action = 'store_true', default = False)
    #是否使用数据增强
    parser.add_argument('--augmentation',
                        action = 'store_true', default = False)
    # =======================================================
    # ================= 模型相关参数 ========================
    #使用的模型
    parser.add_argument('--model', type = str)
    #模型的结构(深度等)
    parser.add_argument('--structure', type = int)
    # =======================================================
    # ================== 训练相关参数 =======================
    #训练周期数
    parser.add_argument('--epoch', type = int, default = 350)
    #训练使用的优化器
    parser.add_argument('--optim', type = str, default = 'adam')
    #训练使用的损失函数
    parser.add_argument('--loss', type = str, default = 'mse',
```

```
                    choices = ['mse', 'ce'])
# 训练使用的学习率
parser.add_argument('--lr', type = float, default = 0.01)
# 学习率变化递减的周期数
parser.add_argument('--boundary', type = int,
                    nargs = '*', default = [160, 250])
# 学习率递减倍数
parser.add_argument('--decay', type = float, default = 0.1)
# 是否对学习率使用 warmup
parser.add_argument('--warmup', action = 'store_true', default = False)
# warmup 的周期数
parser.add_argument('--warmup_epoch', type = int, default = 5)
# ==========================================================
# =============== 权值与日志相关参数 ======================
# 是否存储权重文件
parser.add_argument('--not_save_ckpt',
                    action = 'store_true', default = False)
# 权重文件路径
parser.add_argument('--ckpt_path', type = str, default = 'checkpoint')
# 日志路径
parser.add_argument('--log_dir', type = str, default = 'logs')
# ==========================================================
# ==========================================================
# 是否是测试阶段(训练/测试阶段)
parser.add_argument('--testing', action = 'store_true', default = False)
# ==========================================================

args = parser.parse_args()

exp_name = '{}{}_{}'.format(args.model, args.structure, args.dataset)
args.ckpt_path = os.path.join(args.ckpt_path, exp_name)
args.log_dir = os.path.join(args.log_dir, exp_name)

return args
```

7.4.2 模型训练函数

模型训练时，主要需要完成的职能包括获取模型的输出与标签，并根据两者计算用户指定类型的损失值并使用用户指定的优化器完成对损失的优化。除此之外，训练过程函数还需要根据训练周期数与每个周期内的迭代总数，在每一次迭代内取出一个 batch 的数据并以 feed_dict 的形式传入模型完成优化过程。由于希望最终能得到表现最好的模型，所以在每个周期训练完成后，我们会使用当前模型在训练集上进行一次推理，得到准确率，代码如下：

```
//ch7/conv_nets/main.py
def train(X, Y, is_training, pred, data, args, sess):
    #写入模型训练的计算图与各种参数信息
    writer = tf.summary.FileWriter(args.log_dir, sess.graph)
    #打印模型的信息(参数量与参数信息)
    print_net_info()

    #一个 epoch 中含有的迭代数
    iter_num = int(data.num_examples('train') / args.batch_size)

    #根据用户传入的损失函数类型得到损失值
    cost = Loss(args.loss).get_loss(Y, pred)
    #将损失值写入日志
    tf.summary.scalar('loss', cost)

    #根据用户传入的训练相关参数初始化优化器并对损失值进行优化
    optim_op = Optimizer(initial_lr = args.lr,
                         boundary = [iter_num * b for b in args.boundary],
                         decay = args.decay,
                         warmup = args.warmup,
                         warmup_iter = args.warmup_epoch * iter_num,
                         name = args.optim).minimize(cost)

    saver = None
    #如果用户没有传入已有的权值路径,则创建
    if not args.not_save_ckpt:
        if not os.path.exists(args.ckpt_path):
            os.makedirs(args.ckpt_path)

        saver = tf.train.Saver()

    #记录当前最好的准确率和损失值
    best_acc = 0
    best_loss = np.Inf
    best_epoch = 0

    merged_op = tf.summary.merge_all()

    sess.run(tf.global_variables_initializer())

    #训练用户指定的 epoch 数
    for e in range(args.epoch):
        epoch_loss = list()

        #每个 epoch 内都需要训练 iter_num 次
        for _ in tqdm(range(iter_num)):
```

```
            #取出一个 batch 数据
            x, y = data.next_batch('train')
            #计算当前迭代的损失及优化过程
            iter_cost, _ = sess.run([cost, optim_op],
                                    feed_dict = {X: x, Y: y, is_training: True})
            #将当前迭代的损失加入当前周期的损失
            epoch_loss.append(iter_cost)

        #每训练完成一个周期都进行一次测试,观察模型在测试集的表现
        acc = test(X, Y, is_training, pred, data, args, sess)

        #添加日志信息
        summ = sess.run(merged_op, feed_dict = {X: x, Y: y, is_training: True})
        writer.add_summary(summ, e)

        #计算周期内的平均损失
        epoch_loss = np.mean(epoch_loss)
        #打印训练信息
        print_training_info(e, epoch_loss, acc)

        #记录最佳准确率与损失值
        if acc > best_acc:
            best_acc = acc
            best_loss = epoch_loss
            best_epoch = e
            if saver:
                saver.save(sess,
                           os.path.join(args.ckpt_path, 'checkpoint'),
                           global_step = e)
                print('Saving...')
    #打印模型表现最好的情况
    print('{}\n{}'.format('=' * 100, 'Best: '))
    print_training_info(best_epoch, best_loss, best_acc)
```

7.4.3　模型测试函数

在模型测试函数中,我们需要使用已有的模型在测试集数据上做一次推理以得到模型的泛化性能,主要步骤与第 6 章中使用全连接神经网络对测试集进行推断的代码类似,代码如下:

```
//ch7/conv_nets/main.py
def test(X, Y, is_training, pred, data, args, sess):
    #计算模型预测结果的最大分量位置是否与标签最大分量位置相同
    #若相同,则表示当前模型对于输入样本预测正确
```

```
    #以此统计模型预测正确数量
    correct_num = tf.reduce_sum(tf.cast(
                        tf.equal(
                            tf.math.argmax(pred, axis = -1),
                            tf.math.argmax(Y, axis = -1)
                        ), tf.float32)
                    )

    correct = 0
    total = 0

    #如果当前是单独的测试阶段,则从传入的路径中读取最新的权值文件信息
    if args.testing:
        saver = tf.train.Saver()
        latest_ckpt = tf.train.latest_checkpoint(args.ckpt_path)
        saver.restore(sess, latest_ckpt)

    #测试集需要的迭代数
    iter_num = int(data.num_examples('test') / args.batch_size)

    for _ in tqdm(range(iter_num)):
        x, y = data.next_batch('test')
        #对每个 batch 的数据统计一次预测正确的数目
        #将当前 batch 内预测正确的数目累计在正确总数上
        correct += sess.run(correct_num,
                            feed_dict = {X: x, Y: y, is_training: False})
        #使用 total 变量记录所有输入样本数量
        total += args.batch_size

    #使用预测正确的数据/总输入数量,即为测试集上的准确率
    return correct / total
```

7.4.4 主函数

定义完训练及测试函数后,定义主函数作为整个代码的入口。在主函数中,我们首先得到用户指定数据集的图像与标签的占位符,并根据用户传入的模型名称与其对应的结构创建用户所需要的模型,最后根据用户指定当前是否为训练阶段而选择调用 train 或 test 函数。完整主函数的代码如下:

```
//ch7/conv_nets/main.py
def main(args):
    #打印命令行传入的参数
    print_args(args)
```

```
#得到特定数据集的实例
data = data_utils.get_dataloader(args)

#得到特定数据集的样本与标签的占位符
X, Y = data_utils.get_placeholders(args)

#由于网络中使用训练与测试阶段表现不同的BN,需要指定当前阶段
is_training = tf.placeholder(dtype = tf.bool, name = 'is_training')

#根据用户传入的参数值获取模型
network_builder = models.get_model_with_name(args.model)
network = network_builder(args.structure,
                          class_num = Y.get_shape().as_list()[-1],
                          is_small = not args.not_small)

#为模型传入输入张量,得到模型输出
pred = network.build(X, is_training)

with Timer('{}\n{}'.format('=' * 100,
                           'Total {} time'.format('testing'
                                                  if args.testing
                                                  else 'training'))):
    with tf.Session() as sess:
        if args.testing:
            #若用户指定为测试阶段
            acc = test(X, Y, is_training, pred, data, args, sess)
            print('Test acc: {}'.format(acc))
        else:
            #用户指定为训练阶段
            train(X, Y, is_training, pred, data, args, sess)
```

7.4.5 训练模型识别手写数字

完成以上代码后,直接在命令行使用命令即可运行,代码如下:

```
python main.py --dataset mnist --data_path [MNIST数据所在位置] \
               --batch_size 128 --augmentation --lr 0.1 \
               --model ResNet --structure 18 --loss ce
```

以上命令指定了使用ResNet-18预测MNIST手写数字数据,并且训练所使用的batch_size大小为128,损失函数使用交叉熵(CE)。由于MNIST数据集较为简单,不使用数据增强方法也能获得较好性能,因此MNIST数据集的next_batch方法内没有使用数据增强方法对数据进行处理,命令行中的—augmentation字段对MNIST数据集实际上是无效字段。运行以上命令,可以看到如图7-36所示的结果。

```
λ python main.py --dataset mnist --data_path ..\..\..\..\dataset\mnist\t10k-images.idx3-ubyte ..\..\..\..\dataset\mnist\t10k-labels.idx1-ubyte ..
\..\..\..\dataset\mnist\train-images.idx3-ubyte ..\..\..\..\dataset\mnist\train-labels.idx1-ubyte --batch_size 128 --augmentation --model resnet -
-structure 18 --loss ce
==========================================================================================
        Args                    Values
------------------------------------------------------------------------------------------
        dataset                 mnist
        data_path               ..\..\..\..\dataset\mnist\t10k-images.idx3-ubyte
                                ..\..\..\..\dataset\mnist\t10k-labels.idx1-ubyte
                                ..\..\..\..\dataset\mnist\train-images.idx3-ubyte
                                ..\..\..\..\dataset\mnist\train-labels.idx1-ubyte
        batch_size              128
        not_normalize           False
        not_shuffle             False
        c10                     False
        coarse_label            False
        split_train_and_test    0.2
        resize                  None
        not_small               False
        augmentation            True
        model                   resnet
        structure               18
        epoch                   350
        optim                   adam
        loss                    ce
        lr                      0.01
        boundary                160
                                250
        decay                   0.1
        warmup                  False
        warmup_epoch            5
        not_save_ckpt           False
        ckpt_path               checkpoint\resnet18_mnist
        log_dir                 logs\resnet18_mnist
        testing                 False
==========================================================================================
```

图 7-36 运行训练模型指令的命令行图示

在命令行打印了用户传入的自定义字段后，其还会打印模型中的参数信息，包括每个可训练参数的参数名称与其对应的形状信息。在此之后，便开始打印训练迭代阶段的信息，可以看到每个周期内的迭代数与训练时间。每个周期训练结束后，还会打印当前模型在测试集上的表现，打印出当前模型在训练集上的损失值与在测试集上的准确率，并根据表现做相应的保存动作。打印的信息如图 7-37 所示。

训练完成后，可以得到类似图 7-38 所示的结果。从图中可以看出，模型在训练集上的最佳表现在第 288 个周期时得到，准确率为 99.7%，这意味着在含有 10000 张测试图像的 MNIST 数据集上，我们的模型能够对其中 9970 张图像做出正确的预测，相较于第 6 章中的全连接神经网络的 96.3%的准确率，使用卷积神经网络的准确率有了一个较大的提升。

同时还能发现在 main.py 文件的目录下多出了一个 checkpoint 文件夹，其中保存了训练模型的权值。读者如果想要尝试使用别的模型对 MNIST 数据集完成分类，则直接在命令行为 model 与 structure 字段传入不同的值即可。

7.4.6 训练模型识别自然场景图像

有了上面定义的代码，直接在命令行改变传入的数据集名称则能完成自然图像的分类，以对 CIFAR-10 数据集分类为例，我们使用 Momentum 优化器，命令的代码如下：

```
python main.py --dataset cifar --c10 --data_path [CIFAR 数据所在位置] \
                --batch_size 128 --augmentation --optim momentum --lr 0.1 \
                --model ResNet --structure 18 --loss ce
```

部分模型在数据增强后的 CIFAR-10 数据集上表现如表 7-6 所示。

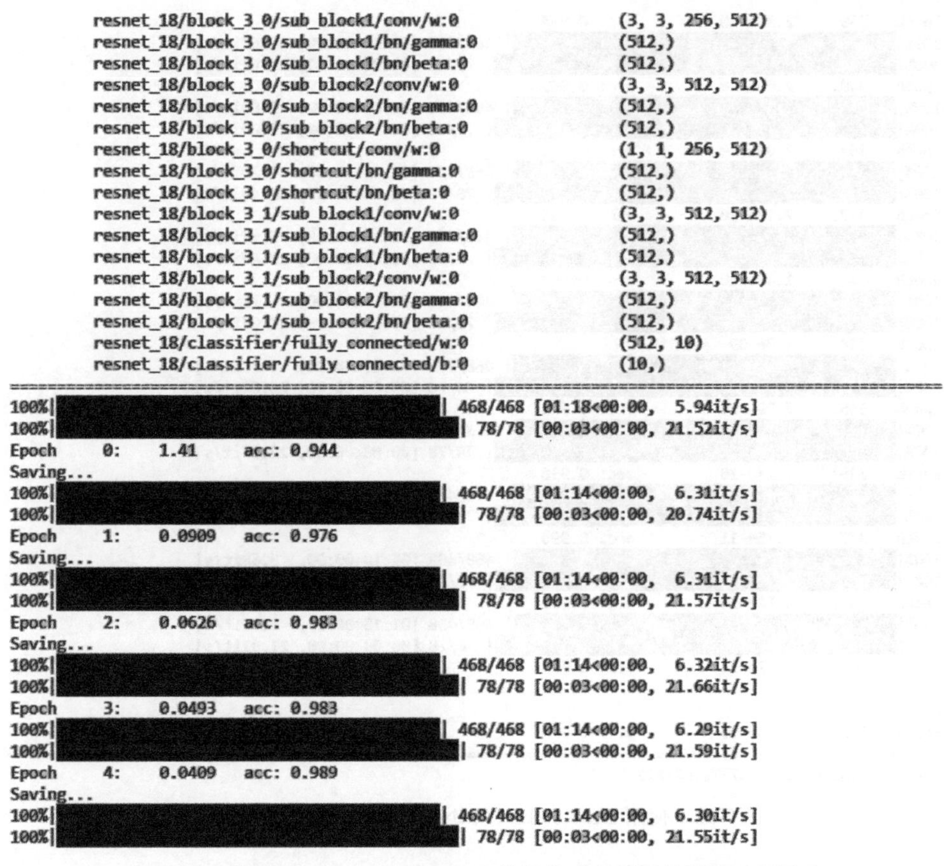

图 7-37　使用 ResNet-18 对 MNIST 数据集进行预测的训练过程图示

表 7-6　部分模型在 CIFAR-10 数据集(含数据增强)上的精确度

模　　型	精度(%)
VGG-11	88.0
VGG-19	90.9
Inception	91.6
ResNet-18	92.2
ResNet-50	92.5
ResNeXt-29	92.4
DenseNet-121	93.1
SE-ResNet-18	91.8
MobiLeNet	77.9
DPN-92	\
SK-ResNeXt-29	91.0
ResNeSt	\

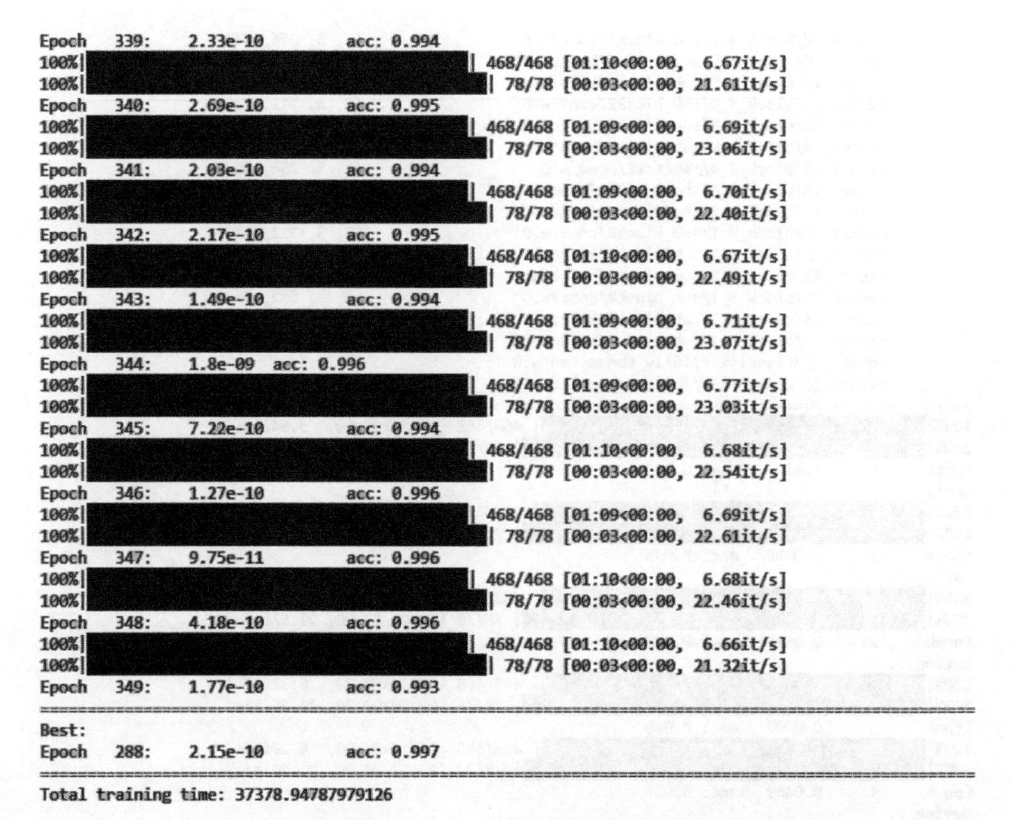

图 7-38 使用 ResNet-18 对 MNIST 数据集完成训练图示

由于显存的限制，读者在硬件条件允许的情况下可以自行更改指令，尝试使用其他的模型完成图像识别的任务。

7.5 卷积神经网络究竟学到了什么

经过了前面几节的学习，我们已经了解到可以通过卷积神经网络来完成图像的识别。从原理层面也大致明白了卷积核的特征提取过程。本节我们就以实例的方式来从不同角度剖析卷积神经网络内部学到的真正图像或知识的表示，将分别从卷积核、类激活映射和对不同类别预测值的可视化进行进一步分析。

7.5.1 卷积核的可视化

在 7.1.1 节中我们实际上已经探讨过卷积核的实际意义，从图 7-8 可以看到，卷积核实际上代表的是一种特征模式，当由若干个不同的卷积核组成不同的特征模式同时对同一个输入进行特征提取时，能够以学习的方式得到图像各种不同的高阶语义特征，最终在语义空间内完成对图像的识别与分类。

在本节中，我们就以 7.4.5 节中运行过的命令所得到的学习效果已经很好的权值文件来完成卷积核的可视化，来看一看模型中的卷积核学到的特征究竟是什么样。在运行过 7.4.5 节中的命令后，我们可以在根目录下得到一个 checkpoint 文件夹，在其中的 ResNet18_mnist 文件夹下可以得到如图 7-39 所示的权值文件。

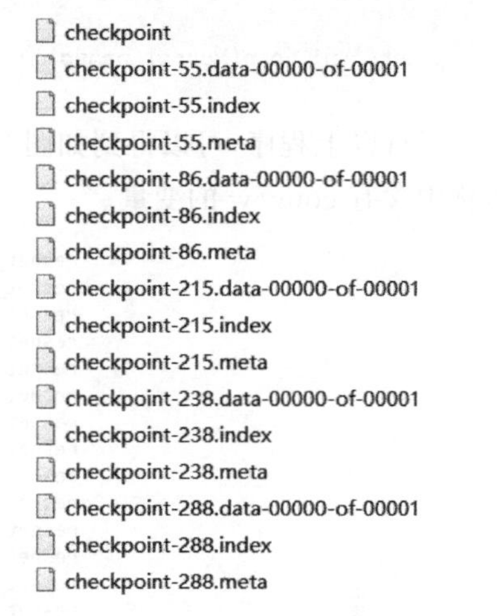

图 7-39 ResNet-18 对 MNIST 数据集训练完成后的权值文件

由于我们采取在每次得到更好测试性能时进行权值的存储，因此从图 7-39 可以看出，模型分别在第 55、86、215、238 和 288 个周期达到最佳性能，最终性能最佳的周期为第 288 个周期（从图 7-38 中也可以得出同样结论）。

接下来我们需要做的只是将权值文件加载进 ResNet-18 模型，接着将模型中的卷积核以图像的形式打印出来。由于原始的 ResNet-18 模型并不输出内部的卷积核信息，为了避免对模型进行改动，我们直接对权值文件进行操作。实际上在以 checkpoint-288 开头的这几个文件中已经存储了模型中的变量名称、形状和值。得到所有变量的代码如下：

```
//ch7/vis_conv/vis_conv_kernel.py
import os
from tensorflow.python import pywrap_TensorFlow

#权值文件所在的文件夹
model_dir = "../conv_nets/checkpoint/ResNet18_mnist"
#权值文件名称
checkpoint_path = os.path.join(model_dir, "checkpoint-288")

#创建权值文件的 Reader
reader = pywrap_TensorFlow.NewCheckpointReader(checkpoint_path)
#取出权值文件中的所有变量名称
var_to_shape_map = reader.get_variable_to_shape_map()
```

由前面我们定义卷积层的时候可以知道，所有卷积核的名称都为 w，并且卷积层的名称为 conv，因此所有卷积核的名称应该包含 conv/w，筛选名称中含有 conv/w 变量并打印出其名称的代码如下：

```
//ch7/vis_conv/vis_conv_kernel.py
kernel_names = list()

for key in var_to_shape_map:
    #查询名称中含有 conv/w 的变量
    if key.endswith('conv/w'):
```

```
            kernel_names.append(key)

print('\n'.join(kernel_names))
```

运行以上程序，可以得到如图 7-40 所示的结果，从图中可以看出，我们已经筛选出所有名称中含有 conv/w 的变量。

```
resnet_18/block_0_0/sub_block1/conv/w
resnet_18/block_1_0/shortcut/conv/w
resnet_18/block_0_1/sub_block2/conv/w
resnet_18/block_0_0/sub_block2/conv/w
resnet_18/block_0_1/sub_block1/conv/w
resnet_18/block_2_1/sub_block1/conv/w
resnet_18/block_1_0/sub_block1/conv/w
resnet_18/block_3_0/sub_block1/conv/w
resnet_18/block_1_0/sub_block2/conv/w
resnet_18/block_3_0/shortcut/conv/w
resnet_18/block_1_1/sub_block1/conv/w
resnet_18/block_1_1/sub_block2/conv/w
resnet_18/block_2_0/shortcut/conv/w
resnet_18/block_2_0/sub_block1/conv/w
resnet_18/block_2_0/sub_block2/conv/w
resnet_18/block_2_1/sub_block2/conv/w
resnet_18/block_3_1/sub_block2/conv/w
resnet_18/block_3_0/sub_block2/conv/w
resnet_18/block_3_1/sub_block1/conv/w
resnet_18/preprocess_layers/conv/w
```

图 7-40　ResNet-18 中的卷积核名称

与 7.3.3 节中所定义的 ResNet-18 对比可以看出，图 7-40 中总共包含编号为 0～3 的 4 个 block，每个 block 中含有两个 sub_block。我们分别选取每个 block 中的 sub_block2 中的卷积核进行可视化，由于有的卷积核含有的通道数过多，为方便展示我们只选取其中的前 16 个通道的卷积核进行可视化。卷积核值的提取与绘图过程的代码如下：

```
//ch7/vis_conv/vis_conv_kernel.py
import matplotlib.pyplot as plt

H = 4
W = 4
block_prefix_plh = 'block_{}_1/sub_block2'

for i in range(4):
    fig, axes = plt.subplots(H, W)
    block_prefix = block_prefix_plh.format(i)

    for name in Kernel_names:
        if block_prefix in name:
            mat = reader.get_tensor(name)
            #取出每个卷积核
            chosen_mat = mat[..., 0, :H * W]

            for i in range(H):
```

```
        for j in range(W):
            #以索引的形式取出每个 axes
            axes[i][j].imshow(chosen_mat[..., i * W + j], cmap = 'gray')
            axes[i][j].set_title('[{}]'.format(i * W + j))
    #设置总图标题
    plt.suptitle('Conv Kernels of {}'.format(block_prefix))
    plt.show()
```

从代码中可以看出，我们在最外层使用一个循环来控制卷积核所在的 block，而在内层循环筛选并选取目标卷积核中的值，最终将选取的卷积核使用 Matplotlib 进行绘制。由于不同的 block 绘制结果类似，在此仅以 block_0_1/sub_block2 中的卷积核前 16 个通道结果作为示例进行绘制，如图 7-41 所示。

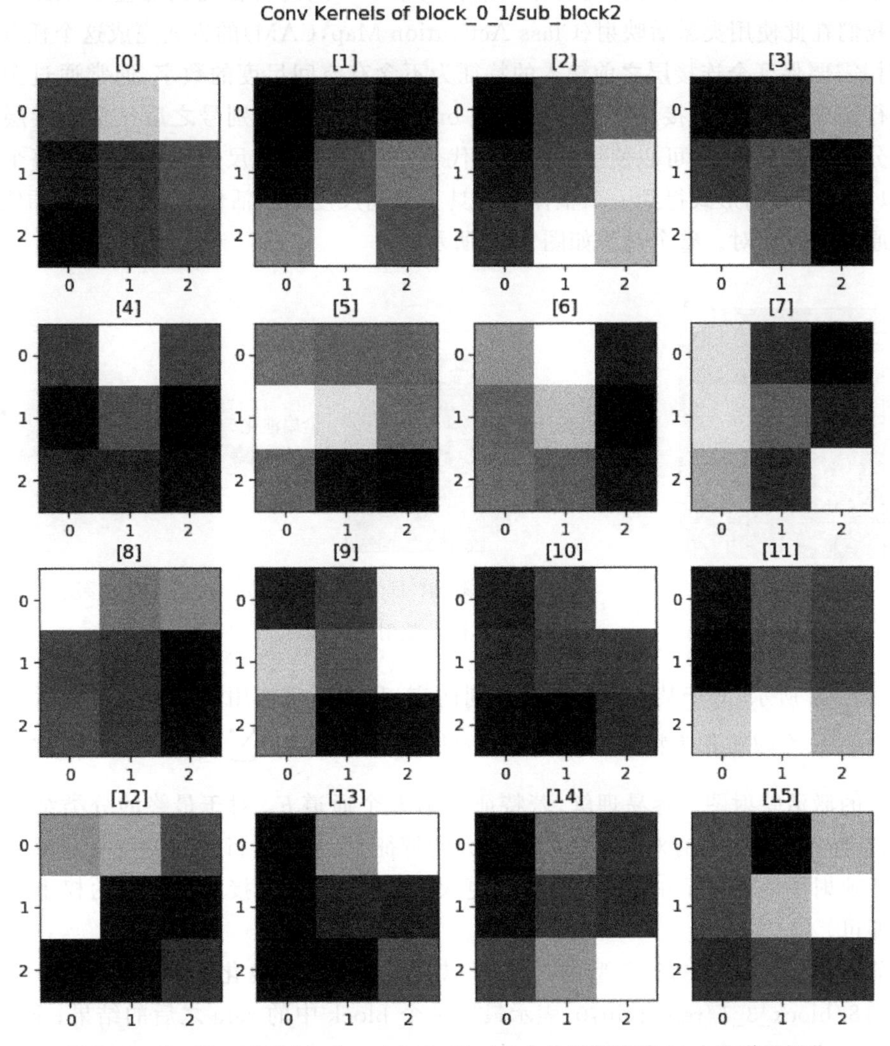

图 7-41 ResNet-18 的 block_0_1/sub_block2 中的卷积核前 16 个通道可视化

从图 7-41 可以看出，选取的 16 个卷积核都形态各异，表明了在卷积核中的数值相对大小分布并不一致，从而也印证了我们之前的结论，即卷积核不同的通道对应着提取的不同特征信息。以图 7-41 中的[5]卷积核为例，可以发现其在(0,1)和(1,1)位置的响应值要显著高于别的位置的响应值，因此可以将其理解为在这两个位置有较大值的局部特征提取器。

7.5.2 类激活映射的可视化

从卷积神经网络对图像提取特征的整个过程来看，其使用卷积层不断对图像进行下采样得到一个具有一定空间和通道尺度的特征 F 后，直接使用全连接层对特征 F 完成分类。那么特征 F 应该包含图像上最容易进行区分的信息，并且这些信息可以从原图像上通过某种推导得到。既然特征 F 与原图像相关，我们可以通过插值的方式将最具有辨别度的特征映射回原图像当中，以一个可视化的方式来看网络学习到的特征究竟对应于原图中的哪些部分。我们在此使用类激活映射(Class Activation Map，CAM)的方式完成这个任务。使用 CAM 时，需要保证全连接层之前输入的特征为不含有空间尺度的数字，通常通过全局均值池化进行实现，使用全连接层将数字映射至 one-hot 形式的类别号之后从全连接层取出每个数字分量上的权重，即可以使用这些权重代表原始具有空间尺度的特征 F 的每个通道的权重，以加权求和的形式得到一个整体上的具有空间尺度的激活信息，最终再以插值的方式映射回原图进行比对。整个过程如图 7-42 所示。

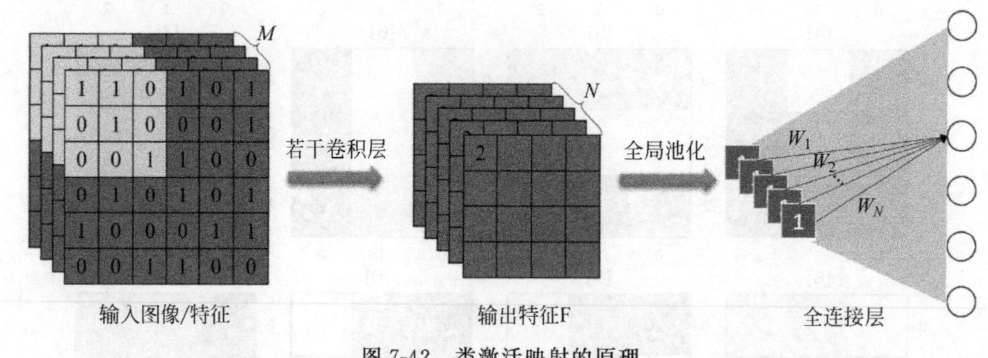

图 7-42 类激活映射的原理

如图 7-42 所示，对于某一个特定的类别而言，我们可以使用与其全局池化后结果的全连接层上的 N 个权重作为特征的每个通道的加权值，最终以 $\sum_i F_i \times W_i$ 作为该类别在控件尺度上的激活映射图。容易理解，若特征的第 k 个通道 F_k 对于最终的分类结果影响较大，说明在特征 F_k 上具有对于分类帮助最大的特征(最容易进行辨别的特征)，那么在最终的类激活映射图上 F_k 所占的比重也应该更大，因此使用全连接层中对应的权重作为其指示因子即可。

从前面搭建 ResNet-18 模型的时候可以看出，在全局池化操作之前的张量名称为 ResNet_18/block_3_1/relu/relu:0，表示最后一个 block 中的 relu 之后的结果；同理，全连接层的权重名称为 ResNet_18/classifier/fully_connected/w:0,我们可以通过 get_tensor_by_name 方法得到权值文件中相关的张量节点,由于整个模型依赖于两个占位符:输入张量 *X* 和训练阶段指示 is_training,我们可以使用 get_operation_by_name 分别获取这两个占位符。有了目标输出张量与输入张量后,我们便可以使用和之前运行模型的相同方法得到输出张量的结果。从 meta 文件中读取网络结构并读取已训练权重的代码如下:

```
//ch7/vis_conv/vis_conv_cam.py
ckpt_folder = '../conv_nets/checkpoint/ResNet18_mnist'
ckpt_path = os.path.join(ckpt_folder, "checkpoint - 288")

with tf.Session() as sess:
    new_saver = \
            tf.train.import_meta_graph(
                os.path.join(ckpt_folder, 'checkpoint - 288.meta'))
    new_saver.restore(sess, ckpt_path)

    graph = tf.get_default_graph()

    #获取模型中的占位符
    X = graph.get_operation_by_name('X').outputs[0]
    is_training = graph.get_operation_by_name('is_training').outputs[0]

    #获取目标输出张量节点
    feature_before_gap = \
            graph.get_tensor_by_name('ResNet_18/block_3_1/relu/relu:0')
    fc_w = \
        graph.get_tensor_by_name('ResNet_18/classifier/fully_connected/w:0')
```

为了使用 Session 运行得到需要的张量,我们还需要将 MNIST 图像作为数据放入占位符,在此使用我们之前定义过的 MNIST 类获取数据。我们想得到模型在 10 个不同类别上的 CAM 结果,因此我们需要为每个类别至少获取一张图像,代码如下:

```
//ch7/vis_conv/vis_conv_cam.py
#设定 batch 大小为 32
batch_size = 32

#数据与标签文件
files = ['train - images.idx3 - uByte', 't10k - images.idx3 - uByte',
         'train - labels.idx1 - uByte', 't10k - labels.idx1 - uByte']
#数据存储路径
data_path = r'[数据所在文件夹]'

#初始化数据集对象并执行标准化
mnist = Mnist(data_path = [os.path.join(data_path, _p) for _p in files],
```

```
                    batch_size = batch_size)

    #MNIST 数据的均值与标准差，方便进行展示
    mean = 0.13092535192648502
    std = 0.3084485240270358

    #每个类别图像的占位符
    img_data = [None] * 10

    #若有某一类别的图像未被取到则重新获取
    while any([x is None for x in img_data]):
        batch_x, batch_y = mnist.next_batch('train')

        for idx, _y in enumerate(batch_y):
            #将图像放入对应位置
            img_data[np.argmax(_y)] = batch_x[idx]
```

当得到每一类图像时，使用 Session 运行对应的输出张量即可，最终使用 Matplotlib 以热力图的形式将加权求和后的特征图显示于原图之上，代码如下：

```
//ch7/vis_conv/vis_conv_cam.py
for idx, img in enumerate(img_data):
    #将输入数据进行堆叠以满足 BN 的需求
    batch_img = np.stack([img] * batch_size, axis = 0)
    #得到最终的卷积输出与全连接层的权重
    features, weights = sess.run([feature_before_gap, fc_w],
                                 feed_dict = {X: batch_img, is_training: False})

    #使用与该类别相关的权重与每个卷积输出的通道特征进行相乘并按位加
    mask = np.sum(features[0] * weights[:, idx], axis = -1)
    #将得到的特征图缩放到输入图像的大小
    mask = cv2.resize(mask, (28, 28))

    img = np.squeeze(img)
    #由于输入数据经过归一化，所以将其变换为原图进行显示
    plt.imshow((img * std + mean) * 255, cmap = 'gray')
    #以热力图的形式将特征图覆盖到原图上进行显示
    plt.imshow(mask, alpha = 0.4, cmap = 'jet')

    plt.show()
```

运行以上程序，可以得到如图 7-43 所示的结果。

以数字 4 的图像为例，从图 7-43 可以看出，响应较高的位置集中在数字 4 的左上角和数字 4 的交叉部位，说明我们训练的模型认为这两个位置是数字 4 最具辨识性的部位。同理别的数字的结果类似。

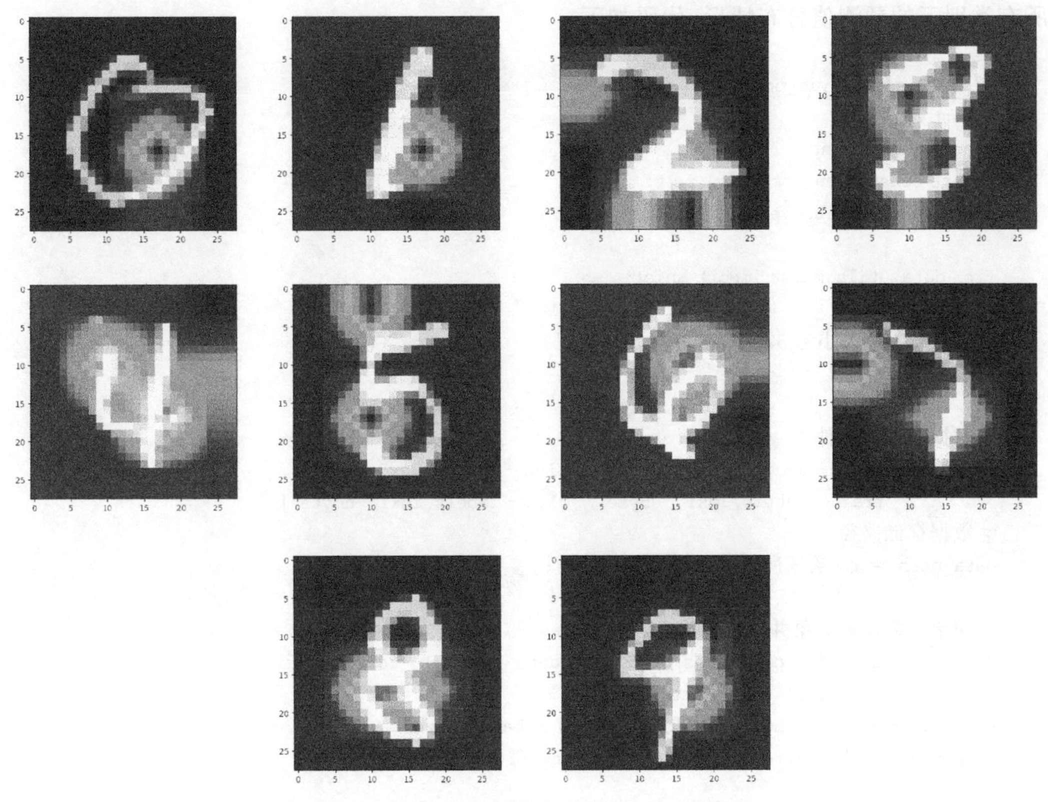

图 7-43　MNIST 图像上进行 CAM 的结果

7.5.3　卷积神经网络输出预测值的可视化

在训练模型时，我们使用的标签是一个 one-hot 向量，以 MNIST 数据集为例，监督信号为一个 10 维的向量，其中只有一个分量值为 1 而别的分量值都为 0。实际上这种 one-hot 形式的监督信号对于模型而言是永远无法学会的。由于最终的 Softmax 激活函数的存在，从其公式表达形式会发现计算得到的值永远不可能达到 0(因为指数的值域为(0,+∞))，换言之经过 Softmax 激活后的最大分量值也永远不会到达 1。所以模型最终输出的结果必定是每个分量都有一定的值，区别仅在于这些不同分量值的大小所代表的含义。那么本节就来看一看在 one-hot 标签监督之下，对于某一类别输入图像而言，我们的模型最终输出的结果会是什么样子。

为了简便，我们仍然使用前两节使用的 ResNet-18 在 MNIST 数据集上的训练权重。与 7.5.2 节的方式类似，我们除了得到模型的输入节点 X 和 is_training 以外，还需要得到模型最终的输出节点，其名称为 ResNet_18/classifier/fully_connected/Add:0，表示最终全连接层的最后相加的计算节点。为了统计模型在某一类上的预测结果的分布情况，以及为了消除个别数据造成的异常值情形，我们需要对整个数据集上的图像输入模型并分类统计所有类别下的预测值分布情形，代码如下：

```
//ch7/vis_conv/vis_conv_pred.py
import os
import numpy as np
import tensorflow.compat.v1 as tf
import matplotlib.pyplot as plt

from data_utils.mnist import Mnist

#设定 batch 大小为 32
batch_size = 32

#数据与标签文件
files = ['train-images.idx3-uByte', 't10k-images.idx3-uByte',
         'train-labels.idx1-uByte', 't10k-labels.idx1-uByte']
#数据存储路径
data_path = r'[数据所在文件夹]'

#初始化数据集对象并执行标准化
mnist = Mnist(data_path=[os.path.join(data_path, _p) for _p in files],
              batch_size=batch_size)
train_iter = mnist.num_examples('train') //batch_size
output_cls = [np.zeros([10]) for _ in range(10)]

ckpt_folder = '../conv_nets/checkpoint/ResNet18_mnist'
ckpt_path = os.path.join(ckpt_folder, "checkpoint-288")

with tf.Session() as sess:
    new_saver = \
            tf.train.import_meta_graph(
                os.path.join(ckpt_folder, 'checkpoint-288.meta'))
    new_saver.restore(sess, ckpt_path)

    graph = tf.get_default_graph()

    #获取模型中的占位符
    X = graph.get_operation_by_name('X').outputs[0]
    is_training = graph.get_operation_by_name('is_training').outputs[0]

    #获取目标输出张量节点
    model_output = \
    graph.get_tensor_by_name('ResNet_18/classifier/fully_connected/Add:0')

    for _ in range(train_iter):
        batch_x, batch_y = mnist.next_batch('train')
```

```
        #得到最终的卷积输出的结果
        outputs = sess.run(model_output,
                           feed_dict = {X: batch_x, is_training: False})

        for i in range(batch_size):
            idx = np.argmax(batch_y[i])
            output_cls[idx] += outputs[i]


H = 3
W = 4
fig, axes = plt.subplots(H, W)

for i in range(H):
    for j in range(W):
        if i * W + j < 10:
            #以索引的形式取出每个 axes
            axes[i][j].bar(range(0, 10), output_cls[i * W + j])
            axes[i][j].set_title('[{}]'.format(i * W + j))
#设置总图标题
plt.suptitle('Prediction Distribution')
plt.show()
```

运行以上程序，可以得到如图 7-44 所示的结果，其中每个子图代表模型对该类别所有图像的预测张量之和，每张子图都代表了模型对该类图像预测为所有输出类别的分布情况。

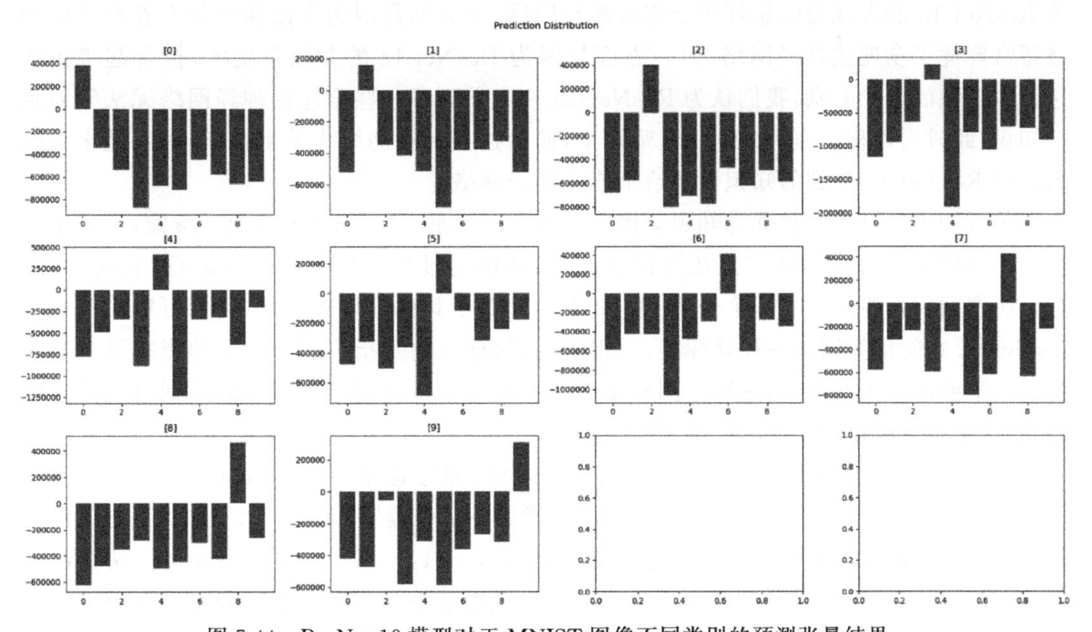

图 7-44　ResNet-18 模型对于 MNIST 图像不同类别的预测张量结果

从图 7-44 可以看出，对于某一特定类别的输入图像而言，模型首先能够给出正确的预测，例如对于标签为 0 的图像(即标题为[0]的第一张子图)，只有在横轴为 0 时的输出分量最大，而其余分量都要显著小于位置 0 的分量，同理对于其他标签的图像情况也类似。这说明我们的模型对于每一类图像的判别都是正确的，其次我们还能从别的类别分布情况中得到一些别的信息。以标签为 4 的图像为例(即标题为[4]的子图)，除了最大预测分量以外，可以看到模型将标签为 4 的图像预测为数字 9 的可能性仅次于 4(即使其可能性远远小于数字 4)，这说明在 0～9 数字中除了数字 4 自身以外，9 与 4 最具相似度，除了 9 以外，与 4 较为相似的数字还有 7。类似地，对于标签为 7 的数字而言，从不同类别预测结果可以看出，模型认为数字 9、2 和 4 都与 7 有一定的相似度。而这些知识是训练标签不会告诉模型的，由于训练标签的表达形式为 one-hot 向量，它只会告诉模型此时的输入图像仅仅属于某一类，而不会告诉这一类与其余类之间的关系，但是通过训练，我们的模型可以自己学到这些没有教给它的知识，这也正是神经网络模型的“聪明”所在。

7.6 使用卷积神经网络给全连接神经网络传授知识

从 7.5 节中对卷积神经网络各种可视化的手段可以看出，卷积神经网络在图像识别任务中还是十分“聪明的”，其表现也明显好于全连接神经网络。例如在 MNIST 数据集上，含有 256 个隐含层全连接神经网络最终分类准确率为 96.3%(如 6.5.1 节中结果所示)，而 ResNet-18 的准确率则可以达到 99.7%(如 7.4.5 节中结果所示)。从性能上来看，我们认为 ResNet-18 的表现要明显好于全连接神经网络，一方面是因为在图像任务上卷积神经网络通常要优于全连接神经网络，另一方面是因为 ResNet-18 的参数量更大，拟合起来更快速。由于性能上的差别，我们认为 ResNet-18 一定学到了一些全连接神经网络无法学习到的知识，此时可以称 ResNet-18 为老师模型，而全连接神经网络为学生模型，本节就来说明如何将 ResNet-18 学到的知识传授给全连接神经网络。

传授知识的过程也被称为知识蒸馏(Knowledge Distillation，KD)，说到蒸馏，其必定涉及一个参数即蒸馏的温度 T。在知识蒸馏中，蒸馏的过程相当于对标签进行“软化”的过程。所谓的硬标签是指某一个分量上的概率远远大于其他分量概率的情况，可以简单认为 one-hot 形式的标签即是一种硬标签，而相应地，软标签则是指不同分量上的概率没有显著的远大于或远小于的关系，这种不同分量上的关系通常可以用来表示不同类别直接的关联关系(这也是 one-hot 标签无法表达的信息)。

例如现有数据集中有三类图像，类别分别为猫、狗与老虎，三类的 one-hot 标签分别为[1, 0, 0]、[0, 1, 0]和[0, 0, 1]，其只指示图像属于某一类别，而不揭示不同类别之间的联系。模型对于标签为猫的输入图像输出结果为[10, −1, 0.5]，经过 Softmax 后的输出概率为[0.99, 0.0, 0.01]，从标签上虽然可以看出模型能够发现猫与老虎确实具有一定的相似性(7.5.3 节中讨论的输出张量类别分布情况)，但是从预测概率上来看，模型仍然“太确定”输入图像属于猫，其本质仍然属于硬标签。由于 Softmax 中指数函数的计算是非线性的，其输出值随着输入的增大而快速增加，因此我们将模型的输出结果通过某种方式减小，再让其通过 Softmax 函数则能在某种程度上拉近不同类别直接概率的区别。在蒸馏中，我们将模型的输出通过除以一个正数 T 来达到这个目的，T 也被称为蒸馏温度。还是以模型输出[10，−1，0.5]为例，当 $T=10$ 时，此时模型输出变成[1，−0.1，0.05]，此时再经过 Softmax 得到的结果为[0.58，0.19，0.22]。可以发现经过蒸馏后的标签不改变最终预测的类别，但是其会揭示不同类别之间的关系。综合以上的过程，我们可以得出蒸馏使用的 Softmax 激活计算公式，其中 i 为第 i 类的预测概率，T 为蒸馏使用的温度：

$$p_i=\frac{e^{\frac{z_i}{T}}}{\sum_{j=1}^{k}e^{\frac{z_j}{T}}} \tag{7-10}$$

但是即使 ResNet-18 的识别率再高，其也会犯错(准确率达不到 100%)，我们不能让 ResNet-18 将错误的知识也传授给全连接神经网络，因此我们仍然需要使用数据集中的 one-hot 标签作为补充的监督信号。此时损失函数包含两部分，分别为蒸馏情况下对于老师模型的标签拟合情况与没有蒸馏的情况下对数据集的标签拟合情况，其中，α 用来控制两个损失之间的比重，如下所示：

$$\text{Loss}_{\text{KD}}=\alpha\times\text{CE}\left(\text{Softmax}\left(\frac{\text{output}}{T}\right),Y_{\text{soft}}\right)+(1-\alpha)\times\text{CE}(\text{Softmax}(\text{output}),Y_{\text{hard}}) \tag{7-11}$$

我们仍然继续使用前面使用过的 ResNet-18 预训练模型，第一步我们需要得到模型的输出结果，并对该输出结果进行蒸馏，代码如下：

```
//ch7/conv_teacher/distillation.py
T = 10

ResNet_x = list()
ResNet_y = list()
ys = list()

with tf.Session() as sess:
    new_saver = tf.train.import_meta_graph(
                os.path.join(ckpt_folder, 'checkpoint - 288.meta'))
    new_saver.restore(sess, ckpt_path)

    graph = tf.get_default_graph()

    #获取模型中的占位符
    X = graph.get_operation_by_name('X').outputs[0]
    is_training = graph.get_operation_by_name('is_training').outputs[0]

    #获取模型输出张量节点
```

```
    model_output = \
    graph.get_tensor_by_name('ResNet_18/classifier/fully_connected/Add:0')
    #计算 ResNet 输出蒸馏后的结果
    model_softmax_output = tf.nn.softmax(model_output / T)

    for _ in range(train_iter):
        batch_x, batch_y = mnist.next_batch('train')
        #得到最终的卷积输出与全连接层的权重
        outputs = sess.run(model_softmax_output,
                           feed_dict = {X: np.reshape(batch_x, [-1, 28, 28, 1]),
                is_training: False})

        for i in range(batch_size):
            ResNet_x.append(batch_x[i])
            ResNet_y.append(outputs[i])
            ys.append(batch_y[i])

ResNet_x = np.stack(ResNet_x, axis = 0)
ResNet_y = np.stack(ResNet_y, axis = 0)
ys = np.stack(ys, axis = 0)
```

定义全连接网络结构的代码与 6.5.1 节中相同，只需将损失函数更改一下，代码如下：

```
//ch7/conv_teacher/distillation.py
#数据样本及标签的占位符
x = tf.placeholder(dtype = tf.float32, shape = [batch_size, 784])
y_soft = tf.placeholder(dtype = tf.float32, shape = [batch_size, 10])
y_hard = tf.placeholder(dtype = tf.float32, shape = [batch_size, 10])

…
alpha = 0.8

#蒸馏损失
loss = alpha * tf.losses.softmax_cross_entropy(y_soft, output / T) + \
    (1 - alpha) * tf.losses.softmax_cross_entropy(y_hard, output)

    训练时同时输入硬标签与软标签即可，代码如下：

//ch7/conv_teacher/distillation.py
with tf.Session() as sess:
    #初始化全连接网络中的随机变量
    tf.global_variables_initializer().run()

    #训练 500 个周期
    for i in range(500):
```

```
    #取出每个周期的 loss,方便观察其变化情况
    loss_e = 0

    #取出所有 ResNet 的预测结果
    for idx in range(ResNet_x.shape[0] //batch_size):
        index = random.choices(range(ResNet_x.shape[0]), k = batch_size)
        _x = ResNet_x[index]
        _y_soft = ResNet_y[index]
        _y_hard = ys[index]

        loss_i, _ = sess.run([loss, op],
        feed_dict = {x: _x, y_soft: _y_soft, y_hard: _y_hard})
        loss_e += loss_i

    …
```

运行以上程序,可以在命令行看到类似如图 7-45 所示的结果。

```
Epoch   420:    1.85e+02        acc: 0.971
Epoch   421:    1.85e+02        acc: 0.968
Epoch   422:    1.81e+02        acc: 0.971
Epoch   423:    1.91e+02        acc: 0.968
Epoch   424:    1.85e+02        acc: 0.97
Epoch   425:    1.89e+02        acc: 0.972
Saving...
Epoch   426:    1.91e+02        acc: 0.977
Epoch   427:    1.84e+02        acc: 0.97
Epoch   428:    1.86e+02        acc: 0.972
Epoch   429:    1.86e+02        acc: 0.969
Epoch   430:    1.81e+02        acc: 0.971
```

图 7-45　使用 ResNet-18 蒸馏全连接神经网络的结果

从图 7-45 可以发现,在 ResNet-18 蒸馏的作用下,全连接神经网络在 MNIST 上的性能可以达到 97.7%,这一性能优于不使用知识蒸馏的 96.3%的准确率。这说明 ResNet-18 确实将自己学到的知识传授给了全连接神经网络,并完成性能的提升。

7.7　转置卷积层

除了常规的卷积层以外,根据任务的不同,转置卷积层也常在图像分割与生成任务中使用。本节就从转置卷积层的概念入手,通过两个实例讲解转置卷积层的作用。

7.7.1　什么是转置卷积层

通过前面对于卷积层的讲解,读者会发现总体而言卷积层是一个不断对输入进行下采样的过程,其输出的特征尺度总体而言相较于输入特征会越来越小。卷积操作的这种特点也恰好迎合了图像识别任务的需要,图像识别任务总体来说是将具有大量像素(如

28×28=784 个像素)的图像映射到维度较小的向量(如 10 维),因此不断对输入进行空间尺度的下采样不会造成判别任务上的偏差。而有一些特殊的任务是无法仅使用卷积层完成的,例如图像的超分辨任务,其旨在将输入的低分辨率图像转换为输出的高分辨率图像(例如从 28×28 转换为 128×128),此时就需要使用转置卷积层来完成图像上采样的过程。

在 7.1.3 节第 2 部分中,我们讨论过一种卷积的计算方式,即 img2col。其通过将输入与卷积核分别转换成形状为(W_{out}^2,k^2)及(k^2,1)的矩阵进行相乘。事实上,还有一种将卷积操作转换为矩阵相乘的方法,以单通道输入和一个卷积核的情形为例:将卷积核通过补充 0 转化为(W_{out}^2,W_{in}^2)形状的矩阵 K,而将输入图像转化为(W_{in}^2,1)形状的矩阵 $\boldsymbol{A}$,通过计算 $\boldsymbol{K}\times\boldsymbol{A}$ 得到形状为(W_{out}^2,1)的矩阵,并将其形状重整为(W_{out},W_{out},1)即为所求。在这种计算方式下不难看出,最终输出的形状仅取决于矩阵 $\boldsymbol{K}$ 的第一个分量大小,那么仅需将 W_{out} 设置大于 W_{in},即可完成输出特征大于输入特征的目的。除此之外,转置卷积层还有值得注意的一点,当使用转置卷积时,需要指定输出的空间尺寸大小。从卷积操作的角度来看,当对形状为(5,5,C_{in})和(6,6,C_{in})的图像使用 3×3 大小的卷积核做步长为 2、填充方式为 SAME 的卷积操作时,最终得到的输出大小同样都是(3,3,C_{out}),这说明对于不同大小的输入使用同样的卷积操作会得到相同大小的输出。同理对于转置卷积操作而言,同一大小的输入其实会对应多种输出大小,因此需要手动指定所需的输出大小。

在 TensorFlow 中,与卷积函数 conv2d 类似,转置卷积也提供了两个 API。较为底层的方法为 tf.nn.conv2d_transpose(),而高级一点的方法为 tf.layers.conv2d_transpose(),在此仅对 tf.nn.conv2d 方法进行介绍。

从上面对转置卷积的介绍来看,可以发现其需要的参数与卷积操作大体类似,同样也包括输出通道数、卷积核大小、卷积步长和填充方式,因此我们可以为转置卷积层设置如下方法头,并完成对 tf.nn.conv2d_transpose 的封装,需要注意的是,tf.nn.conv2d 方法要求输入卷积核形状为(k_1,k_2,W_{in},W_{out}),而 tf.nn.conv2d_transpose 要求的卷积核形状为(k_1,k_2,W_{out},W_{in}),代码如下:

```
//ch7/conv_tranpose/layers/conv.py
def conv2d_transpose(inp,
                     out_channel,
                     out_size,
                     kernel,
                     stride,
                     padding = 'SAME',
                     use_bias = False,
                     use_fan_in = True,
                     name = 'conv_transpose'):
    with tf.variable_scope(name):
        #默认卷积的输入都是 4 维的张量,格式为 NHWC
        #从最后一个维度取出 C_{in}
        N, _, _, C = inp.get_shape().as_list()
        …
```

```
        output = tf.nn.conv2d_transpose(inp,
                                        filter = w,
                                        output_shape = [N,out_size,out_size, out_channel]
                                        strides = [1, stride, stride, 1],
                                        padding = padding,
                                        name = 'conv_transpose')
        …
        return output
```

定义了如上转置卷积层后,测试的代码如下:

```
//ch7/conv_transpose/layers/conv.py
x = tf.ones([1, 3, 3, 1])
Kernel = 3
stride = 2

out1 = conv2d_transpose(x, 3, 5, Kernel, stride)
out2 = conv2d_transpose(x, 3, 6, Kernel, stride)

with tf.Session() as sess:
    tf.global_variables_initializer().run()
    print(sess.run(out1).shape)
    print(sess.run(out2).shape)
```

运行以上代码,可以发现命令行输出了两种不同的形状,说明在使用转置卷积层的时候为输出指定形状是必要的。

7.7.2 使用转置卷积层让图像变得清晰

有了转置卷积层后,我们可以将输入的空间尺寸放大到任意大小,换言之我们可以尝试将尺寸比较小的图像通过学习转换至尺寸较大的图像。本节使用 Oxford Flower 数据集,因为该数据集中的图像尺寸本身较大,容易看出模型对于图像清晰度的改善。由于 Oxford Flower 中的图像尺寸各异,为了统一我们将所有的输入图像全部规整至 256×256,并将图像缩小至 64×64 作为模型的输入,将原本 256×256 作为模型训练的标签,因此模型输入和输出的占位符形状分别为(batch_size,64,64,3)和(batch_size,256,256,3),代码如下:

```
//ch7/conv_transpose/super_resolution.py
#大图像与小图像的大小
large_img_size = (256, 256)
small_img_size = (64, 64)

#定义模型输入及输出的占位符
X = tf.placeholder([batch_size, *small_img_size, 3], name = 'X')
Y = tf.placeholder([batch_size, *large_img_size, 3], name = 'Y')
```

可以看到低分辨率的图像与高分辨率图像大小相差16倍，因此可以在不改变低分辨率图像的空间尺度的前提下使用两个步长为2的转置卷积层将其转换为高分辨率并进行输出。我们的模型先使用5层卷积核大小为3×3、步长为1的卷积层对输入图像进行特征提取，最后使用两层步长为2的转置卷积层将输出空间尺度放大至高分辨率的尺寸，最后使用一个卷积层将输出张量的通道数转换为3(一张图像的通道数)，并使用高分辨率的图像对输出张量进行监督。注意我们使用的卷积层步长都为1，这是为了防止对原本低分辨率输入的空间尺度进行进一步压缩而造成不必要的信息丢失。搭建模型过程的代码如下：

```
//ch7/conv_transpose/super_resolution.py
#定义神经网络模型
def defineNetwork(x):
    with tf.variable_scope('super_resolution'):
        #连续使用卷积层获取图像的特征
        for i in range(5):
            output = conv2d(output, 64, 3, 1, name = 'conv{}'.format(i))
            output = batch_normalization(output, name = 'convbn{}'.format(i))
            output = leaky_relu(output, 0.2, name = 'convrelu{}'.format(i))

        #通过两层转置卷积层将输入特征的尺寸进行放大
        out_channel = 16
        for i in reversed(range(2)):
            output = conv2d_transpose(output,
                                      out_channel * 2 ** i,
                                      large_img_size[0] //(2 ** i),
                                      3,
                                      2,
                                      name = 'conv_transpose{}'.format(i))
            output = batch_normalization(output,
                     name = 'conv_trspbn{}'.format(i))
            output = leaky_relu(output, 0.2, name = 'conv_trsrelu{}'.format(i))

        #最后的卷积层使输出通道数为3
        output = conv2d(output, 3, 3, 1, name = 'convlast')

        #由于输入的归一化图像取值范围是[-1,1]
        #因此使用tanh将输出值压缩到[-1,1]
        output = tanh(output, name = 'tanh')
        return output
```

我们可以使用MSE或MAE损失来逐像素衡量输出结果与高分辨率图像之间的误差并选用优化器对其进行优化，代码如下：

```
//ch7/conv_transpose/super_resolution.py
pred = defineNetwork(X)
```

```
#定义损失函数类型
loss_type = 'mse'
loss = Loss(loss_type).get_loss(Y, pred)

optim = Optimizer(0.05, [50, 80, 90], 0.2, None, None, name = 'momentum').minimize(loss)
```

因为涉及将模型的输出转换为图像进行显示，因此我们需要限定输出的取值范围，一种方法是使用 tanh 作为最终的激活函数将输出值 output 限定在[－1，1]的范围中，再使用(output ＋ 1)×127.5 将其映射至像素取值范围[0，255]中。而由于我们需要使用高分辨率图像监督输出结果，因此我们首先需要使用统一的归一化方法将图像归一化至[－1，1](不使用数据集类中默认的标准化行为)，代码如下：

```
//ch7/conv_transpose/super_resolution.py
with tf.Session(config = config) as sess:
    tf.global_variables_initializer().run()

    for e in range(epoch):
        loss_e = 0
        for j in tqdm(range(train_iter), ncols = 50):
            #取出的图像为高分辨率图像,作为标签使用
            batch_Y, _ = data.next_batch('train')
            #对图像进行归一化
            batch_Y = batch_Y / 127.5 - 1

            batch_X = np.empty([batch_size, *small_img_size, 3])

            for i in range(batch_size):
                #将高分辨率图像缩小,从而得到低分辨率图像
                #作为模型的输入使用
                batch_X[i] = cv2.resize(batch_Y[i], small_img_size)

            loss_i, _ = \
                sess.run([loss, optim], feed_dict = {X: batch_X, Y: batch_Y})
            loss_e += loss_i
        #保存模型参数
        saver.save(sess,
                "checkpoint/super_resolution/checkpoint.ckpt",
                global_step = e)
        #打印每个周期的损失值
        print(loss_e)
```

使用以下程序测试图像生成效果，代码如下：

```
//ch7/conv_transpose/super_resolution.py
tmp_test_X = cv2.imread('test.jpg')
tmp_test_X = cv2.resize(tmp_test_X, large_img_size)
tmp_test_X = np.reshape(tmp_test_X, [1, * large_img_size, 3])

test_X = np.empty([batch_size, * small_img_size, 3])
for i in range(batch_size):
    test_X[i] = cv2.resize(tmp_test_X[i], small_img_size)

test_X = test_X / 127.5 - 1
sr_img = sess.run(pred, feed_dict = {X: test_X})

cv2.imshow('super resolution', np.uint8((sr_img[0] + 1) * 127.5))
cv2.imshow('high resolution', tmp_test_X[0])
cv2.waitKey(0)
```

在运行代码时,笔者使用了一个技巧,由于 MSE 损失使用平方作为损失,其会根据偏差大小的不同做出不同的惩罚,并且倾向于学会一个"不稀疏"的答案,因此会造成生成的图像边缘和轮廓较为模糊。为了解决这一问题,在使用 MSE 训练了 100 个周期后,接着换用 MAE 损失训练了 100 个周期,用于改善生成图像的细节,结果如图 7-46 所示。

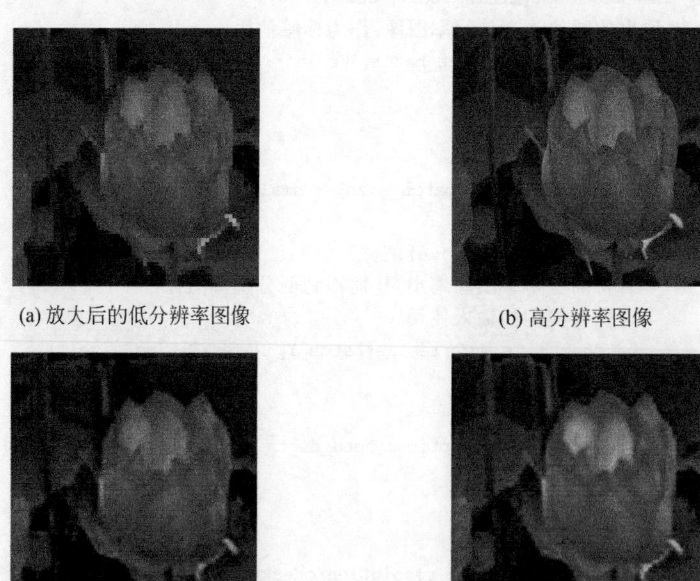

(a) 放大后的低分辨率图像　　(b) 高分辨率图像

(c) 使用L2损失训练100个周期后的生成图像　　(d) L2+L1损失训练200个周期后的生成图像

图 7-46　使用转置卷积层生成高分辨率图像的结果

从图 7-46 可以看出,相较于直接将低分辨率图像放大的结果(a),使用 L2 损失训练的模型生成的结果(c)具有更明显的边缘,但是同时图中也具有很多光栅噪声,而接着使用 L1

损失训练后的模型生成的结果(d)则具有更平滑的边缘,并保留了更多细节,颜色相对来说更加纯净。

读者其实会发现模型的表现与真正的高分辨率图像(b)相比仍然有不少差距,一是因为模型参数很少,权值文件仅有1.3MB大小(与ResNet-18的130MB权值文件相比)。其次是因为对于生成与复原图像的任务来说,逐像素损失其实并不是一个很好的选择,其并不能体现图像中空间结构之间的相关关系,有兴趣的读者可以了解SSIM损失与MS-SSIM损失并将其运用至本节的示例中进行尝试。

7.7.3 使用转置卷积层给图像上色

本节将使用转置卷积层为图像上色,其目的是将单通道的灰度图像的输入转换为三通道的彩色图像进行输出。本节使用的模型为U-Net,该名称由于其模型组织形式形似字母U而得来。U-Net原本用于分割任务,将输入图像的不同组成部分使用不同颜色在输出中进行标出。例如某图中有5类物体A～E,那么模型输出的张量通道数为6(通常包含1个背景类),最终通过特定的算法将5个通道转换为3通道彩色图像便于人们查看结果。类似地,我们也可以事先定义需要上色图像中的物体类别数,先让其输出与类别数+1相同通道数的张量,再使用卷积操作让模型自适应地将每一类别自动进行融合与上色,以得到最终的上色结果。

首先来看用于分割的U-Net结构,如图7-47所示。

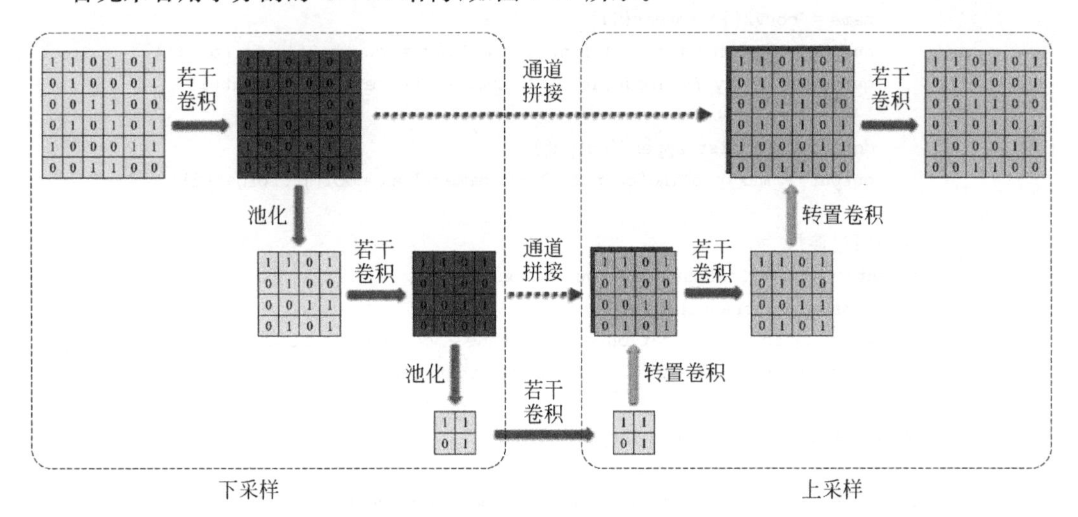

图7-47 U-Net网络结构示意图

从图7-47可以看出,网络整体分为下采样与上采样两部分,并且其呈现对称结构。在不断上采样的过程中,为了同时利用卷积层学习到的高层语义信息与低层的图像纹理细节信息,其通过通道拼接的方式将两部分特征进行融合,最终逐级上传得到输出结果。在理解了U-Net的结构组成后,编写代码实际上十分容易,下面的代码展示了U-Net的网络搭建过程，为了适应我们的数据集，所实现模型要小于原论文中的 U-Net 模型，代码如下：

```
//ch7/conv_transpose/colorize.py
#定义神经网络模型
def UNet(x):
    with tf.variable_scope('unet'):
        out_channel = 16

        output = x

        #保存下采样的中间结果
        down_sample_list = list()

        #下采样
        for i in range(1):
            conv_out_channel = out_channel * 2 ** i

            output = conv2d(output, conv_out_channel, 3, 1,
            name = 'conv1{}'.format(i))
            output = batch_normalization(output, name = 'convbn1{}'.format(i))
            output = leaky_relu(output, 0.2, name = 'convrelu1{}'.format(i))

            output = conv2d(output, conv_out_channel, 3, 1,
            name = 'conv2{}'.format(i))
            output = batch_normalization(output, name = 'convbn2{}'.format(i))
            output = leaky_relu(output, 0.2, name = 'convrelu2{}'.format(i))

            down_sample_list.append(output)
            output = max_pooling(output, 2, 2, name = 'max_pool{}'.format(i))

        #中间过渡层
        output = conv2d(output, conv_out_channel, 3, 1,
            name = 'convtransition1')
        output = batch_normalization(output, name = 'convbntransition1')
        output = leaky_relu(output, 0.2, name = 'convrelutransition1')

        output = conv2d(output, conv_out_channel, 3, 1,
            name = 'convtransition2')
        output = batch_normalization(output, name = 'convbntransition2')
        output = leaky_relu(output, 0.2, name = 'convrelutransition2')

        #上采样
        for i in reversed(range(1)):
            conv_trans_out_channel = out_channel * 2 ** i
            out_size = img_size[0] //(2 ** i)
```

```
            #使用转置卷积层完成上采样
            output = conv2d_transpose(output,
                                      conv_trans_out_channel,
                                      out_size,
                                      3,
                                      2,
                                      name = 'conv_transpose1{}'.format(i))

            #将下采样的特征与当前特征进行通道拼接
            output = tf.concat([down_sample_list[i], output], axis = -1)

            output = batch_normalization(output,
                   name = 'conv_trspbn1{}'.format(i))
            output = leaky_relu(output, 0.2, name = 'conv_trsrelu1{}'.format(i))

            output = conv2d(output, conv_out_channel, 3, 1,
                   name = 'conv_2{}'.format(i))
            output = batch_normalization(output, name = 'convbn_2{}'.format(i))
            output = leaky_relu(output, 0.2, name = 'convrelu_2{}'.format(i))

        #最后的卷积层使输出通道数为3
        output = conv2d(output, 3, 3, 1, name = 'convlast')

        #由于输入的归一化图像取值范围是[-1,1]
        #因此使用tanh将输出值压缩到[-1,1]
        output = tanh(output, name = 'tanh')
        return output
```

测试数据集仍然使用Oxford Flower,定义输入数据(单通道)与标签(三通道)的占位符,代码如下:

```
//ch7/conv_transpose/colorize.py
img_size = (256, 256)

#定义模型输入及输出的占位符
X = tf.placeholder(dtype = tf.float32,
           shape = [batch_size, *img_size, 1], name = 'X')
Y = tf.placeholder(dtype = tf.float32,
           shape = [batch_size, *img_size, 3], name = 'Y')
```

取出每个batch的图像作为模型训练标签,并将其逐一转换为灰度图像作为模型的训练输入,代码如下:

```
//ch7/conv_transpose/colorize.py
#取出的图像为彩色图像,作为标签使用
```

```
batch_Y, _ = data.next_batch('train')
batch_X = np.empty([batch_size, * img_size, 1])

for i in range(batch_size):
    #将彩色图像转换为灰度图像
    #作为模型的输入使用
    batch_X[i] = np.reshape(
                    cv2.cvtColor(batch_Y[i], cv2.COLOR_BGR2GRAY),
                    ( * img_size, 1)
                )

#对图像进行归一化
batch_X = batch_X / 127.5 - 1
batch_Y = batch_Y / 127.5 - 1

loss_i, _ = sess.run([loss, optim], feed_dict = {X: batch_X, Y: batch_Y})
loss_e += loss_i
```

运行以上程序，并使用一张灰度图像进行测试，可以得到如图 7-48 所示的结果。

(a) 灰度图像

(b) 模型上色结果

(c) 彩色原图

图 7-48　使用转置卷积层为灰度图像上色结果

从图 7-48 可以看出，模型为原始灰度图像做出了一定的上色结果，如将图像中的花涂成粉红色，将叶子涂成绿色等，这说明模型正确识别了图像中的不同物体，整体观感较为和谐。不过当将其与彩色原图对比时会发现色彩差异较大，例如原图中的花实际上是白色，这是因为对于图像中不同物体的上色结果是从数据集中所有的样本进行学习的，而数据集中的花实际上是色彩各异的，将花涂成粉红色也是从整个数据集上学习的结果。

7.8　使用卷积层与反卷积层做自编码器

在 6.4 节使用全连接神经网络对数据进行降维时已经提到过自编码器的思想与用法，并使用全连接层分别构建了数据的编码器与解码器。对于图像而言，我们可以使用更适合其特性的卷积层与转置卷积层来完成编码与解码工作。

先使用卷积层对输入进行下采样，减小其空间尺度，再使用转置卷积层将特征恢复到输入的尺度大小，代码如下：

```
//ch7/conv_transpose/autoencoder.py
#定义神经网络模型
def autoEncoder(x):
    with tf.variable_scope('autoEncoder'):
        out_channel = 16

        output = x

        with tf.variable_scope('encoder'):
            #编码部分
            for i in range(1):
                conv_out_channel = out_channel * 2 ** i

                output = conv2d(output, conv_out_channel, 3, 2,
                                name = 'conv1{}'.format(i))
                output = batch_normalization(output,
                                name = 'convbn1{}'.format(i))
                output = leaky_relu(output, 0.2, name = 'convrelu1{}'.format(i))

                output = conv2d(output, conv_out_channel, 3, 1,
                                name = 'conv2{}'.format(i))
                output = batch_normalization(output,
                                name = 'convbn2{}'.format(i))
                output = leaky_relu(output, 0.2, name = 'convrelu2{}'.format(i))


        with tf.variable_scope('decoder'):
            #解码部分
            for i in reversed(range(1)):
                conv_trans_out_channel = out_channel * 2 ** i
                out_size = img_size[0] //(2 ** i)

                #使用转置卷积层完成上采样
                output = conv2d_transpose(output,
                                          conv_trans_out_channel,
                                          out_size,
                                          3,
                                          2,
                                          name = 'conv_transpose1{}'.format(i))

                output = batch_normalization(output,
                                name = 'conv_trspbn1{}'.format(i))
                output = leaky_relu(output, 0.2,
                                name = 'conv_trsrelu1{}'.format(i))
```

```
            output = conv2d(output, conv_out_channel, 3, 1,
                            name = 'conv_2{}'.format(i))
            output = batch_normalization(output,
                            name = 'convbn_2{}'.format(i))
            output = leaky_relu(output, 0.2,
                            name = 'convrelu_2{}'.format(i))

        #最后的卷积层使输出通道数为 3
        output = conv2d(output, 3, 3, 1, name = 'convlast')

        #由于输入的归一化图像取值范围是[-1,1]
        #因此使用 tanh 将输出值压缩到[-1,1]
        output = tanh(output, name = 'tanh')
        return output
```

训练模型时,将取出的数据同时传入模型输入与标签的占位符即可,代码如下:

```
//ch7/conv_transpose/autoencoder.py
with tf.Session(config = config) as sess:
    tf.global_variables_initializer().run()

    for e in range(epoch):
        loss_e = 0

        for j in tqdm(range(train_iter), ncols = 50):
            #取出的图像为彩色图像,同时作为训练数据与标签使用
            img_data, _ = data.next_batch('train')
            img_data = img_data / 127.5 - 1

            loss_i, _ = sess.run([loss, optim],
                            feed_dict = {X: img_data, Y: img_data})
            loss_e += loss_i

        #保存模型参数
        saver.save(sess,
                "checkpoint/autoenoder/checkpoint.ckpt", global_step = e)
        #打印每个周期的损失值
        print(loss_e)
```

通过训练,我们可以看到对模型的特征恢复结果如图 7-49 所示。

最终取出编码器对图像的编码信息即可。不难发现代码中编码器输出特征的维度为(128, 128, 16),共含有 262144 个参数,原图像尺寸为(256, 256, 3),共含有 196608 个参数,模型通过扩充原有的参数量,将空间信息转换为更多的通道信息,以此将原图像映射至更大的语义空间中,并尝试得到更好的特征。若读者想要达到降维的目的,可以修改代码中

(a) 重建图像

(b) 原图

图 7-49 使用卷积层与转置卷积层完成图像重建的结果

使用的卷积层与转置卷积层的个数。

7.9 小结

本节从卷积神经网络的原理入手，讲解了其在图像任务中天然的优越性，并从最简单的图像任务开始对各种经典的卷积神经网络结构进行介绍，按照年份从 2014 年的 VGGNet 讲解到 2020 年的 ResNeSt，每种网络都有其不同的特性和侧重点。并在讲解的过程中涉及一些别的知识，如注意力机制等。在使用所介绍的卷积神经网络解决了图像识别问题后，对卷积神经网络内部的原理细节进行了剖析，并使用可视化的方式进一步加强读者对卷积神经网络内部学习方式的理解。最终对生成式模型常用的转置卷积层进行了一定的讨论，并结合卷积层完成了一些图像生成的任务。

总体来讲，本章集成了前几章的代码并进行了一个整体的综合应用，读者需要仔细分析代码的用法与不同模块之间的联系。在理解了卷积神经网络中各种不同层的用法后，读者可以自由尝试搭建新结构的卷积神经网络并完成不同的视觉任务。

第 8 章

生成式模型

通过第 6 章与第 7 章的学习,我们初步了解了全连接神经网络与卷积神经网络的原理及它们在分类问题上的应用方法。其完成的是一个"内容到标签"的映射,整个过程是一种"判别"的过程,因此我们将前面接触到的模型称作"判别式模型"。在本章,我们将接触"生成式模型",并介绍其中最常见的两种模型:变分自编码器和生成式对抗网络,同时介绍它们最典型的几种应用场景。

8.1 什么是生成式模型

首先,无论是判别式模型还是生成式模型,它们的最终输出的目标都是 $P(y|x)$,即根据输入属性变量 x 来推断标记 y。

不难看出,无论是全连接神经网络还是卷积神经网络,其完成分类任务的过程都是根据输入的图像内容 x 推断出该图像所属的类别 y,它们直接学习到条件概率 $P(y|x)$。而生成式模型则是通过先学习到 $P(x,y)$,再通过贝叶斯公式得到 $P(y|x)$,即 $P(y|x)=\frac{P(x,y)}{P(x)}$。从公式就能看出,虽然两种模型的目的相同,但是生成式模型学习与运用的知识比判别式模型更多。

直观上来理解,当现在的训练数据为一堆不同语言的语料库及其对应的语言标签,判别式模型仅关注不同语言之间的差异性,而不关注每种语言自身的特性,而生成式模型会先学会每种语言内在的特性,在预测时将测试数据与学会的每种语言进行对比,将最为相似的那一种语言作为最终的预测结果。更加直观地理解可以参考图 8-1。

如图 8-1 所示,判别式模型仅仅只关注不同类别之间的"分界线",而生成式模型则会先学习每个类的分布情况,再根据分布情况来确定新样本的所属类别。

用以前几章所做过的应用举一个简单的例子,判别式模型会根据不同类别的输入图像来学习类别之间的"分界线",可以认为是"图像→标签"的映射,而将其反过来的映射"标签→图像"则是一种生成式模型,模型会先学会不同类别在高维语义空间中对应的"区域",再根据输入的标签生成对应类别的图像。

不过,不能简单地认为判别式模型就是使用较多的信息(图像)获取较少的信息(标签),

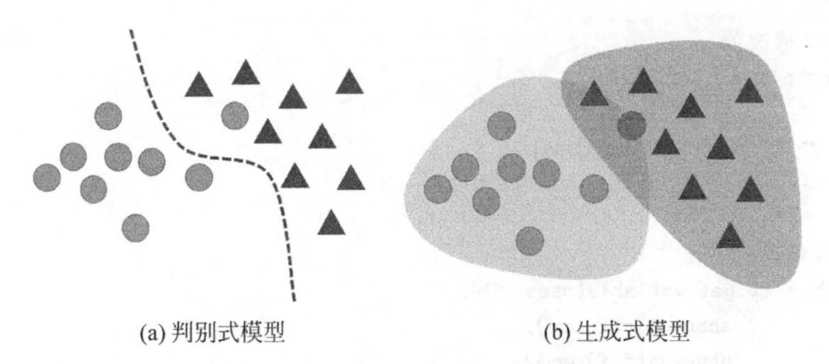

图 8-1 判别式模型与生成式模型的示意图

而生成式模型就是使用较少信息(标签)进行“无中生有”的过程,因为信息量的多少与模型的架构与原理本身并没有直接的关系。在本书中,我们除了会使用图像的标签来生成其对应的图像以外,还会使用图像生成图像(可以认为是等量的信息生成过程)。

为了最大限度地使用前面学习过程中的代码,我们需要对含有参数的模型层代码进行一定的修改,由于在生成式模型中我们常常需要复用已定义的模型,这涉及变量的复用。由3.5.3节中的知识可以知道,仅由 tf.get_variable 创建的变量才可以进行复用,因此我们需要将前面代码中由 tf.Variable 创建的变量改为由 tf.get_variable 创建,并且将 tf.variable_scope 中的 reuse 参数指定为 tf.AUTO_REUSE。以全连接层与卷积层为例说明对代码的改写方法,代码如下:

```
//ch8/vae/layers/fully_connected_layers/fully_connected.py
def fully_connected(inp, out_num, name = 'fully_connected'):
    with tf.variable_scope(name, reuse = tf.AUTO_REUSE):
        ...
        #修改前
        #w = tf.Variable(
        #     tf.truncated_normal(
        #         [n, out_num],
        #         mean = 0.0,
        #         stddev = math.sqrt(2 / min(n, out_num))
        #     ), dtype = tf.float32, name = 'w')

        #修改后
        w = tf.get_variable(name = 'w',
                shape = [n, out_num],
                dtype = tf.float32,
                initializer = tf.truncated_normal_initializer(
                        mean = 0.0,
                        stddev = math.sqrt(2 / min(n, out_num))
                        )
                )
```

```
        #修改前
        #b = tf.Variable(
        #       tf.zeros(
        #           [out_num]
        #       ), dtype = tf.float32, name = 'b')

        #修改后
        b = tf.get_variable(name = 'b',
                shape = [out_num],
                dtype = tf.float32,
                initializer = tf.zeros_initializer)
    …
```

```
//ch8/vae/layers/conv_layers/conv.py
def conv2d(inp,
           out_channel,
           kernel,
           stride,
           padding = 'SAME',
           use_bias = False,
           use_fan_in = True,
           name = 'conv'):
    with tf.variable_scope(name, reuse = tf.AUTO_REUSE):
        …

        #修改前
        #w = tf.Variable(
        #tf.truncated_normal(
        #[kernel, kernel, C, out_channel],
        #mean = 0.0, stddev = math.sqrt(2 / fan_num)
        #), name = 'w')

        #修改后
        w = tf.get_variable(name = 'w',
                            shape = [kernel, kernel, C, out_channel],
                            dtype = tf.float32,
                            initializer = tf.truncated_normal_initializer(
                                        mean = 0.0,
                                        stddev = math.sqrt(2 / fan_num))
                            )
        …
        #是否使用偏置
        if use_bias:
            #修改前
            #b = tf.Variable(tf.zeros([out_channel]), name = 'b')
```

```
    #修改后
    b = tf.get_variable(name = 'b',
                        shape = [out_channel],
                        dtype = tf.float32,
                        intializer = tf.zeros_initializer)
…
```

8.2 变分自编码器

本节将对变分自编码器进行介绍，首先介绍变分自编码器的概念，再使用变分自编码器应用于图像的生成。

8.2.1 什么是变分自编码器

从名称可以看出，变分自编码器(Variational Autoencoder，VAE)与自编码器(Autocoder，AE)其实有一定的关联。在6.4节中，我们使用全连接神经网络分别构建了编码器与解码器，并使用它们组成自编码器对数据进行降维。整个过程的核心在于对数据 x 先进行压缩使其变为低维的隐变量 z，再通过解码将 z 重构成输入 x，其中解码的过程就可以理解为一个生成的过程。注意这仅仅只能说是一个生成的"过程"，而不能说明自编码器中的解码器就能单独作为一个"生成式模型"，这是因为对于输入数据 x 的编码结果 z 是不可控的，我们并不知道隐变量 z 所服从的分布，从而我们无法为编码器指定输入以便获取数据。

事实上，变分自编码器通过巧妙的设计，使隐变量 z 服从某一特定的分布，最后在生成数据时，我们只需从这个特定的分布中进行采样便能获得特定的生成结果。以均值为 μ、标准差为 σ 的正态分布为例，我们希望对于输入 x 的编码结果 z 能够服从正态分布，即 $P(z|x)\sim N(\mu,\sigma^2)$，其中 μ 和 σ 我们可以通过神经网络习得。此时整个自编码器的结构变成如图8-2所示。

由图8-2可以看出，此时整个过程变成先从 n 个输入数据中学习到正态分布的参数 μ 和 σ，再从正态分布 $N(\mu,\sigma^2)$ 中随机采样并通过解码器生成与输入数据 x 相同的输出 t，此处使用某种距离度量 D 来衡量生成的样本与其对应的输入，即可 $D(x_i,t_i)$。

然而这种处理方法随之带来的问题是，我们实际上无法确定采样的顺序与原输入样本的顺序是否相同。换言之，我们并不知道最终通过解码器生成的样本 t_i 是否对应于原输入数据中的样本 x_i。

因此我们只要能解决样本与最终生成的数据之间的对应关系就能解决整个问题。我们将每个样本单独处理，对每个样本我们都学习它自己的一个 μ_i 和 σ_i 即可，这样在 $N(\mu_i,\sigma_i)$ 中采样到的隐变量 z_i 生成的样本 t_i，我们便可以认为其对应着输入样本中的 x_i，如图8-3所示。

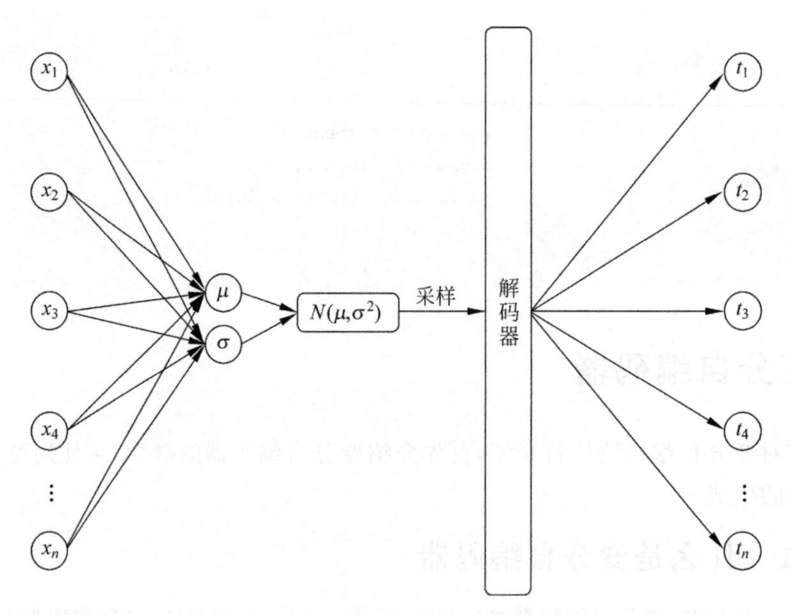

图 8-2　变分自编码器的示意图(误)

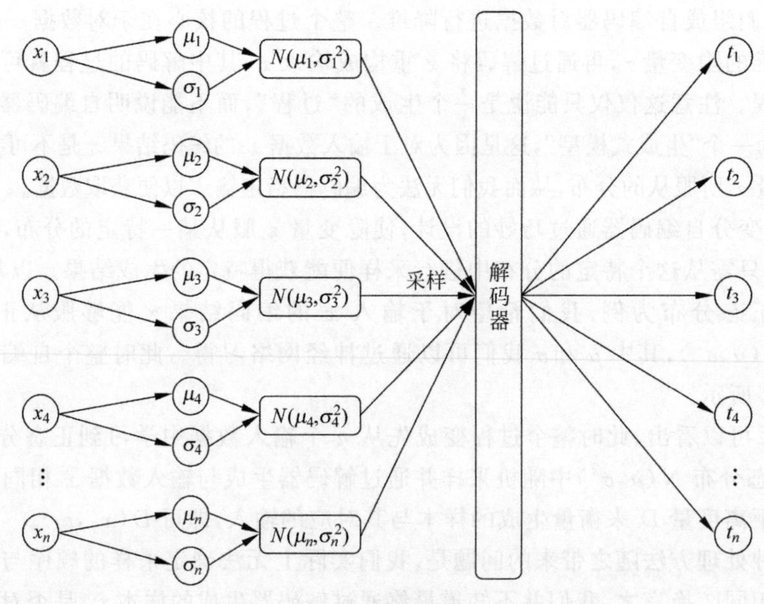

图 8-3　变分自编码器的示意图

从图 8-3 可以看出，由解码器生成的样本 t_i 对应着输入样本 x_i，但是其并不是通过 x_i 准确的编码结果生成的，而是通过有一定“误差”的从正态分布中采样结果重构得到，这在一定程度上加大了解码器重构的困难。不难看出，当方差为 0 时，采样的结果唯一，“误差”被消除，解码器根据唯一确定的编码结果进行重构，此时的模型退化成自编码器。而在变分自

编码器中，模型希望所有的分布接近于标准正态分布($\mu=0$、$\sigma=1$)。于是我们可以将这部分损失设计为

$$\text{Loss}_{\mu,\sigma}=\sum_i(\mu_i^2+\log\sigma_i^2) \tag{8-1}$$

而这样设计实际上又需要考虑两部分损失比例的问题，于是在变分自编码器的原论文中采用的这部分损失的形式为

$$\text{Loss}_{\mu,\sigma}=\frac{1}{2}\sum_i(\mu_i^2+\sigma_i^2-\log\sigma_i^2-1) \tag{8-2}$$

至此，变分自编码器的核心原理已经介绍完毕，其中还有一个值得注意的地方是，采样操作是不可导的，因此采用的技巧是，我们从标准正态分布 $N(0,1)$ 中采样得到 z，然后将采样的结果经过变换得到 $z'=\mu+\sigma\times z$，得到的结果属于分布 $N(\mu,\sigma^2)$。

可以看出，在变分自编码器中，编码器用来学习正态分布的均值与方差，而解码器则将正态分布中的采样结果转换为图像。在整个过程中，由于损失函数使每个样本的采样空间接近于标准正态分布，因此在最终测试时直接在标准正态分布中进行采样即可。

不难发现，变分自编码器将原始数据的未知分布转换成另外一种已知的分布(标准正态分布)，再通过在已知的分布中采样返回来将其转换到数据的原始分布中从而得到相应的样本，因此可以说，变分自编码器实际上完成了数据分布的转换过程。

8.2.2 使用变分自编码器生成手写数字

本节我们使用 MNIST 数据集为例，结合变分自编码器来生成手写数字的图像。编码器和解码器的结构采用全连接神经网络，因此我们无须将 MNIST 数据处理为二维图像结构，直接将其作为一维的 784 维数据即可。为方便测试，我们还手动为从标准正态分布中采样的数据设置占位符，代码如下：

```
#输入图像的占位符
X = tf.placeholder(tf.float32, shape = [None, X_dim])
#从标准正态分布采样数据的占位符
z = tf.placeholder(tf.float32, shape = [None, z_dim])
```

使用模型生成正态分布的参数 μ 和 σ 之前，我们对图像数据先使用全连接层提取数据的特征，再使用学习到的特征分别连接两个全连接层从而得到 μ 和 σ，整个过程作为模型中的编码过程，代码如下

```
//ch8/vae/vae_mnist.py
def encode(X):
    with tf.variable_scope('encoder') as scope:
        #使用全连接层提取图像特征
        hidden = fully_connected(X, h_dim, name = 'fc1')
        #引入非线性
```

```
            hidden = leaky_relu(hidden, 0.2, name='lrelu')

            #通过特征学习正态分布的参数
            mu = fully_connected(hidden, z_dim, name='fc2')
            log_var = fully_connected(hidden, z_dim, name='fc3')

            return mu, log_var
```

通过编码器学习到正态分布的参数后，我们需要将其结合标准正态分布进行采样，采样函数的代码如下：

```
//ch8/vae/vae_mnist.py
def sample(mu, log_var):
    #从标准正态分布中采样
    eps = tf.random_normal(shape=tf.shape(mu))

    #将标准正太分布中的采样结果进行变换得到目标分布中的采样
    return mu + tf.sqrt(tf.exp(log_var)) * eps
```

从目标分布采样后，将数据送入解码器得到输出，解码器同样使用全连接神经网络构建，代码如下：

```
//ch8/vae/vae_mnist.py
def decode(Z):
    with tf.variable_scope('decoder', reuse=tf.AUTO_REUSE) as scope:
        hidden = fully_connected(Z, h_dim, name='fc1')
        hidden = leaky_relu(hidden, 0.2, name='lrelu')
        output = fully_connected(hidden, X_dim, name='fc2')

        return output
```

由于输入的图像数据较为简单，基本可以认为是二值图像（非黑即白），我们直接将数据除以 255 进行归一化。因此对于模型的输出与输入数据，我们可以使用交叉熵损失衡量差异。同时还需要计算 8.2.1 节中提到的参数损失，代码如下：

```
//ch8/vae/vae_mnist.py
#从编码器得到正态分布的参数值
mu, log_var = encode(X)
#从目标分布中进行采样
z_sample = sample(mu, log_var)
#由解码器将采样结果转换为图像数据
logits = decode(z_sample)

#使用交叉熵计算输出与输入数据之间的差异
```

```
recon_loss = tf.reduce_sum(tf.nn.sigmoid_cross_entropy_with_logits(logits = logits, labels =
X), 1)
#正态分布的参数损失
mu_sigma_loss = 0.5 * tf.reduce_sum(tf.exp(log_var) + mu ** 2 - 1. - log_var, 1)

#变分自编码器的损失由两部分构成
vae_loss = tf.reduce_mean(recon_loss + mu_sigma_loss)
#使用优化器优化这一损失
step = tf.train.AdamOptimizer().minimize(vae_loss)
```

除此之外，我们还需要通过用户自定义输入得到输出图像以便直观展示，代码如下：

```
test_prob = sigmoid(decode(z), name = 'sigmoid')
```

最后，整体训练过程的代码如下：

```
//ch8/vae/vae_mnist.py
with tf.Session() as sess:
    sess.run(tf.global_variables_initializer())

    if not os.path.exists(generate_path):
        os.makedirs(generate_path)

    train_iter = int(mnist.num_examples('train') / batch_size)

    for e in range(epoch):
        loss_e = 0
        for i in range(train_iter):
            x_data, _ = mnist.next_batch('train', reshape = False)
            x_data = x_data / 255.0
            _, loss = sess.run([step, vae_loss], feed_dict = {X: x_data})
            loss_e += loss

        if e % 20 == 0:
            print('Epoch {}:\t{}'.format(e, loss_e))
            samples = sess.run(test_prob,
                        feed_dict = {z: np.random.randn(row * col, z_dim)})
            plot(samples, e)
```

运行以上程序后，每20个周期会展示一次模型由随机数生成的图像，图8-4展示了不同周期生成的图像结果。

从图8-4可以看出，随着迭代周期的深入，生成图像中的噪声在逐渐减少，并且数字的清晰度和辨识度在逐步上升，这说明我们的模型已经可以完成标准正态分布到图像数据分布的映射转换。

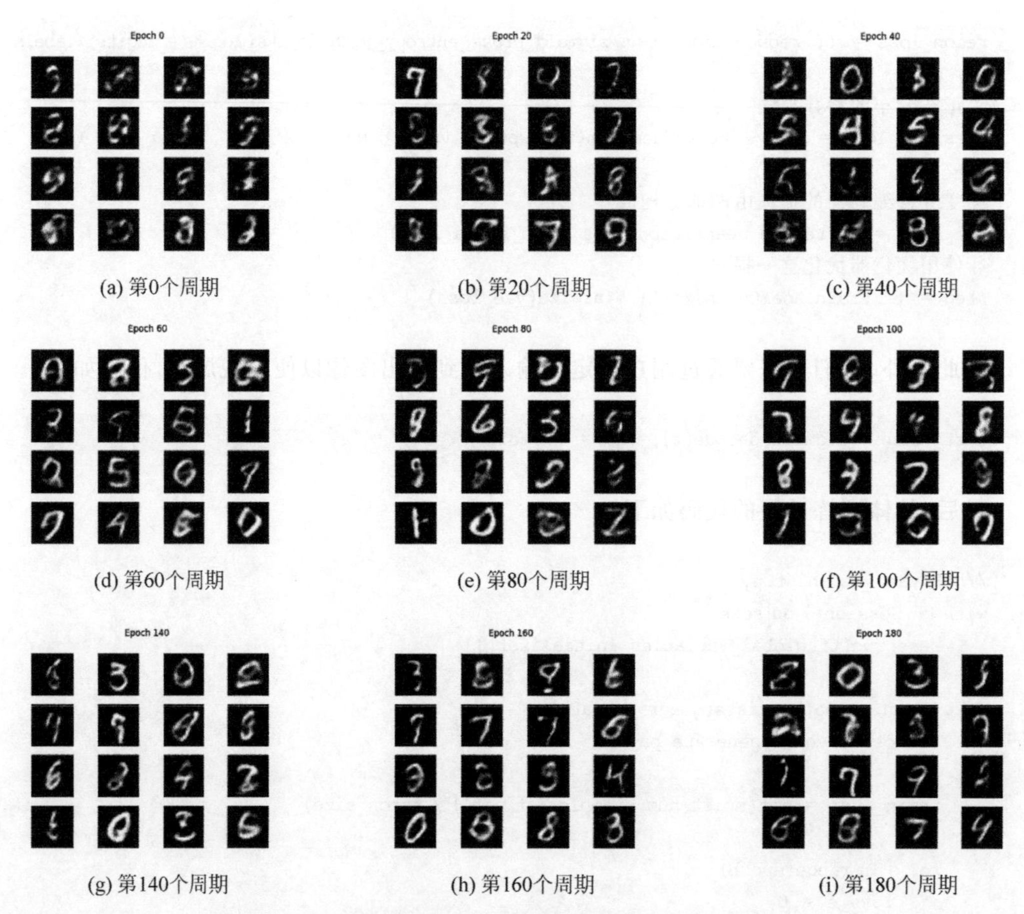

(a) 第0个周期　(b) 第20个周期　(c) 第40个周期

(d) 第60个周期　(e) 第80个周期　(f) 第100个周期

(g) 第140个周期　(h) 第160个周期　(i) 第180个周期

图 8-4　不同训练周期变分自编码器生成的手写数字图像

8.2.3　使用变分自编码器生成指定的数字

在 8.2.2 节中，我们使用变分自编码器完成了手写数字的生成，其中我们使用了由全连接层组成的自编码器完成不同分布之间的映射。从整个分布转换的过程中可以看出，我们无法指定模型生成某一类的图像，这是因为我们只知道模型能完成从输入数据分布到标准正态分布的转换，却不知道模型将哪一类数字转换到了标准正态分布的哪一个部分，这也造成我们从标准正态分布中采样时无法得知采样最终解码出来的具体数字。本节我们希望将整个过程变成可控的，即可以生成我们所期望的数字。

在 8.2.2 节中的应用，我们仅使用了图像数据，而没有使用图像的标签，那么我们如何将图像标签作为解码的数据和标准正态分布的采样结果一起送入解码器呢？最简单的方法便是使用 tf.concat 方法将两者拼接起来，此时送入解码器的数据既包含随机产生的噪声，也包含了图像数据的标签。此时可以认为，图像标签指定了生成图像的大类别，而随机噪声则可以在大类别中产生形态各异的数字。因此解码器的代码如下：

```
//ch8/vae/cvae_mnist.py
def decode(Z, c):
    with tf.variable_scope('decoder', reuse = tf.AUTO_REUSE) as scope:
        Z = tf.concat([Z, c], axis = -1)
        hidden = fully_connected(Z, h_dim, name = 'fc1')
        hidden = leaky_relu(hidden, 0.2, name = 'lrelu')
        output = fully_connected(hidden, X_dim, name = 'fc2')

        return output
```

同时,我们需要为输入的类别也指定一个占位符,代码如下:

```
#指定生成的类别,传入标签
c = tf.placeholder(tf.float32, shape = [None, y_dim])
```

在训练时,我们需要取出图像对应的标签,并将其放入占位符中,代码如下:

```
//ch8/vae/cvae_mnist.py
for e in range(epoch):
    loss_e = 0
    for i in range(train_iter):
        x_data, y_data = mnist.next_batch('train', reshape = False)
        x_data = x_data / 255.0
        _, loss = sess.run([step, vae_loss], feed_dict = {X: x_data, c: y_data})
        loss_e += loss
```

测试阶段,我们将标签固定为 0,使模型生成数字 0 的图像,并将其绘制出来,代码如下:

```
//ch8/vae/cvae_mnist.py
c_val = np.array([1, 0, 0, 0, 0, 0, 0, 0, 0, 0])
c_val = np.stack([c_val] * (row * col))
samples = sess.run(test_prob,
                   feed_dict = {z: np.random.randn(row * col, z_dim), c: c_val})
plot(samples, e)
```

运行程序,可以得到如图 8-5 所示的图像。

从图 8-5 可以看出,随着迭代周期的增加,模型的生成效果逐渐变好,如图 8-5(a)中的生成效果并不是很好,甚至生成了许多类似于数字 8 的图像,但是总体而言模型把握住了数字 0 的大体特征,直到第 140 个周期(图 8-5(g))时,其生成的图像轮廓才十分分明并且具有很高的辨识度。

以上的实验是将生成类别固定同时使用随机的噪声生成图像,实际上我们还可以使用固定的噪声并配合不同的类别标签来完成图像生成的任务。为了展示更加直观,我们以插

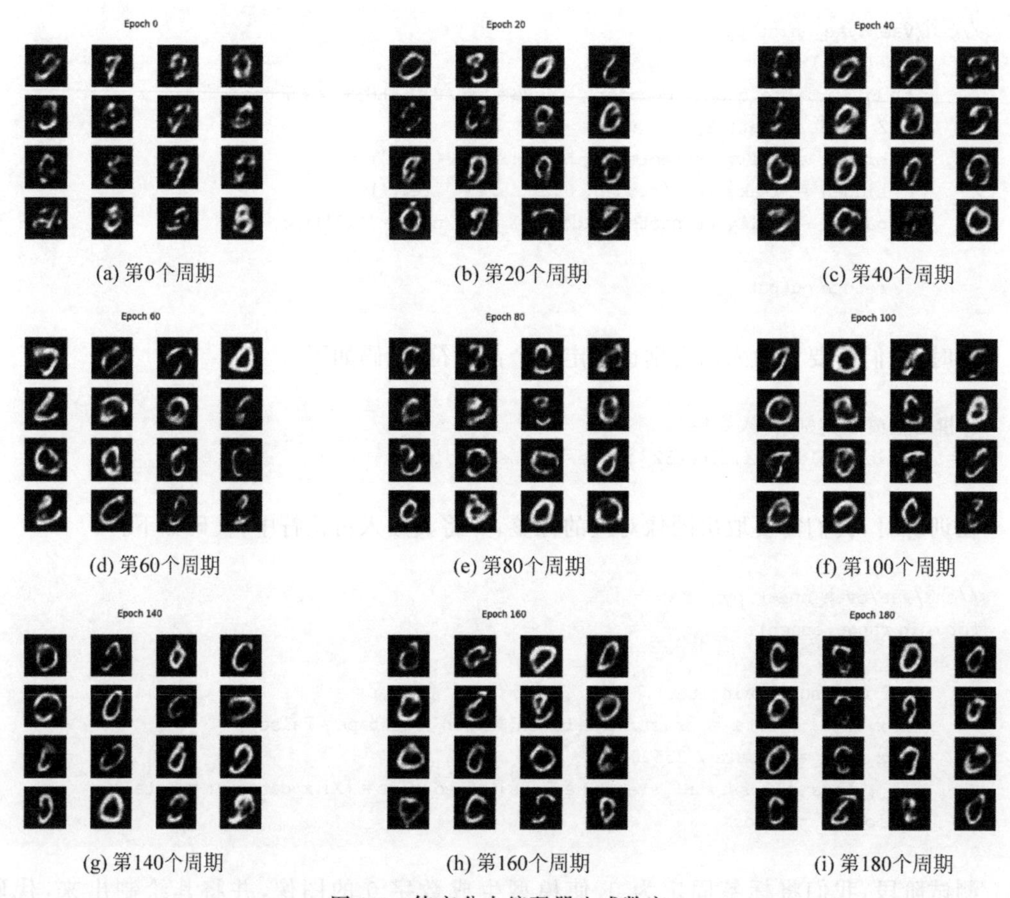

(a) 第0个周期　(b) 第20个周期　(c) 第40个周期

(d) 第60个周期　(e) 第80个周期　(f) 第100个周期

(g) 第140个周期　(h) 第160个周期　(i) 第180个周期

图 8-5　使变分自编码器生成数字 0

值的形式生成不同的类别标签，从而考察图像的生成效果。

我们指定 4 个数字的标签分别表示 4 个角的图像数据，其余数据使用线性插值和双线性插值得到，代码如下：

```
//ch8/vae/cvae_mnist.py
#标签为 1
c_val1 = np.array([0, 1, 0, 0, 0, 0, 0, 0, 0, 0])
#标签为 7
c_val2 = np.array([0, 0, 0, 0, 0, 0, 0, 1, 0, 0])
#标签为 8
c_val3 = np.array([0, 0, 0, 0, 0, 0, 0, 0, 1, 0])
#标签为 9
c_val4 = np.array([0, 0, 0, 0, 0, 0, 0, 0, 0, 1])

c_val = np.empty([row, col, y_dim])
```

```
#固定 4 个角的标签值
c_val[0][0] = c_val1
c_val[0][col - 1] = c_val2
c_val[row - 1][0] = c_val3
c_val[row - 1][col - 1] = c_val4

#使用线性插值计算行上两条边的标签值
for i in (0, row - 1):
    for j in range(col):
        c_val[i][j] = (col - 1 - j) / (col - 1) * c_val[i][0] + \
                      j / (col - 1) * c_val[i][-1]

#使用线性插值计算列上两条边的标签值
for j in (0, col - 1):
    for i in range(row):
        c_val[i][j] = (row - 1 - i) / (row - 1) * c_val[0][j] + \
                      i / (row - 1) * c_val[-1][j]

#使用双线性插值计算中间的标签值
for i in range(row):
    for j in range(col):
        c_val[i][j] = ((row - 1 - i) / (row - 1) * c_val[0][j] + \
                          i / (row - 1) * c_val[-1][j] + \
                      (col - 1 - j) / (col - 1) * c_val[i][0] + \
                          j / (col - 1) * c_val[i][-1]) / 2
```

生成待测试的标签数据后，需要将其重整为占位符所需的形状，并且为了观察，我们对每张生成的图像使用唯一的采样结果进行生成，以控制采样结果引入的随机性，代码如下：

```
//ch8/vae/cvae_mnist.py
#将二维标签重整为占位符的形状
c_val = np.reshape(c_val, [-1, y_dim])

#生成一个维度为 z_dim 的随机数
z_one = np.random.randn(z_dim)
#将相同的随机数堆叠以方便查看
z_stack = np.stack([z_one] * (row * col))
samples = sess.run(test_prob, feed_dict={z: z_stack, c: c_val})
#绘制并生成结果
plot(samples, e)
```

运行以上程序，在第 180 个周期时可以得到类似如图 8-6 所示的结果。

从图 8-6 可以看出，在图像的左上角、右上角、左下角与右下角分别代表着数字 1、7、8 和 9，其余结果都是模型对于插值的标签结果的生成图像。通过观察可以看出，模型对插值

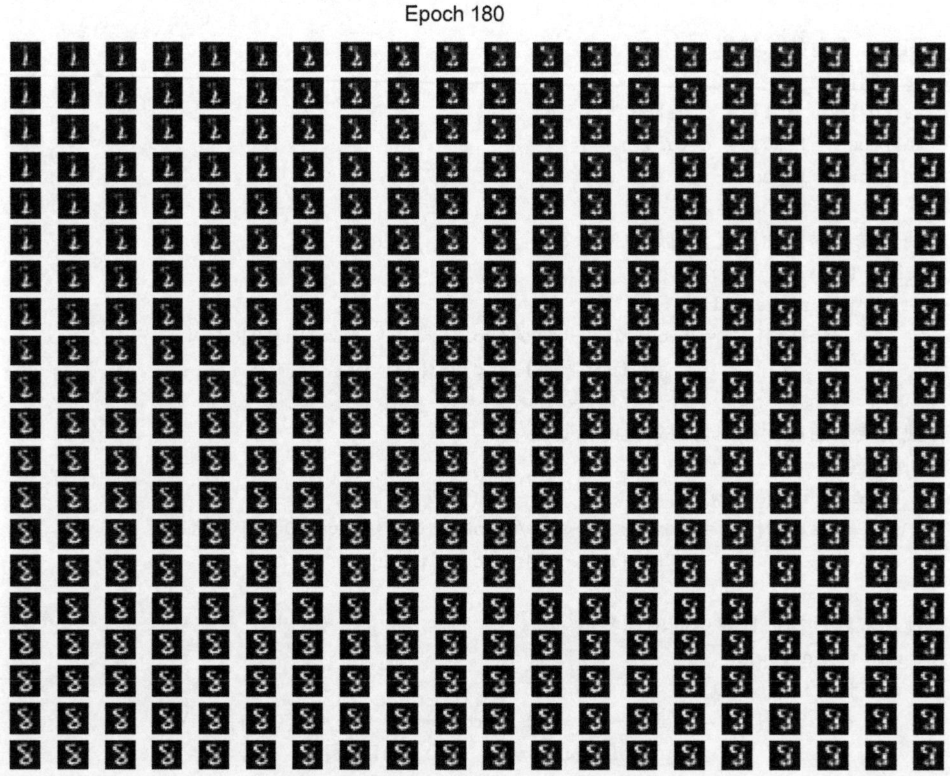

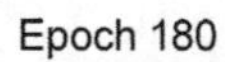

图 8-6　使用变分自编码器生成渐变数字图像

标签的生成结果会生成不同数字的中间结果，这说明虽然我们的模型由离散型的标签训练得到，但是其实际上支持连续性的标签输入，并且会根据不同的标签输入生成对应的数字结果。

8.3　生成式对抗网络

与变分自编码器类似，生成式对抗网络（Generative Adversarial Networks，GAN）也是一种生成式模型，并且其本质也是完成数据分布之间的映射。由 8.2 节学习的知识可以知道，变分自编码器通过对输入数据的还原与对采样分布参数的约束完成从位置分布到已知分布的映射。而生成式对抗网络则使用完全不同的一种思路。本节就从生成式对抗网络的原理入手，带领读者使用生成式对抗网络完成一些经典的实例。

8.3.1　什么是生成式对抗网络

变分自编码器使用自编码器的独特结构来衡量输入数据与生成数据之间的差异，从而希望通过数据之间的差异性来衡量原始数据与生成数据分布间的差异性，从本质上来说，这是一种人工设计的衡量标准，而通过局部的样本来衡量全局的分布本身就是一大难点。而生成式对抗网络则秉承“使用神经网络解决一切难以刻画的事务”的标准，将数据分布之间的差异性也通过引入另一个神经网络来解决。

从组成部分上来说，“一套”生成式对抗网络可以分为生成器(Generator，G)与判别器(Discriminator，D)。其中生成器与变分自编码器中的解码器类似，完成随机数据到生成数据的映射。而判别器则负责辨别当前输入数据的真实性，或者说判别当前输入数据属于真实数据的概率。从变分自编码器的优化过程中可以看出，我们希望模型生成的数据都属于原始数据集(使生成数据与输入数据尽可能相同)，而生成式对抗网络则考虑整个数据域的分布，由模型生成的数据不一定存在于原始数据集之中，但是其只要属于数据集的数据分布即可。图 8-7 阐释了这两者的区别。

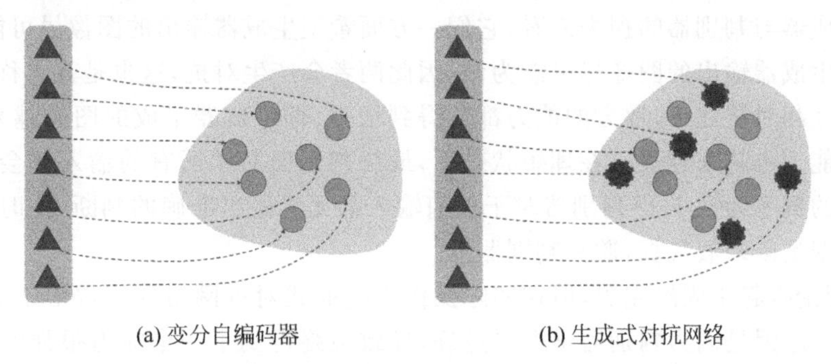

(a) 变分自编码器　　(b) 生成式对抗网络

图 8-7　变分自编码器与生成式对抗网络在训练时数据生成部分的区别

那么辨别器如何区分输入数据的真实性呢？在生成式对抗网络中，我们将原数据集中的数据(Real)人为地打上标签“1”，表明该数据属于原数据集的概率为 1，同时为生成器生成的数据(Fake)人为地打上标签“0”，表明生成的数据属于原数据集的概率为 0。而辨别器的优化目标则很简单，其希望对于数据集中的数据输出结果尽可能接近于 1，而生成的数据输出结果尽可能接近于 0，如下形式所示：

$$\text{Loss}_D = \text{Loss}_{\text{Real}} + \text{Loss}_{\text{Fake}} \tag{8-3}$$

能完成输出结果优化的损失函数形式很多，在原始的生成式对抗网络中所采用的形式如下：

$$\text{Loss}_{\text{Real}} = -\log(D_{x\sim P_{\text{data}}}(x)) \tag{8-4}$$

$$\text{Loss}_{\text{Fake}} = -\log(1 - D_{z\sim P_z}(G(z))) \tag{8-5}$$

也可以采用下面最小二乘 GAN(LSGAN)的损失：

$$\text{Loss}_{\text{Real}} = (D_{x\sim P_{\text{data}}}(x) - 1)^2 \tag{8-6}$$

$$\text{Loss}_{\text{Fake}} = (D_{z\sim P_z}(G(z)))^2 \tag{8-7}$$

不同的损失函数形式还有很多，不过无论采取哪一种损失都可以看出 $\text{Loss}_{\text{Fake}}$ 的部分与生成器有关，这意味着我们在优化辨别器的同时会“无意间”优化了生成器，这是我们不希望的。当需要使用优化器进行优化时，在 minimize 方法中指定希望优化的参数列表(var_ list 参数)。

当拥有了一个"公正无私"且能完美判别真假数据的判别器后,我们生成器的优化目标是什么呢? 自然是生成的数据能以假乱真,欺骗过判别器。因此对于生成器而言,我们希望判别器对它生成数据的判别结果尽可能接近于 1。同样,原始生成式对抗网络采用的生成器损失函数如下:

$$\text{Loss}_G = \log(1 - D_{z \sim P_z}(G(z))) \tag{8-8}$$

类似地,LSGAN 中采用的生成器损失如下:

$$\text{Loss}_G = (D_{z \sim P_z}(G(z)) - 1)^2 \tag{8-9}$$

可以看出,此时生成器损失中也含有判别器,因此在优化生成器时我们同样需要指定参数列表。

结合生成器与判别器的损失来看,它们一方面希望生成器输出的图像尽可能为真,另一方面也希望生成器输出的图像尽可能为假,因此两者会产生对抗,这也是其名称的由来。最终在二者的互相对抗之下,双方的能力都会得到增强,即生成器生成的图像越来越真实,判别器的判别能力也越来越强。在理想状态下,最终判别器对于所有的输入都会认为其属于真实数据集的概率为 0.5,即判别器对于任何输入都无法做出准确的判断,此时也说明生成器生成的数据足以以假乱真,欺骗判别器。

当然,理论听起来固然完美,但在实际操作中生成式对抗网络训练常常十分困难,这其中很大一部分原因是因为判别器学习得过好,导致最终得到了一个能力很强的判别器和一个能力很弱的生成器。因此在实际训练生成式对抗网络的过程中,常常会使用一些技巧。例如控制训练生成器与判别器的次数比例,将生成器损失由 $\log(1-D_{z \sim P_z}(G(z)))$ 改为 $-\log(D_{z \sim P_z}(G(z)))$,将图像归一化到[-1,1]并且生成器最后一层使用 tanh 激活函数,为生成器使用 Adam 优化器而判别器使用 SGD 优化器以平衡双方性能,有标签时尽量将标签信息加入训练等。

8.3.2 使用生成式对抗网络生成手写数字

在了解了生成式对抗网络的基本原理后,我们接下来着手编写生成手写数字的模型。对于辨别器来说,我们使用全连接神经网络将图像输入转换为一个概率值进行输出,代码如下:

```
//ch8/gan/gan_mnist.py
def discriminator(X):
    with tf.variable_scope('discriminator', reuse = tf.AUTO_REUSE) as scope:
        #使用全连接层提取图像特征
        output = fully_connected(X, h_dim, name = 'fc1')
        #引入非线性
        output = leaky_relu(output, 0.2, name = 'lrelu1')

        output = fully_connected(output, z_dim, name = 'fc2')
```

```
        output = leaky_relu(output, 0.2, name = 'lrelu2')

        output = fully_connected(output, 1, name = 'fc3')
        #将输出转换为一个 0~1 之间的概率值
        output = sigmoid(output, name = 'sigmoid')

        return output
```

类似地，生成器也采用全连接神经网络的结构，将输入的随机噪声转换为手写数字图像，注意在最后一层使用 tanh 作为激活函数，有利于优化过程中梯度的传递，代码如下：

```
//ch8/gan/gan_mnist.py
def generator(Z):
    with tf.variable_scope('generator', reuse = tf.AUTO_REUSE) as scope:
        hidden = fully_connected(Z, h_dim, name = 'fc1')
        hidden = leaky_relu(hidden, 0.2, name = 'lrelu')
        output = fully_connected(hidden, X_dim, name = 'fc2')
        output = tanh(output, name = 'tanh')
        return output
```

当使用生成器生成了虚假的图像后，我们需要将该图像放入判别器中以获取判别结果，同时获得判别器对于数据集图像的判别结果，组成判别器的损失，代码如下：

```
//ch8/gan/gan_mnist.py
#由生成器将采样结果转换为图像数据
fake_img = generator(z)

real_prob = discriminator(X)
fake_prob = discriminator(fake_img)

#防止对 0 取对数造成 Nan
dis_loss = tf.reduce_mean(
        - tf.log(real_prob + 1e - 6) - tf.log(1 - fake_prob + 1e - 6))
```

生成器的损失也容易得到，代码如下：

```
gen_loss = tf.reduce_mean( - tf.log(fake_prob + 1e - 6))
```

在使用优化器对两者的损失优化之前，我们还需要分别取出属于判别器和生成器的参数，代码如下：

```
//ch8/gan/gan_mnist.py
dis_vars = list()
gen_vars = list()
```

```
#根据变量命名空间分别取出判别器与生成器所包含的变量
for v in tf.trainable_variables():
    if 'discriminator' in v.name:
        dis_vars.append(v)
    if 'generator' in v.name:
        gen_vars.append(v)
```

再使用优化器分别对不同网络的损失进行优化，此处为判别器使用 SGD 优化器，生成器使用 Adam 优化器，代码如下：

```
//ch8/gan/gan_mnist.py
#使用不同的优化器优化两者的损失，以尽量平衡模型的性能
#使用 SGD 优化判别器的变量
dis_step = tf.train.GradientDescentOptimizer(dis_learning_rate)
            .minimize(dis_loss, var_list = dis_vars)
#使用 Adam 优化生成器的变量
gen_step = tf.train.AdamOptimizer(gen_learning_rate)
            .minimize(gen_loss, var_list = gen_vars)
```

最终在训练阶段，注意同样将图像数据归一化到[－1,1]即可，代码如下：

```
//ch8/gan/gan_mnist.py
with tf.Session() as sess:
    …
    for e in range(epoch):
        dis_loss_e = 0
        gen_loss_e = 0

        for i in range(train_iter):
            x_data, _ = mnist.next_batch('train', reshape = False)
            x_data = x_data / 127.5 - 1
            Z = np.random.uniform( - 1, 1, size = [batch_size, z_dim])

            _, _, dis_loss_i, gen_loss_i = \
                    sess.run([dis_step, gen_step, dis_loss, gen_loss],
                            feed_dict = {X: x_data, z: Z})

            dis_loss_e += dis_loss_i
            gen_loss_e += gen_loss_i
    …
```

运行以上程序，可以得到如图 8-8 所示的结果。

从图 8-8 可以看出，随着训练迭代的进行，模型生成的图像逐渐更具辨识度，这说明生成器确实可以将随机噪声信息转换为手写数字图像，并未发生某一方模型能力过强或过弱

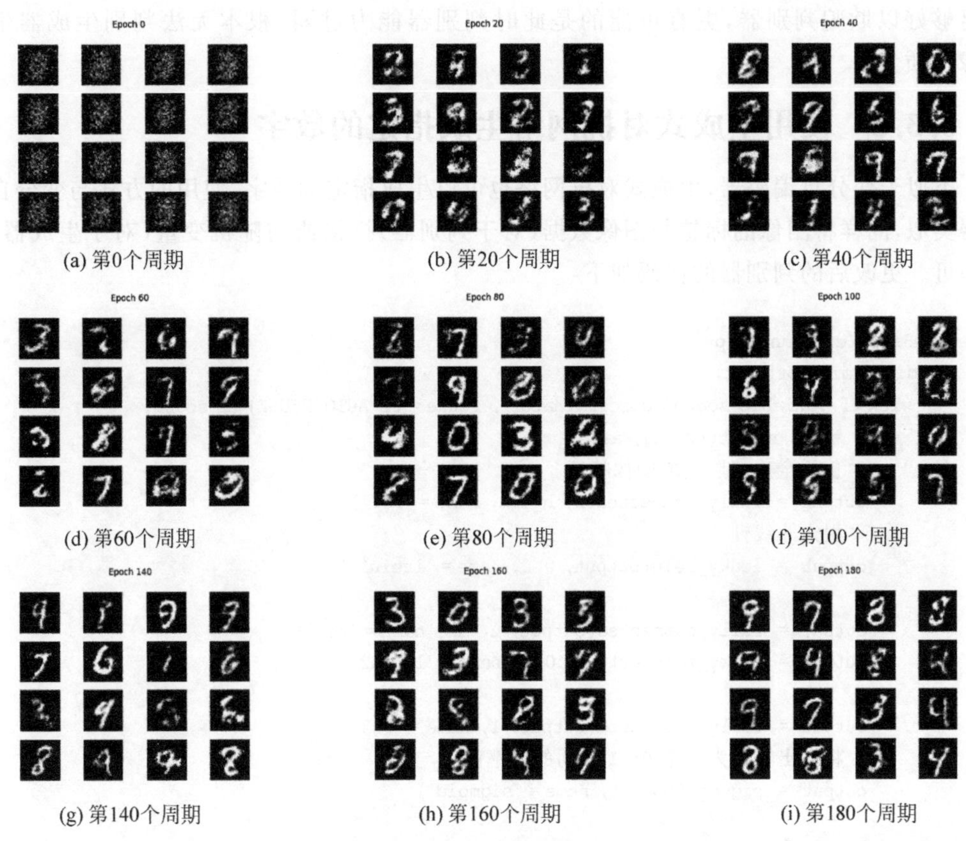

(a) 第0个周期　(b) 第20个周期　(c) 第40个周期

(d) 第60个周期　(e) 第80个周期　(f) 第100个周期

(g) 第140个周期　(h) 第160个周期　(i) 第180个周期

图 8-8　使用生成式对抗网络生成手写数字

的情形。

通过图 8-8 与图 8-4 之间的对比，我们可以发现相较于变分自编码器生成的图像，虽然生成式对抗网络学习与生成可辨识图像的过程更漫长(第 0 个周期)，但是其笔画更加清晰(第 180 个周期时)，一方面是因为生成式对抗网络的训练过程并未引入如变分自编码器的强先验信息(要求生成样本与输入尽量相同)，另一方面是因为生成式对抗网络中的两个模型之间不存在像变分自编码器的编码器与解码器之间的梯度优化关系，从而导致生成式对抗网络的优化要慢于变分自编码器。但是由于变分自编码器人为定义编码后的分布，在加速优化过程中对生成质量也会造成一定影响。相反生成式对抗网络采用模型自动化学习数据分布，其学习结果常常优于人为定义。不过“天下没有免费的午餐”，即使使用生成式对抗网络能够生成质量较好的图像，在训练时实际上需要耗费大量的时间来调节学习率，以及迭代次数等超参数。

与此同时，何时停止训练迭代也是生成式对抗网络的一大难题，因为其损失值只能作为生成器与判别器两者力量的权衡，并不能成为生成器最终生成图像质量的度量。两者损失值的大小关系通常表现为“此消彼长”，生成器损失值足够小并不能说明其生成结果足够好以欺骗判别器，更有可能的是此时判别器能力过弱，根本无法判别生成器生成图像的质量。

8.3.3 使用生成式对抗网络生成指定的数字

类似于变分自编码器，生成式对抗网络也可以生成指定的数字，使用的方式与变分自编码器类似，同样将图像的标签与图像数据（对于判别器）拼接或与随机变量（对于生成器）拼接即可。更改后的判别器的代码如下：

```
//ch8/gan/cgan_mnist.py
def discriminator(X, c):
    with tf.variable_scope('discriminator', reuse = tf.AUTO_REUSE) as scope:
        X = tf.concat([X, c], axis = -1)
        #使用全连接层提取图像特征
        output = fully_connected(X, h_dim, name = 'fc1')
        #引入非线性
        output = leaky_relu(output, 0.2, name = 'lrelu1')

        output = fully_connected(output, z_dim, name = 'fc2')
        output = leaky_relu(output, 0.2, name = 'lrelu2')

        output = fully_connected(output, 1, name = 'fc3')
        #将输出转换为一个0～1之间的概率值
        output = sigmoid(output, name = 'sigmoid')

        return output
```

从以上代码可以看出，通过将图像数据与标签数据拼接，从而达到对特定标签的图像进行判别的目的。同理，生成器的代码如下：

```
//ch8/gan/cgan_mnist.py
def generator(Z, c):
    with tf.variable_scope('generator', reuse = tf.AUTO_REUSE) as scope:
        Z = tf.concat([Z, c], axis = -1)
        hidden = fully_connected(Z, h_dim, name = 'fc1')
        hidden = leaky_relu(hidden, 0.2, name = 'lrelu')
        output = fully_connected(hidden, X_dim, name = 'fc2')
        output = tanh(output, name = 'tanh')
        return output
```

与变分自编码器相同，通过为生成器加入标签数据，达到让其学会生成特定标签数据的目的。在对模型进行测试时，同样固定随机变量，通过对不同的标签进行插值得到连续变化的标签值。本节测试阶段使用的标签方式与8.2.3节相同，运行以上代码，可以得到如图8-9所示的结果。

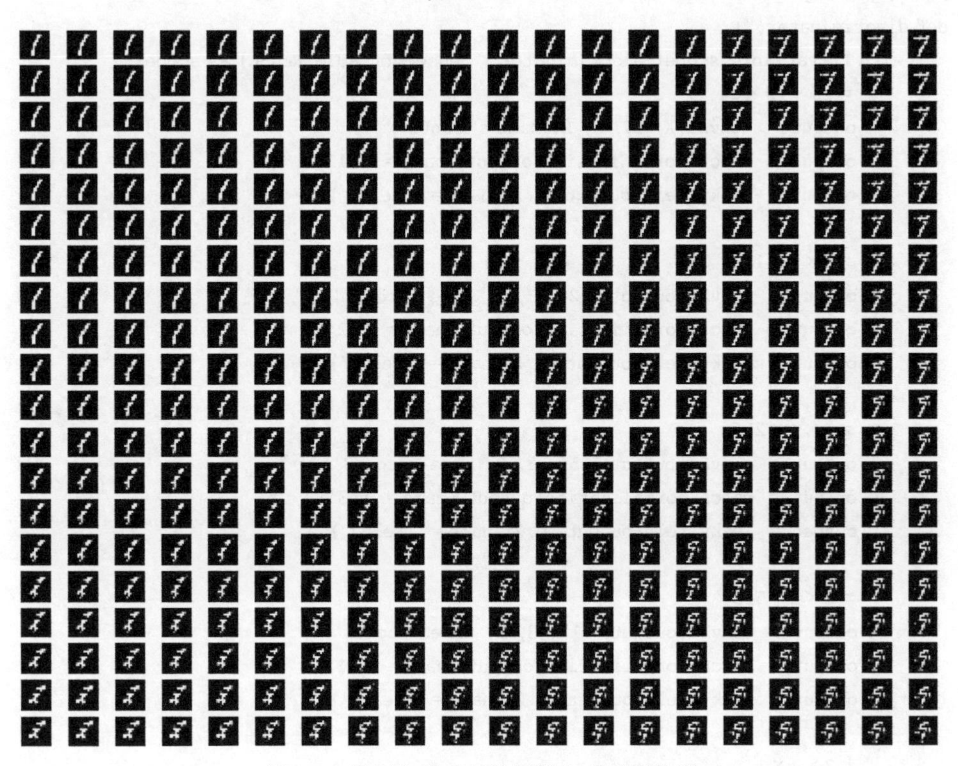

图 8-9 使用生成式对抗网络生成手写数字

如前面所说，生成式对抗网络的训练效果主要取决于生成器与辨别器的性能平衡，当出现某一方性能特别强时整套系统都会土崩瓦解，因此生成器的生成效果并不一定会随着迭代的增加而变好。因此通过观察，比较好的生成结果在第 140 个周期出现。从图 8-9 可以看出，随着标签的渐变，生成的数字也是渐变的。这同样说明生成式对抗网络能够完成对于连续性标签的生成。通过图 8-9 与图 8-6 之间的对比，我们同样能得到 8.3.2 节中相同的结论，即由生成式对抗网络生成的图像比由变分自编码器生成的图像轮廓更加清晰。

8.3.4 使用生成式对抗网络生成自然图像

在前面的示例中，都是使用一维的随机噪声生成一维的数据，本节以 CIFAR-10 数据集为例，说明如何使用二维噪声生成图像。通过对生成式对抗网络的学习，可以发现其中判别器实际上充当着一个分类网络的角色，对输入的图像进行真假分类，而生成器则是将一定尺寸的随机噪声转换为图像数据。因此对于判别器，我们可以直观地采取卷积神经网络，而生成器则使用转置卷积层生成图像即可，这种使用卷积神经网络实现生成式对抗网络被称为 DCGAN(Deep Convolution Generative Adversarial Networks)。基于以上分析，判别器的代码如下：

```
//ch8/gan/dcgan_cifar.py
def discriminator(X):
    with tf.variable_scope('discriminator', reuse = tf.AUTO_REUSE) as scope:
        #16×16×64
        output = conv2d(X, 64, 3, 2, name = 'conv1')
        output = batch_normalization(output, name = 'bn1')
        output = leaky_relu(output, 0.2, name = 'lrelu1')

        #8×8×128
        output = conv2d(output, 128, 3, 2, name = 'conv2')
        output = batch_normalization(output, name = 'bn2')
        output = leaky_relu(output, 0.2, name = 'lrelu2')

        #4×4×256
        output = conv2d(output, 256, 3, 2, name = 'conv3')
        output = batch_normalization(output, name = 'bn3')
        output = leaky_relu(output, 0.2, name = 'lrelu3')

        #2×2×512
        output = conv2d(output, 512, 3, 2, name = 'conv4')
        output = batch_normalization(output, name = 'bn4')
        output = leaky_relu(output, 0.2, name = 'lrelu4')

        #2×2×1
        output = conv2d(output, 1, 1, 1, name = 'conv5')
        output = sigmoid(output, name = 'sigmoid')

        return output
```

修改生成器的输入为二维的随机噪声 Z，代码如下：

```
//ch8/gan/dcgan_cifar.py
#从均匀分布采样数据的占位符
z = tf.placeholder(tf.float32, shape = [batch_size, 1, 1, z_dim])
…
def generator(Z):
    with tf.variable_scope('generator', reuse = tf.AUTO_REUSE) as scope:
        #2×2×512
        output = conv2d_transpose(Z, 512, 2, 3, 2, name = 'conv_trans1')
        output = batch_normalization(output, name = 'bn1')
        output = leaky_relu(output, 0.2, name = 'lrelu1')

        #4×4×256
```

```
        output = conv2d_transpose(output, 256, 4, 3, 2, name='conv_trans2')
        output = batch_normalization(output, name='bn2')
        output = leaky_relu(output, 0.2, name='lrelu2')

        #8×8×64
        output = conv2d_transpose(output, 64, 8, 3, 2, name='conv_trans3')
        output = batch_normalization(output, name='bn3')
        output = leaky_relu(output, 0.2, name='lrelu3')

        #16×16×32
        output = conv2d_transpose(output, 32, 16, 3, 2, name='conv_trans4')
        output = batch_normalization(output, name='bn4')
        output = leaky_relu(output, 0.2, name='lrelu4')

        #32×32×3
        output = conv2d_transpose(output, 3, 32, 3, 2, name='conv_trans5')
        output = tanh(output, name='tanh')

        return output
```

与此同时,我们尝试使用 LSGAN 的损失函数,代码如下:

```
#使用 LSGAN 的损失形式
dis_loss = tf.reduce_mean(tf.squared_difference(real_prob, 1)) + \
        tf.reduce_mean(tf.squared_difference(fake_prob, 0))
gen_loss = tf.reduce_mean(tf.squared_difference(fake_prob, 1))
```

由于 CIFAR 数据集的难度要明显大于 MNIST 数据集,因此对于判别器和生成器我们都使用 Adam 优化器进行优化,代码如下:

```
//ch8/gan/dcgan_cifar.py
#使用 Adam 优化判别器的变量
dis_step = tf.train.AdamOptimizer(dis_learning_rate)
            .minimize(dis_loss, var_list=dis_vars)
#使用 Adam 优化生成器的变量
gen_step = tf.train.AdamOptimizer(gen_learning_rate)
            .minimize(gen_loss, var_list=gen_vars)
```

运行以上程序,可以得到如图 8-10 所示的结果。

从图 8-10 可以看出,随着迭代的进行,网络首先会学会一些粗略的轮廓信息,如第 0 个周期所示,接着会学习一些纹理的细节并且最后会学习更加细节的信息,例如色彩的饱和度与图像的对比度,这就好比织一件毛衣,首先织出其大致的轮廓,再对局部细节慢慢进行细化并最后做细微的调整。

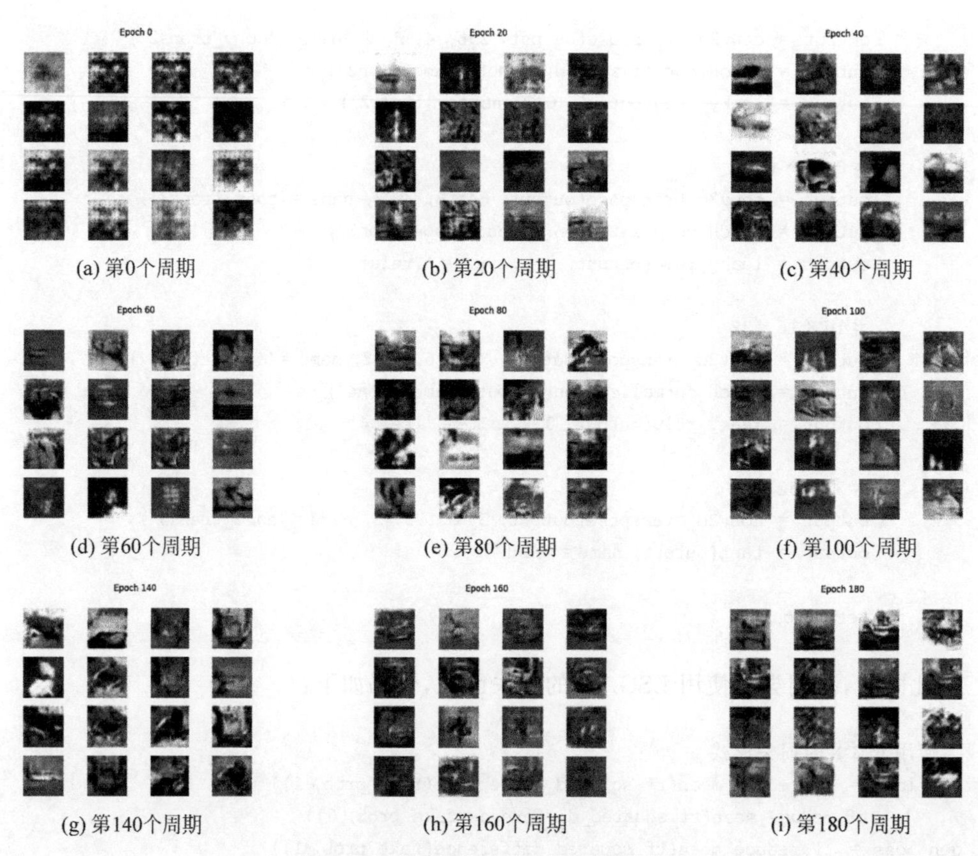

(a) 第0个周期　(b) 第20个周期　(c) 第40个周期

(d) 第60个周期　(e) 第80个周期　(f) 第100个周期

(g) 第140个周期　(h) 第160个周期　(i) 第180个周期

图 8-10　使用 DCGAN 生成自然图像

8.3.5　使用生成式对抗网络进行图像域转换

在前面的示例中,生成图像使用的均为“一套”生成式对抗网络,而实际上生成式对抗网络的应用场景远不止单纯的通过噪声生成图像。在本节中,我们将使用“两套”生成式对抗网络共同协作对图像所属的域进行变换。

在着手编写代码前,首先需要明白何为图像域(domain)的转换。简单来说,只要两张图像从某种角度的理解上属于不同的类别,我们就认为它们属于不同域,那么它们之间的转换就可以采用本节将要介绍的方法。“不同类别”这个概念实际上非常宽泛,举例来说,MNIST 和 CIFAR 数据集中的图像属于不同域,CIFAR 图像中的猫与狗也可以属于不同域,而白猫与黑猫之间依然可以属于不同域。因此,具体图像域的概念需要根据实际任务得到明确的人为定义。

那么如何完成属于不同域的图像之间的互相转换呢?对于图像 $a \in A$ 和 $b \in B$,我们可以将已有的工作通过“一套”生成式对抗网络得到 $b' = G_1(a)$,我们希望通过图像 a 生成的图像尽可能地属于域 B,同理我们也可以再使用“一套”生成式对抗网络得到 $a' = G_2(b)$。

如果如此，其本质仍然是分立地训练了“两套”生成式对抗网络。为了建立“两套”生成式对抗网络之间更强的联系，我们添加如下约束：

$$a = G_2(G_1(a)) \tag{8-10}$$

$$b = G_1(G_2(b)) \tag{8-11}$$

意义十分直观，这两个约束表明当一张图像连续通过两个生成器时，理应转换回输入图像本身。举个例子，我们会认为一个好的翻译软件从中文 C 翻译为英文 E 后，再将翻译的结果转换为中文应该得到最初的 C。同理，这样的法则对图像转换也适用，该约束可以形象地如图 8-11 所示。

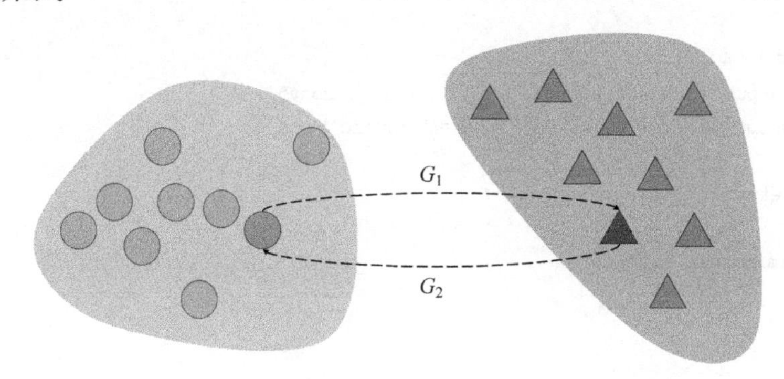

图 8-11 使用生成式对抗网络进行图像域转换

从图 8-11 可以看出，在“两套”生成式对抗网络之间存在着“循环生成”的环路，因此这种模型也被称为循环生成式对抗网络(CycleGAN)。

对于 CycleGAN 的原理有一个基本的了解后，接下来着手完成代码的实现。本节使用 Oxford Flower 数据集，完成灰度图像与彩色图像的相互转换(灰度图像与彩色图像分别对应不同的图像域)。为了平衡“两套”生成式对抗网络之间的学习难度，我们使用三通道的灰度图像(每个通道的值都相同)。类似于 8.3.4 节中的代码，我们同样使用全卷积神经网络来构建生成器与判别器，由于两个域的图像尺寸一致，所以直接构建“两套”相同结构的生成式对抗网络，代码如下：

```
//ch8/gan/cyclegan_oxford_flower.py
def discriminator_a2b(X):
    with tf.variable_scope('discriminator_a2b', reuse = tf.AUTO_REUSE) as scope:
        #64 × 64 × 64
        output = conv2d(X, 64, 3, 2, name = 'conv1')
        output = batch_normalization(output, name = 'bn1')
        output = leaky_relu(output, 0.2, name = 'lrelu1')

        #32 × 32 × 128
        output = conv2d(output, 128, 3, 2, name = 'conv2')
        output = batch_normalization(output, name = 'bn2')
        output = leaky_relu(output, 0.2, name = 'lrelu2')
```

```
        #16×16×256
        output = conv2d(output, 256, 3, 2, name = 'conv3')
        output = batch_normalization(output, name = 'bn3')
        output = leaky_relu(output, 0.2, name = 'lrelu3')

        #8×8×512
        output = conv2d(output, 512, 3, 2, name = 'conv4')
        output = batch_normalization(output, name = 'bn4')
        output = leaky_relu(output, 0.2, name = 'lrelu4')

        #4×4×1
        output = conv2d(output, 1, 3, 2, name = 'conv5')
        output = sigmoid(output, name = 'sigmoid')

        return output

def discriminator_b2a(X):
    …


def generator_a2b(X):
    with tf.variable_scope('generator_a2b', reuse = tf.AUTO_REUSE) as scope:
        #64×64×64
        output = conv2d(X, 64, 3, 2, name = 'conv1')
        output = batch_normalization(output, name = 'bn1')
        output = leaky_relu(output, 0.2, name = 'lrelu1')

        #32×32×128
        output = conv2d(output, 128, 3, 2, name = 'conv2')
        output = batch_normalization(output, name = 'bn2')
        output = leaky_relu(output, 0.2, name = 'lrelu2')

        #64×64×64
        output = conv2d_transpose(output, 64, 64, 3, 2, name = 'conv_trans3')
        output = batch_normalization(output, name = 'bn3')
        output = leaky_relu(output, 0.2, name = 'lrelu3')

        #128×128×32
        output = conv2d_transpose(output, 32, 128, 3, 2, name = 'conv_trans4')
        output = batch_normalization(output, name = 'bn4')
        output = leaky_relu(output, 0.2, name = 'lrelu4')

        #128×128×3
        output = conv2d(output, 3, 3, 1, name = 'conv_trans5')
        output = tanh(output, name = 'tanh')
```

```
        return output

def generator_b2a(X):
    …
```

有两对生成的图像结果,代码如下:

```
//ch8/gan/cyclegan_oxford_flower.py
#将彩色图像转换为灰度图像
img_gray = generator_a2b(oxford_flower_X)
#将灰度图像转换为彩色图像
img_color = generator_b2a(oxford_flower_X_gray)

#由生成的黑白图像重新转换为彩色图像
consist_color = generator_b2a(img_gray)
#由生成的彩色图像重新转换为黑白图像
consist_gray = generator_a2b(img_color)
```

由判别器对真实图像与生成图像做出判别结果,代码如下:

```
//ch8/gan/cyclegan_oxford_flower.py
#真实黑白图像的判别结果
real_prob_gray = discriminator_a2b(oxford_flower_X_gray)
#生成黑白图像的判别结果
fake_prob_gray = discriminator_a2b(img_gray)

#真实彩色图像的判别结果
real_prob_color = discriminator_b2a(oxford_flower_X)
#虚假彩色图像的判别结果
fake_prob_color = discriminator_b2a(img_color)
```

计算模型的损失,代码如下:

```
//ch8/gan/cyclegan_oxford_flower.py
#连续经过两个生成器的结果应该相同
consist_loss = \
    tf.reduce_mean(
        tf.squared_difference(consist_color, oxford_flower_X)) + \
    tf.reduce_mean(
        tf.squared_difference(consist_gray, oxford_flower_X_gray))


#使用 LSGAN 的损失形式
dis_a2b_loss = tf.reduce_mean(tf.squared_difference(real_prob_gray, 1)) + \
        tf.reduce_mean(tf.squared_difference(fake_prob_gray, 0))
```

```
gen_a2b_loss = tf.reduce_mean(tf.squared_difference(fake_prob_gray, 1)) + \
                0.1 * consist_loss

dis_b2a_loss = tf.reduce_mean(tf.squared_difference(real_prob_color, 1)) + \
        tf.reduce_mean(tf.squared_difference(fake_prob_color, 0))
gen_b2a_loss = tf.reduce_mean(tf.squared_difference(fake_prob_color, 1)) +\
                0.1 * consist_loss
```

使用4个优化器分别优化不同的损失，代码如下：

```
//ch8/gan/cyclegan_oxford_flower.py
#使用Adam优化判别器的变量
dis_a2b_step = tf.train.AdamOptimizer(dis_learning_rate)
            .minimize(dis_a2b_loss, var_list = dis_a2b_vars)
#使用Adam优化生成器的变量
gen_a2b_step = tf.train.AdamOptimizer(gen_learning_rate)
            .minimize(gen_a2b_loss, var_list = gen_a2b_vars)

#使用Adam优化判别器的变量
dis_b2a_step = tf.train.AdamOptimizer(dis_learning_rate)
            .minimize(dis_b2a_loss, var_list = dis_b2a_vars)
#使用Adam优化生成器的变量
gen_b2a_step = tf.train.AdamOptimizer(gen_learning_rate)
            .minimize(gen_b2a_loss, var_list = gen_b2a_vars)
```

训练过程的代码如下：

```
//ch8/gan/cyclegan_oxford_flower.py
with tf.Session() as sess:
    sess.run(tf.global_variables_initializer())

    if not os.path.exists(generate_path):
        os.makedirs(generate_path)

    train_iter = int(oxford_flower.num_examples('train') / batch_size)

    for e in range(epoch):
        dis_a2b_loss_e = 0
        gen_a2b_loss_e = 0

        dis_b2a_loss_e = 0
        gen_b2a_loss_e = 0

        for i in tqdm(range(train_iter), ncols = 50):
            #取出一个batch的数据作为彩色图像
```

```
oxford_flower_data_color, _ = oxford_flower.next_batch('train')
#取出另一个 batch 的数据,将其转换为黑白图像
oxford_flower_data, _ = oxford_flower.next_batch('train')

oxford_flower_data_gray = list()

for i in range(batch_size):
    #将彩色图像转换为黑白图像
    img = cv2.cvtColor(oxford_flower_data[i], cv2.COLOR_BGR2GRAY)
    #将黑白图像转换为三通道的黑白图像
    img = np.stack([img] * 3, axis = -1)
    oxford_flower_data_gray.append(img)

oxford_flower_data_gray = \
          np.stack(oxford_flower_data_gray, axis = 0)

#对彩色图像和黑白图像进行归一化
oxford_flower_data_color = oxford_flower_data_color / 127.5 - 1
oxford_flower_data_gray = oxford_flower_data_gray / 127.5 - 1

#先优化判别器
_, _, dis_a2b_loss_i, dis_b2a_loss_i = \
    sess.run([dis_a2b_step,
            dis_b2a_step,
            dis_a2b_loss,
            dis_b2a_loss],
        feed_dict = {oxford_flower_X: oxford_flower_data_color,
            oxford_flower_X_gray: oxford_flower_data_gray})

#再优化生成器
_, _, gen_a2b_loss_i, gen_b2a_loss_i = \
    sess.run([gen_a2b_step,
            gen_b2a_step,
            gen_a2b_loss,
            gen_b2a_loss],
        feed_dict = {oxford_flower_X: oxford_flower_data_color,
            oxford_flower_X_gray: oxford_flower_data_gray})

dis_a2b_loss_e += dis_a2b_loss_i
gen_a2b_loss_e += gen_a2b_loss_i

dis_b2a_loss_e += dis_b2a_loss_i
gen_b2a_loss_e += gen_b2a_loss_i
```

为了展示生成结果,我们每 20 个周期分别绘制生成和循环生成彩色与黑白图像,代码如下:

```
//ch8/gan/cyclegan_oxford_flower.py
if e % 20 == 0:
    samples = sess.run([img_gray,
                        img_color,
                        consist_gray,
                        consist_color],
                    feed_dict = {oxford_flower_X: oxford_flower_data_color,
                            oxford_flower_X_gray: oxford_flower_data_gray})

    names = ['img_gray', 'img_color', 'consist_gray', 'consist_color']

    for name, sample in zip(names, samples):
        #由于 OpenCV 读出的图像通道顺序为 BGR,为了正常显示将其转换为 RGB
        sample = sample[:,:,::-1]
        sample = (sample + 1) / 2
        plot(sample, e, name)
```

运行以上程序,可以得到如图 8-12 所示的结果。

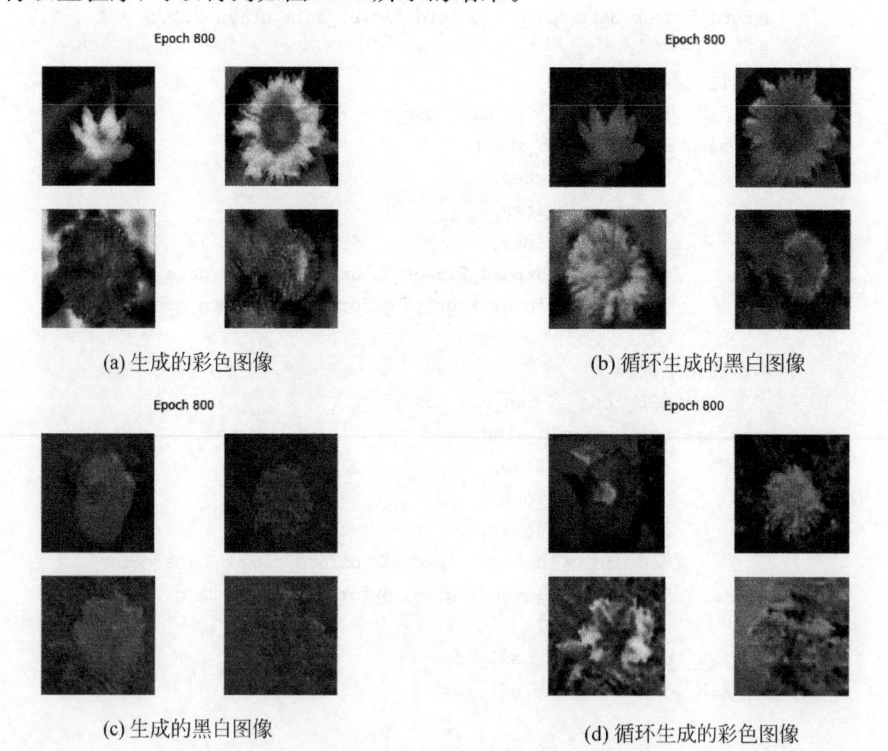

(a) 生成的彩色图像　(b) 循环生成的黑白图像

(c) 生成的黑白图像　(d) 循环生成的彩色图像

图 8-12　使用 CycleGAN 完成不同域图像之间的转换

从图 8-12 可以看出,模型对于图像纹理和色彩信息的生成都有不错的效果,通过训练能够一次得到两个方向的转换模型。读者可以回想在 7.7.3 节中,我们使用卷积神经网络同样也完成了为黑白图像上色的任务，和本节介绍的方法有什么不同呢？实际上 7.7.3 节中使用的方法是有监督的，换言之，在训练时一张黑白图像对应着唯一的彩色图像标签，而本节的方法应用则更加广泛，因为其是无监督的，两套生成式对抗网络之间不需要特定的图像配对关系，仅仅只需知道一个域包含着彩色花卉的信息，而另一个域包含着黑白花卉的信息，为此代码中特地取出了两个不同 batch 的数据，并把其中一个 batch 转换为黑白图像作为一个图像域，完成了非配对的图像域之间的转换。就为图像上色这一应用而言，实际上转换前后的图像结构信息并未改变，因此有实验表明，在损失函数中使用 L_1 损失来衡量生成（仅经过一个生成器）图像前后的差异能显著改善图像的上色效果，有兴趣的读者可以自行修改损失函数进行尝试。

8.4 小结

本章介绍了两种典型的生成式模型，分别是变分自编码器和生成式对抗网络。与图像分类的任务不同，生成式模型完成的任务通常是“像素密集型”的，即通过输入的随机噪声生成一张完整的图像。相对于生成式对抗网络来说，变分自编码器的理论论证更加完善，但是现阶段关于生成式对抗网络的研究成果则更多。有关于生成式对抗网络训练稳定性的研究也不在少数，如 WGAN(Wasserstein GAN)和 WGAN-GP 等。基于 CycleGAN 的研究同样也有相应的推进，例如使用了解耦思想的 MUNIT 等，本节仅对最基本的 CycleGAN 做了原理的介绍与代码的演示，有兴趣深入了解的读者可以自行查阅相关资料。

图书资源支持

感谢您一直以来对清华大学出版社图书的支持和爱护。为了配合本书的使用，本书提供配套的资源，有需求的读者请扫描下方的“书圈”微信公众号二维码，在图书专区下载，也可以拨打电话或发送电子邮件咨询。

如果您在使用本书的过程中遇到了什么问题，或者有相关图书出版计划，也请您发邮件告诉我们，以便我们更好地为您服务。

我们的联系方式：

地　　址：北京市海淀区双清路学研大厦A座701

邮　　编：100084

电　　话：010-83470236　010-83470237

资源下载：http://www.tup.com.cn

客服邮箱：tupjsj@vip.163.com

QQ：2301891038（请写明您的单位和姓名）

教学资源·教学样书·新书信息

人工智能科学与技术
人工智能|电子通信|自动控制

资料下载·样书申请

书圈

用微信扫一扫右边的二维码，即可关注清华大学出版社公众号。